不饿

编著 / 卓维健

东南大学出版社
SOUTHEAST UNIVERSITY PRESS
· 南京 ·

图书在版编目（CIP）数据

不饿 / 卓维健编著. — 南京 ：东南大学出版社，
2024.5
ISBN 978 - 7 - 5766 - 1322 - 3

Ⅰ. ①不… Ⅱ. ①卓… Ⅲ. ①减肥-基本知识 Ⅳ.
①TS974.14

中国国家版本馆 CIP 数据核字（2024）第 036881 号

责任编辑：张 慧（1036251791@qq.com）
责任校对：子雪莲 封面设计：毕 真 责任印制：周荣虎

不饿
BU E

编 著	卓维健
出版发行	东南大学出版社
出版人	白云飞
社 址	南京四牌楼 2 号 邮编：210096
网 址	http://www.seupress.com
电子邮件	press@seupress.com
经 销	全国各地新华书店
印 刷	南京迅驰彩色印刷有限公司
开 本	700 mm×1 000 mm 1/16
印 张	21.75
字 数	426 千字
版 次	2024 年 5 月第 1 版
印 次	2024 年 5 月第 1 次印刷
书 号	ISBN 978 - 7 - 5766 - 1322 - 3
定 价	288.00 元

＊ 本社图书若有印装质量问题，请直接与营销部调换。电话（传真）：025 - 83791830。

肥胖在全球大流行。对抗肥胖所要面对的主要挑战之一,是如何将复杂的生物学知识转化为不同个体的个性化解决方案。

从理论上讲,任何一种减脂方案只要保持每日"能量缺口"(即能量负平衡)就可以有效减轻身体重量。然而,短期减轻体重容易,长期保持健康体重似乎非常困难。事实上,许多超重或肥胖的人都知道如何减脂,却总是在体脂的反复"失而复得"中苦苦挣扎,以致于其中一部分人对于此生成功减脂并长期保持健康体重几乎丧失了信心。导致减脂失败的原因有很多,但究其根本,是人们所掌握的生物学知识还不足以指导其彻底改变不健康的饮食习惯和生活方式。

人体每日能量平衡状态决定了体重增减。食欲决定了能量摄入,是"能量天平"的关键调节因素。遗传基因、饮食习惯和生活方式等各种个体因素和环境因素,都直接或间接通过影响食欲和能量代谢,进而调节"能量天平"。因此,只有理解了人体食欲和能量代谢的生物学机制,才能理解人体肥胖和减脂的底层逻辑。

本书旨在揭示人体食欲和能量代谢的生物学机制,并以此为主线,整合了营养学、生理学、生物化学、神经生物学、内分泌学、微生物学等相关知识,系统性地阐述了肥胖和减脂的相关知识。书中重点讨论了人们的饮食习惯和生活方式如何影响食欲和能量代谢,并最终决定能量平衡和体重增减。此外,书中还提供了大量参考文献,以便于读者进一步深入了解相关知识或考证知识来源的可靠性。

不
饿

　　根据当前的证据,本书首次提出肥胖者食欲和能量代谢失调,主要表现为食欲亢进、对特定食物的渴望或在减脂过程中"饥饿"难耐,这种情况在超重或肥胖者身上普遍存在,可能是导致减脂失败的主要原因。因此,本书建议,采用"不饿饮食",并学会享受运动,不仅有助于顺利减脂,而且有助于长期保持健康体重。

　　需要注意的是,每个人的身体都是独一无二的,因此在减脂计划的执行过程中,拥有适合自己的个性化饮食和运动计划非常重要。本书中包含了作者的新思路和新观点,以及基于这些思路和观点所产生的饮食和运动建议。书中内容是作者对相关知识的理解并结合实践经验而得出的观点,不可避免地会具有局限性。因此,希望读者在参考本书的建议时,务必结合不同个体的实际情况,制订个性化的饮食计划和运动计划,以确保健康减肥顺利进行。

　　对于许多超重和肥胖的人来说,开启减脂计划如同"重启人生",需要彻底改变以往不健康的饮食习惯和生活方式,在这个过程中会遇到各种实际困难。首先,减脂者要面对的是基因、生理和病理等个体因素的困扰。其次,更多的困难来自文化、教育、经济等致胖环境因素的影响。在当前致胖环境中,似乎有许多利益团体正在不约而同地执行一个计划。该计划表面上是通过为我们创造需求、定义"快乐"和提供商品服务来获取利润,实际上却是忽略我们的健康,促进我们肥胖,并阻止我们减肥。因此,在减脂期间,我们除了需要制订切实可行的减脂计划以外,可能还需要重新审视人与环境的关系,重新思考什么是幸福生活,并在新生活中找到真正的乐趣、幸福和意义。

　　总之,本书分享了一套系统性的知识框架,即从"饿"或"不饿"的角度,探讨饮食、睡眠、运动和心理等因素与肥胖、减脂和健康之间的关系。理解"不饿"的道理,有助于我们批判性地将复杂的生物学知识转化为个性化的减脂方案。理解了"不饿"的道理,肥胖及其带来的健康问题似乎都会迎刃而解,幸福的真相似乎也变得更清晰了。

　　最后,请各位读者思考一个问题:全球肥胖持续大流行,其中有哪些挑战和机会?此外,读者阅读本书后如有任何问题,请通过邮箱(68016364@qq.com)联系本书编著者。

致谢

本书全文共引用论文超过 1 000 篇。估计超过 3 000 位科学研究工作者贡献了这些优秀的论文,他们是知识的创造者。在此谨向他们致以深深的谢意。

免责声明

本书旨在分享饮食习惯、生活方式与健康体重之间关系的相关知识。

书中包含作者的个人观点和建议，仅供读者参考，本书的所有观点和建议均不能替代医生或其他专业人士的医疗建议。

读者在采用本书中的任何建议或由本书内容得出新推论，从而执行关乎人体健康的饮食计划和运动计划之前，请咨询具有相关执业资质的医生或其他专业人士，以确保书中的建议或由本书内容所得出的新推论不会对您（或其他人）的身体健康造成伤害。

作者和出版商在此声明，对于读者或其他任何人，因为使用本书的任何内容而直接或间接产生的风险、损伤、损失或赔偿，作者和出版商均不承担责任。

CONTENTS 不 饿 目录

重新审视我们的食物

　　人活着，都要"吃饭"，可是有些人会由于不健康的饮食而变得超重或肥胖。我们每天所吃的哪些食物，以及食物中的哪些成分特性，会显著影响我们的体重和健康呢？

　　了解食物中的营养成分，包括水、蛋白质、脂质、碳水化合物、矿物质、维生素、膳食纤维和植物化学物，有助于我们理解食物如何影响体重和健康。蛋白质、脂肪和碳水化合物被称为三大产能营养素，几乎存在于各种食物中，它们在体内可通过生物氧化为人体提供能量。如果我们每天从食物中摄取的能量超过每日消耗的能量，过剩的能量会被转化成脂肪储存起来，如此日复一日，就会发展成肥胖。此外，天然植物性食物中还含有膳食纤维和植物化学物，它们可通过调节食欲、减少能量吸收和增加能量消耗，发挥有益减脂（健康）的作用。然而，在食品精加工过程中，这些有益成分已被消耗殆尽。

　　饮食是肠道菌群结构和功能的决定性因素，而肠道菌群及其代谢产物又会影响免疫系统、内分泌系统、神经系统等，进而与人类肥胖和非传染性慢性病存在着千丝万缕的复杂关系。除了化学成分之外，植物性食物的物理结构决定了它们在消化道中的命运，即决定了它们在小肠中被消化吸收的速率，以及是否（有多少）被输送到远端结肠，进而被肠道菌群发酵利用。因此，食品加工过程对植物性食物物理结构的破坏程度，是影响这些食物发挥健康益处的重要因素。

　　越来越多的证据表明，超加工食品已经成为推动肥胖和慢性非传染性疾病全球大流行的罪魁祸首。食用最低限度加工的富含膳食纤维和植物化学物的天然食物，并且远离超加工食品，可能是每一个人维持健康体重的必然选择。用营养学知识充分解释食物的复杂性及其与人体健康的关系，还有很漫长的探索之路。在这条探索之路上，着眼于人类的长期健康和福祉，并始终对自然界心存敬畏，可能有助于我们更快接近"食物的真相"。

第一节　水

水是维持生命活动所必需的营养素。不摄入水，生命难以维持。人体内的各种组织中都含有水。健康成年人体内水的质量约占总体重的三分之二。

一、水的主要生理功能

（一）为细胞提供生存环境

人体细胞生活在一个液体环境中。水亦是细胞中含量最多的物质。正常情况下，体液包括细胞外液和细胞内液两部分，通过渗透作用，维持着渗透压动态平衡。以水为基础的细胞外液包括组织液、血浆、淋巴液、关节液等，它们通过动态的有机联系，构成了机体细胞赖以生存的内环境。

（二）促进新陈代谢

人体细胞是生命活动的基本单位，是一个开放系统，可以直接与内环境进行不间断的物质和能量交换，不断摄取生命活动所需的物质，同时又不断排出代谢物质，从而维持细胞的正常生命活动。水参与了消化、吸收、循环、排泄的机体内环境与外环境的物质交换的整个过程。各种营养物质以水为载体，被运输到机体的不同组织细胞进行代谢，并将代谢"废物"通过尿液、汗液、呼吸等排出体外。细胞呼吸（生物氧化）是细胞利用产能物质（如葡萄糖和脂肪酸）为机体提供能量的主要途径，其化学本质与燃烧反应相同，而反应过程需要水的参与，终产物是二氧化碳和水。

（三）充当冷却液

水可以充当冷却液，吸收体内新陈代谢过程中产生的热能。通过体液交换和血液循环，水将体内代谢产生的热能运送到体表散发到环境中去，或热能随着水分蒸发和排汗散失，使健康人的体温维持在 $36\sim37\ ℃$。

（四）充当润滑剂

水可作为人体关节、器官、肌肉活动的润滑剂，例如眼睛里的泪液、口腔的唾液、胃肠道的消化液、关节液等,其中水分都起到了润滑剂的作用。

二、每日水摄入量

人体内有一套精密的机制严格调控水平衡,使得每日水摄入量和水排出量处于动态平衡。摄入的水来源于饮水和食物中的水,以及碳水化合物、脂肪和蛋白质分解代谢产生的水。排出的水包括随着尿液、皮肤蒸发、呼吸和大便排出的水。

人体每日水摄入量应该考虑包括性别、年龄、气温、运动强度等在内的多个因素,根据个体情况进行适当调整。欧洲和美国建议成年人每日总摄水量为2 000~3 700 mL,孕期和哺乳期女性每日增加 300~700 mL [1]。《中国居民膳食指南(2022)》建议,在低身体活动量且气候温和的前提下,成年人每日总摄水量为 2 700~3 000 mL,其中每日饮水 1 500~1 700 mL。前述建议每日总摄水量参考值,包含每日饮水,以及各种饮料和食物中的水。不同个体的日常饮水量应根据自身所处环境温湿度和运动排汗情况而定,减脂期间可在推荐量的基础之上适当增加饮水量,有利于新陈代谢和提高减脂效率。

人体失水过多又得不到及时补水时,可能发生脱水,严重时可危及生命。因此,我们要在一天中保持少量多次饮水,不要等到口渴时才饮水,当感觉到口渴时可能已经轻度脱水。水中毒是因为短时间摄入水过量,超过了肾脏的排出能力,健康人极少发生。

三、饮水与减脂

用餐前饮水可能有助于减少当餐食物摄入量,增加用餐时的饱腹感和满足感,并减少这一餐总能量摄入,是有助于体重管理的低成本、安全、易于执行的方法[2-3]。人体可通过味觉感知食物的营养价值,并通过多巴胺食物奖励系统,鼓励摄入富含能量的食物[4-5]。用餐时担心无法控制食欲的减脂者,可在达到预计摄入量时,立即少量饮水,可以有效解除食物对于味觉系统的刺激,帮助停止进食。

饮用水代替含热量的饮料可减少能量摄入。含糖饮料(包括奶茶、100%果汁)等各种含有能量的饮料已经成为肥胖和慢性非传染性疾病的重要贡献者。虽然,添加人造甜味剂的"零卡路里"饮料在饮用当时几乎没有增加能量摄入,但是这些含有人造甜味剂的饮料可能扰乱人体正常的食欲和能量代谢调节,长期饮用还可能导致暴饮暴食。

多喝水可能会使代谢不佳的肥胖者能量消耗增加[6]。这可能主要归因于饮用水不像其他饮料那样含有常量营养素或甜味,不会刺激胰岛素(insulin)分泌,而胰岛素是抗分解激素,抑制脂肪分解氧化。添加人造甜味剂的"零卡路里"饮料会通过味觉系统(无须吞咽)刺激胰岛素分泌,从而抑制脂肪氧化,与其是否含有热量无关[7]。因此,当我们需要补水时,相较于饮用含热量(或"零卡路里")饮料,饮水则会增加脂肪氧化。

四、水的来源

日常生活中,人体外来水主要来自食物中的水和饮用水。

(一)白开水是首选饮用水

白开水是最适合人体饮用的饮用水。外出旅行或出差不方便获得白开水时,纯净水或矿泉水是很好的补水饮料。对于尿石症患者来说,纯净水还有利于身体恢复。然而,纯净水中缺乏矿物质,长期饮用纯净水对于健康的影响尚缺乏高质量的研究。

(二)含糖饮料是"慢性毒药"

任何形式的含糖饮料都是"慢性毒药",在日常生活中切不可将其作为水的来源。目前,对于含糖饮料的定义没有形成普遍共识,但是,当我们站在消费者健康的角度,辨别含糖饮料就很容易。除了白开水、矿泉水、纯净水、不加糖茶水和咖啡,其他一切添加了糖(如蔗糖、果葡糖浆等)或人工甜味剂(如三氯蔗糖、阿斯巴甜等)的甜味饮料都属于本书所描述的含糖饮料,例如 100% 果汁、甜味苏打水、甜味碳酸饮料、甜味运动饮料、甜味茶饮料、甜味咖啡饮料、甜味奶茶、甜味奶饮料、甜味水果饮料、甜味坚果饮料、甜味豆奶、甜味椰奶、各种甜味功能饮料、各种甜味植物饮料(凉茶等)等。

含糖饮料会对人体健康造成许多危害,主要包括导致肥胖[8]、2 型糖尿病[9-11]、心血管疾病[11-12]、非酒精性脂肪性肝病[13]、痛风[14]和癌症等[15]。 当然,含糖饮料的前述危害是在不知不觉中,缓慢且"快乐"地发生的,因此被称为"慢性毒药",这也正是它推动肥胖和慢性病发生发展的重要原因。令人特别痛心的是许多为人父母者不知道,饮用含糖饮料是儿童和青少年肥胖的重要危险因素[16],特别是对于遗传性肥胖易感人群的致胖效果更加明显[17]。有研究表明,如果女性怀孕期间饮用含糖饮料,可导致后代的肥胖概率明显升高[18]。癌症可能是人们都不愿面对的慢性病,含糖饮料被证明导致癌症(包括结直肠癌、乳腺癌、肾癌和膀胱癌等)发生率升高[15,19-21]。

含糖饮料的潜在致病机制主要包括成瘾性、高血糖负荷、果糖"毒性"作用等。含糖饮料很好喝且具有成瘾性,糖成瘾可能与它过度激活多巴胺奖励系统有关,从而促进无节制地享乐性消费[22]。糖成瘾导致过量摄入含糖饮料,这对大脑还可能造成更深远的危害,其中包括促进下丘脑(下丘脑是人体的食欲和能量代谢调控中心)炎症,这会导致食欲和能量代谢失调[23]。高血糖负荷的含糖饮料可能导致循环胰岛素和血糖水平忽上忽下，从而损害食欲和能量代谢调节，例如餐前饥饿感增加和脂肪氧化减少[24-25]。许多含糖饮料通常富含果糖，果糖的"毒性"作用[26]包括促进肠道细菌内毒素入血、促进尿酸生成、促进脂肪从头生成、促进代谢性炎症（包括下丘脑炎症）、促进食物成瘾等，最终导致食欲和能量代谢失调，以及随之而来的能量过剩和肥胖等一系列危害（果糖的危害详见与果糖有关的章节）。

100％果汁和其他含糖饮料一样不健康。100％果汁虽然没有添加糖，但是果汁与整个水果不同，水果榨成果汁破坏了水果的物理结构，导致水果中的糖分脱离植物细胞壁保护。饮用果汁之后，果汁中的果糖和葡萄糖被迅速消化吸收，它们进入人体的代谢反应与其他含糖饮料没有本质上的区别，同样会增加肥胖、2 型糖尿病、心血管疾病等各种慢性病风险[15,27-28]。特别是想要减脂和避免慢性病的人，要拒绝饮用果汁，包括鲜榨的 100％果汁。

人工甜味剂饮料的危害更大。随着科学家们不断呼吁限制含糖饮料，一部分消费者觉醒后也主动拒绝含糖饮料，为了保持市场份额，饮料制造商利用人工甜味剂，调制出了"零糖零卡"甜味饮料。然而，有大量的研究表明，人工甜味剂饮料不含糖，但是相较于其他含糖饮料可能危害更大[27,29-30]，因为它除了具备糖的危害外，还具有添加剂与生俱来的毒性。人工甜味剂的危害主要包括导致炎症、葡萄糖不耐受、胰岛素抵抗、心血管疾病、代谢性内毒素血症和癌症风险增加（详见本章第八节"食物的风味"）。

许多国家已经开始重视含糖饮料给公共卫生带来的巨大负面影响。其中一些国家和地区开始对含糖饮料征税，或者禁止它们发布广告，然而，这些政策似乎不足以有效阻止含糖饮料在全球泛滥[31]。看来只有个体和家庭的自我觉醒，才能有效保护自己和家人免受这些饮料的侵害。

总之，口渴了要喝水，白开水、矿泉水、纯净水、茶水都可以有效补水，请不要喝含糖饮料，切记它们是"慢性毒药"。

（三）喝茶有利于减脂和保持体重

除了白开水，茶是世界上最受欢迎的饮料，也是最有益健康的饮料。当前的证据显示，喝茶会通过缓解压力、影响肠道菌群、影响消化酶活性等途径来减少能量摄入和增加能量消耗，从而有利于顺利减脂。

1. 喝茶有助于人们更快地从压力中恢复过来

心理压力是导致肥胖的因素之一。心理压力可通过增加食欲和减少运动来促进能量正平衡。茶氨酸（L-theanine）是一种天然存在于茶中的氨基酸，它似乎可以作用于下丘脑—垂体—肾上腺轴（身体的压力反应系统），降低皮质醇和压力水平。正如一项随机对照研究报告所示，喝茶后使皮质醇唾液水平在 50 分钟内下降到基线水平的 53％[32]。喝茶可以帮助我们培养一种放松和专注的心态，因此，茶有助于人们更快地从压力中恢复过来，减少慢性压力所带来的负面影响。

2. 茶多酚有助于减脂和长期保持健康体重

茶多酚可抑制消化酶在胃肠道中的作用，降低脂肪和碳水化合物的消化吸收率，从而减少能量摄入量，有利于顺利减脂。同时，茶多酚可通过改善肠道菌群平衡和改善脂肪代谢，促进非减脂期保持体重。绿茶、乌龙茶、红茶、黑茶中的多酚代谢物在绝大多数研究中表现出可测量的减肥特性。最近的研究表明，与绿茶多酚相比，发酵茶多酚的减脂实例越来越多，或更有效[33-35]。

（1）茶多酚抑制消化酶活性

茶多酚抑制胰脂肪酶（PL），而胰脂肪酶是胃肠道中促进消化的重要物质，它可将脂肪水解成甘油一酯、甘油和脂肪酸，从而允许其被吸收。绿茶中的儿茶素和红茶中的茶黄素都具有抑制脂肪消化的功能[36-37]。乌龙茶多酚的体外胰脂肪酶抑制作用甚至优于奥利司他[38]。奥利司他是一种具有胰脂肪酶抑制作用的减肥药。乌龙茶茶多酚与奥利司他不同，这些有效的乌龙茶胰脂肪酶抑制剂促进膳食脂肪通过脂质粪便排泄，而没有任何副作用[39]。

茶多酚抑制碳水化合物消化酶活性，抑制淀粉酶和葡萄糖苷酶活性有助于减少碳水化合物被消化吸收，在碳水化合物被消化之前将其输送至远端肠道，供肠道菌群使用。红茶多酚，特别是茶黄素，是最有效的碳水化合物消化酶抑制剂，其次是白茶、乌龙茶和绿茶。红茶提取物被证明可以通过抑制 α-葡萄糖苷酶活性，从而减少二糖（如淀粉）在小肠中被分解成葡萄糖。因此，绿茶和红茶都具有强大的抗肥胖特性[40-41]。

（2）茶多酚可能促进短链脂肪酸产生

茶多酚可能促使肠道内产生更多短链脂肪酸（SCFA），这是因为茶多酚抑制碳水化合物消化酶活性，导致更多未消化的碳水化合物被输送至远端结肠，给肠道微生物群提供发酵底物，从而使肠道菌群代谢物——短链脂肪酸的产生增加[42]。肠道菌群利用碳水化合物发酵产生短链脂肪酸，可降低食欲、减少能量摄入、增加脂肪分解、减少脂肪生成、增加能量消耗、抑制慢性炎症，从而有利于顺利减脂。有关肠道菌群发酵产生短链脂肪酸如何影响食欲和能量代谢，详见本书第三章第四节。

（3）茶多酚促进肠道微生态平衡

肠道菌群已被证明会影响脂肪储存，调节血糖和食欲，因此肠道微生态平衡对于保持健康体重很重要。目前估计，只有少量的茶多酚被小肠吸收，大多数到达结肠并被肠道微生物代谢成更小的化合物，这一过程促进了一些有益菌群的生长，阻碍一些致病细菌的生长[43]。茶多酚通过促进与人体健康相关的肠道细菌生长，有利于纠正肥胖人群中的肠道微生态失调[44-45]。例如，普洱茶的降血脂和降胆固醇作用已被证明对治疗肥胖、脂肪肝具有临床价值。来自上海交通大学贾伟团队的研究发现,普洱茶茶褐素(茶多酚发酵产物)可通过调节肠道菌群结构,导致粪便胆汁酸排泄增加,肝胆固醇水平降低,脂肪生成减少[46]。未消化的碳水化合物和茶多酚一起,改善了肠道菌群结构,增加了肠道菌群多样性和有益菌的丰度。反过来,肠道菌群充分利用未消化的碳水化合物或膳食纤维,进一步发酵产生更高浓度的短链脂肪酸,这样肠道微生态进入了良性循环。

（4）茶叶中的咖啡因

咖啡豆中富含咖啡因,茶叶中也含有咖啡因。咖啡因可通过降低食欲,增加基础代谢率和增加身体产热来改善能量平衡。咖啡因增加身体产热而消耗能量,可能是通过刺激交感神经系统和棕色脂肪组织(BAT)中的解偶联蛋白 - 1(UCP - 1)表达来实现的。有研究表明,白天重复摄入咖啡因(6 剂 100 mg 咖啡因)导致24 小时能量消耗增加 5%[47]。因此,茶叶中的咖啡因可能在其发挥减脂功效的过程中具有一定贡献。但是需要特别注意的是,含咖啡因的含糖饮料[如碳酸饮料和能量饮料以及加糖(含人工甜味剂)的速溶咖啡或奶茶]都会导致食欲增加、代谢功能紊乱、体重增加和肥胖。新生儿代谢咖啡因的能力有限,半衰期约为 80 小时;怀孕会降低咖啡因代谢能力,尤其是在妊娠晚期,咖啡因的半衰期可达 15 小时[47]。在前瞻性研究中,较高的咖啡因摄入量与较低的出生体重和较高的流产风险相关。因此,儿童和孕妇需要避免喝茶。另外,一天当中的晚些时候(如晚上)喝茶,可能会推迟入睡时间并降低睡眠质量。习惯性饮用咖啡后停止摄入咖啡会有戒断症状,但是类似现象在正常饮茶者中很少见。

参考文献

[1] Armstrong L E, Johnson E C. Water intake, water balance, and the elusive daily water requirement[J]. Nutrients, 2018, 10(12): 1928.

[2] Stookey J D. Drinking water and weight management[J]. Nutrition Today, 2010, 45(6): S7 - S12.

[3] Corney R A, Sunderland C, James L J. Immediate pre-meal water ingestion decreases voluntary food intake in lean young males[J]. European Journal of Nutrition, 2016, 55(2): 815 - 819.

[4] DiFeliceantonio A G, Coppin G, Rigoux L, et al. Supra-additive effects of combining fat and carbohydrate on food reward[J]. Cell Metabolism, 2018, 28(1): 33 - 44. e3.

[5] Thanarajah S E, Backes H, DiFeliceantonio A G, et al. Food intake recruits orosensory and post-ingestive dopaminergic circuits to affect eating desire in humans[J]. Cell Metabolism, 2019, 29(3): 695 - 706. e4.

[6] Stookey J J D. Negative, null and beneficial effects of drinking water on energy intake, energy expenditure, fat oxidation and weight change in randomized trials: A qualitative review[J]. Nutrients, 2016, 8(1): 19.

[7] Just T, Pau H W, Engel U, et al. Cephalic phase insulin release in healthy humans after taste stimulation? [J]. Appetite, 2008, 51(3): 622 - 627.

[8] Malik V S, Hu F B. The role of sugar-sweetened beverages in the global epidemics of obesity and chronic diseases[J]. Nature Reviews Endocrinology, 2022, 18(4): 205 - 218.

[9] Malik V S, Popkin B M, Bray G A, et al. Sugar-sweetened beverages and risk of metabolic syndrome and

type 2 diabetes: A meta-analysis[J]. Diabetes Care, 2010, 33(11): 2477-2483.

[10] Drouin-Chartier J P, Zheng Y, Li Y P, et al. Changes in consumption of sugary beverages and artificially sweetened beverages and subsequent risk of type 2 diabetes: Results from three large prospective U. S. cohorts of women and men[J]. Diabetes Care, 2019, 42(12): 2181-2189.

[11] Neelakantan N, Park S H, Chen G C, et al. Sugar-sweetened beverage consumption, weight gain, and risk of type 2 diabetes and cardiovascular diseases in Asia: A systematic review[J]. Nutrition Reviews, 2021, 80(1): 50-67.

[12] Bhagavathula A S, Rahmani J, Vidyasagar K, et al. Sweetened beverage consumption and risk of cardiovascular mortality: A systematic review and meta-analysis[J]. Diabetes & Metabolic Syndrome: Clinical Research & Reviews, 2022, 16(4): 102462.

[13] Asgari-Taee F, Zerafati-Shoae N, Dehghani M, et al. Association of sugar sweetened beverages consumption with non-alcoholic fatty liver disease: A systematic review and meta-analysis [J]. European Journal of Nutrition, 2019, 58(5): 1759-1769.

[14] Ebrahimpour-koujan S, Saneei P, Larijani B, et al. Consumption of sugar sweetened beverages and dietary fructose in relation to risk of gout and hyperuricemia: A systematic review and meta-analysis [J]. Critical Reviews in Food Science and Nutrition, 2020, 60(1): 1-10.

[15] Chazelas E, Srour B, Desmetz E, et al. Sugary drink consumption and risk of cancer: Results from NutriNet-Santé prospective cohort[J]. BMJ, 2019, 366: l2408.

[16] Nguyen M, Jarvis S E, Tinajero M G, et al. Sugar-sweetened beverage consumption and weight gain in children and adults: A systematic review and meta-analysis of prospective cohort studies and randomized controlled trials[J]. The American Journal of Clinical Nutrition, 2023, 117(1): 160-174.

[17] Qi Q B, Chu A Y, Kang J H, et al. Sugar-sweetened beverages and genetic risk of obesity[J]. The New England Journal of Medicine, 2012, 367(15): 1387-1396.

[18] Misato A, Keiko M, Yudai Y, et al. Associations between sugar-sweetened beverages before and during pregnancy and offspring overweight/obesity in Japanese women: The TMM BirThree Cohort Study[J]. Public Health Nutrition, 2023: 21-22.

[19] Hur J, Otegbeye E, Joh H K, et al. Sugar-sweetened beverage intake in adulthood and adolescence and risk of early-onset colorectal cancer among women[J]. Gut, 2021, 70(12): 2330-2336.

[20] Leung C Y, Abe S, Sawada N, et al. Sugary drink consumption and subsequent colorectal cancer risk: The Japan public health center-based prospective cohort study[J]. Cancer Epidemiology, Biomarkers & Prevention, 2021, 30: 782-788.

[21] Leung C Y, Abe S K, Sawada N, et al. Sugary drink consumption and risk of kidney and bladder cancer in Japanese adults[J]. Scientific Reports, 2021, 11: 21701.

[22] DiNicolantonio J J, O'Keefe J H, Wilson W L. Sugar addiction: Is it real? A narrative review[J]. British Journal of Sports Medicine, 2018, 52(14): 910-913.

[23] Gao Y Q, Bielohuby M, Fleming T, et al. Dietary sugars, not lipids, drive hypothalamic inflammation [J]. Molecular Metabolism, 2017, 6(8): 897-908.

[24] Dewan S, Gillett A, Mugarza J A, et al. Effects of insulin-induced hypoglycemia on energy intake and food choice at a subsequent test meal[J]. Metabolism Research and Reviews, 2004, 20(5): 405-410.

[25] Softic S, Meyer J G, Wang G X, et al. Dietary sugars alter hepatic fatty acid oxidation via transcriptional and post-translational modifications of mitochondrial proteins[J]. Cell Metabolism, 2019, 30(4): 735-753. e4.

[26] Febbraio M A, Karin M. "Sweet death": Fructose as a metabolic toxin that targets the gut-liver axis [J]. Cell Metabolism, 2021, 33(12): 2316-2328.

[27] Li B Y, Yan N, Jiang H, et al. Consumption of sugar sweetened beverages, artificially sweetened beverages and fruit juices and risk of type 2 diabetes, hypertension, cardiovascular disease, and mortality: A meta-analysis[J]. Frontiers in Nutrition, 2023, 10: 1019534.

[28] Guasch-Ferré M, Hu F B. Are fruit juices just as unhealthy as sugar-sweetened beverages? [J]. JAMA Network Open, 2019, 2(5): e193109.

[29] Davis J N, Asigbee F M, Markowitz A K, et al. Consumption of artificial sweetened beverages associated with adiposity and increasing HbA1c in Hispanic youth[J]. Clinical Obesity, 2018, 8(4):

236 - 243.

[30] Yan S M, Yan F F, Liu L P, et al. Can artificial sweeteners increase the risk of cancer incidence and mortality: Evidence from prospective studies[J]. Nutrients, 2022, 14(18): 3742.

[31] Krieger J, Bleich S N, Scarmo S, et al. Sugar-sweetened beverage reduction policies: Progress and promise[J]. Annual Review of Public Health, 2021, 42: 439 - 461.

[32] Gilbert N. The science of tea's mood-altering magic[J]. Nature, 2019, 566(7742): S8 - S9.

[33] Chen I J, Liu C Y, Chiu J P, et al. Therapeutic effect of high-dose green tea extract on weight reduction: A randomized, double-blind, placebo-controlled clinical trial[J]. Clinical Nutrition, 2016, 35(3): 592 - 599.

[34] Rothenberg D O, Zhou C B, Zhang L Y. A review on the weight-loss effects of oxidized tea polyphenols [J]. Molecules, 2018, 23(5): 1176.

[35] Leung L K, Su Y, Chen R, et al. Theaflavins in black tea and catechins in green tea are equally effective antioxidants[J]. The Journal of Nutrition, 2001, 131(9): 2248 - 2251.

[36] Glisan S L, Grove K A, Yennawar N H, et al. Inhibition of pancreatic lipase by black tea theaflavins: comparative enzymology and *in silico* modeling studies[J]. Food Chemistry, 2017, 216: 296 - 300.

[37] Koo S I, Noh S K. Green tea as inhibitor of the intestinal absorption of lipids: Potential mechanism for its lipid-lowering effect[J]. The Journal of Nutritional Biochemistry, 2007, 18(3): 179 - 183.

[38] Nakai M, Fukui Y, Asami S, et al. Inhibitory effects of oolong tea polyphenols on pancreatic lipase *in vitro*[J]. Journal of Agricultural and Food Chemistry, 2005, 53(11): 4593 - 4598.

[39] Ashigai H, Taniguchi Y, Suzuki M, et al. Fecal lipid excretion after consumption of a black tea polyphenol containing beverage-randomized, placebo-controlled, double-blind, crossover study-[J]. Biological and Pharmaceutical Bulletin, 2016, 39(5): 699 - 704.

[40] Striegel L, Kang B, Pilkenton S J, et al. Effect of black tea and black tea pomace polyphenols on α-glucosidase and α-amylase inhibition, relevant to type 2 diabetes prevention[J]. Frontiers in Nutrition, 2015, 2: 3.

[41] Matsui T, Tanaka T, Tamura S, et al. α-glucosidase inhibitory profile of catechins and theaflavins[J]. Journal of Agricultural and Food Chemistry, 2007, 55(1): 99 - 105.

[42] Sun H Y, Chen Y H, Cheng M, et al. The modulatory effect of polyphenols from green tea, oolong tea and black tea on human intestinal microbiota *in vitro*[J]. Journal of Food Science and Technology, 2018, 55(1): 399 - 407.

[43] Ben Lagha A, Haas B, Grenier D. Tea polyphenols inhibit the growth and virulence properties of fusobacterium nucleatum[J]. Scientific Reports, 2017, 7: 44815.

[44] Pérez-Burillo S, Navajas-Porras B, López-Maldonado A, et al. Green tea and its relation to human gut microbiome[J]. Molecules, 2021, 26(13): 3907.

[45] Jin J S, Touyama M, Hisada T, et al. Effects of green tea consumption on human fecal microbiota with special reference to *Bifidobacterium* species[J]. Microbiology and Immunology, 2012, 56(11): 729 - 739.

[46] Huang F J, Zheng X J, Ma X H, et al. Theabrownin from Pu-erh tea attenuates hypercholesterolemia via modulation of gut microbiota and bile acid metabolism[J]. Nature Communications, 2019, 10: 4971.

[47] Van Dam R M, Hu F B, Willett W C. Coffee, caffeine, and health[J]. The New England Journal of Medicine, 2020, 383(4): 369 - 378.

第二节　碳水化合物

碳水化合物（carbohydrate）是由碳、氢、氧三种元素组成的有机化合物，因其分子式中氢和氧的比例为 2∶1，与在水分子中的比例一样，因此这类有机化合物被称为碳水化合物。碳水化合物是人体必需的营养素之一，是重要的膳食能量来源。然而，随着食品工业的发展，各种精制碳水化合物（如果糖、添加糖、游离糖）伴随着超加工食品一起泛滥，被认为是导致肥胖和代谢疾病的重要因素。

一、碳水化合物的分类

碳水化合物根据其聚合度，可分为糖、低聚糖和多糖三大类。此外，那些被过度加工以及食用后极易被消化吸收的碳水化合物，在本书中被称为精制碳水化合物。

（一）糖

糖，包括单糖、双糖和糖醇。根据糖的用途，又将添加到食物中的糖定义为"添加糖"或"游离糖"。

1. 单糖

单糖是最简单的糖，通常条件下不能再被直接水解为更小分子。单糖有葡萄糖、果糖、半乳糖等。

葡萄糖（glucose）是自然界中最常见的单糖，也是人体细胞的重要能量来源。葡萄糖在血液、水果、蜂蜜、植物汁液和糖尿病人尿液等之中以游离状态存在，化合状态的葡萄糖是构成低聚糖和多糖（如淀粉、糖原等）的基本单位。

果糖（fructose）又称左旋糖（D-果糖），通常与蔗糖和葡萄糖共存于蜂蜜及各种水果中。果糖是天然碳水化合物中最甜的糖，甜度约相当于蔗糖的 1.5 倍。葡萄糖可通过异构化反应转变成果糖。工业中已经利用淀粉大量生产含有葡萄糖和果糖的果葡糖浆，在食品加工中被广泛作为甜味剂使用，添加到超加工食品中。

半乳糖（galactose）几乎以结合形式存在，它是乳糖、蜜二糖、棉子糖、水苏糖等的组成部分。半乳糖与葡萄糖结合成乳糖，存在于哺乳动物的乳汁中。

2. 双糖

双糖是两个相同或不同的单糖分子经由糖苷键组成的，可水解为单糖。常见的双糖有蔗糖、乳糖、麦芽糖、海藻糖。

蔗糖(sucrose)俗称白糖、红糖、冰糖，它由一分子葡萄糖与一分子果糖缩合脱水而成，主要存在于甘蔗、甜菜、枫树、甜高粱等植物中。

乳糖(lactose)由一分子葡萄糖与一分子半乳糖结合而成，存在于哺乳动物的乳汁中，并因此得名。

麦芽糖(maltose)由两分子葡萄糖经糖苷键连接而成。麦芽中含有 β-淀粉酶和 α-淀粉酶，可将淀粉水解生成麦芽糖。

海藻糖(trehalose)又称蘑菇糖，由两分子葡萄糖通过半缩醛羟基结合而成，主要存在于蘑菇、海藻、酵母和真菌中。

3. 糖醇

糖醇是单糖衍生物。常见的糖醇有山梨醇、甘露醇、木糖醇、麦芽糖醇、赤藓糖醇。山梨醇，工业中主要以葡萄糖、蔗糖和淀粉为原料通过氢化制得。甘露醇，工业生产中可通过提取法、发酵法、高温高压催化加氢法制得。木糖醇，目前工业生产中主要通过化学合成法制得。麦芽糖醇，工业生产中以麦芽糖经过氢化制得。赤藓糖醇可通过化学合成或微生物发酵制得。

4. 添加糖或游离糖

添加糖或游离糖是根据糖用途来定义的。添加糖被定义为在食物烹饪、食品加工或制备过程中添加到食物中的糖，例如白糖、冰糖、红糖、麦芽糖、枫糖、蜂蜜、糖浆(如果葡糖浆)等各种糖。世界卫生组织对游离糖的定义，是指厂商、厨师或消费者添加到食品和饮料中的单糖(如葡萄糖和果糖)与双糖(如蔗糖或砂糖)，以及蜂蜜、糖浆、果汁和浓缩果汁中天然存在的糖分[1]。添加糖或游离糖的消费，特别是含糖饮料的消费，被认为是推动全球肥胖和糖尿病患者人数上升的重要因素。

（二）低聚糖

低聚糖(也称寡糖)是由 3～9 个单糖分子通过糖苷键构成的聚合物。它包括低聚异麦芽糖、棉子糖、水苏糖、低聚果糖、大豆低聚糖等。

（三）多糖

多糖是由 10 个或 10 个以上单糖分子通过糖苷键构成的高分子碳水化合物，包括淀粉、非淀粉多糖、糖原等。

1. 淀粉

淀粉由葡萄糖聚合而成，分为直链淀粉、支链淀粉、抗性淀粉三类。直链淀粉在热水中可以溶解。天然食物中直链淀粉占淀粉成分的 19％～35％[2]。支链淀粉在天然食品中含量占淀粉成分的 65％～81％。含支链淀粉越多的食物，其糯性越高[2]。抗性淀粉指不易被肠道消化酶降解的淀粉，谷物和豆类、未煮的土豆、青香蕉、冷却的熟土豆、冷却的米饭等食物中存在抗性淀粉。淀粉主要来自各种谷物、薯类、豆类等。日常膳食中的米饭、米粉、面条、馒头等主食中的淀粉进入肠道后，被分解为葡萄糖吸收进入血液，被人体细胞摄取。

2. 非淀粉多糖

非淀粉多糖是指淀粉以外的多糖，包括纤维素、半纤维素、果胶等。纤维素、半纤维素和果胶是植物细胞壁的主要成分，也被称为膳食纤维，是天然食物中重要的营养成分，特别有利于减脂。

3. 糖原

糖原是由葡萄糖组成的多糖，化学结构与支链淀粉相似，主要存在于动物的肝脏和肌肉中，俗称动物淀粉，是动物和人类体内葡萄糖的一种储存形式。人体从食物中摄取的葡萄糖部分被用于合成糖原，主要储存在肝脏和肌肉中，分别被称为肝糖原和肌糖原。肝糖原主要用于维持血糖稳定，肌糖原可在人体运动过程中被迅速分解以提供能量。

（四）精制碳水化合物

精制碳水化合物（refined carbohydrates）目前尚无明确的定义，本书中所谓精制碳水化合物是指那些被过度加工以及食用后特别容易被人体消化吸收的碳水化合物。根据精制碳水化合物的来源，本书将其分为三类：① 采用提纯等各种工艺生产的碳水化合物，例如白糖、冰糖、红糖、麦芽糖、枫糖、果葡糖浆、果汁等添加糖；② 被过度加工（精制）的天然食物中的碳水化合物，例如精白米、白面粉、大米淀粉、小麦淀粉、红薯淀粉、木薯淀粉、土豆淀粉、蚕豆淀粉、豌豆淀粉、玉米淀粉、藕粉、山药粉、葛根粉等精制谷物和淀粉；③ 天然存在于自然界或由家庭加工产生的很容易被人体消化吸收的碳水化合物，例如天然蜂蜜、100％鲜榨果汁、各种粥或糊等。

很多常见食物中都富含精制碳水化合物，例如：白米饭、白馒头、包子、饺子、汤圆、面条、面包、米粉、粉丝、粉条、方便面、方便米饭等各种由精制谷物或淀粉制成的食物，糖果、蛋糕、饼干、蜜饯、月饼、巧克力、能量棒、冰激凌等各种添加糖或淀粉的糕点零食，可乐、汽水、运动饮料、能量饮料、植物饮料、坚果饮料、水果饮料、奶饮料、茶饮料、奶茶等各种含糖饮料。各种添加糖或淀粉的糕点、零食、含糖饮料不仅富含精制碳水化合物，而且因为它们在生产过程中加入了许多添加剂，因此它们同时也都属于超加工食品。

二、碳水化合物的主要生理功能

碳水化合物是人体的重要能量来源，也是细胞结构的重要成分。碳水化合物在人体中的存在形式主要有葡萄糖、糖原和糖的复合物。

（一）提供能量

提供能量是碳水化合物的主要功能。葡萄糖的能量系数为 4 kcal/g（约 17 kJ/g），每克葡萄糖在体内生物氧化产生的能量约 4 kcal（约 17 kJ）。血糖是指存在于血液中的葡萄糖，70 kg 体重的正常人循环血液中大约有 4 g 葡萄糖。糖原是葡萄糖在人体内的一种存在形式，主要存在于肝脏和骨骼肌，体内含量为 300～500 g。

（二）作为细胞组织的组成成分

作为细胞组织的组成成分，是碳水化合物的另一个重要功能。人体的每个细胞和每块组织都含有碳水化合物，它主要以糖脂、糖蛋白和蛋白多糖的形式存在。

（三）调节肠道微生态

调节肠道微生态是不易被消化吸收的碳水化合物的功能之一。这些被称为膳食纤维的碳水化合物虽然不能直接为人体提供能量，但是在肠道经微生物发酵后生成短链脂肪酸（SCFA），可作为肠上皮细胞的能量来源，并且在人体肠道微生态、免疫调节、能量代谢等方面发挥着重要作用（更详细的内容见本章第五节"膳食纤维"）。

三、过量摄入精制碳水化合物的危害

过量摄入精制碳水化合物会导致肥胖、2 型糖尿病和各种非传染性慢性病发生和发展[3-8]。

极易消化吸收、高血糖指数和高血糖负荷可以部分解释精制碳水化合物的危害[9]。例如：日常膳食中富含精制碳水化合物（例如白米饭和白馒头）。由于这些食物极易被消化成葡萄糖被迅速吸收，同时迅速升高血浆葡萄糖水平，促进胰岛素大量分泌，这些被吸收的糖在体内除了一部分转化为糖原外，更多可能被转化为脂肪存储起来[3,10]。重要的是，精制碳水化合物具有高血糖生成指数特性，会选择性地刺激、奖赏和渴望相关的大脑区域，导致下一餐来临之前饥饿感明显增加[11-13]。相较于食用全谷物，等量食用白米饭和白馒头等高血糖生成指数的食物会导致在下一餐来临前饥饿感明显增加，这可能与其促进胰岛素"过载"导致血糖下降过快有关[14]。因为，人类大脑中的摄食控制中心——下丘脑可以感知血浆葡萄糖水平的细微变化，当血浆葡萄糖水平大幅下降时饥饿感就会增加，促进摄食行为。餐前饥饿感增加，人体可能会通过增加零食来缓解饥饿，或在下一餐增加食物摄入量（包括精制碳水化合物摄入），如此进入恶性循环，导致能量正平衡，从而导致肥胖、糖尿病和各种非传染性慢性病。因此，对于准备减脂的人（尤其是胰岛素抵抗个体）来说，要彻底拒绝食用精制碳水化合物，包括白米、白面等精制谷物和淀粉制品,否则它们会成为减脂过程中一个重要障碍[15]。

　　过量摄入富含精制碳水化合物的超加工食品,危害更大。例如,预包装面包、能量棒、饼干、糖果、巧克力、含糖饮料、各种糕点甜食等超加工食品通常富含淀粉、添加糖或游离糖,其中不可避免地还含有大量果糖,它们不仅会损害大脑中的稳态食欲调节机制,还可能会破坏多巴胺食物奖励系统的正常调节功能,导致食物成瘾,这会进一步导致能量过剩和肥胖[16]。有大量的证据表明,在自由生活人群中,摄入游离糖或添加糖的甜味饮料是导致体重增加和肥胖的重要因素,并且除了体重增加,较高的含糖饮料消费量与代谢综合征和 2 型糖尿病的发生关系密切[3-4,17]。有关超加工食品的危害及其相关机制,在之后的章节中将有更详细的阐述。

四、过量摄入果糖的危害

　　在自然界,果糖是存在于水果、蜂蜜等天然食物中的单糖。人们适量食用整个水果,其中的果糖不会对身体造成危害。在人类漫长的演化史中,富含果糖的食物很难获取,或许因此,葡萄糖和果糖在人体的代谢途径不同。葡萄糖作为主要能量来源,果糖更像是用于奖励,激励摄入更多能量,使肝脏将果糖转化为脂肪,作为能量储存起来,以适应可能来临的饥荒和恶劣生存环境[18]。然而,得益于现代社会便捷的物流和食品工业的发展,生活在城市里的人们几乎可以随时大量获得富含果糖的食物。果糖不仅来自产自不同纬度的天然水果,更多来自随处可见的烘焙食品、含糖饮料、奶茶、巧克力等超加工食品,这些食品中通常添加了大量食品工业来源的果糖(如蔗糖和果葡糖浆),导致人们过量摄入果糖,进而导致了肥胖和慢性非传染性疾病发生和发展[19-20]。

(一)过量摄入果糖导致肠道生态失调和代谢性内毒素血症

　　过量摄入果糖可能会诱导肠道生态失调,损害肠道屏障功能,增加细菌脂多糖(LPS)入血,从而导致血浆内毒素浓度升高,引发代谢性内毒素血症[21]。已经有大量的证据表明,无论是动物和人类,过量摄入果糖都可能会诱导代谢性内毒素血症[22-26]。代谢性内毒素血症被认为通过引发全身慢性低度炎症,导致中枢瘦素(leptin)和胰岛素抵抗,进而损害人体食欲与能量代谢正常调节,最终导致肥胖和慢性非传染性疾病发生[27]。肥胖者或非酒精性脂肪肝病患者如果过量摄入果糖而诱导代谢性内毒素血症,再加上果糖刺激食欲和促进食物成瘾的影响,必然导致病情进一步恶化。因此,富含果糖的超加工食品泛滥已经成为很多人减脂过程中的"拦路虎",特别是果糖成瘾的肥胖青年人受害最深。

(二)过量摄入果糖导致短期食欲亢进和长期食欲失调

　　摄入果糖不会抑制食欲,反而会增加食欲。果糖和葡萄糖都是单糖,所含能量相当。摄入葡萄糖会明显刺激胰岛素的分泌,与之相反,摄入果糖仅微弱地刺激胰岛素的分泌,而胰岛素在下丘脑具有增加饱腹感的作用,因此,摄入果糖不会产生明显的饱腹感[28]。另外,摄入果糖后不会有效降低胃饥饿素(ghrelin)的水平[29-30],而胃饥饿素是已知的刺激食欲的关键内分泌激素,它的水平本该在摄入食物后降低。因此,健康人摄入果糖后不仅没有有效抑制食欲,反而可能会增加食欲和能量摄入。在肥胖人群中,果糖摄入后增加饥饿感的作用尤为明显,这可能与肥胖者中枢胰岛素敏感性降低有关,因为,胰岛素在大脑中的作用不仅包括抑制食欲,还调节食物奖励价值[28-29]。

果糖可能直接进入下丘脑,通过激活神经肽 Y(NPY)或食欲素的基因表达、刺激血管升压素释放等途径来增加食欲[31]。更重要的是,含糖饮料等各种甜味的超加工食品中通常含有大量果糖,过量摄入这些食物还会促进尿酸产生,而高尿酸血症不仅可引起痛风[32-34],这些尿酸也可能进入下丘脑,可能诱发下丘脑炎症[35]。下丘脑是食欲和能量代谢的调控中枢,因此,下丘脑炎症直接影响瘦素和胰岛素的信号转导,削弱了瘦素和胰岛素抑制食欲的中枢作用,从而导致食欲和能量代谢失调。

果糖可能还会促进能量吸收。在动物模型研究中,果糖可以提高肠道细胞的存活率并增加肠绒毛长度,从而扩大了肠道的表面积,促进营养吸收[36]。

总之,过量摄入果糖可能通过增加能量吸收以及多种神经内分泌途径,短期内使食欲增加,长期导致食欲和能量代谢失调,推动能量正平衡和肥胖的发展。

(三)过量摄入果糖可能导致食物成瘾

果糖摄入可能导致食物成瘾。果糖摄入不能明显增加饱腹感,而且果糖比葡萄糖更甜,会强烈刺激多巴胺释放,有效增加食物的奖励价值,这种作用与食物成瘾有关[37]。

当对果糖和葡萄糖摄入后的全脑影像进行比较时会发现,单纯摄入葡萄糖会抑制调节食欲和奖励的相关大脑区域(下丘脑和纹状体)的神经活动,而果糖摄入导致调节食欲和奖励的大脑区域产生更大程度的激活,表明果糖没有增加饱腹感,反而刺激食欲[38]。与葡萄糖相比,果糖摄入会导致调节奖励和享乐的大脑区域(杏仁核和伏隔核)更大程度激活,食用果糖后的饥饿感明显更高,并且与体重正常者相比,肥胖者饥饿感会更明显[39]。

更有甚者,果糖摄入会使参与决策和预期的大脑区域(眶额叶皮层)更大程度激活,这导致对高热量食物的强烈渴望,以致于愿意放弃长期的金钱奖励来立即换取这些食物。这种现象与吸烟成瘾和酒精成瘾的表现非常相似,后者导致愿意放弃长期的身体健康来满足当下短暂的快乐[40-41]。果糖摄入还可能损害参与记忆的大脑区域(海马)的正常功能[37],这可能导致两餐间隔时间缩短,从而增加两餐间的零食摄入。

总之,果糖摄入不仅能增加饥饿感,而且能通过多巴胺系统增加食物奖励价值,增加对食物的渴望,影响进食的决策,甚至影响与食物有关的记忆,这些因素综合作用可能会导致食物成瘾。

(四)过量摄入果糖导致慢性非传染性疾病发生

过量摄入果糖会诱导肝脏病变。少量果糖摄入可能被肠道分解,而过量摄入来自超加工食品中的工业果糖(蔗糖、果葡糖浆等),超过小肠代谢负荷的果糖会进入肝脏或结肠。果糖在肝脏代谢,促进肝脂肪生成。脂肪氧化减少,而肝脏中的脂肪堆积,可能导致非酒精性脂肪性肝病(NAFLD)的发生[42-44]。果糖在肠道中改变菌群平衡和损害肠道屏障功能,导致细菌脂多糖入血,代谢性内毒素血症随之而来,并引发慢性炎症,也会促进肝脂肪从头生成,可能是引发非酒精性脂肪肝的重要因素[45]。肝脂肪生成,促进了极低密度脂蛋白(VLDL)分泌入血,从而导致血浆甘油三酯浓度增加,这可能增加患心血管疾病的风险。可见,肝脏处于代谢的"十字路口",而过量摄入果糖所诱导的肝脏病变与全身代谢紊乱和相关慢性疾病密切相关[46]。

过量摄入果糖可能通过促进尿酸生成而导致肾脏疾病。果糖代谢过程中促进尿酸生成,尿酸导致血管内皮功能障碍、血管损伤和炎症,导致肾小球高血压、肾小管间质损伤和全身血压升高,果糖—尿酸途径可能驱动肾纤维化发展[47]。

在胎儿、新生儿和婴儿发育的关键时期摄入高果糖食物,可能会影响脂肪生成、脂肪分布和神经内分泌系统功能,从而长期影响食欲控制系统功能和饮食行为,增加肥胖和代谢疾病的风险[48]。有报道称,高果糖玉米糖浆促进小鼠肠道肿瘤生长,类似的事情是否会发生在人类身上还有待进一步研究[49]。有许多研究表明,青春期摄入大量单糖(如果糖、葡萄糖、添加糖),特别是含糖饮料会增加患癌症(如结直肠癌、乳腺癌等)的风险,果糖可能是其中重要的贡献者[50-54]。

五、果糖的主要食物来源

果糖主要有两种食物来源。

第一种,来源于生活中添加糖的超加工食品,包括含糖饮料、含糖零食、烘焙食品、甜点、奶茶、冰激凌、巧克力、蜜饯等,是果糖的主要食物来源。这些超加工食品中添加的糖通常都含有大量的果糖,例如:蔗糖中约含有 50% 的果糖;果葡糖浆是甜味添加剂,其中果糖含量可高达 90%。

第二种,来自新鲜水果、果汁、蜂蜜。每 100 g 新鲜水果中含有 1～10 g 的果糖,越甜的水果果糖含量通常越高。例如,每 100 g 新鲜葡萄、荔枝中果糖含量为 7～10 g,每 100 g 新鲜苹果中果糖含量为 6～7 g,每 100 g 新鲜番石榴和番茄中果糖含量小于 2 g，而每 100 g 新鲜柠檬和桃子中果糖含量小于 1 g。每 100 g 蜂蜜中大约含有 39 g 果糖，因此，蜂蜜是果糖含量很高的天然食物。前述天然食物中，果糖含量会因为品种和产地不同而不同。更多有关天然食物中果糖含量的数据，可登入本书第七章第六节提供的数据库查询。

适量食用整个水果不会对身体造成不利影响，可能因为低剂量的果糖被小肠分解转化为葡萄糖和有机酸，很少通过肝门静脉进入肝脏；也可能因为在食用整个水果的时候，同时摄入的膳食纤维和植物化学物以及未被破坏的植物细胞壁减缓了果糖释放速度，有助于果糖在小肠被更完全地清除。但是，短时间内过量摄入高果糖水果，特别是在空腹时大量摄入水果或饮用果汁可能导致小肠不堪重负。100％果汁被世界卫生组织归为富含游离糖的食物。一方面，饮用果汁可能导致在短时间内摄入过量的葡萄糖和果糖，例如，一个 300 g 的橙子，一个儿童可能无法一次吃完，然而将这个橙子榨成汁一次喝完，他可能还意犹未尽。另一方面，可能因为果汁中的果糖和葡萄糖脱离了植物细胞壁的保护，其中的葡萄糖可迅速提升血糖，而其中果糖的量超过小肠可分解的量，致使更多果糖经肝门静脉涌入肝脏，导致了一系列的不良代谢反应。因此，100％果汁是被过度加工的非健康食物，特别不利于减脂。100％果汁与其他含糖饮料一样美味，对于儿童青少年具有特别的吸引力，这是每一个为人父母者要特别引起注意的，过量饮用 100％果汁可能是儿童青少年肥胖的重要诱因[55]。

有趣的是，在动物研究中，大量摄入盐会刺激内源性果糖产生，并发展为瘦素抵抗和食欲亢进，导致胰岛素抵抗、肥胖和脂肪肝[56]。因此，饭菜太咸也可能是扰乱食欲调节的饮食因素，并且成为减脂过程中的一个障碍，而吃得淡一些可能有助于顺利减脂和长期保持健康体重。

六、高质量碳水化合物的食物来源

初级农产中的全谷物、豆类等是人类高质量膳食碳水化合物的主要来源。随着食品工业的发展，人们的膳食碳水化合物更多来源于精制碳水化合物或超加工食品，却很少来自全谷物、豆类等仅经过最低限度加工的天然食物。人们每日摄入相同数量但来源不同的碳水化合物，它们在胃肠道消化系统旅途中的境遇相去甚远，在人体内代谢的过程也会截然不同。

（一）被缓慢消化吸收是高质量碳水化合物的重要标志

不同食物来源的碳水化合物（例如，精制碳水化合物和全谷物）因为食物的加工程度不同、组成食物营养成分不同以及不同营养成分的空间分布（食物结构）不同，当它们作为膳食中的一部分从进入消化道就可能面临不同的命运。

在胃肠道，如果它们（如全谷物）的胃排空速度和消化吸收速率更缓慢，那么会导致胃肠道持续向下丘脑发送饱腹机械信号,还可能导致不同数量的碳水化合物逃脱在小肠被消化吸收的命运。如果它们(精制碳水化合物)在小肠被迅速消化吸收,可能导致血液葡萄糖浓度迅速增加,促进胰岛素释放以及胰岛素信号转导产生的一系列生物学效应,例如抑制分解代谢,促进合成代谢。

如果更多未被小肠消化吸收的碳水化合物被输送到结肠,特别是当它们到达远端结肠时,则会被肠道菌群作为"食物",从而改善了肠道微生态和肠道屏障功能,并减少细菌脂多糖入血和抑制代谢性慢性炎症。在远端结肠,未被消化吸收的碳水化合物被肠道细菌发酵产生短链脂肪酸,它们可促进肠道糖异生,还可促进肠道饱腹激素[胰高血糖素样肽-1(GLP-1)和酪酪肽(PYY)]释放。短链脂肪酸可连同饱腹激素一起在下丘脑抑制食欲,还可发挥调节免疫、抑制代谢性炎症等有益功能。

总之,碳水化合物的缓慢消化吸收[57-58]通过影响神经系统、内分泌系统、免疫系统和肠道菌群,从而灵活调节食欲和能量代谢,最终起到对抗肥胖和慢性非传染性疾病的作用,因此,被缓慢消化吸收是高质量碳水化合物的重要标志。

(二)加工程度是影响碳水化合物质量的关键因素

1. 植物细胞壁和可食用皮层起到了天然"营养胶囊"的作用

人类膳食中的碳水化合物主要来源于植物性食物,如谷物、豆类、薯类和水果等,这些植物性食物的植物细胞壁和可食用皮层(如全谷物的麸皮)提供物理结构支持,并将蛋白质、脂质和淀粉等营养物质包裹起来。这些可食用皮层和植物细胞壁由难以消化的碳水化合物(即膳食纤维)如纤维素、半纤维素、果胶、木质素等和水组成,还包含植物化学物、维生素和矿物质[59]。人体内的消化酶无法消化植物细胞壁和可食用皮层,因此它们形成物理屏障,起到了天然"营养胶囊"的作用[60]。

如果"营养胶囊"在进入胃肠道时仍然完好无损,它们可以有效地封装细胞内营养物质。由于肠道蠕动,植物细胞内营养物质仍可从细胞壁的孔隙被挤出,或者消化液进入细胞壁内使消化发生在植物细胞内,但是这两种情况都受到细胞壁孔隙大小的限制。因此,植物细胞壁的物理结构限制了消化酶与植物细胞内的营养物质接触,从而减缓植物细胞内营养物质在小肠中的消化吸收[61]。植物细胞内包括淀粉和植物化学物在内的营养物质,在完整的细胞壁保护下,可能被转运至远端结肠,这为肠道微生态平衡和后续一系列有益健康的代谢反应提供了物质基础。植物细胞壁和可食用皮层的天然"营养胶囊"作用,表明了植物性食物的物理结构的重要性有时候可能超越食物的化学成分。而且,"营养胶囊"作用似乎可以在很大程度上解释,为什么人们摄食全谷物和整个水果,相较于摄食精制面食和果汁,体内会产生截然不同的代谢后果。

天然植物性食物除了植物细胞壁和可食用皮层一起充当"营养胶囊"以外,这些食物中的植物化学物、蛋白质和脂质都分布于特定的空间位置，并且它们之间相互作用，可协同减缓碳水化合物的消化吸收。例如，微观结构分析表明，天然大米中的蛋白质和脂质通常附着在淀粉颗粒表面，从而抑制了它们与消化酶的接触，而且，蛋白质和脂质限制了淀粉颗粒的溶胀，这可能减小淀粉颗粒的表面积而降低了它们的消化率[62]。另外，天然植物性食物中的膳食纤维、植物化学物（特别是其中的酚类物质）和生物活性肽具有降低 α-淀粉酶和 α-葡萄糖苷酶活性的能力，进一步减缓了淀粉的消化吸收。

2. 最低限度加工保留了天然食物的物理结构和营养成分

全谷物、豆类和水果等仅进行最低限度加工（如谷类，仅剥离不可食用的谷壳），有利于最大限度地保留天然食物结构的完整性。保留天然食物中原生的膳食纤维、脂质、蛋白质、植物化学物、维生素和矿物质，从而减缓碳水化合物的消化吸收，防止食物营养的流失，是获得高质量膳食碳水化合物的关键。天然、完整的植物性食物在家庭厨房中烹饪，以及食物进入口腔咀嚼，对天然食物结构的破坏有限，这是对食物进行必要的最低限度加工。工业精加工与"口腔加工"不同，精加工破坏了天然植物性食物的物理结构，致使可食用皮层被剥离和更多植物细胞壁破裂，使食物中的各种成分从在空间中有序排列，变成了无序混合，从而增加了消化酶与细胞内营养物质接触的概率，提高了碳水化合物在小肠内的消化吸收速率[63]，导致不健康的代谢后果。工业精加工还会导致更多的有益营养物质流失[64]，例如，精米和白面在谷物加工过程中，麸皮和胚芽部分被分离出来，而谷物中的膳食纤维、植物化学物、维生素、矿物质主要存在于麸皮和胚芽中，因此与精米、白面相比，全谷物代表了高质量的碳水化合物来源。

随着现代食品工业的发展，为了满足或创造消费者的需求，市场上出现了各种各样的超加工食品。这些超加工食品包括含糖饮料、方便面、巧克力、糖果、能量棒、早餐"谷物"，以及预包装蛋糕、甜点、饼干、面包等，它们代表了质量低劣的膳食碳水化合物来源。这些超加工食品通常主要由淀粉、游离糖、不健康脂肪和多种添加剂按照特定的配方比例加工而成，它们的主要特征是缺乏天然膳食纤维和植物化学物等营养物质，可是它们非常美味，摄入后消化吸收迅速，令人食欲大增，并通过影响神经系统、内分泌系统、免疫系统和肠道菌群，导致食欲和能量代谢失调，最终使肥胖和患慢性非传染性疾病的风险增加。

（三）影响碳水化合物质量的关键成分是天然膳食纤维

天然植物性食物中的全谷物、豆类、水果等富含多种碳水化合物，如葡萄糖、果糖、糖醇、低聚糖、淀粉多糖、非淀粉多糖等，其中非淀粉多糖、抗性低聚糖、抗性淀粉等不能在小肠消化吸收，被称为膳食纤维。这些存在于天然植物性食物中的膳食纤维通过与食物中的其他营养物质相互作用，可为肠道菌群提供更多"食物"，从而导致减少食物摄入和能量吸收、增加能量消耗、改善肠道微生态、增强肠道屏障功能、减少内毒素入血、抑制全身慢性炎症、促进肠道糖异生、调节内分泌激素等良性代谢后果,有利于下丘脑灵活高效地调控食欲和能量代谢,最终使人体在与外环境进行物质和能量交换的过程中长期保持内环境处于动态平衡。因此,在选择全谷物和豆类等富含碳水化合物的天然植物性食物时,除了考虑这些食物的加工程度,这些食物中的天然膳食纤维含量也是衡量其质量的关键成分因素。

2019 年,一份发表在《柳叶刀》的荟萃分析报告[65]是由世界卫生组织委托进行的研究结果,为制定有关碳水化合物摄入量的最新建议提供信息。这项研究分析了来自 185 篇前瞻性研究出版物(涉及近 1.35 亿人)和 58 项临床试验(涉及 4 635 名成人参与者)的数据,结果表明:将最高膳食纤维摄入量人群与最低膳食纤维摄入量人群进行比较,全因和心血管相关死亡率、冠心病发病率、中风发病率和死亡率、2 型糖尿病和结直肠癌的发病率降低了 15%～30%;当每日膳食纤维摄入量在 25～29 g 之间时,与一系列关键结果相关的风险降低最大;剂量反应曲线表明,较高的膳食纤维摄入量可以为预防心血管疾病、2 型糖尿病、结直肠癌和乳腺癌带来更大的益处;并且观察到全谷物摄入量增加可获得与上述发现类似的健康结果。这项研究得出的结论是,膳食纤维和全谷物摄入量与多种非传染性疾病之间可能存在因果关系,并且呈现惊人的剂量反应特征,建议增加膳食纤维的摄入量,用全谷物代替精制谷物,这样有望为人类健康带来益处。

前述报告在最后强调,将这些关于膳食纤维和全谷物的发现转化为针对个人和人群的饮食建议,应该同时伴随着一个警告,即应该强调摄入存在于最低限度加工的全谷物、蔬菜和水果中的天然膳食纤维能够收到健康益处,而摄入经过高度加工的全谷物食品(如全谷物早餐麦片),没有流行病学证据表明会收到相同的健康益处。因此,影响碳水化合物质量的关键是天然膳食纤维的含量,而不是在食物加工过程中加入提纯的工业膳食纤维的含量。

(四)血糖生成指数可部分解释碳水化合物的质量

血糖生成指数(GI)是衡量食物引起餐后血糖反应的指标,是表示含有 50 g 可利用碳水化合物的食物与相当量的葡萄糖在一定时间(一般为餐后 2 小时)内引起体内血糖应答水平的百分比。用公式表示:GI＝(含有 50 g 可利用碳水化合物的食物的 2 小时血糖应答/50 g 葡萄糖的 2 小时血糖应答)×100%。例如,葡萄糖 GI 为 100%、白馒头 GI 约为 85%、白米饭 GI 约为 83%。膳食中碳水化合物的物理结构和化学组分不同,葡萄糖释放和消化吸收速率不同,导致吸收入血的葡萄糖水平升幅不同。有研究认为,高血糖生成指数的食物会使肥胖、2 型糖尿病和心血管疾病的风险增加[65-68]。造成这种结果的可能原因包括:高血糖生成指数的食物通常消化吸收速率更快,天然膳食纤维含量更低,可被输送到远端肠道供细菌发酵利用的碳水化合物更少。因此,摄入高血糖生成指数的食物,餐后饱腹感持续时间较短,且更有效地激活食物奖励系统,从而增加餐后的饥饿感和零食摄入风险,或导致下一餐摄入更多食物[11]。但是也有研究认为,血糖生成指数作为衡量碳水化合物质量的指标,证据强度较低[65]。

在同一种天然食物中,加工程度是其血糖生成指数的主要影响因素,例如,全谷物或豆类被磨成粉后,由于消化吸收速率增加,血糖生成指数通常也会不同程度地增加。但是需要注意,很多超加工食品由于在加工过程中添加了脂质、蛋白质、果糖等成分,可以显著降低食品的血糖生成指数[69],这些食物(例如巧克力、冰激凌等)很不健康,显然不能作为高质量的碳水化合物来源。因此,血糖生成指数只能部分解释碳水化合物的质量。

(五)用全谷物替代精制谷物更健康

采用全谷物(如全麦、糙米)替代精制谷物(如白米、白面),不仅有利于减脂,而且有利于收获长期健康,正如前述 2019 年发表在《柳叶刀》荟萃研究中的建议"增加膳食纤维摄入,并用全谷物代替精制谷物对人类健康有益[65]"。另一项在 21 个国家进行的前瞻性研究涉及 148 858 名受试者,中位随访时间为 9.5 年,该研究表明大量摄入精制谷物与更高的死亡率和主要心血管疾病事件风险有关,建议在全球范围内考虑降低精制谷物的消费量[70]。其他的研究显示,采用全谷物替代精制谷物,可减少 2 型糖尿病[8]、代谢综合征[71]、中风[72]、胃癌[73]、肝癌[74]等健康风险。

参考文献

[1] 世界卫生组织. 世卫组织敦促全球采取行动遏制含糖饮料的消费和对健康的不良影响[R/OL]. (2016 - 10 - 11)[2023 - 06 - 01]. https://www. who. int/zh/news/item/11 - 10 - 2016 - who-urges-global-action-to-curtail-consumption-and-health-impacts-of-sugary-drinks.

[2] 程义勇,郭俊生,马爱国. 基础营养[M]//杨月欣,葛可佑. 中国营养科学全书. 2 版. 北京:人民卫生出版社,2019:79 - 81.

[3] Malik V S, Popkin B M, Bray G A, et al. Sugar-sweetened beverages and risk of metabolic syndrome and type 2 diabetes:A meta-analysis[J]. Diabetes Care,2010,33(11):2477 - 2483.

[4] Te Morenga L, Mallard S, Mann J. Dietary sugars and body weight:Systematic review and meta-analyses of randomised controlled trials and cohort studies[J]. BMJ,2012,346:e7492.

[5] Hu E A, Sun Q, Pan A, et al. Abstract P351:White rice consumption and risk of type 2 diabetes:A meta-analysis and systematic review[J]. Circulation,2012,125(supplement 10):351.

[6] Ren G Y, Qi J, Zou Y L. Association between intake of white rice and incident type 2 diabetes-An updated meta-analysis[J]. Diabetes Research and Clinical Practice,2021,172:108651.

[7] Lai H H, Sun M Y, Liu Y F, et al. White rice consumption and risk of cardiometabolic and cancer outcomes:A systematic review and dose-response meta-analysis of prospective cohort studies[J]. Critical Reviews in Food Science and Nutrition,2022,19:1 - 12.

[8] Yu J Y, Balaji B, Tinajero M, et al. White rice, brown rice and the risk of type 2 diabetes:A systematic review and meta-analysis[J]. BMJ Open,2022,12(9):e065426.

[9] Barclay A W, Petocz P, McMillan-Price J, et al. Glycemic index, glycemic load, and chronic disease

risk: A meta-analysis of observational studies[J]. The American Journal of Clinical Nutrition, 2008, 87 (3): 627 – 637.

[10] Astley C, Todd J N, Salem R, et al. Genetic evidence that carbohydrate-stimulated insulin secretion leads to obesity[J]. Clinical Chemistry,2018,64(1):192 – 200.

[11] Lennerz B S, Alsop D C, Holsen L M, et al. Effects of dietary glycemic index on brain regions related to reward and craving in men[J]. The American Journal of Clinical Nutrition, 2013, 98(3): 641 – 647.

[12] Lennerz B, Munsch F, Alsop D, et al. 1773 – P: Postprandial hyperglycemia after a high-glycemic index meal activates brain areas associated with food cravings and overeating in T1D[J]. Diabetes, 2020, 69 (1):1773.

[13] Holsen L M, Hoge W S, Lennerz B S, et al. Diets varying in carbohydrate content differentially alter brain activity in homeostatic and reward regions in adults[J]. The Journal of Nutrition, 2021, 151(8): 2465 – 2476.

[14] Wyatt P, Berry S E, Finlayson G, et al. Postprandial glycemic dips predict appetite and energy intake in healthy individuals[J]. Nature Metabolism, 2021, 3(4): 523 – 529.

[15] Harris K A, West S G, Heuvel J P V, et al. Abstract P066: A Refined Carbohydrate Diet Attenuates Weight Loss in Insulin Resistant Individuals[J]. Circulation,2012, 125(10):ap066.

[16] Lennerz B, Lennerz J K. Food addiction, high-glycemic-index carbohydrates, and obesity[J]. Clinical Chemistry, 2018, 64(1): 64 – 71.

[17] Kroemer G, López-Otín C, Madeo F, et al. Carbotoxicity: Noxious effects of carbohydrates[J]. Cell, 2018, 175(3): 605 – 614.

[18] Johnson R J, Stenvinkel P, Andrews P, et al. Fructose metabolism as a common evolutionary pathway of survival associated with climate change, food shortage and droughts[J]. Journal of Internal Medicine, 2020, 287(3): 252 – 262.

[19] Tappy L, Lê K A. Metabolic effects of fructose and the worldwide increase in obesity[J]. Physiological Reviews, 2010, 90(1): 23 – 46.

[20] Febbraio M A, Karin M. "Sweet death": Fructose as a metabolic toxin that targets the gut-liver axis [J]. Cell Metabolism, 2021, 33(12): 2316 – 2328.

[21] Cheng W L, Li S J, Lee T I, et al. Sugar fructose triggers gut dysbiosis and metabolic inflammation with cardiac arrhythmogenesis[J]. Biomedicines, 2021, 9(7): 728.

[22] Jin R, Willment A, Patel S S, et al. Fructose induced endotoxemia in pediatric nonalcoholic Fatty liver disease[J]. International Journal of Hepatology, 2014, 2014: 560620.

[23] Nier A, Brandt A, Rajcic D, et al. Short-term isocaloric intake of a fructose-but not glucose-rich diet affects bacterial endotoxin concentrations and markers of metabolic health in normal weight healthy subjects[J]. Molecular Nutrition & Food Research, 2019, 63(6): e1800868.

[24] Song M. Dietary fructose induced gut microbiota dysbiosis is an early event in the onset of metabolic phenotype[J]. The FASEB Journal, 2019, 33(S1).

[25] Kavanagh K, Wylie A T, Tucker K L, et al. Dietary fructose induces endotoxemia and hepatic injury in calorically controlled primates[J]. The American Journal of Clinical Nutrition, 2013, 98(2): 349 – 357.

[26] Volynets V, Louis S, Pretz D, et al. Intestinal barrier function and the gut microbiome are differentially affected in mice fed a western-style diet or drinking water supplemented with fructose[J]. The Journal of Nutrition, 2017, 147(5): 770 – 780.

[27] Cani P D, Amar J, Iglesias M A, et al. Metabolic endotoxemia initiates obesity and insulin resistance [J]. Diabetes, 2007, 56(7): 1761 – 1772.

[28] Teff K L, Grudziak J, Townsend R R, et al. Endocrine and metabolic effects of consuming fructose-and glucose-sweetened beverages with meals in obese men and women: Influence of insulin resistance on plasma triglyceride responses[J]. The Journal of Clinical Endocrinology & Metabolism, 2009, 94(5): 1562 – 1569.

[29] Van Name M, Giannini C, Santoro N, et al. Blunted suppression of acyl-ghrelin in response to fructose ingestion in obese adolescents: The role of insulin resistance[J]. Obesity, 2015, 23(3): 653 – 661.

[30] Teff K L, Elliott S S, Tschoöp M, et al. Dietary fructose reduces circulating insulin and leptin, attenuates postprandial suppression of ghrelin, and increases triglycerides in women[J]. The Journal of

Clinical Endocrinology & Metabolism, 2004, 89(6): 2963 - 2972.

[31] Andres-Hernando A, Jensen T J, Kuwabara M, et al. Vasopressin mediates fructose-induced metabolic syndrome by activating the V1b receptor[J]. JCI Insight, 2021, 6(1): e140848.

[32] Fang X Y, Qi L W, Chen H F, et al. The interaction between dietary fructose and gut microbiota in hyperuricemia and gout[J]. Frontiers in Nutrition, 2022, 9: 890730.

[33] Zhang C W, Li L J, Zhang Y P, et al. Recent advances in fructose intake and risk of hyperuricemia[J]. Biomedicine & Pharmacotherapy, 2020, 131: 110795.

[34] Ebrahimpour-koujan S, Saneei P, Larijani B, et al. Consumption of sugar sweetened beverages and dietary fructose in relation to risk of gout and hyperuricemia: A systematic review and meta-analysis[J]. Critical Reviews in Food Science and Nutrition, 2020, 60(1): 1 - 10.

[35] Lu W J, Xu Y Z, Shao X N, et al. Uric acid produces an inflammatory response through activation of NF-κB in the hypothalamus: Implications for the pathogenesis of metabolic disorders[J]. Scientific Reports, 2015, 5: 12144.

[36] Taylor S R, Ramsamooj S, Liang R J, et al. Dietary fructose improves intestinal cell survival and nutrient absorption[J]. Nature, 2021, 597(7875): 263 - 267.

[37] Payant M A, Chee M J. Neural mechanisms underlying the role of fructose in overfeeding[J]. Neuroscience & Biobehavioral Reviews, 2021, 128: 346 - 357.

[38] Page K A, Chan O, Arora J, et al. Effects of fructose vs glucose on regional cerebral blood flow in brain regions involved with appetite and reward pathways[J]. JAMA, 2013, 309(1): 63 - 70.

[39] Page K, Luo S, Huang S, et al. Abstract 19: Stimulatory effects of fructose vs. glucose on brain reward activation and hunger are heightened in obese young adults[J]. Circulation, 2014, 129(suppl_1): 19.

[40] Jastreboff A M, Sinha R, Arora J, et al. Altered brain response to drinking glucose and fructose in obese adolescents[J]. Diabetes, 2016, 65(7): 1929 - 1939.

[41] Luo S, Monterosso J R, Sarpelleh K, et al. Differential effects of fructose versus glucose on brain and appetitive responses to food cues and decisions for food rewards[J]. Proceedings of the National Academy of Sciences of the United States of America, 2015, 112(20): 6509 - 6514.

[42] Sigala D M, Hieronimus B, Price C, et al. 5 - LB: Consuming high-fructose corn syrup or sucrose-sweetened beverages increases hepatic lipid content and decreases insulin sensitivity in young adults[J]. Diabetes, 2020, 69(1): 5.

[43] Geidl-Flueck B, Hochuli M, Németh Á, et al. Fructose-and sucrose-but not glucose-sweetened beverages promote hepatic de novo lipogenesis: A randomized controlled trial[J]. Journal of Hepatology, 2021, 75(1): 46 - 54.

[44] Jensen T, Abdelmalek M F, Sullivan S, et al. Fructose and sugar: A major mediator of non-alcoholic fatty liver disease[J]. Journal of Hepatology, 2018, 68(5): 1063 - 1075.

[45] Todoric J, Di Caro G, Reibe S, et al. Fructose stimulated de novo lipogenesis is promoted by inflammation[J]. Nature Metabolism, 2020, 2(10): 1034 - 1045.

[46] Hieronimus B, Medici V, Bremer A A, et al. Synergistic effects of fructose and glucose on lipoprotein risk factors for cardiovascular disease in young adults[J]. Metabolism, 2020, 112: 154356.

[47] Nakagawa T, Johnson R J, Andres-Hernando A, et al. Fructose production and metabolism in the kidney[J]. Journal of the American Society of Nephrology: JASN, 2020, 31(5): 898 - 906.

[48] Goran M I, Dumke K, Bouret S G, et al. The obesogenic effect of high fructose exposure during early development[J]. Nature Reviews Endocrinology, 2013, 9(8): 494 - 500.

[49] Goncalves M D, Lu C Y, Tutnauer J, et al. High-fructose corn syrup enhances intestinal tumor growth in mice[J]. Science, 2019, 363(6433): 1345 - 1349.

[50] Joh H K, Lee D H, Hur J, et al. Simple sugar and sugar-sweetened beverage intake during adolescence and risk of colorectal cancer precursors[J]. Gastroenterology, 2021, 161(1): 128 - 142. e20.

[51] Hur J, Otegbeye E, Joh H K, et al. Sugar-sweetened beverage intake in adulthood and adolescence and risk of early-onset colorectal cancer among women[J]. Gut, 2021, 70(12): 2330 - 2336.

[52] Leung C Y, Abe S, Sawada N, et al. Sugary drink consumption and subsequent colorectal cancer risk: The Japan public health center-based prospective cohort study[J]. Cancer Epidemiology, Biomarkers& Prevention, 2021, 30: 782 - 788.

[53] Leung C Y, Abe S K, Sawada N, et al. Sugary drink consumption and risk of kidney and bladder cancer

in Japanese adults[J]. Scientific Reports, 2021, 11: 21701.

[54] Chazelas E, Srour B, Desmetz E, et al. Sugary drink consumption and risk of cancer: Results from NutriNet-Santé prospective cohort[J]. BMJ, 2019, 366: l2408.

[55] Wojcicki J M, Heyman M B. Reducing childhood obesity by eliminating 100% fruit juice[J]. American Journal of Public Health, 2012, 102(9): 1630 – 1633.

[56] Lanaspa M A, Kuwabara M, Andres-Hernando A, et al. High salt intake causes leptin resistance and obesity in mice by stimulating endogenous fructose production and metabolism[J]. Proceedings of the National Academy of Sciences of the United States of America, 2018, 115(12): 3138 – 3143.

[57] Fardet A. Minimally processed foods are more satiating and less hyperglycemic than ultra-processed foods: A preliminary study with 98 ready-to-eat foods[J]. Food & Function, 2016, 7(5): 2338 – 2346.

[58] Teo P S, Lim A J, Goh A T, et al. Texture-based differences in eating rate influence energy intake for minimally processed and ultra-processed meals[J]. The American Journal of Clinical Nutrition, 2022, 116(1): 244 – 254.

[59] Li C, Hu Y M, Zhang B. Plant cellular architecture and chemical composition as important regulator of starch functionality in whole foods[J]. Food Hydrocolloids, 2021, 117: 106744.

[60] Xiong W Y, Devkota L, Zhang B, et al. Intact cells: "Nutritional capsules" in plant foods[J]. Comprehensive Reviews in Food Science and Food Safety, 2022, 21(2): 1198 – 1217.

[61] Chi C D, Shi M M, Zhao Y T, et al. Dietary compounds slow starch enzymatic digestion: A review[J]. Frontiers in Nutrition, 2022, 9: 1004966.

[62] Ye J P, Hu X T, Luo S J, et al. Effect of endogenous proteins and lipids on starch digestibility in rice flour[J]. Food Research International, 2018, 106: 404 – 409.

[63] Shahidi F, Pan Y. Influence of food matrix and food processing on the chemical interaction and bioaccessibility of dietary phytochemicals: A review[J]. Critical Reviews in Food Science and Nutrition, 2022, 62(23): 6421 – 6445.

[64] Ma Z Q, Yi C P, Wu N N, et al. Reduction of phenolic profiles, dietary fiber, and antioxidant activities of rice after treatment with different milling processes[J]. Cereal Chemistry, 2020, 97: 1158 – 1171.

[65] Reynolds A, Mann J, Cummings J, et al. Carbohydrate quality and human health: A series of systematic reviews and meta-analyses[J]. Lancet, 2019, 393(10170): 434 – 445.

[66] Zafar M I, Mills K E, Zheng J, et al. Low glycemic index diets as an intervention for obesity: A systematic review and meta-analysis[J]. Obesity Reviews, 2019, 20(2): 290 – 315.

[67] Jenkins D J A, Dehghan M, Mente A, et al. Glycemic index, glycemic load, and cardiovascular disease and mortality[J]. The New England Journal of Medicine, 2021, 384(14): 1312 – 1322.

[68] Ojo O, Ojo O O, Adebowale F, et al. The effect of dietary glycemic index on glycemia in patients with type 2 diabetes: A systematic review and meta-analysis of randomized controlled trials[J]. Nutrients, 2018, 10(3): 373.

[69] Basile A, Ruiz-Tejada A, Mohr A, et al. Ultra-processed foods have a lower glycemic index and load compared to minimally processed foods[J]. Current Developments in Nutrition, 2022, 6: 504.

[70] Swaminathan S, Dehghan M, Raj J M, et al. Associations of cereal grains intake with cardiovascular disease and mortality across 21 countries in Prospective Urban and Rural Epidemiology study: Prospective cohort study[J]. BMJ, 2021, 372: m4948.

[71] Guo H B, Ding J, Liang J Y, et al. Associations of whole grain and refined grain consumption with metabolic syndrome. A meta-analysis of observational studies[J]. Frontiers in Nutrition, 2021, 8: 695620.

[72] Chen J G, Huang Q F, Shi W, et al. Meta-analysis of the association between whole and refined grain consumption and stroke risk based on prospective cohort studies[J]. Asia Pacific Journal of Public Health, 2016, 28(7): 563 – 575.

[73] Xu Y J, Yang J E, Du L A, et al. Association of whole grain, refined grain, and cereal consumption with gastric cancer risk: A meta-analysis of observational studies[J]. Food Science & Nutrition, 2019, 7(1): 256 – 265.

[74] Yang W S, Ma Y N, Liu Y E, et al. Association of intake of whole grains and dietary fiber with risk of hepatocellular carcinoma in US adults[J]. JAMA Oncology, 2019, 5(6): 879.

第三节　蛋白质

蛋白质(protein)是由氨基酸通过一种被称为肽键的化学键连接在一起,并具有复杂空间结构的有机化合物。蛋白质是生命活动的主要载体和功能执行者,没有蛋白质就没有生命。蛋白质是构成组织细胞的主要成分,人体所有细胞组织都含有蛋白质。蛋白质是体内最重要的生物大分子之一。

一、蛋白质的分类

蛋白质种类繁多,结构功能各异。蛋白质主要由碳、氢、氧、氮四种元素组成,有些蛋白质还含有少量硫、磷、铁、铜、锌、锰、碘等元素。各种蛋白质的含氮量很接近,平均为 16%[1]。

根据蛋白质化学组成,可将蛋白质分为单纯蛋白质和结合蛋白质两大类。单纯蛋白质只由氨基酸组成,其水解的最终产物只是氨基酸;结合蛋白质由单纯蛋白质与非蛋白质结合而成。根据蛋白质中所含氨基酸的种类和数量比例,可将蛋白质分为完全蛋白、半完全蛋白和不完全蛋白三类。根据蛋白质的不同食物来源,可将蛋白质分为动物性蛋白质和植物性蛋白质两类。

(一)单纯蛋白质

单纯蛋白包括清蛋白、球蛋白、谷蛋白、醇溶谷蛋白、精蛋白、组蛋白和硬蛋白。清蛋白(也称白蛋白)和球蛋白存在于动植物的组织和体液中,如乳汁、血浆、蛋清所含蛋白质主要是清蛋白和球蛋白。谷蛋白和醇溶谷蛋白存在于谷类种子中,是重要的植物蛋白,是面筋的主要成分。鱼的精蛋白大量存在于鱼的精子、鱼卵及动物的脾、胸腺等组织中。组蛋白大量存在于胸腺及红细胞中。硬蛋白是溶解度小、性质稳定的蛋白质,如结缔组织中的胶原蛋白,以及指甲、毛发、动物甲壳中的角蛋白。

(二)结合蛋白质

结合蛋白质包括核蛋白、色蛋白、脂蛋白、糖蛋白和磷蛋白。核蛋白由单纯蛋白质与核酸结合而成,普遍存在于动物植物的细胞核中。色蛋白由单纯蛋白质与色素结合而成,如血红蛋白、肌红蛋白等。脂蛋白由单纯蛋白质与脂类(如卵磷脂、胆固醇等)结合而成,如血浆脂蛋白。糖蛋白是以单纯蛋白为主体,糖类为辅基的结合蛋白质,普遍存在于动物体内各种组织及体液中,如唾液、消化道黏液、细胞膜中都含有糖蛋白。磷蛋白是由单纯蛋白质与含磷酸辅基结合而成的物质,如乳中的酪蛋白、卵黄中的卵黄磷蛋白等。

（三）完全蛋白、半完全蛋白和不完全蛋白

完全蛋白是指氨基酸种类齐全,数量比例适当,摄入后有利于促进生长发育和维持健康的蛋白质,如肉类中的白蛋白和肌蛋白、蛋类中的卵白蛋白和磷蛋白、奶类中的乳白蛋白和酪蛋白、谷物中的谷蛋白、大豆中的大豆蛋白。半完全蛋白是指氨基酸种类齐全,但是数量不足或比例不适当的蛋白质,如小麦中的麦胶蛋白。不完全蛋白是指氨基酸种类不全的蛋白质,如胶原蛋白、玉米胶蛋白等[2]。

（四）动物性蛋白质和植物性蛋白质

动物性蛋白是指来源于肉、蛋、奶等动物性食物的蛋白质。植物性蛋白是指来源于豆类、谷物、菌类等植物性食物的蛋白质。

二、蛋白质的主要生理功能

蛋白质几乎参与生命活动的每一个过程,是生命活动的执行者,参与完成体内各种生理生化反应。

（一）构成细胞、组织和器官

蛋白质是组成人体各种组织、细胞、器官的重要成分。人的肌肉、内脏、神经、血液、骨骼等都含有丰富的蛋白质。蛋白质是细胞的重要结构组分,如膜蛋白质、细胞器的组成蛋白质等。人体的组织细胞的蛋白质每天都在不断更新,因此必须每天从食物中摄入蛋白质。食物中的蛋白质经过消化吸收后以氨基酸入血,作为组织细胞更新的原料。

（二）物质转运载体

人体吸入的氧气和摄入的营养物质,主要在血液中以蛋白质为载体进行转运。例如:血液中的载脂蛋白参与脂质运输;血红蛋白携带氧气到身体的每个细胞,供细胞新陈代谢使用。

（三）细胞间信息交流

人体的内分泌激素是多肽或蛋白质,它们充当细胞外信号分子,如瘦素、胰岛素、肾上腺素等,而细胞膜上能特异性识别并结合胞外信号分子的受体也是蛋白质,细胞内信号转导也是由蛋白质执行。因此,蛋白质是人体内数以万亿计细胞间信息交流的重要物质载体。

（四）催化作用和免疫功能

人体内有大量特殊功能的酶，这些酶绝大多数是具有特异性生物活性的蛋白质，人体内时刻进行着的化学反应离不开它们的催化作用。保护机体免受外来"非己物质"入侵和维持机体内环境稳态的抗体（免疫球蛋白）、细胞因子等免疫分子都是蛋白质。

（五）提供能量

蛋白质是三大产能营养素之一，体内的蛋白质可以分解为水、二氧化碳，并释放能量。人体在饥饿时可分解蛋白质以提供能量，蛋白质的能量系数约为 4 kcal/g（约 17 kJ/g），即每克蛋白质在体内生物氧化产生的能量约 4 kcal（约 17 kJ）。

此外，蛋白质在体内还发挥血液凝固功能、调节体液渗透压和酸碱平衡等许多重要的生理功能。

三、氨基酸

氨基酸（amino acid）是组成蛋白质的基本单位。人体组成蛋白质的氨基酸有 20 种，不同蛋白质的各种氨基酸含量与排列不同[1]。多肽是由许多氨基酸脱水缩合所形成的一条长直链，而蛋白质是由多肽盘旋、折叠所形成的具有特定空间结构和特定生物学功能的物质。蛋白质可在酸、碱或蛋白质酶的作用下水解产生游离氨基酸。

（一）必需氨基酸

有 9 种氨基酸在人体内不能合成或合成速度不能满足机体需要，这些人体内需要，又不能自身合成，必须从食物中摄取的氨基酸，在营养学上称为必需氨基酸。它们分别是：缬氨酸、亮氨酸、异亮氨酸、蛋氨酸、苏氨酸、苯丙氨酸、色氨酸、赖氨酸、组氨酸。其中，组氨酸是婴儿必需氨基酸，是否为成年人必需氨基酸还未完全确定。

（二）条件必需氨基酸

人体在创伤、感染及某些特殊消耗性状态下，一些本可以自身合成的氨基酸的合成量不能满足机体需要，要从食物中摄取，这类氨基酸称为条件必需氨基酸。它们是半胱氨酸和酪氨酸。

（三）生糖和生酮氨基酸

在人体内，氨基酸可转化成糖和酮体。因此，可转化为葡萄糖的氨基酸称为生糖氨基酸，可转化为酮体的氨基酸称为生酮氨基酸，既可转化为糖也能转化为酮体的氨基酸称为生糖兼生酮氨基酸。其中，生糖氨基酸有甘氨酸、丙氨酸、缬氨酸、脯氨酸、蛋氨酸、丝氨酸、半胱氨酸、天冬酰胺、谷氨酰胺、天冬氨酸、谷氨酸、精氨酸、组氨酸。生酮氨基酸有亮氨酸、赖氨酸。生糖兼生酮氨基酸有异亮氨酸、苯丙氨酸、苏氨酸、酪氨酸、色氨酸。

（四）支链氨基酸

支链氨基酸包括缬氨酸、亮氨酸和异亮氨酸。支链氨基酸占体内总氨基酸需求的比例很高，它们不仅是蛋白质的合成原料，而且充当信号分子。

四、蛋白质参考摄入量

人体每天需要摄入一定量的蛋白质才能满足机体新陈代谢的需要。体内蛋白质一直在不断合成和降解之中，蛋白质降解产生的氨基酸可以回收再利用（再用于合成），但会有一定损失。皮肤、头发、指甲、胃肠道细胞脱落等，都会损失蛋白质。因此，人们需要从食物中摄入蛋白质，替代所损失的蛋白质，以维持体内蛋白质代谢的动态平衡，这对于维持健康是必要的。另外，在青少年时期还需要额外增加适量的蛋白质摄入，以满足生长发育需要。

《中国居民膳食指南（2022）》中蛋白质参考摄入量：14～17 岁男性为 75 g/d，女性为 60 g/d；18 岁及以上男性 65 g/d，女性为 55 g/d，女性孕期和哺乳期适当增加。世界卫生组织、联合国粮食及农业组织（FAO）的建议是 0.83 g/（kg · d）。2012 年，欧洲食品安全局（EFSA）将其所有成年人的蛋白质参考摄入量确定为 0.83 g/（kg · d）[3]。德国、奥地利和瑞士的营养学会推荐的蛋白质摄入量：65 岁以下成人 0.8 g/（kg · d），65 岁及以上成年人 1.0 g/（kg · d）[4]。

经常参加运动的人可以考虑适当增加蛋白质摄入量，以利于促进骨骼肌蛋白质合成代谢，增加骨骼肌质量和力量[5]。需要注意的是，长期高蛋白摄入可能会导致消化系统、骨骼、肾脏和心血管异常。超重或肥胖者，根据个人身体质量指数（BMI）、体脂率以及体育运动情况，综合考虑后再确定蛋白质摄入量。如果体脂率过高者以每天每千克体重计算蛋白质摄入量，可能导致蛋白质摄入量超标，再加上体脂率过高者的代谢功能通常不如健康人，可能增加健康风险[6]。有研究提出了正常体重个体关于蛋白质摄入量的最佳范围，即 0.8～1.0 g/（kg · d）[7]，可接受范围为蛋白质占每日总能量摄入的 10%～35%[8]。

五、肥胖的蛋白质杠杆假说

肥胖的蛋白质杠杆假说认为，蛋白质在控制人类食物和能量摄入中起着重要作用，膳食中蛋白质的含量减少会导致食物摄入量补偿性增加，以维持蛋白质绝对量的摄入，因此脂肪和碳水化合物摄入量也随之增加，并由此导致总能量摄入增加和体重增加[9]。

支持蛋白质杠杆假说的一个重要研究进展，是发现了成纤维细胞生长因子-21（FGF-21）对于检测膳食低蛋白状态至关重要的作用[10]。许多研究表明，在一餐中减少膳食总蛋白质摄入量或减少特定氨基酸的摄入量，肝脏FGF-21表达和循环FGF-21水平会增加，无论此时摄入的食物中碳水化合物和脂肪含量多少。关键是，循环FGF-21水平升高会作用于大脑，起到增加食欲的作用，目的是确保绝对蛋白质摄入量。另外，使用功能性磁共振成像（fMRI）的研究表明，饮食中的蛋白质状态会调节大脑奖励区域对美味食物线索的反应，与高蛋白饮食相比，低蛋白饮食（约7%能量来自蛋白质）提升了对美味食物线索的偏好，后者在随意摄食阶段增加了蛋白质摄入[11]。因此认为，饮食中的蛋白质状态会影响口味类别的偏好，可能在调节人类蛋白质摄入中发挥重要作用。

肥胖的蛋白质杠杆假说的提出者将全球肥胖大流行归因于超加工食品泛滥，因为它破坏了人类食欲调节系统[12]。他们认为超加工食品的特征，包括适口性、相对便宜的价格、便利性、积极的营销，以及可能干扰公共卫生政策的公关活动等因素，都会促进它们被大量消费。超加工食品还有一个特别阴险的机制即"蛋白质诱饵效应"，其中满足稳态需求的蛋白质被廉价的富含脂肪和碳水化合物以及甜味、鲜味、咸味等各种添加剂所替代，这触发了蛋白质食欲杠杆和补偿性食物摄入[13]，同时伴随脂肪和碳水化合物的过量摄入，从而导致能量过剩和肥胖的发展。

众所周知，高蛋白饮食可以通过刺激肠道饱腹激素（如胆囊收缩素、胰高血糖素样肽-1和酪酪肽）分泌、刺激肠道糖异生等途径抑制食欲[14]。但是，高蛋白饮食也存在多种潜在风险。因此，在制订减脂计划时，需要考虑如何将膳食中蛋白质的含量控制在适当的范围，既要避免高蛋白饮食的潜在风险，又要满足营养和食欲调节的需求。

六、不同食物来源的蛋白质与健康

动物性蛋白质和植物性蛋白质对人体健康可能产生不同的影响。多项大型的前瞻性队列研究表明：高动物蛋白质摄入与心血管疾病致死率呈正相关，而高植物蛋白质摄入与全因死亡率和心血管疾病致死率呈负相关；用植物性蛋白质替代红肉蛋白质或加工肉蛋白质，与较低的总死亡率、癌症和心血管疾病相关死亡率相关[15-20]。

（一）动物性蛋白质的利弊

肉、蛋、奶、鱼和贝类是人类重要的蛋白质来源，这些食物中含有人体必需的各种氨基酸，并且这些氨基酸容易被人体消化吸收利用。猪、牛、羊、鸡、鸭、鹅等畜肉、禽肉的蛋白质含量通常为20%左右，奶类中蛋白质含量为3%左右，蛋类中蛋白质含量为10%左右，鱼肉中蛋白质含量为15%～20%，虾、蟹、贝类中蛋白质含量为 10%～20%（更多食物蛋白质含量可通过本书第七章第六节提供的数据库查询）。这些食物都是欠发达地区的人们不易获得的。而在一些发达国家和地区，人们可能因为过量摄入动物性食物，导致肥胖等多种慢性疾病风险增加。

大量摄入猪、牛、羊等畜肉的不良代谢后果可能与从动物脂肪中摄入更多的长链饱和脂肪酸有关。富含动物脂肪的畜肉经过煎、炸、烤、蒸、煮等方法烹饪之后，令人胃口大开，总能量摄入难免会增加。特别是崇尚"西式饮食"的人们在大量摄食畜肉时，仅少量摄入富含天然膳食纤维和植物化学物的食物，容易导致肠道生态失调，肠道屏障功能下降，增加肠道细菌内毒素入血，引发下丘脑炎症等全身慢性低度炎症。

猪、牛、羊等各类哺乳动物的肌肉因含有肌红蛋白，血红素含量高，也被称为红肉，大量摄入红肉与多种癌症风险增加有关[21]。红肉中的血红素仅少量在小肠中被吸收，绝大多数血红素（可能高达 90%）到达结肠，可能干扰免疫细胞功能，引发肠道生态失调和慢性炎症，从而增加结肠癌风险[22]。另外，红肉来源的血红素可以促进内源性 N-亚硝基化合物（NOC，已被世界卫生组织认定为致癌物）形成，从而增加癌症风险[23]。有些研究表明，红肉中的氨基酸在高温下产生的杂环芳香胺（HAAs）也可能是潜在的致癌物[24]。

动物性食物中通常富含胆碱和肉碱，它们可能在肠道被细菌转化为三甲胺（TMA），之后经黄素单加氧酶（FMO）催化进一步转化为氧化三甲胺（TMAO），循环氧化三甲胺的水平与动脉粥样硬化密切相关。因此，大量摄入动物性食物，例如海鲜、鸡蛋和红肉，都会导致循环氧化三甲胺水平升高，可能增加心血管疾病风险[25-27]。

蛋类不仅富含优质蛋白质，容易被人体吸收利用，而且蛋黄中含有丰富卵磷脂和多种维生素矿物质，是营养成分齐全的食物。但是蛋类中胆固醇含量很高，《中国食物成分表标准版》（第 6 版）显示鸡蛋的胆固醇含量约 600 mg/100 g（存在于蛋黄），猪肉的胆固醇含量代表值仅为 86 mg/100 g。膳食胆固醇或食用整个鸡蛋与心血管疾病的关系仍然存在争议，因此，包含蛋黄的整个蛋类似乎也不宜过量食用。

（二）植物性蛋白质的利弊

植物性蛋白质主要来源于谷物和豆类。谷物中通常含有蛋白质 8% 左右，但与动物性蛋白质相比，某些必需氨基酸含量较低，且其消化吸收率较低。豆类通常含有丰富的蛋白质，例如绿豆、赤豆、芸豆、豌豆、鹰嘴豆等通常含有蛋白质 20% 左右，特别是大豆（黄豆、黑豆）中含有蛋白质 35%～40%，并且氨基酸组成全面，是优质植物性蛋白质的食物来源[28]。

豆类和全谷物中含有多种被认为有抗营养作用的天然成分，如凝集素和植酸[29]。凝集素可以与肠道细胞膜结合，从而干扰蛋白质和碳水化合物的消化吸收并降低其消化吸收率,导致动物的体重减轻;植酸是一种天然抗氧化剂,广泛存在于谷物和豆类中,可与矿物质、蛋白质和淀粉结合,从而降低它们的生物利用度[30]。凝集素和植酸长期以来被认为是抗营养因子,它们减少了营养物质消化吸收率,这对于低收入国家或地区中营养不良或身体过度消瘦的人群可能有不利影响,然而对于希望减脂的人们来说,它们似乎利大于弊。一些新的研究还发现,植物来源的凝集素和植酸可在一定浓度下发挥抗菌、抗氧化和抗癌作用[31-32]。

豆类和全谷物中含有生物活性肽[29,33-34],可以发挥胰脂肪酶、α-葡萄糖苷酶、α-淀粉酶、胰蛋白酶和二肽基肽酶-4(DPP-4)等酶抑制剂的作用[35],可能导致能量吸收减少,并增加餐后饱腹感,减少食物摄入。首先,这些生物活性肽通过抑制消化酶活性,减缓碳水化合物在小肠中的消化吸收,有利于将碳水化合物输送至远端结肠,为肠道菌群提供能量来源。其次,它们中具有二肽基肽酶-4抑制剂作用的生物活性肽对于增加餐后饱腹感具有重要意义,因为二肽基肽酶-4在体内发挥降解胰高血糖素样肽-1的作用,而胰高血糖素样肽-1是通过肠-脑轴发挥抑制食欲作用的重要激素。

豆类和全谷物中还含有丰富的膳食纤维和植物化学物,它们中有些也发挥抑制消化酶活性、减缓或减少能量吸收的作用。更重要的是,它们通过与肠道菌群相互作用,对长期食欲和能量代谢灵活调节起着不可或缺的作用。

(三)加工肉制品对人类致癌(1级致癌物)

加工肉制品是指为改良口味或延长保存时间,经盐腌、腌渍、发酵、烟熏或其他方式处理过的以增强风味或改善保存特性的任何肉类。因此,很多加工肉制品也应归类于超加工食品。大多数加工肉制品都由猪肉和牛肉制成,但也可能由其他红肉、禽肉、鱼肉、内脏或血液等肉类副产品制成。常见的加工肉制品有培根、热狗(香肠)、火腿、腌牛肉、牛肉干、罐头肉和以肉制成的调味汁、酱等。

2015年,世界卫生组织的癌症机构国际癌症研究中心(IARC)评估了食用红肉和加工肉类的致癌性。国际癌症研究中心专题工作组对在众多国家和人群中调查了10多种癌症与食用红肉或加工肉制品之间关联的800多项研究科学文献进行了全面审查,其中最有影响力的证据来自过去20多年来开展的大规模前瞻性队列研究。最终的评价结果相关评估发表在《柳叶刀·肿瘤》上,将红肉定为2A级致癌物(较可能对人类致癌)。食用红肉与结肠直肠癌之间关系密切,并且也与胰腺癌和前列腺癌存在关联[36]。基于食用加工肉制品导致人类结肠直肠癌的足够证据,加工肉制品被列为1级致癌物(对人类致癌)。国际癌症研究机构认为加工肉制品对人类具有致癌性,在每日膳食中每增加50g加工肉制品,可使罹患结肠直肠癌的风险增加18%[36]。

加工肉制品可能存在未加工肉中的全部负面健康影响因素,例如红肉中的血红素、三甲胺、长链饱和脂肪酸[37]。过量摄入加工肉制品可能会诱导肠道生态失调,破坏肠道屏障功能,诱发全身慢性炎症,从而增加致癌风险。在肉类加工过程中,为了赋予腌制肉类独特的风味色泽而广泛使用的硝酸盐和亚硝酸盐会在肠道细菌的作用下转化为致癌物 N-亚硝基化合物。热处理过程中肉制品中产生的杂环芳香胺可能也是导致其致癌性的重要因素[38-39]。另外,加工肉制品中的其他防腐剂等其他各种添加剂也可能给身体健康带来负面影响。

七、蛋白质的主要食物来源

动物性食物的蛋白质普遍易于消化吸收,人体利用率也更高,通常被认为是更优质的食物蛋白质来源。然而,有些植物性食物经过适当的加工烹饪,不但可以提高植物蛋白的消化吸收率,而且由于存在食物蛋白质互补作用,还可使蛋白质利用率显著增加。更重要的是,植物性蛋白质更有利于顺利减脂,对自然环境也更友好。

如果需要了解各种食物中蛋白质和氨基酸的详细数据,可查阅各大食品成分数据库,例如国际食物成分数据系统网络(INFOODS)和中国疾病预防控制中心营养与健康所的食物营养成分查询平台。

参考文献

[1] 周春燕,药立波. 生物化学与分子生物学[M]. 9 版. 北京:人民卫生出版社,2018.

[2] 程义勇,郭俊生,马爱国. 基础营养[M]//杨月欣,葛可佑. 中国营养科学全书. 2 版. 北京:人民卫生出版社,2019:41-42.

[3] Agostoni C, Bresson J L, Fairweather-Tait S, et al. Scientific opinion on dietary reference values for protein[J]. EFSA Journal, 2012, 10(2):2557.

[4] Richter M, Baerlocher K, Bauer J M, et al. Revised reference values for the intake of protein[J]. Annals of Nutrition & Metabolism, 2019, 74(3):242-250.

[5] Hartono F A, Martin-Arrowsmith P W, Peeters W M, et al. The effects of dietary protein supplementation on acute changes in muscle protein synthesis and longer-term changes in muscle mass, strength, and aerobic capacity in response to concurrent resistance and endurance exercise in healthy adults: A systematic review[J]. Sports Medicine, 2022, 52(6):1295-1328.

[6] Hruby A, Jacques P F. Protein intake and human health: Implications of units of protein intake[J]. Advances in Nutrition, 2021, 12(1):71-88.

[7] Mittendorfer B, Klein S, Fontana L. A word of caution against excessive protein intake[J]. Nature Reviews Endocrinology, 2020, 16(1):59-66.

[8] Wolfe R R, Cifelli A M, Kostas G, et al. Optimizing protein intake in adults: Interpretation and application of the recommended dietary allowance compared with the acceptable macronutrient distribution range[J]. Advances in Nutrition, 2017, 8(2):266-275.

[9] Raubenheimer D, Simpson S J. Protein leverage: Theoretical foundations and ten points of clarification[J]. Obesity, 2019, 27(8):1225-1238.

[10] Hill C M, Qualls-Creekmore E, Berthoud H R, et al. FGF 21 and the physiological regulation of macronutrient preference[J]. Endocrinology, 2020, 161(3):10.

［11］ Griffioen-Roose S，Smeets P A，Van Den Heuvel E，et al. Human protein status modulates brain reward responses to food cues 1［J］. The American Journal of Clinical Nutrition，2014，100（1）：113－122.

［12］ Grech A，Sui Z，Rangan A，et al. Macronutrient （im）balance drives energy intake in an obesogenic food environment：An ecological analysis［J］. Obesity （Silver Spring，Md），2022，30：2156－2166.

［13］ Griffioen-Roose S，Mars M，Siebelink E，et al. Protein status elicits compensatory changes in food intake and food preferences［J］. The American Journal of Clinical Nutrition，2012，95（1）：32－38.

［14］ Journel M，Chaumontet C，Darcel N，et al. Brain responses to high-protein diets［J］. Advances in Nutrition，2012，3（3）：322－329.

［15］ Shan Z L，Haslam D，Rehm C，et al. Abstract P510：Association of animal and plant protein intake with mortality among US adults：A prospective cohort study［J］. Circulation，2020，141（Supplement 1）：510.

［16］ Song M Y，Fung T T，Hu F B，et al. Association of animal and plant protein intake with all-cause and cause-specific mortality［J］. JAMA Internal Medicine，2016，176（10）：1453－1463.

［17］ Budhathoki S，Sawada N，Iwasaki M，et al. Association of animal and plant protein intake with all-cause and cause-specific mortality in a Japanese cohort［J］. JAMA Internal Medicine，2019，179（11）：1509－1518.

［18］ Chen Z L，Glisic M，Song M Y，et al. Dietary protein intake and all-cause and cause-specific mortality：Results from the Rotterdam Study and a meta-analysis of prospective cohort studies［J］. European Journal of Epidemiology，2020，35（5）：411－429.

［19］ Huang J Q，Liao L M，Weinstein S J，et al. Association between plant and animal protein intake and overall and cause-specific mortality［J］. JAMA Internal Medicine，2020，180（9）：1173－1184.

［20］ Kim H，Caulfield L E，Garcia-Larsen V，et al. Plant-based diets are associated with a lower risk of incident cardiovascular disease，cardiovascular disease mortality，and all-cause mortality in a general population of middle-aged adults［J］. Journal of the American Heart Association，2019，8（16）：216.

［21］ Farvid M S，Sidahmed E，Spence N D，et al. Consumption of red meat and processed meat and cancer incidence：A systematic review and meta-analysis of prospective studies［J］. European Journal of Epidemiology，2021，36（9）：937－951.

［22］ Martin O C B，Olier M，Ellero-Simatos S，et al. Haem iron reshapes colonic luminal environment：Impact on mucosal homeostasis and microbiome through aldehyde formation［J］. Microbiome，2019，7：72.

［23］ Seiwert N，Heylmann D，Hasselwander S，et al. Mechanism of colorectal carcinogenesis triggered by heme iron from red meat［J］. Biochimica et Biophysica Acta （BBA）—Reviews on Cancer，2020，1873（1）：188334.

［24］ Iwasaki M，Tsugane S. Dietary heterocyclic aromatic amine intake and cancer risk：Epidemiological evidence from Japanese studies［J］. Genes and Environment，2021，43（1）：1－10.

［25］ Koeth R A，Wang Z N，Levison B S，et al. Intestinal microbiota metabolism of l-carnitine，a nutrient in red meat，promotes atherosclerosis［J］. Nature Medicine，2013，19（5）：576－585.

［26］ Wang Z N，Tang W H W，O'Connell T，et al. Circulating trimethylamine N-oxide levels following fish or seafood consumption［J］. European Journal of Nutrition，2022，61（5）：2357－2364.

［27］ Miller C A，Corbin K D，da Costa K A，et al. Effect of egg ingestion on trimethylamine-N-oxide production in humans：A randomized，controlled，dose-response study［J］. The American Journal of Clinical Nutrition，2014，100（3）：778－786.

［28］ Almeida Sá A G，Moreno Y M F，Carciofi B A M. Plant proteins as high-quality nutritional source for human diet［J］. Trends in Food Science & Technology，2020，97：170－184.

［29］ Lajolo F M，Genovese M I. Nutritional significance of lectins and enzyme inhibitors from legumes［J］. Journal of Agricultural and Food Chemistry，2002，50（22）：6592－6598.

［30］ Schlemmer U，Frølich W，Prieto R M，et al. Phytate in foods and significance for humans：Food sources，intake，processing，bioavailability，protective role and analysis［J］. Molecular Nutrition & Food Research，2009，53（Supplement 2）：S330－S375.

［31］ Silva E O，Bracarense A P F R L. Phytic acid：From antinutritional to multiple protection factor of organic systems［J］. Journal of Food Science，2016，81（6）：R1357－R1362.

［32］ Konozy E H E，Osman M E F M. Plant lectin：A promising future anti-tumor drug［J］. Biochimie，

2022, 202：136 - 145.

[33] Cavazos A, Gonzalez De Mejia E. Identification of bioactive peptides from cereal storage proteins and their potential role in prevention of chronic diseases[J]. Comprehensive Reviews in Food Science and Food Safety, 2013, 12(4)：364 - 380.

[34] Moreno-Valdespino C A, Luna-Vital D, Camacho-Ruiz R M, et al. Bioactive proteins and phytochemicals from legumes：Mechanisms of action preventing obesity and type - 2 diabetes[J]. Food Research International, 2020, 130：108905.

[35] Rivero-Pino F, Espejo-Carpio F J, Guadix E M. Identification of dipeptidyl peptidase IV (DPP-IV) inhibitory peptides from vegetable protein sources[J]. Food Chemistry, 2021, 354：129473.

[36] Bouvard V, Loomis D, Guyton K Z, et al. Carcinogenicity of consumption of red and processed meat [J]. The Lancet Oncology, 2015, 16(16)：1599 - 1600.

[37] Etemadi A, Sinha R, Ward M H, et al. Mortality from different causes associated with meat, heme iron, nitrates, and nitrites in the NIH-AARP Diet and Health Study：Population based cohort study[J]. BMJ, 2017, 357：j1957.

[38] Abu-Ghazaleh N, Chua W J, Gopalan V. Intestinal microbiota and its association with colon cancer and red/processed meat consumption[J]. Journal of Gastroenterology and Hepatology, 2021, 36(1)：75 - 88.

[39] Chen X Q, Jia W, Zhu L, et al. Recent advances in heterocyclic aromatic amines：An update on food safety and hazardous control from food processing to dietary intake[J]. Comprehensive Reviews in Food Science and Food Safety, 2020, 19(1)：124 - 148.

第四节　脂质

脂质(lipids)是脂肪和类脂的统称，包括脂肪(甘油三酯)、磷脂、胆固醇等[1]。脂质对于人体健康具有重要意义。然而，随着食品工业的发展，人们在消费超加工食品时摄入了过量不健康的脂肪[如反式脂肪酸(TFA)]，成为肥胖等非传染性疾病在全球大流行的重要诱导因素之一。

一、脂质的分类

（一）脂肪

膳食脂肪主要为甘油三酯(TG)，是由一分子甘油和三分子脂肪酸形成的酯。动物脂肪通常含有较多饱和脂肪酸且不饱和脂肪酸较少，因此常温下呈固态。植物油中通常含有较多的不饱和脂肪酸，因此常温下呈液态，植物油中还含有不同色素和香气成分，如胡萝卜素等。

（二）磷脂

磷脂(phospholipid)是含有磷酸基团的类脂，包括甘油磷脂和鞘磷脂。常见的甘油磷脂有卵磷脂、脑磷脂等。鞘磷脂存在于高等动物的神经鞘中，也存在于许多植物的种子中。磷脂不仅是细胞膜的重要成分和结构基础，还对脂肪的吸收、运转及存储起着重要作用。磷脂主要存在于蛋黄、瘦肉中,蛋黄中卵磷脂含量高达9.4%。大豆磷脂含量可达1.5%~3%,向日葵、亚麻、芝麻等植物种子也含有磷脂[1]。

(三)固醇类

固醇类包括动物体内的胆固醇以及植物中植物固醇,后者又称植物甾醇。胆固醇主要存在于动物细胞内,参与细胞膜的构成。胆固醇也是血液中脂蛋白复合体的成分,并与动脉粥样硬化有关。胆固醇是构成细胞膜的重要成分,是类固醇激素和胆汁酸的前体物质,皮肤中的胆固醇被氧化成7-脱氢胆固醇,再经紫外线照射可以合成维生素D_3。食物胆固醇主要存在于动物性食物如动物内脏、蛋黄、奶油及肉类中。人体内的胆固醇来自食物和内源性合成。肝脏是胆固醇合成的主要器官,其次是小肠。禁食会抑制内源性胆固醇合成,高糖、高脂饱和脂肪酸饮食会增加内源性胆固醇合成。人体内的胆固醇在肝脏转化成胆汁酸,随胆汁排入肠道,是胆固醇的主要代谢去路。

植物固醇包括谷类的谷固醇、豆类的豆固醇。酵母和真菌类的麦角固醇在紫外线照射下可合成维生素D_2。植物固醇、麦角固醇、膳食纤维、大豆蛋白通过影响肠腔中的胆固醇溶解,干扰肠腔或抑制肠细胞吸收胆固醇,并促进膳食胆固醇排泄[2-3]。

二、脂质的主要生理功能

脂质是人体必需的营养素之一,在人体能量代谢中起重要作用,是构成人体细胞的重要组分。细胞膜和细胞内膜系统中脂质约占膜成分的一半,主要含有磷脂、胆固醇和糖脂,其中磷脂含量最多。脑和神经组织中,磷脂约占脑组织干重的25%,而神经髓鞘干重的97%是脂质[1]。

(一)提供和储存能量

脂肪是人体能量的重要来源。脂肪的能量系数约为9 kcal/g(约37 kJ/g),即每克脂肪在体内氧化可产生9 kcal(约37 kJ)热量。当人体摄入能量过剩,则转化为脂肪储存在体内,当饥饿或运动时通过脂肪动员以提供能量。

(二)脂溶性维生素载体

脂肪是脂溶性维生素的载体,如维生素A、维生素D、维生素E和维生素K常伴随脂质被吸收。

(三)维持体温保护脏器

脂肪是热的不良导体,在环境低温时,既可阻止体热散发,又可氧化产热[如人体棕色脂肪组织(BAT)],以维持体温恒定。脂肪可作为缓冲层保护脏器。

（四）合成维生素和激素

胆固醇是体内合成维生素 D₃ 和胆汁的前体物质。胆固醇是体内多种激素如皮质醇、醛固酮、睾酮、雌二醇的前体物质。

三、脂肪酸与减脂

脂肪酸根据不饱和程度不同，通常分为三类：饱和脂肪酸（SFA）、单不饱和脂肪酸（MUFA）、多不饱和脂肪酸（PUFA）。例如，棕榈酸为饱和脂肪酸，油酸为单不饱和脂肪酸，α-亚麻酸为多不饱和脂肪酸。脂肪酸也可按其碳链上含有碳原子的数量分类：碳原子数为 2～6 个称为短链脂肪酸，碳原子数为 7～13 个称为中链脂肪酸，碳原子数为 14～26 个称为长链脂肪酸[1]。此外，反式脂肪酸主要是食品工业发展的产物。

脂肪酸可以通过食物摄入，部分脂肪酸也可以由机体自身合成。人体无法自身合成的脂肪酸（α-亚麻酸、亚油酸）被称为必需脂肪酸（EFA）。植物可以合成必需脂肪酸，因此可通过从膳食脂肪中摄入必需脂肪酸，以维持人体健康。欧洲食品安全局（EFSA）推荐亚油酸占膳食能量的 4%，α-亚麻酸占 0.5%。因此，每天摄入亚油酸 5～10 g、α-亚麻酸 1～2 g，似乎足以预防因其缺乏所引起的相关不利影响。

（一）饱和脂肪酸（SFA）

饱和脂肪酸是碳原子链中不含有不饱和键的脂肪酸，膳食中常见的饱和脂肪酸有月桂酸（12：0）、肉豆蔻酸（14：0）、棕榈酸（16：0）、硬脂酸（18：0）等［例如，棕榈酸（16：0），用数字 16 代表含有 16 个碳原子，用数字 0 代表碳原子链上不含有不饱和键，故以 16：0 表示］。其中，棕榈酸和硬脂酸是常见食物中含量最高的饱和脂肪酸，主要存在于棕榈油、动物油脂（如猪油、牛油、羊油、奶油等）中。已经发表的大量文献表明，从膳食中过量摄入饱和脂肪酸，特别是其中的棕榈酸，与代谢性炎症、肥胖和代谢综合征密切相关。

过量摄入长链饱和脂肪酸，特别是其中的棕榈酸，可能会促进下丘脑炎症发生。而下丘脑是食欲和能量代谢调节中枢[4]。目前已经有大量的研究表明，过量摄入长链饱和脂肪酸可能诱导下丘脑胶质细胞增生和炎症反应，并可能因此导致中枢瘦素和胰岛素抵抗，最终使食欲和能量代谢失调，这可能是引发肥胖和相关并发症的关键饮食因素[5-8]。长链饱和脂肪酸除了通过下丘脑稳态机制扰乱食欲调节之外，还可能会通过中枢食物奖励系统促进食物摄入。在动物模型研究中，摄入长链饱和脂肪酸会使多巴胺食物奖励系统正常功能受损，导致过度饮食和肥胖，而不饱和脂肪酸似乎不会造成这样的不良影响[9-11]。

过量摄入长链饱和脂肪酸会损害肠道屏障功能,增加细菌脂多糖(内毒素)入血[12]。富含长链饱和脂肪酸的膳食能够急性提升血浆内毒素水平,并诱导促炎细胞因子表达[13-15]。由饮食因素所诱导的代谢性内毒素血症可能进一步诱导肝脏、脂肪组织、下丘脑等慢性炎症,因此,经常食用富含长链饱和脂肪酸的食物可能会引发全身慢性炎症。

过量摄入长链饱和脂肪酸可能会诱导全身胰岛素抵抗。有的研究报告称,摄入富含棕榈酸的饮食会急性引起全身胰岛素抵抗,并认为这一现象与骨骼肌线粒体功能受损有关[16-17]。当天富含棕榈酸饮食,可能会导致胰岛素抵抗持续一整夜,在次日恢复健康饮食后才会逐渐正常[18]。更重要的是,在日常膳食中增加棕榈酸含量,被证明会减少脂肪氧化和每日能量消耗[19]。因此,在日常生活中随意进食的状态下,大量摄入富含棕榈酸的食物可能导致能量正平衡,长此以往必然导致肥胖。

特别需要强调的是,棕榈油中富含棕榈酸,其中棕榈硬脂中棕榈酸含量高达50%。棕榈油是餐饮连锁品牌企业的油炸食品加工常用油脂,食品工业生产的各种超加工食品中也通常采用棕榈油作为加工油脂。另外,棕榈酸(也称软脂酸)也可以由人体自身合成,大量摄入精制碳水化合物或含糖食品如精米白面、糕点面包、含糖饮料、饼干、巧克力等,也会经由脂肪从头合成途径促进人体自身合成棕榈酸,导致体内棕榈酸过度积累[20]。

总之,长期过量摄入长链饱和脂肪酸,可能会诱导内毒素入血、全身慢性炎症、瘦素和胰岛素抵抗、破坏多巴胺食物奖励系统,最后使食欲和能量代谢失调,导致能量正平衡和肥胖。

(二) 单不饱和脂肪酸(MUFA)

单不饱和脂肪酸是碳原子链中含有一个不饱和键的脂肪酸,例如:油酸(18:1)为单不饱和脂肪酸,用数字 18 代表其含有 18 个碳原子,用数字 1 代表碳原子链上含有 1 个不饱和键,故以 18:1 表示。食用油中所含的单不饱和脂肪酸主要为油酸(18:1),山茶油和橄榄油中油酸含量可达 70%,高油酸低芥酸菜籽油中油酸含量也可达 60%。当前已发表的研究证据表明,膳食中增加单不饱和脂肪酸并减少饱和脂肪酸,可能会通过发挥抗炎、提高胰岛素敏感性等作用,从而改善代谢综合征,有利于减脂计划的顺利实施。

膳食中增加单不饱和脂肪酸并减少饱和脂肪酸,可能会改善下丘脑炎症和全身慢性炎症。有研究表明,进食富含单不饱和脂肪酸的食物后,可减少小胶质细胞(常驻大脑的免疫细胞)分泌促炎性细胞因子,下调免疫应答,从而抑制炎症反应[21-22]。另外,食用富含油酸的橄榄油、山茶油和高油酸低芥酸菜籽油会降低循环血液中炎症标志物[23-25]。单不饱和脂肪酸的这种抑制炎症的作用也可能与这些食用油中富含的酚类物质有关[26]。

在不增加膳食中总能量摄入量的情况下,适当增加单不饱和脂肪酸并减少饱和脂肪酸,可能会有助于提高胰岛素敏感性[27-29]。这种提高胰岛素敏感性的作用可能归因于油酸相较于棕榈酸会增加24小时内人体脂肪酸氧化作用,而且油酸被更快氧化,也可能在餐后增加能量消耗[30]。在一项研究中,8周内吃富含单不饱和脂肪酸等热量饮食使2型糖尿病患者的肝脏脂肪含量降低了30%,这种结果至少部分与餐后脂肪酸β氧化显著增加有关[31]。另外,在动物模型研究中,油酸还可通过抑制多巴胺食物奖励价值减少食物摄入[32]。总之,单不饱和脂肪酸(油酸)更快被氧化、增加能量消耗、减少食物摄入,这些因素都有助于提高胰岛素敏感性和减轻体重。

高油酸低芥酸菜籽油可能会改善代谢综合征。目前,改善代谢综合征的证据主要来自高油酸低芥酸菜籽油[33-35]。高油酸低芥酸菜籽油的作用包括降低血浆胆固醇,减少腹部脂肪等。需要注意的是,普通菜籽油中芥酸含量很高(可能超过10%或更高),芥酸(22∶1,ω-9,erucic acid,也称芥子酸)是一种存在于菜籽油中的极长链单不饱和脂肪酸,它被证明会导致动物的心肌脂肪沉积和肝脂肪变性(这种效应是可逆和短暂的),因此,芥酸在食用油中的含量在一些国家和地区受到监管机构的限制。欧洲食品安全局(EFSA)提议食用油中芥酸的最高含量为2%,并建议每日每千克体重可耐受芥酸摄入量为7 mg[36]。虽然菜籽油价格更具有普惠性,且高油酸低芥酸菜籽油摄入与人类代谢疾病的关系也尚未确立,但是在选用菜籽油作为烹饪用油时,高油酸低芥酸菜籽油可能是更好的选择。

动物来源与植物来源单不饱和脂肪酸,食用后效果可能不同。动物性食物中也含有单不饱和脂肪酸,如猪油含有约40%单不饱和脂肪酸。在三项大型前瞻性队列研究中,较高的动物来源单不饱和脂肪酸摄入量与较高的2型糖尿病风险相关,而较高的植物来源单不饱和脂肪酸摄入量与较低的2型糖尿病风险相关[37]。另一些研究表明,较高的动物来源单不饱和脂肪酸摄入量与较高的全因死亡率相关,较高的植物来源单不饱和脂肪酸摄入量与较低的总死亡率相关[38]。还有的前瞻性研究表明,较高的动物来源的单不饱和脂肪酸摄入量与较高的结直肠癌风险相关[39]。

总之,目前的证据支持采用植物来源(非动物来源)单不饱和脂肪酸替代饱和脂肪酸可能有助于减少炎症、增加能量消耗、减少食物摄入,促进减脂计划顺利开展。

(三) 多不饱和脂肪酸(PUFA)

多不饱和脂肪酸是碳原子链中含有两个及以上不饱和键的脂肪酸,例如:α-亚麻酸(18∶3)为多不饱和脂肪酸,用数字18代表含有18个碳原子,用数字3

代表碳原子链上含有 3 个不饱和键,故以 18:3 表示。具有重要生物学意义的多不饱和脂肪酸是 n-3(也称 omega-3,ω-3)、n-6(也称 omega-6,ω-6)系列。食用油中含量最高的两种多不饱和脂肪酸是亚油酸(18:2,n-6)和 α-亚麻酸(18:3,n-3),这两种都是人体自身不能合成的必需脂肪酸。亚油酸在大部分植物油中都含量丰富,例如菜籽油中含 15%~20%、花生油中约含 35%、玉米油和大豆油中含量为 50%以上,而 α-亚麻酸在常见的植物油亚麻籽油(胡麻籽油)中含量丰富(超过 30%),菜籽油中约含 7.5%(注:更多食用油中不同脂肪酸的含量可通过本书第七章第六节提供的数据库查询)。

亚油酸和 α-亚麻酸都可能具有抗炎作用。在小鼠食物中增加亚麻籽油(富含α-亚麻酸)含量,可以直接作用于下丘脑,逆转饮食引起的炎症和全身胰岛素抵抗,并减少身体肥胖[40]。然而,有研究认为西式饮食的膳食脂肪中 n-6 与 n-3 之间的比例过高,即通常亚油酸(n-6)摄入太多,而 α-亚麻酸(n-3)摄入太少,并且可能因此增加了炎症、肥胖和 2 型糖尿病风险[41-43]。可是,也有研究认为与饱和脂肪酸摄入量相比,高 n-6 多不饱和脂肪酸摄入量不会引起任何炎症或氧化应激的迹象[44]。几项前瞻性队列研究表明,较高的亚油酸摄入量与全因心血管疾病和癌症的死亡风险略有降低相关,并且,较高的血液和脂肪组织亚油酸水平与全球自由生活人群的 2 型糖尿病风险降低相关[45-47]。因此,目前对于膳食脂肪中 n-6 与 n-3 之间的比例较高是否会导致炎症、肥胖和 2 型糖尿病风险增加尚无定论。尽管如此,在日常生活的食物烹饪中,适量增加富含 α-亚麻酸(n-3)的食用油(如亚麻籽油)并适度减少富含亚油酸(n-6)的食用油(如葵花籽油)可能是较优选择。

高脂肪饮食会增加细菌脂多糖(内毒素)入血,用单不饱和脂肪酸或多不饱和脂肪酸替代长链饱和脂肪酸,可能会相对减少内毒素入血[48-49]。虽然,目前对于单不饱和脂肪酸或多不饱和脂肪酸是否会增加内毒素入血,不同研究报告结果不一致,但是可以确定的是,长链饱和脂肪酸增加内毒素入血并且引起炎症反应。另外,在食用这些植物来源的初级压榨(非精炼)橄榄油、山茶油、菜籽油、亚麻籽油时,植物酚类物质的摄入可能会一并增加[50,51],对肠道菌群和肠道屏障功能产生积极影响,从而减少代谢性炎症,并避免对食欲和能量代谢调节产生不利影响。

(四)短链脂肪酸(SCFA)

短链脂肪酸(SCFA)被定义为含有少于 6 个碳原子的脂肪酸。通常,短链脂肪酸是来源于肠道微生物的代谢产物,当食物中未被消化的碳水化合物(主要是膳食纤维)被输送到远端肠道时,肠道菌群利用这些碳水化合物发酵产生短链脂肪酸。短链脂肪酸主要包括丁酸、乙酸、丙酸等。

目前的研究证据表明,短链脂肪酸是调节食欲和能量代谢的关键肠道细菌代谢产物,它们充当肠道菌群和人体健康之间的关键信号分子。短链脂肪酸可通过抑制下丘脑炎症和全身慢性炎症提高瘦素和胰岛素敏感性,从而抑制食欲和能量摄入,并且通过诱导白色脂肪细胞"褐变"和棕色脂肪细胞产热,从而增加能量消耗[52],有利于顺利减脂。

因此,在制订减脂饮食计划时,如何有效、持续地为远端肠道菌群提供可被其发酵产生短链脂肪酸的碳水化合物(主要是膳食纤维)应被列为重点考虑的关键内容。

(五)反式脂肪酸(TFA)

反式脂肪酸主要是食品工业发展的产物。脂肪酸的不饱和键可与氢结合变成饱和键,随着饱和程度的增加,油脂可从液体变成固体,这一过程被称为氢化。氢化可以使大部分不饱和脂肪酸转化为饱和脂肪酸,可呈现顺式和反式两类。氢化油脂、精炼油脂和煎炸油是食品中工业反式脂肪酸的主要来源,其中氢化植物油中反式脂肪酸含量可高达40%,精炼植物油中含反式脂肪酸1%~2%,煎炸油中反式脂肪酸的含量与煎炸程度有关。氢化植物油熔点和烟点比普通植物油更高,常温下保持固态,油烟少,氧化稳定性好,不易变质,便于食品运输和储存,成本低廉,因此成为超加工食品的主要脂肪原料,如人造黄油、人造奶油、植物奶油、氢化植物油、部分氢化植物油、氢化棕榈油、氢化大豆油、植物起酥油、起酥油、黄奶油、酥皮油、代可可脂等。工业反式脂肪酸通常被应用到早餐谷物、饼干、面包、糖果、巧克力、蛋糕、各种派、威化饼、酥油饼、爆米花、薯条、薯片、芝麻酱、沙拉酱、花生酱、冰激凌、植脂末、奶精、奶茶、速冻食品、油炸食品等各种需要添加油脂的超加工食品中。

出于健康考虑,我国《食品安全国家标准预包装食品营养标签通则》(GB 28050—2011)对加工工艺中涉及氢化油的食品要求强制标示,即食品配料含有或生产过程中使用了氢化和(或)部分氢化油脂时,在营养成分表中应标示出反式脂肪(酸)的含量。美国食品药品监督管理局(FDA)规定,自2006年1月1日起,所有食品的标签中必须注明反式脂肪酸的含量。2010年,世界卫生大会呼吁采取全球行动,禁止向儿童推销富含饱和脂肪酸、反式脂肪酸、游离糖或盐的食品和饮料[53]。2018年世界卫生组织建议在全球食品供应中停用工业生产的反式脂肪酸,争取到2023年消除这些有害化合物[54]。

世界卫生组织(WHO)总干事于2022年1月24日在第150届执行委员会会议的开幕讲话中说:"作为世卫组织从全球食品供应中消除反式脂肪酸举措的一部分,禁止使用反式脂肪酸的强制性政策现已对57个国家的32亿人生效。2021年,最佳实践政策在巴西、秘鲁、新加坡、土耳其和欧盟生效,印度和菲律宾则成为首批通过最佳实践政策的中低收入国家[55]。"

反式脂肪酸给机体带来的不健康影响有:引发脂代谢异常、引发炎症反应、导致内皮细胞功能障碍、增加心血管病风险等。

四、脂肪的食物来源

日常生活中的脂肪,主要来源于食用油、坚果、肉类,而反式脂肪酸主要来源于超加工食品。需要了解各种油脂等食物中脂肪酸的详细数据,可查阅各大食品成分数据库,例如国际食物成分数据系统网络(INFOODS)和中国疾病预防控制中心营养与健康所的食物营养成分查询平台。

参考文献

[1] 程义勇,郭俊生,马爱国. 基础营养[M]//杨月欣,葛可佑. 中国营养科学全书. 2版. 北京:人民卫生出版社,2019:58-76.

[2] Cohn J S, Kamili A, Wat E, et al. Reduction in intestinal cholesterol absorption by various food components: Mechanisms and implications[J]. Atherosclerosis Supplements, 2010, 11(1): 45-48.

[3] He W S, Cui D D, Li L L, et al. Cholesterol-reducing effect of ergosterol is modulated via inhibition of cholesterol absorption and promotion of cholesterol excretion[J]. Journal of Functional Foods, 2019, 57: 488-496.

[4] Milanski M, Degasperi G, Coope A, et al. Saturated fatty acids produce an inflammatory response predominantly through the activation of TLR4 signaling in hypothalamus: Implications for the pathogenesis of obesity[J]. The Journal of Neuroscience: the Official Journal of the Society for Neuroscience, 2009, 29(2): 359-370.

[5] Melo H M, Seixas da Silva G D S, Sant'Ana M R, et al. Palmitate is increased in the cerebrospinal fluid of humans with obesity and induces memory impairment in mice via pro-inflammatory TNF-A[J]. Cell Reports, 2020, 30(7): 2180-2194.

[6] Dumas J A, Bunn J Y, Nickerson J, et al. Dietary saturated fat and monounsaturated fat have reversible effects on brain function and the secretion of pro-inflammatory cytokines in young women[J]. Metabolism, 2016, 65(10): 1582-1588.

[7] Sergi D, Williams L M. Potential relationship between dietary long-chain saturated fatty acids and hypothalamic dysfunction in obesity[J]. Nutrition Reviews, 2020, 78(4): 261-277.

[8] Valdearcos M, Robblee M M, Benjamin D I, et al. Microglia dictate the impact of saturated fat consumption on hypothalamic inflammation and neuronal function[J]. Cell Reports, 2014, 9(6): 2124-2138.

[9] Hryhorczuk C, Florea M, Rodaros D, et al. Dampened mesolimbic dopamine function and signaling by saturated but not monounsaturated dietary lipids[J]. Neuropsychopharmacology, 2016, 41(3): 811-821.

[10] Adermark L, Gutierrez S, Lagström O, et al. Weight gain and neuroadaptations elicited by high fat diet depend on fatty acid composition[J]. Psychoneuroendocrinology, 2021, 126: 105143.

[11] Barnes C N, Wallace C W, Jacobowitz B S, et al. Reduced phasic dopamine release and slowed dopamine uptake occur in the nucleus accumbens after a diet high in saturated but not unsaturated fat[J]. Nutritional Neuroscience, 2022, 25(1): 33-45.

[12] Cândido T L N, Da Silva L E, Tavares J F, et al. Effects of dietary fat quality on metabolic endotoxemia: A systematic review[J]. British Journal of Nutrition, 2020, 124(7): 654-667.

[13] Ghezzal S, Postal B G, Quevrain E, et al. Palmitic acid damages gut epithelium integrity and initiates inflammatory cytokine production[J]. Biochimica et Biophysica Acta (BBA)—Molecular and Cell Biology of Lipids, 2020, 1865(2): 158530.

[14] Monfort-Pires M, Crisma A R, Bordin S, et al. Greater expression of postprandial inflammatory genes in humans after intervention with saturated when compared to unsaturated fatty acids[J]. European

Journal of Nutrition, 2018, 57(8): 2887 – 2895.

[15] López-Moreno J, García-Carpintero S, Jimenez-Lucena R, et al. Effect of dietary lipids on endotoxemia influences postprandial inflammatory response[J]. Journal of Agricultural and Food Chemistry, 2017, 65(35): 7756 – 7763.

[16] Sarabhai T, Koliaki C, Kahl S, et al. Palmitate-enriched lipid ingestion acutely induces insulin resistance associated with PKCγ activation and impaired mitochondrial function in human skeletal muscle[J]. Diabetes, 2020, 69: 1981.

[17] Sarabhai T, Koliaki C, Mastrototaro L, et al. Dietary palmitate and oleate differently modulate insulin sensitivity in human skeletal muscle[J]. Diabetologia, 2022, 65(2): 301 – 314.

[18] Koska J, Ozias M K, Deer J, et al. A human model of dietary saturated fatty acid induced insulin resistance[J]. Metabolism, 2016, 65(11): 1621 – 1628.

[19] Kien C L, Bunn J Y, Ugrasbul F. Increasing dietary palmitic acid decreases fat oxidation and daily energy expenditure[J]. The American Journal of Clinical Nutrition, 2005, 82(2): 320 – 326.

[20] Carta G, Murru E, Banni S, et al. Palmitic acid: Physiological role, metabolism and nutritional implications[J]. Frontiers in Physiology, 2017, 8: 902.

[21] Dumas J A, Bunn J Y, Nickerson J, et al. Dietary saturated fat and monounsaturated fat have reversible effects on brain function and the secretion of pro-inflammatory cytokines in young women[J]. Metabolism, 2016, 65(10): 1582 – 1588.

[22] Toscano R, Millan-Linares M C, Lemus-Conejo A, et al. Postprandial triglyceride-rich lipoproteins promote M1/M2 microglia polarization in a fatty-acid-dependent manner[J]. The Journal of Nutritional Biochemistry, 2020, 75: 108248.

[23] Wang Q, Liu R J, Chang M, et al. Dietary oleic acid supplementation and blood inflammatory markers: A systematic review and meta-analysis of randomized controlled trials[J]. Critical Reviews in Food Science and Nutrition, 2022, 62(9): 2508 – 2525.

[24] Baril-Gravel L, Labonté M E, Couture P, et al. Docosahexaenoic acid-enriched canola oil increases adiponectin concentrations: A randomized crossover controlled intervention trial[J]. Nutrition, Metabolism and Cardiovascular Diseases, 2015, 25(1): 52 – 59.

[25] Bumrungpert A, Pavadhgul P, Kalpravidh R W. Camellia oil-enriched diet attenuates oxidative stress and inflammatory markers in hypercholesterolemic subjects[J]. Journal of Medicinal Food, 2016, 19 (9): 895 – 898.

[26] Serreli G, Deiana M. Extra virgin olive oil polyphenols: Modulation of cellular pathways related to oxidant species and inflammation in aging[J]. Cells, 2020, 9(2): 478.

[27] Saarinen H J, Husgafvel S, Pohjantähti-Maaroos H, et al. Improved insulin sensitivity and lower postprandial triglyceride concentrations after cold-pressed turnip rapeseed oil compared to cream in patients with metabolic syndrome[J]. Diabetology & Metabolic Syndrome, 2018, 10(1): 38.

[28] Vessby B, Uusitupa M, Hermansen K, et al. Substituting dietary saturated for monounsaturated fat impairs insulin sensitivity in healthy men and women: The KANWU study[J]. Diabetologia, 2001, 44 (3): 312 – 319.

[29] López S, Bermúdez B, Pacheco Y M, et al. Distinctive postprandial modulation of β cell function and insulin sensitivity by dietary fats: Monounsaturated compared with saturated fatty acids 1[J]. The American Journal of Clinical Nutrition, 2008, 88(3): 638 – 644.

[30] Yajima K, Iwayama K, Ogata H, et al. Meal rich in rapeseed oil increases 24-h fat oxidation more than meal rich in palm oil[J]. PLoS One, 2018, 13(6): e0198858.

[31] Bozzetto L, Costabile G, Luongo D, et al. Reduction in liver fat by dietary MUFA in type 2 diabetes is helped by enhanced hepatic fat oxidation[J]. Diabetologia, 2016, 59(12): 2697 – 2701.

[32] Hryhorczuk C, Sheng Z Y, Décarie-Spain L, et al. Oleic acid in the ventral tegmental area inhibits feeding, food reward, and dopamine tone[J]. Neuropsychopharmacology, 2018, 43(3): 607 – 616.

[33] Bowen K J, Kris-Etherton P M, West S G, et al. Abstract P382: Canola and high-oleic acid canola oils improve lipid/lipoprotein parameters compared to an oil blend characteristic of a western dietary pattern in individuals at risk for metabolic syndrome: A randomized crossover clinical trial[J]. Circulation, 2018, 137(Supplement 1):382.

［34］Bowen K J，Kris-Etherton P M，West S G，et al. Diets enriched with conventional or high-oleic acid canola oils lower atherogenic lipids and lipoproteins compared to a diet with a western fatty acid profile in adults with central adiposity［J］. The Journal of Nutrition，2019，149(3)：471－478.

［35］Gustafsson I，Vessby B，Ohrvall M，et al. A diet rich in monounsaturated rapeseed oil reduces the lipoprotein cholesterol concentration and increases the relative content of n－3 fatty acids in serum in hyperlipidemic subjects［J］. The American Journal of Clinical Nutrition，1994，59(3)：667－674.

［36］Knutsen H K，Alexander J，BarregAard L，et al. Erucic acid in feed and food［J］. EFSA Journal，2016，14(11)：173.

［37］Qian F，Zong G，Li Y P，et al. Abstract MP43：Monounsaturated fatty acids from plant or animal sources and risk of type 2 diabetes in three large prospective cohorts of men and women［J］. Circulation，2019，139(1)：43.

［38］Guasch M，Zong G，Willett W，et al. Abstract MP40：Associations of monounsaturated fatty acids from plant and animal sources with total and cardiovascular mortality risk［J］. Circulation，2018，137(1)：40.

［39］Wan Y，Wu K N，Wang L，et al. Dietary fat and fatty acids in relation to risk of colorectal cancer［J］. European Journal of Nutrition，2022，61(4)：1863－1873.

［40］Liput K P，Lepczyński A，Ogłuszka M，et al. Effects of dietary n-3 and n-6 polyunsaturated fatty acids in inflammation and cancerogenesis［J］. International Journal of Molecular Sciences，2021，22(13)：6965.

［41］Simopoulos A P. An increase in the omega-6/omega-3 fatty acid ratio increases the risk for obesity［J］. Nutrients，2016，8(3)：128.

［42］Shetty S S，Kumari N S，Shetty P K. $\omega-6/\omega-3$ fatty acid ratio as an essential predictive biomarker in the management of type 2 diabetes mellitus［J］. Nutrition，2020，79/80：110968.

［43］Bork C S，Baker E J，Lundbye-Christensen S，et al. Lowering the linoleic acid to alpha-linolenic acid ratio decreases the production of inflammatory mediators by cultured human endothelial cells［J］. Prostaglandins，Leukotrienes and Essential Fatty Acids，2019，141：1－8.

［44］Bjermo H，Iggman D，Kullberg J，et al. Effects of n-6 PUFAs compared with SFAs on liver fat，lipoproteins，and inflammation in abdominal obesity：A randomized controlled trial［J］. The American Journal of Clinical Nutrition，2012，95(5)：1003－1012.

［45］Li J，Guasch-Ferré M，Li Y P，et al. Abstract P225：The associations of dietary and biomarkers of linoleic acid intake and all-cause and cardiovascular mortality：A systematic review and meta-analysis ［J］. Circulation，2018，137(1)：225.

［46］Li J，Guasch-Ferré M，Li Y P，et al. Dietary intake and biomarkers of linoleic acid and mortality：Systematic review and meta-analysis of prospective cohort studies［J］. The American Journal of Clinical Nutrition，2020，112(1)：150－167.

［47］Wu J H Y，Marklund M，Imamura F，et al. Abstract 41：Omega－6 fatty acid biomarkers and incident type 2 diabetes：A pooled analysis of 20 cohort studies［J］. Circulation，2017，135(1)：A41.

［48］Bartimoccia S，Cammisotto V，Nocella C，et al. Extra virgin olive oil reduces gut permeability and metabolic endotoxemia in diabetic patients［J］. Nutrients，2022，14(10)：2153.

［49］Lopez-Moreno J，Garcia-Carpintero S，Gomez-Delgado F，et al. Endotoxemia is modulated by quantity and quality of dietary fat in older adults［J］. Experimental Gerontology，2018，109：119－125.

［50］Miyamoto J，Igarashi M，Watanabe K，et al. Gut microbiota confers host resistance to obesity by metabolizing dietary polyunsaturated fatty acids［J］. Nature Communications，2019，10：4007.

［51］Wang M，Zhang X J，Yan C Y，et al. Preventive effect of α-linolenic acid-rich flaxseed oil against ethanol-induced liver injury is associated with ameliorating gut-derived endotoxin-mediated inflammation in mice［J］. Journal of Functional Foods，2016，23：532－541.

［52］Luo P，Lednovich K，Xu K，et al. Central and peripheral regulations mediated by short-chain fatty acids on energy homeostasis［J］. Translational Research：the Journal of Laboratory and Clinical Medicine，2022，248：128－150.

［53］世界卫生组织(WHO). 儿童健康：面临新的威胁［R/OL］.（2020－11－19）［2023－06－05］https://www. who. int/zh/news-room/fact-sheets/detail/children-new-threats－to－health.

［54］世界卫生组织(WHO).世卫组织计划在全球食品供应中停用工业生产的反式脂肪酸争取到2023年消

除这些有害化合物[R/OL]. (2018 - 05 - 14)[2023 - 06 - 05]. https://www. who. int/zh/news/item/14 -05 - 2018 - who-plan-to-eliminate-industrially-produced-trans-fatty-acids-from-global-food-supply.

[55] 世界卫生组织(WHO),世卫组织总干事. 2022 年 1 月 24 日在第 150 届执行委员会会议的开幕讲话[R/OL]. (2022 - 01 - 24)[2023 - 06 - 05]. https://www. who. int/zh/director-general/speeches/detail/who-director-general-s-opening-remarks-at-the-150th-session-of-the-executive-board-24-january - 2022.

第五节　膳食纤维

膳食纤维(dietary fiber)是不易被人体消化的一类碳水化合物。

联合国粮食及农业组织、世界卫生组织将膳食纤维定义为:聚合度(DP)≥10 的碳水化合物聚合物,不能被小肠内的消化酶水解,且对人体具有健康益处。我国《食品营养成分基本术语》(GB/Z 21922—2008)对膳食纤维的定义是:植物中天然存在的、提取或合成的碳水化合物的聚合物,其聚合度(DP)≥3,不能被人体小肠消化吸收,且对人体健康有意义。

一、膳食纤维的分类

膳食纤维按照其溶解性分为可溶性膳食纤维和不可溶性膳食纤维两类;按照化学结构和聚合度可分为非淀粉多糖、低聚糖、抗性淀粉、木质素等类型。

(一)非淀粉多糖

非淀粉多糖主要包括纤维素、半纤维素、果胶、甲壳素、食用真菌多糖和海藻多糖等。

纤维素是由数千个葡萄糖通过糖苷键连接起来的聚合物,是植物细胞壁的主要成分。纤维素水溶性小,且有吸水性,容易膨胀,增大的体积在食物通过消化道时可刺激和增强胃肠道蠕动,在人体肠道内不能被淀粉酶分解,因此不被消化。食草动物可消化利用纤维素。

半纤维素是多聚糖,是由木聚糖、半乳聚糖、甘露聚糖、阿拉伯糖等连接起来的多聚体,分子量比纤维素小,它与纤维素、木质素、果胶等共生,也是植物细胞壁的组成成分。

果胶是存在于蔬菜、水果等植物细胞壁和细胞间的一种多糖,溶于水,呈弱酸性,在苹果、柑橘和胡萝卜中含量较多。

甲壳素又名几丁质、壳多糖等,广泛存在于虾、蟹甲壳以及食用菌和海藻细胞壁中。

食用菌多糖广泛存在于食用菌中,如香菇多糖、银耳多糖等。

海藻多糖多存在于海藻类食物如海带、紫菜等中。

（二）低聚糖

低聚糖存在于天然谷物、豆类、蔬菜和水果中，主要包括低聚异麦芽糖、低聚果糖、低聚木糖、大豆低聚糖等。低聚异麦芽糖在自然界中主要作为支链淀粉或多糖的组成部分，极少以游离状态存在，在工业生产中以淀粉为原料制取。低聚果糖是在蔗糖分子的果糖残基上结合 1～3 个果糖的寡果糖，广泛存在于香蕉、洋葱、菊芋等果蔬中，目前工业中主要利用生物酶工程技术生产获得。低聚木糖是由 2～7 个木糖分子以糖苷键连接的低聚合物，具有很好的吸水性，工业生产中以玉米芯、甘蔗渣和棉籽壳等为原料制取。大豆低聚糖主要由水苏糖、棉子糖、蔗糖组成，广泛存在于各种豆类中。

（三）抗性淀粉

抗性淀粉是人类消化道不能消化吸收的淀粉及其分解产物，常见抗性淀粉可分为 RS1、RS2、RS3、RS4 四种[1]。RS1，此类淀粉因被植物表皮或细胞壁物理包裹而影响消化酶直接接触，因而未被消化或延迟被消化，全谷物、豆类等进入胃肠道就会有一些未被消化的淀粉；RS2，此类是一些生淀粉粒，如马铃薯、青香蕉所含的淀粉，此类淀粉熟化后可被消化吸收；RS3，此类是回生淀粉，食物加热熟化后再冷却，此时淀粉链重新排列成紧密的晶体结构，导致不易与消化酶结合而被水解，冷却后的米饭、面食、马铃薯和高直链淀粉玉米中富含此类抗性淀粉；RS4，是通过物理、生物或化学方法作用而引起淀粉分子结构发生变化，导致不利于淀粉酶降解的改性淀粉，如乙酰基淀粉、热变性淀粉、磷酸化淀粉等。

（四）木质素

木质素是植物木质化过程中形成的非碳水化合物，具有复杂的三维结构，不能被人体消化吸收。木质素在各种植物性食物中含量都较少，它存在于细胞壁中，通常与纤维素、半纤维素、果胶紧密结合在一起，共同组成植物细胞壁的复杂结构，这些物质形成的复合体也就是通常所说的植物性食物中的天然膳食纤维。此外，木质素还常与植物酚类物质紧密结合。可见存在于天然食物中木质素是食物有益成分的重要载体，也归类于天然膳食纤维[1]。

二、膳食纤维的特性

（一）吸水膨胀

吸水膨胀是天然食物中的膳食纤维化学结构中的亲水基团与水结合的结果，膳食纤维通常具有自身质量 1.5～25 倍的持水性。因此，摄入的膳食纤维会吸水，从而增大食物体积，增加饱腹感，延缓胃排空，软化粪便，增加粪便量和提高排便频率[2]。

（二）吸附作用

吸附作用是指膳食纤维具有吸附脂肪酸、胆固醇、胆汁酸的作用,减少脂肪酸和胆固醇吸收,影响胆汁酸的肝肠循环,减少胆汁酸被重吸收,增加膳食胆固醇和胆汁酸随粪便排泄,降低血清胆固醇水平。

（三）天然"营养胶囊"作用

天然植物性食物的可食表皮和细胞壁是膳食纤维重要来源,它们提供了物理屏障起天然"营养胶囊"作用[3],将植物细胞内所含淀粉等营养素封装起来,在肠道中限制营养物质与消化酶接触,也限制或减缓营养素从食物基质中释放出来,从而减缓了淀粉等营养物质的消化吸收速率。膳食纤维这种天然"营养胶囊"作用,得以将未被小肠消化的碳水化合物输送到远端结肠作为肠道菌群的"食物",为结肠细菌发酵提供了充足原料,增加肠道饱腹激素分泌,减少能量摄入,对食欲控制和长期健康产生重要影响。天然植物性食物中的膳食纤维在肠道消化过程中起到"营养胶囊"作用,而工业提纯的膳食纤维不具备这种功能特性。

（四）发酵特性

膳食纤维不能被人体直接消化,却可在肠道内被肠道菌群不同程度地发酵利用,是肠道菌群的主要能量（食物）来源。肠道菌群发酵膳食纤维的主要产物为短链脂肪酸,可为人体带来诸多健康益处,例如改善肠道微生态、减少全身慢性炎症、提高瘦素和胰岛素敏感性、减少能量摄入和增加能量消耗等。

三、膳食纤维与减脂

食物短缺的年代,膳食纤维在营养学中被称为粗纤维,人们曾认为粗纤维会影响营养吸收,不利于人体健康,而白米和白面更具营养价值。从 20 世纪 70 年代开始,科学家已经意识到缺少膳食纤维的"西式饮食"可能是推动肥胖等非传染性慢性病发展的重要原因。膳食纤维通过为肠道有益菌提供能量来源,调节肠道微生态,促进肠道菌群发酵产生短链脂肪酸,改善肠道屏障功能,减少全身慢性炎症,促进饱腹肠道激素分泌,改善胰岛素和瘦素敏感性,最终影响中枢神经的食欲和能量代谢调节,进而全面提升代谢灵活性,有助于实现顺利减脂和预防慢性非传染性疾病。

（一）天然膳食纤维让人吃得更少

不饿,即是食物摄入后的饱腹感,也是下一餐到来之前持续的满足感,因此,摄取富含天然膳食纤维的食物后保持不饿,是导致食物摄入减少的主要因素。天然膳食纤维可通过以下几个因素维持餐后不饿状态:

1. 天然膳食纤维能量密度低

富含天然膳食纤维的食物体积相对较大,且进入消化道后容易吸水膨胀[4],这会触发胃肠道机械感觉神经机械感受器信号(膨胀伸展信号)通过神经传入大脑,产生饱胀感。

2. 天然膳食纤维减缓胃排空

胃排空是一个受精确调控的过程,通常可确保向近端肠道有限且相当恒定地输送食糜,胃排空速度是影响餐后饱腹感的重要因素。富含天然膳食纤维的食物可减缓胃排空速度[5-6],使食物在胃内停留时间更长,产生更持久的饱腹感;去除食物中的膳食纤维,则胃排空加快[7]。

3. 天然膳食纤维抑制促食欲信号并增加饱腹信号

天然膳食纤维降低餐后胃饥饿素循环水平或减弱其信号转导[8],而胃饥饿素是已知的重要促食欲激素;天然膳食纤维刺激胰高血糖素样肽-1、酪酪肽分泌,二者是来自肠道的重要饱腹激素。

4. 天然膳食纤维细菌代谢物作用于大脑直接抑制食欲

天然膳食纤维的肠道菌群发酵产物——短链脂肪酸可进入大脑直接抑制食欲[9]。短链脂肪酸还可通过促进肠道糖异生,使餐后长时间保持不饿,从而避免了摄入餐后零食,减少食物摄入量[10]。

5. 天然膳食纤维利于长期食欲调节

长期足量摄入天然膳食纤维可能会改善肠道微生态,消退全身慢性炎症,提高神经内分泌调控信号(如瘦素和胰岛素)的敏感性,这些因素都有利于改善食欲和能量代谢调节。

6. 天然膳食纤维减少享乐性进食行为

享乐性食欲是导致能量过剩和肥胖的重要因素。天然膳食纤维被肠道菌群发酵产生短链脂肪酸(丙酸盐),可能在减弱基于奖励的进食行为中起重要作用,特别是减少对高能量食物的渴望,这种作用独立于循环胰高血糖素样肽-1、酪酪肽水平的变化[11]。

(二)天然膳食纤维减少能量吸收

天然膳食纤维可减少膳食脂质的吸收,部分归因于它的吸附作用。天然膳食纤维可以吸附脂肪酸、胆固醇和胆汁酸,减少脂肪酸和胆固醇的吸收[12],而脂肪酸是重要的能量载体。天然食物中的膳食纤维还可能在肠道中限制营养物质与消化酶的接触,或直接抑制消化酶的活性,从而减少淀粉在小肠中的消化吸收[13]。天然膳食纤维可能会增大粪便体积、促进食物能量随粪便排泄。有文献报道[14],摄入高纤维饮食时粪便中的蛋白质、脂肪、碳水化合物和能量的测量值不少于摄入低纤维饮食时的两倍,说明摄入高纤维饮食时会有更多的能量随粪便排泄。

（三）天然膳食纤维促进脂肪氧化和能量消耗

天然膳食纤维的肠道菌群发酵产物——短链脂肪酸可能会减少脂肪生成，增加脂肪氧化，从而增加能量消耗。人类口服或结肠输注短链脂肪酸，都被证明可以增加脂肪氧化和能量消耗[15-17]。其中丁酸在动物模型研究中被证明作用于肠—脑神经回路，激活棕色脂肪组织，从而促进脂肪产热来增加能量消耗[18]。

（四）天然膳食纤维调节内分泌激素信号

天然膳食纤维及其肠道菌群代谢产物——短链脂肪酸通过多种机制，影响食欲与能量代谢相关内分泌激素（例如，胰岛素、瘦素、胰高血糖素样肽-1、胆囊收缩素、酪酪肽、胃饥饿素等）的分泌及其信号传导。天然膳食纤维可能通过调节内分泌激素信号改善食欲和能量代谢调节，促进顺利减脂和长期维持健康体重。

1. 天然膳食纤维抑制胃饥饿素促食欲作用

胃饥饿素主要由人类胃部中的 P/D1 细胞产生，目前研究证据表明，胃饥饿素是触发人体饥饿感、摄食行为和食物奖励系统的重要信号。摄食富含膳食纤维的天然食物，可降低餐后循环胃饥饿素的水平。此外，天然膳食纤维被肠道菌群发酵产生短链脂肪酸，减弱胃饥饿素信号转导[8]，从而抑制胃饥饿素的促食欲作用。

2. 天然膳食纤维增加胰高血糖素样肽-1（GLP-1）分泌

胰高血糖素样肽-1（GLP-1）是一种由肠道 L 细胞分泌的肽类激素，通过促胰岛素分泌抑制食物摄入量和调节胃肠道蠕动，在葡萄糖稳态和食欲调节中起重要作用。天然食物中膳食纤维起"营养胶囊"作用，将更多食物中的营养物质输送到远端肠道，刺激这里较高密度分布的肠道 L 细胞分泌 GLP-1[19-20]。此外，这些天然膳食纤维和未被小肠消化的碳水化合物被肠道菌群发酵，产生短链脂肪酸，也会刺激肠道 L 细胞分泌 GLP-1。

3. 天然膳食纤维增加酪酪肽（PYY）分泌

酪酪肽（PYY）是一种肠道激素，可延迟胃排空，并通过迷走神经在大脑摄食中枢抑制食欲。PYY 主要由结肠和回肠黏膜的 L 细胞分泌，与 GLP-1 一起由肠道 L 细胞共同分泌。因此，富含膳食纤维的天然食物也可以通过与刺激肠道 L 细胞分泌 GLP-1 相同的途径来刺激 PYY 分泌[19,21]。

4. 天然膳食纤维增加胆囊收缩素（CCK）分泌

肠内分泌胆囊收缩素（CCK）的细胞在十二指肠和近端空肠中密集分布，CCK 在大脑摄食中枢抑制食欲，同时延缓胃排空，也是重要的饱腹信号。三大常量营养素中，脂质刺激 CCK 分泌最多，蛋白质次之，碳水化合物刺激 CCK 分泌最少。有证据表明，在含有各种营养素的混合餐中增加天然膳食纤维会显著增加 CCK 分泌量[22]。

5. 天然膳食纤维提高胰岛素敏感性

胰岛素是胰岛 B 细胞分泌的全面促进机体合成代谢的激素，促进葡萄糖摄取和利用，促进脂肪和蛋白质合成，抑制脂肪和蛋白质分解。葡萄糖是触发胰岛素分泌的主要食物成分。长期摄入精制碳水化合物会反复刺激胰岛素过度分泌，可能导致易感人群出现胰岛素抵抗和肥胖。富含膳食纤维的天然食物消化吸收缓慢，可调节餐后胰岛素平稳释放，因此有利于长期保持胰岛素敏感性。天然膳食纤维通过改善肠道微生态，增加短链脂肪酸产生，减少代谢性毒素血症，降低全身慢性低度炎症来改善胰岛素信号传导，并通过减轻体重来提高全身胰岛素敏感性[23]。

6. 天然膳食纤维提高瘦素敏感性

瘦素是主要由白色脂肪组织分泌的激素。瘦素抑制食欲，增加能量消耗，抑制脂肪合成，提高骨骼肌脂肪酸氧化能力。然而，肥胖者通常循环血液中瘦素水平升高，处于瘦素敏感性下降或瘦素抵抗状态，导致食欲失调和脂肪利用减少。肥胖者普遍存在全身慢性低度炎症（包括负责食欲控制的神经中枢——下丘脑炎症），可能是导致瘦素抵抗的主要原因。天然膳食纤维及其肠道菌群代谢物——短链脂肪酸可能通过减少肥胖者内毒素血症和降低全身慢性低度炎症来改善瘦素信号传导，提高全身瘦素敏感性[24]。

（五）天然膳食纤维改善肠道微生态和肠道屏障功能

饮食不仅维持人类的生存，而且要为定植于肠道的共生微生物群落——肠道微生物群提供食物来源。饮食对于肠道菌群的组成、多样性和丰富度具有重大影响。肥胖者通常肠道生态失调，导致肠道黏膜屏障功能受损和慢性炎症，进而影响代谢健康。天然膳食纤维可改善肠道微生态和肠道屏障功能。

1. 天然膳食纤维改善肠道微生态

"西式饮食"缺乏膳食纤维摄入，容易导致肥胖，同时也使肠道微菌群的多样性丧失和丰度下降。摄入更多的天然膳食纤维会改变肠道微生物群，恢复菌群多样性和丰度，增加有利于短链脂肪酸生产的菌群（如乳酸杆菌、双歧杆菌）的多样性和丰度。这些肠道菌群可利用未被消化的碳水化合物（主要是膳食纤维）发酵产生短链脂肪酸，营造缺氧和酸性的结肠环境，有利于清除或防止潜在致病性细菌扩张[25]。

2. 天然膳食纤维改善肠道屏障功能

"所有疾病都始于肠道"，肥胖似乎也是如此。肥胖者通常由于饮食不健康，导致肠道黏膜屏障功能受损和代谢性内毒素血症，呈全身慢性炎症状态。

肠道黏膜分泌的大量黏液是一种重要屏障，是保护宿主免受肠道细菌及其衍生物物侵蚀的第一道防线。膳食纤维是肠道微生物的重要能量和碳来源，如果没有这些营养素，细菌会降解肠壁上的黏液屏障。例如，"西式饮食"由于缺乏天然食物的膳食纤维,导致菌群因为"食物"短缺,只好以肠黏液中的多糖为食,从而造成肠道病原菌渗透到内部黏液层,与肠道上皮细胞相互作用并促发炎症[26]。然而,天然膳食纤维不仅为肠道菌群提供了能量来源,而且发酵产生的短链脂肪酸会刺激肠道黏液产生和分泌,有利于改善或增强肠道屏障功能。

(六)天然膳食纤维促进肠道糖异生

为什么有些人总是很饿呢?餐后的血糖水平下降太快可能是重要因素之一[27]。肠道微生物群通过膳食纤维发酵产生的短链脂肪酸,通过互补机制激活了肠道糖异生(IGN),促进了糖代谢稳态[28]。肠道糖异生的代谢益处包括减轻饥饿感和减少食物摄入量,减少脂肪储存和体重,减少肝葡萄糖产生,改善全身葡萄糖代谢和胰岛素敏感性。膳食纤维促进肠道糖异生,为膳食纤维增加长时间持续饱腹感和代谢益处提供了另一个因果关系证据[29]。

(七)天然膳食纤维有助于消退全身慢性炎症

超加工食品和低膳食纤维的饮食会破坏肠道微生物群与肠道之间的共生关系,导致结肠内黏液层屏障功能受损和炎症。膳食纤维有助于消退由肠道菌群失调等因素引起的全身慢性低度炎症。它们可能通过诱导免疫细胞产生细胞因子白介素-22(IL-22)促肠上皮细胞增殖,分泌抗菌肽,从而增强肠道黏膜屏障功能,保护肠道免受炎症影响[30-31]。膳食纤维肠道菌群发酵产物短链脂肪酸为 B 细胞(B 细胞是一种免疫细胞,它们主要通过分泌抗体来参与机体的免疫应答)生产抗体提供能量支持,从肠道到全身器官都能检测到短链脂肪酸对 B 细胞的益处[32]。

保护肠道的调节性 T 细胞(Treg)是维持肠道与数万亿常驻细菌之间和平共生的重要"哨兵",它发挥抑制免疫应答和调节肠炎症反应的作用。动物实验表明,膳食纤维的发酵产物短链脂肪酸诱导结肠调节性 T 细胞的分化,增加结肠调节性 T 细胞数量并调节其功能[33-35]。短链脂肪酸的肠腔内浓度与结肠中调节性 T 细胞的数量呈正相关。人类细胞体外研究表明,短链脂肪酸中的丁酸诱导未成熟的 CD4$^+$T 细胞转化为诱导型调节性 T 细胞,而调节性 T 细胞分泌白介素-10(IL-10)抑制炎症反应[36]。

总之,膳食中富含天然膳食纤维,可能通过调节肠道微生态,改善肠道屏障功能,产生短链脂肪酸和改善肠黏膜免疫功能,减轻或消退"西式饮食"诱导的肥胖和全身慢性炎症[37]。

四、膳食纤维的摄入量

大多数欧洲国家以及澳大利亚、新西兰和美国等国家建议成人膳食纤维摄入量为男性 30～35 g/d,女性 25～32 g/d[38],但是,这些国家的总体平均成人膳食纤维摄入量都没有达到这一水平。中国膳食指南建议成年人（19～50 岁）膳食纤维摄入量为 25～30 g/d[1]。

人类祖先膳食纤维摄入量可能高达 100 g/d[39]。1969 年，丹尼斯·伯基特（Denis Burkitt）发表有关膳食纤维与疾病假说的文章称，他在乌干达工作时发现，当地人每天摄入膳食纤维多于 50 g，当地中年人（40～60 岁）的结肠癌、糖尿病等发病率要低得多，但是这些疾病在英格兰生活的类似年龄的人群中很常见[40]。自伯基特于 1993 年去世以来，他提出的假说已通过大规模的流行病学研究得到证实和扩展。流行病学和前瞻性研究表明，更多的来自全谷物、豆类、菌类、水果和蔬菜的天然膳食纤维摄入量不仅有利于减轻肥胖，更有利于降低 2 型糖尿病、炎症、结直肠癌、乳腺癌、心血管疾病、炎性肠病等风险及全因死亡率[41-47]。

目前的证据倾向于建议摄入更多来自天然食物的膳食纤维[48]，这样更有利于健康。对于正在减脂或控制体重的人来说，每日膳食纤维摄入量大于 50 g 可能更有利于减脂计划的顺利开展，并且也有利于在减脂成功后进行长期体重管理。日常饮食中，无须购买膳食纤维补充剂等保健食品（可能含有坏膳食纤维），从全谷物、豆类、蔬菜、水果、菌类、海藻类中，我们可以获得足量的每天所需的天然膳食纤维。

膳食纤维摄入可耐受量因人而异，可能是肠道菌群差异所致。膳食纤维种类繁多，人体对每一种膳食纤维有不一样的耐受量，而且由于个体差异，对同一种膳食纤维，每个人的耐受量也不同[49]。急性大量增加膳食纤维摄入可能会引起肠道不适，如出现腹胀、胀气、腹鸣/隆隆声等情况，因此，不同个体可根据实际情况决定膳食纤维摄入量。

五、膳食纤维有好坏之分

天然植物性食物的可食表皮（如大米的糠皮、小麦的麸皮、豆类的种皮）和植物细胞壁是膳食纤维的重要来源。食用菌和海藻中含有非常丰富的天然膳食纤维。天然植物或菌类食物中含有多种膳食纤维。其中，全谷物和豆类可能同时包含纤维素、半纤维素、果胶、抗性低聚糖、抗性淀粉、木质素等多种膳食纤维，食用菌类可能同时包含甲壳素、半纤维素、β-葡聚糖、甘露聚糖、木聚糖和半乳聚糖等多种膳食纤维。不仅如此，这些天然食物基质中通常还包含多种植物化学物，例如酚类化合物等，同时含有脂质、蛋白质及多种维生素和矿物质。

天然食物中，膳食纤维存在于化学成分和物理结构复杂的复合体中，主要以植物细胞壁（或可食表皮）的形式与各种食物营养成分共存，并在肠道中起天然"营养胶囊"的作用，可减少胃肠道消耗酶与"营养胶囊"内营养物质的接触，从而降低营养物质（特别是淀粉）的消化吸收速率，并将更多的营养物质（包括植物化学物）输送到远端结肠。由此可见,由膳食纤维和其他营养成分组成的植物性食物原生物理结构是调节植物细胞内营养物质在肠道消化速率的关键因素[50]。因此,通过食用天然食物摄入膳食纤维对于肠道功能和餐后代谢的影响不同于摄入工业提纯(或合成)的膳食纤维,这是由食物的物理结构复杂性所决定的,后者不可能具有天然"营养胶囊"的作用。在本书中,为了便于理解和区分膳食纤维的不同来源,提出了一个全新的概念:将存在于天然食物中未经提纯的结构复杂的膳食纤维称为天然膳食纤维。在日常生活中,这些天然膳食纤维主要来源于结构完整、仅经过最低限度加工的农产品,例如全谷物、豆类、食用菌类、海藻、蔬菜、水果等。

天然膳食纤维对人体的健康益处不仅得到了科学研究的大量证据支持,而且在人类历史长河中经历了时间的验证。众所周知,天然膳食纤维具有软化粪便、增加粪便量和排便频率的作用,然而,工业提纯可溶性可发酵纤维(如菊粉、低聚果糖和小麦糊精)不能起通便作用,一些纤维(例如小麦糊精)还会增加便秘风险[51]。天然膳食纤维与工业提纯(或合成)的膳食纤维虽然在化学成分上没有区别,但是由它们组成食物的物理结构完全不同(前者存在于结构复杂的天然复合体中,而后者通常只是简单混合在加工食品中),这可能决定了它们在消化道之旅中将迎来截然不同的命运。对于在食品中添加工业提纯的膳食纤维是否能够带来预期的健康益处,研究尚不足,但是多种工业提纯的膳食纤维,例如菊粉,已经被食品制造商掺入各种加工食品(保健食品)中,旨在增加产品中的纤维含量。

然而,越来越多的研究已经提出了警告。一项 2016 年发表在《细胞》的研究显示,在膳食纤维缺乏期间,肠道微生物群以宿主分泌的黏液糖蛋白作为营养来源,导致结肠黏液层受损,补充天然植物膳食纤维可以逆转,但是精制可溶性纤维(例如菊粉、阿拉伯木聚糖、β-葡聚糖)不能减轻微生物对肠道黏液屏障的侵蚀[26]。另一项 2018 年发表在《细胞》的研究报告称,将菊粉掺入加工食品中会诱发动物黄疸性肝细胞癌,文章的作者警告"食用可发酵膳食纤维的食物结构(即精制或未精制食物)非常重要,特别要注意不要食用富含精制可发酵膳食纤维的食物"[52]。2022 年,一项发表在《细胞宿主和微生物》的人体研究显示,当受试者每天摄入 30 g 菊粉补剂时,丙氨酸氨基转移酶(ALT,是肝功能损伤的敏感检测指标)升高,并诱导细胞因子炎症标志物增加,提示受试者肝损伤风险和全身炎症反应增加。研究人员迅速撤除了菊粉,因为可以预见,如果持续暴露于菊粉,受试者可能也会患上胆汁淤积症[53]。据报道,2018 年法国国家药品和健康产品安全局(ANSM)决定撤回含有菊粉的产品,原因是收到多起严重超敏反应的报告,包括致命的结果[54]。

羧甲基纤维素(CMC)和卡拉胶(也称角叉菜胶)也被视为膳食纤维,在食品工业中也经常作为乳化剂或增稠剂。已经有大量的证据表明,羧甲基纤维素和卡拉胶都会扰乱肠道生态平衡,破坏肠道屏障功能,增加肠道和全身慢性炎症的风险[55-56]。在最近的一项研究中,服用羧甲基纤维素的人类受试者全都表现出粪便代谢物的变化,特别是短链脂肪酸和游离氨基酸的减少。有的受试者表现出微生物群侵入肠道黏液层的炎症特征,以及微生物群组成的明显改变[57]。

总之,膳食纤维也有好坏之分[58]。天然膳食纤维对于人体健康的诸多益处已经得到了大量研究证据的支持,而一些经过工业提纯(或合成)的膳食纤维(虽然有的也来自天然食物)似乎起到了相反的作用。这表明,健康饮食计划似乎应该强调那些仅经最低限度加工的全谷物、菌类、蔬菜和水果中天然膳食纤维的健康益处,而要对工业提纯的膳食纤维保持必要的警惕。因此,添加了经工业提纯的膳食纤维并宣称有益健康的各种保健食品(例如某些添加了精制膳食纤维的减肥保健食品)和添加了精制膳食纤维的超加工食品不应该出现在我们的饮食计划表之内。

六、天然膳食纤维的食物来源

全谷物、豆类、菌类、藻类、蔬菜都是天然膳食纤维的优质食物来源。

如果需要了解各种天然食物中膳食纤维的详细数据,可查阅各大食品成分数据库,例如国际食物成分数据系统网络(INFOODS)和中国疾病预防控制中心营养与健康所的食物营养成分查询平台。

参考文献

[1] 程义勇,郭俊生,马爱国. 基础营养[M]//杨月欣,葛可佑. 中国营养科学全书. 2版. 北京:人民卫生出版社,2019:253 - 255.

[2] Müller M, Canfora E E, Blaak E E. Gastrointestinal transit time, glucose homeostasis and metabolic health: Modulation by dietary fibers[J]. Nutrients, 2018, 10(3): 275.

[3] Xiong W Y, Devkota L, Zhang B, et al. Intact cells: "Nutritional capsules" in plant foods[J]. Comprehensive Reviews in Food Science and Food Safety, 2022, 21(2): 1198 - 1217.

[4] Wanders A J, Jonathan M C, Van den Borne J J G C, et al. The effects of bulking, viscous and gel-forming dietary fibres on satiation[J]. British Journal of Nutrition, 2013, 109(7): 1330 - 1337.

[5] Gopirajah R, Raichurkar K P, Wadhwa R, et al. The glycemic response to fibre rich foods and their relationship with gastric emptying and motor functions: An MRI study[J]. Food & Function, 2016, 7(9): 3964 - 3972.

[6] Bortolotti M, Levorato M, Lugli A, et al. Effect of a balanced mixture of dietary fibers on gastric emptying, intestinal transit and body weight[J]. Annals of Nutrition and Metabolism, 2008, 52(3): 221 - 226.

[7] Benini L, Castellani G, Brighenti F, et al. Gastric emptying of a solid meal is accelerated by the removal of dietary fibre naturally present in food[J]. Gut, 1995, 36(6): 825 - 830.

[8] Torres-Fuentes C, Golubeva A V, Zhdanov A V, et al. Short-chain fatty acids and microbiota metabolites attenuate ghrelin receptor signaling[J]. The FASEB Journal, 2019, 33(12): 13546 - 13559.

[9] Frost G, Sleeth M L, Sahuri-Arisoylu M, et al. The short-chain fatty acid acetate reduces appetite via a central homeostatic mechanism[J]. Nature Communications, 2014, 5: 3611.

[10] Soty M, Gautier-Stein A, Rajas F, et al. Gut-brain glucose signaling in energy homeostasis[J]. Cell Metabolism, 2017, 25(6): 1231 - 1242.

[11] Byrne C S, Chambers E S, Alhabeeb H, et al. Increased colonic propionate reduces anticipatory reward responses in the human striatum to high-energy foods1[J]. The American Journal of Clinical Nutrition, 2016, 104(1): 5 – 14.

[12] Tamargo A, Martin D, Navarro del Hierro J, et al. Intake of soluble fibre from chia seed reduces bioaccessibility of lipids, cholesterol and glucose in the dynamic gastrointestinal model simgi[J]. Food Research International, 2020, 137: 109364.

[13] Dhital S, Gidley M J, Warren F J. Inhibition of α-amylase activity by cellulose: Kinetic analysis and nutritional implications[J]. Carbohydrate Polymers, 2015, 123: 305 – 312.

[14] Beyer P L, Flynn M A. Effects of high-and low-fiber diets on human feces1[J]. Journal of the American Dietetic Association, 1978, 72(3): 271 – 277.

[15] Chambers E S, Byrne C S, Aspey K, et al. Acute oral sodium propionate supplementation raises resting energy expenditure and lipid oxidation in fasted humans[J]. Diabetes, Obesity and Metabolism, 2018, 20(4): 1034 – 1039.

[16] Canfora E E, van der Beek C M, Jocken J W E, et al. Colonic infusions of short-chain fatty acid mixtures promote energy metabolism in overweight/obese men: A randomized crossover trial[J]. Scientific Reports, 2017, 7: 2360.

[17] Van Der Beek C, Canfora E, Lenaerts K, et al. Distal, not proximal, colonic acetate infusions promote fat oxidation and improve metabolic markers in overweight/obese men[J]. Clinical Science, 2016, 130 (22): 2073 – 2082.

[18] Li Z, Yi C X, Katiraei S, et al. Butyrate reduces appetite and activates brown adipose tissue via the gut-brain neural circuit[J]. Gut, 2018, 67(7): 1269 – 1279.

[19] Chambers E S, Viardot A, Psichas A, et al. Effects of targeted delivery of propionate to the human colon on appetite regulation, body weight maintenance and adiposity in overweight adults[J]. Gut, 2015, 64(11): 1744 – 1754.

[20] Qin W Y, Ying W, Hamaker B, et al. Slow digestion-oriented dietary strategy to sustain the secretion of GLP-1 for improved glucose homeostasis[J]. Comprehensive Reviews in Food Science and Food Safety, 2021, 20(5): 5173 – 5196.

[21] Larraufie P, Martin-Gallausiaux C, Lapaque N, et al. SCFAs strongly stimulate PYY production in human enteroendocrine cells[J]. Scientific Reports, 2018, 8: 74.

[22] Reverri E J, Randolph J M, Kappagoda C T, et al. Assessing beans as a source of intrinsic fiber on satiety in men and women with metabolic syndrome[J]. Appetite, 2017, 118: 75 – 81.

[23] Canfora E E, Jocken J W, Blaak E E. Short-chain fatty acids in control of body weight and insulin sensitivity[J]. Nature Reviews Endocrinology, 2015, 11(10): 577 – 591.

[24] Cani P D, Amar J, Iglesias M A, et al. Metabolic endotoxemia initiates obesity and insulin resistance [J]. Diabetes, 2007, 56(7): 1761 – 1772.

[25] Gill S K, Rossi M, Bajka B, et al. Dietary fibre in gastrointestinal health and disease[J]. Nature Reviews Gastroenterology & Hepatology, 2021, 18(2): 101 – 116.

[26] Desai M S, Seekatz A M, Koropatkin N M, et al. A dietary fiber-deprived gut microbiota degrades the colonic mucus barrier and enhances pathogen susceptibility[J]. Cell, 2016, 167(5): 1339 – 1353. e21.

[27] Wyatt P, Berry S E, Finlayson G, et al. Postprandial glycemic dips predict appetite and energy intake in healthy individuals[J]. Nature Metabolism, 2021, 3(4): 523 – 529.

[28] De Vadder F, Kovatcheva-Datchary P, Goncalves D, et al. Microbiota-generated metabolites promote metabolic benefits via gut-brain neural circuits[J]. Cell, 2014, 156(1/2): 84 – 96.

[29] Vily-Petit J, Soty-Roca M, Silva M, et al. Intestinal gluconeogenesis prevents obesity-linked liver steatosis and non-alcoholic fatty liver disease[J]. Gut, 2020, 69(12): 2193 – 2202.

[30] Zou J, Chassaing B, Singh V, et al. Fiber-mediated nourishment of gut microbiota protects against diet-induced obesity by restoring IL – 22 – mediated colonic health[J]. Cell Host & Microbe, 2018, 23(1): 41 – 53.

[31] Ma W J, Nguyen L H, Song M Y, et al. Dietary fiber intake, the gut microbiome, and chronic systemic inflammation in a cohort of adult men[J]. Genome Medicine, 2021, 13(1): 102.

[32] Kim M, Qie Y Q, Park J, et al. Gut microbial metabolites fuel host antibody responses[J]. Cell Host

&. Microbe, 2016, 20(2): 202 - 214.

[33] Smith P M, Howitt M R, Panikov N, et al. The microbial metabolites, short-chain fatty acids, regulate colonic Treg cell homeostasis[J]. Science, 2013, 341(6145): 569 - 573.

[34] Furusawa Y, Obata Y, Fukuda S, et al. Commensal microbe-derived butyrate induces the differentiation of colonic regulatory T cells[J]. Nature, 2013, 504(7480): 446 - 450.

[35] Kim C H, Park J, Kim M. Gut microbiota-derived short-chain Fatty acids, T cells, and inflammation [J]. Immune Network, 2014, 14(6): 277 - 288.

[36] Kaisar M M M, Pelgrom L R, Van Der Ham A J, et al. Butyrate conditions human dendritic cells to prime type 1 regulatory T cells *via* both histone deacetylase inhibition and G protein-coupled receptor 109A signaling[J]. Frontiers in Immunology, 2017, 8: 1429.

[37] Wastyk H C, Fragiadakis G K, Perelman D, et al. Gut-microbiota-targeted diets modulate human immune status[J]. Cell, 2021, 184(16): 4137 - 4153.

[38] Stephen A M, Champ M M J, Cloran S J, et al. Dietary fibre in Europe: Current state of knowledge on definitions, sources, recommendations, intakes and relationships to health[J]. Nutrition Research Reviews, 2017, 30(2): 149 - 190.

[39] Eaton S B. The ancestral human diet: What was it and should it be a paradigm for contemporary nutrition? [J]. The Proceedings of the Nutrition Society, 2006, 65(1): 1 - 6.

[40] O'Keefe S J. The association between dietary fibre deficiency and high-income lifestyle-associated diseases: Burkitt's hypothesis revisited[J]. The Lancet Gastroenterology &. Hepatology, 2019, 4(12): 984 - 996.

[41] Katagiri R, Goto A, Sawada N, et al. Dietary fiber intake and total and cause-specific mortality: The Japan Public Health Center-based prospective study[J]. The American Journal of Clinical Nutrition, 2020, 111(5): 1027 - 1035.

[42] Fu L M, Zhang G B, Qian S S, et al. Associations between dietary fiber intake and cardiovascular risk factors: An umbrella review of meta-analyses of randomized controlled trials[J]. Frontiers in Nutrition, 2022, 9: 972399.

[43] Xu K D, Sun Q Y, Shi Z A, et al. A dose-response meta-analysis of dietary fiber intake and breast cancer risk[J]. Asia Pacific Journal of Public Health, 2022, 34(4): 331 - 337.

[44] Ma Y, Huang P, Hu M, et al. Dietary fiber intake and risks of proximal and distal colon cancers: A systematic review and meta-analysis[J]. Journal of Clinical Oncology, 2017,35(15):e15080.

[45] Hajishafiee M, Saneei P, Benisi-Kohansal S, et al. Cereal fibre intake and risk of mortality from all causes, CVD, cancer and inflammatory diseases: A systematic review and meta-analysis of prospective cohort studies[J]. British Journal of Nutrition, 2016, 116(2): 343 - 352.

[46] Milajerdi A, Ebrahimi-Daryani N, Dieleman L A, et al. Association of dietary fiber, fruit, and vegetable consumption with risk of inflammatory bowel disease: A systematic review and meta-analysis [J]. Advances in Nutrition, 2021, 12(3): 735 - 743.

[47] Xu X, Zhang J M, Zhang Y H, et al. Associations between dietary fiber intake and mortality from all causes, cardiovascular disease and cancer: A prospective study[J]. Journal of Translational Medicine, 2022,20(1):344.

[48] Reynolds A, Mann J, Cummings J, et al. Carbohydrate quality and human health: A series of systematic reviews and meta-analyses[J]. Lancet, 2019, 393(10170): 434 - 445.

[49] Mysonhimer A R, Holscher H D. Gastrointestinal effects and tolerance of nondigestible carbohydrate consumption[J]. Advances in Nutrition, 2022, 13(6): 2237 - 2276.

[50] Capuano E. The behavior of dietary fiber in the gastrointestinal tract determines its physiological effect [J]. Critical Reviews in Food Science and Nutrition, 2017, 57(16): 3543 - 3564.

[51] McRorie J W, McKeown N M. Understanding the physics of functional fibers in the gastrointestinal tract: An evidence-based approach to resolving enduring misconceptions about insoluble and soluble fiber [J]. Journal of the Academy of Nutrition and Dietetics, 2017, 117(2): 251 - 264.

[52] Singh V, Yeoh B S, Chassaing B, et al. Dysregulated microbial fermentation of soluble fiber induces cholestatic liver cancer[J]. Cell, 2018, 175(3): 679 - 694.

[53] Lancaster S M, Lee-McMullen B, Abbott C W, et al. Global, distinctive, and personal changes in

molecular and microbial profiles by specific fibers in humans[J]. Cell Host & Microbe, 2022, 30(6): 848-862.

[54] Bui T, Prot-Bertoye C, Ayari H, et al. Safety of inulin and sinistrin: Combining several sources for pharmacovigilance purposes[J]. Frontiers in Pharmacology, 2021,12:725417.

[55] Myers M J, Deaver C M, Lewandowski A J. Molecular mechanism of action responsible for carrageenan-induced inflammatory response[J]. Molecular Immunology, 2019, 109: 38-42.

[56] Wu W, Zhou J W, Xuan R R, et al. Dietary κ-carrageenan facilitates gut microbiota-mediated intestinal inflammation[J]. Carbohydrate Polymers, 2022, 277: 118830.

[57] Chassaing B, Compher C, Bonhomme B, et al. Randomized controlled-feeding study of dietary emulsifier carboxymethylcellulose reveals detrimental impacts on the gut microbiota and metabolome[J]. Gastroenterology, 2022, 162(3): 743-756.

[58] Singh V, Vijay-Kumar M. Beneficial and detrimental effects of processed dietary fibers on intestinal and liver health: Health benefits of refined dietary fibers need to be redefined! [J]. Gastroenterology Report, 2020, 8(2): 85-89.

第六节　食物中的植物化学物

植物化学物(phytochemicals)是存在于植物性食物中的生物活性分子。每一种天然植物性食物中都含有种类繁多的植物化学物,它们和宏量营养素一起赋予天然植物性食物独特的颜色、味道、质地和香气。此外,植物化学物具有抗氧化、抗炎和调节免疫等功能,从而发挥预防慢性疾病的重要作用。本书仅简要介绍部分可能通过多种机制有利于减脂的植物化学物。植物化学物按照其化学结构分类,常见的有酚类化合物、萜类化合物、有机硫化合物等。

一、酚类化合物

酚类化合物(phenolic compounds)是一个或多个芳香环与一个或多个羟基结合而成的一类化合物,其苯环上的羟基极易失去氢电子,因此,酚类化合物作为良好的电子供体发挥抗氧化作用[1]。可食用植物中的酚类化合物包括酚酸、类黄酮(儿茶素、花色苷、原花青素、黄酮、黄酮醇等)、木酚酸、香豆素与单宁。日常食物中常见的酚类化合物有大豆异黄酮、儿茶素、原花青素、花色苷、姜黄素、白藜芦醇、槲皮素等。

(一)大豆异黄酮

大豆异黄酮在自然界中以糖苷形式存在,其苷元有大豆苷元、黄豆黄素等。大豆异黄酮主要存在于大豆中,包括黄豆、黑豆、青豆(毛豆),腐竹、豆腐等豆制品大豆异黄酮含量也很高[2]。大豆异黄酮的生物学功能包括:具有雌激素样活性、抗氧化作用,改善绝经后骨质疏松,降低乳腺癌发病风险等[1]。

(二)儿茶素

儿茶素又称儿茶酚、茶单宁。儿茶素主要来自茶叶,鲜茶叶中儿茶素大部分得以保留。在加工发酵过程中,儿茶素及其没食子酸酯衍生物被氧化成复合酚类茶色素,包括茶黄素、茶红素和茶褐素,都具有抗氧化活性。儿茶素的生物学功能包括:具有抗氧化作用、抗菌抗炎作用,降低肿瘤发生风险,调节糖脂代谢等[1]。

(三)原花青素

原花青素是指一类由不同数量的儿茶素、表儿茶素或没食子酸聚合而成的同源或异源酚类化合物类黄酮化合物。原花青素主要存在于葡萄、高粱、苹果、樱桃、黑莓、红莓、草莓中,其中葡萄籽中原花青素含量尤为丰富。原花青素的生物学功能包括:具有抗氧化作用,预防心血管疾病,降低癌症风险,预防尿道感染等[1]。

(四)花色苷

花色苷是自然界中广泛存在于植物中的天然水溶性色素。花色苷的颜色会随着周围介质的 pH 改变而变化,在酸性条件下呈红色,在碱性条件下呈蓝紫色。花色苷的基本结构是它的糖苷配基,称为花青素。植物中常见的花青素有矢车菊素、飞燕草素、芍药素等,在自然界中一般与糖结合形成糖苷化合物,即以花色苷形式存在食物中。花色苷主要存在于深色浆果,深色蔬菜,深色谷物、薯类、豆类中,如黑米、红米、紫薯、桑葚、杨梅、李子、葡萄、紫包菜、茄子、红苋菜、红菜薹、黑豆等食物中,其中黑米、黑豆中花色苷含量非常丰富[2]。花色苷的生物学功能包括:具有抗氧化作用、抑制炎症作用,预防多种慢性病,改善视力等[1]。

(五)姜黄素

姜黄素是从姜科姜黄属植物的根茎中提取的一种酚类物质。姜黄素主要来源于姜黄、咖喱、姜、芥末。姜黄素的生物学功能包括:具有抗氧化作用、抗炎作用,降低肿瘤风险等[1]。

(六)白藜芦醇

白藜芦醇是含有芪类结构的酚类化合物。白藜芦醇主要存在于黑米、黑豆、青豆、蕹菜(空心菜)、鸡腿菇、鱼腥草、茶树菇、甜瓜、草莓、小山楂、小枣、脐橙、柚子、火龙果、李子、桃子、杏子、杨梅、荔枝、柿子、葡萄皮、桑葚、菠萝、冬笋、白花菜、茭白、芝麻、花生、核桃等食物中,其中葡萄皮和桑葚中白藜芦醇含量很高[2]。白藜芦醇的生物学功能包括:具有抗氧化作用、抗炎作用,降低心血管系统疾病风险等[1]。

(七)槲皮素

槲皮素是广泛存在于植物界的黄酮类化合物,存在于大多数蔬菜、水果、菌类中，如小白菜、莜麦菜、银耳、平菇、金针菇、山楂、大枣、草莓、番石榴、脐橙、芦柑、火龙果、梨、李子、柿子、猕猴桃、苹果、桑葚、桃子、洋葱、绿茶、芦笋、青椒、西红柿、西蓝花、红叶生菜、空心菜等都富含槲皮素[2]。槲皮素的生物学功能包括：具有抗氧化作用、抗炎作用，降低心血管疾病发生风险，降低某些肿瘤发生风险等[1]。

二、萜类化合物

萜类化合物（terpenoids）是以异戊二烯为基本单元，用不同方式首尾相接的聚合体，主要存在于水果、蔬菜、全谷物中。日常食物中常见的萜类化合物有番茄红素、叶黄素、植物甾醇等。

（一）番茄红素

番茄红素是一种不含氧的类胡萝卜素，但不属于维生素 A 原。番茄红素在番茄、西瓜、葡萄柚、番石榴中含量丰富，少量存在于胡萝卜、南瓜、李子、柿子、桃子、芒果、石榴、葡萄等蔬菜和水果中。番茄红素的生物学功能包括：具有抗氧化作用、抑制肿瘤作用，降低心血管系统疾病风险，抗炎、提高免疫力等[1]。

（二）叶黄素

叶黄素又称植物黄体素、胡萝卜醇、核黄素等，是一种含氧类胡萝卜素，但是没有维生素 A 活性。叶黄素常与玉米黄素共同存在于各种蔬菜和水果中，如：玉米、羽衣甘蓝、菠菜、西蓝花、卷心菜、莴苣、绿豌豆、芥菜、萝卜叶、芹菜、黄瓜、秋葵、青椒、红辣椒、南瓜等深色蔬菜中，猕猴桃、桃子、木瓜、柑橘、橙子等黄橙色水果中叶黄素含量丰富[2]。蛋类中也含有叶黄素，且生物利用度很高。叶黄素的生物学功能包括：具抗氧化作用，保护视网膜，降低慢性病风险等[1]。

（三）植物甾醇

植物甾醇也称植物固醇。各类植物中都含有植物甾醇：一类以 β-谷甾醇为主，植物油、豆类、谷物、蔬菜、水果中普遍含量丰富；另一类为麦角甾醇，食用菌中含量丰富。植物甾醇的生物学功能包括：具有抑制肿瘤作用、抗氧化作用，抑制炎症，降低血清胆固醇等[1]。

三、有机硫化合物

日常食物中的有机硫化合物（organosulfur compounds）主要包括异硫氰酸盐、大蒜素等。

（一）异硫氰酸盐

异硫氰酸盐在自然界中以硫代葡萄糖苷（简称硫苷）的前体形式存在于十字花科蔬菜中，例如卷心菜、芥蓝、花椰菜、西蓝花、萝卜、小白菜（青菜）、大白菜、油菜、芥菜、雪里蕻等。人类已经从十字花科蔬菜中分离提取了120多种不同结构的异硫氰酸盐,日常膳食摄入所吸收的异硫氰酸盐主要包括烯丙基异硫氰酸盐、苄基异硫氰酸盐、苯乙基异硫氰酸盐、萝卜硫素。异硫氰酸盐的生物学功能包括:预防和抑制多种癌症,对氧化应激的双向调剂作用,抗炎、提高免疫力等[1]。

(二)大蒜素

大蒜素是从大蒜的蒜头中提取的一种有机化合物,同时存在于百合科植物(例如大蒜、洋葱、青蒜、大葱、小葱、圆葱、韭菜、韭黄等)中。大蒜素的生物学功能包括:具有抗菌作用、抗氧化作用,抑制肿瘤,调节血脂,抗炎提高免疫力等[1]。

四、植物化学物与减脂

植物化学物可能影响脂肪和碳水化合物的消化吸收,影响脂肪生成、分解和氧化,并且具有抑制机体慢性炎症、改善肠道微生态等功能,从而有利于顺利减脂和长期保持健康体重。

(一)减少能量吸收

植物化学物可抑制脂肪消化酶(胰脂酶)活性,抑制碳水化合物消化酶(淀粉酶和葡萄糖苷酶)活性。抑制消化酶活性可能会减少部分能量吸收,其中抑制碳水化合物的消化吸收可能带来更多益处,未消化的碳水化合物被肠道输送到远端的结肠,在那里这些碳水化合物成为肠道菌群的发酵底物(食物),被细菌发酵从而产生更多的短链脂肪酸。短链脂肪酸反过来增加饱腹感和抑制食欲,进一步减少能量摄入。食物中的酚类化合物很多都具有抑制淀粉酶和葡萄糖苷酶活性的作用,如白藜芦醇、大豆异黄酮、儿茶素、姜黄素、花色苷、原花青素,有的也同时具有抑制脂肪消化酶活性的功效[3-6]。

(二)促进能量消耗

植物化学物可能通过增加脂肪组织产热、增加脂肪氧化,进而促进能量消耗,这不仅有利于顺利减脂,更有利于长期体重管理[7-8]。十字花科蔬菜中的萝卜硫素可能诱导白色脂肪细胞"褐变",促进脂肪组织线粒体增生,从而增加脂肪组织产热[9]。大蒜素、辣椒素可能通过诱导米色脂肪发生和激活棕色脂肪组织产热来增加产热[10-11]。有研究表明,暴露在约17 ℃的轻度寒冷气温中结合辣椒素,可协同促进米色脂肪细胞的生物发生,并且有利于减肥[12]。茶叶中的儿茶素及其发酵衍生物茶红素、茶黄素、茶褐素可能会调节参与代谢的基因的表达,特别是在脂肪组织中,可抑制脂肪从头合成,促进脂肪氧化产热[13-15]。

(三)抗氧化抗炎,提高激素敏感性

超重或肥胖者随着内脏脂肪储存量的增加,脂肪细胞会产生越来越多的活

性氧(ROS),从而刺激促炎脂肪因子表达和分泌,通常表现为全身慢性低度炎症。ROS会导致脂肪组织和其他组织胰岛素抵抗,而胰岛素抵抗是肥胖症的重要标志之一[16-17]。从机制上讲,氧化应激和肥胖会上调一种被称为ALCAT1的酶的表达,该酶可能在线粒体功能障碍、ROS产生和胰岛素抵抗中起关键作用[18]。动物研究表明,血管氧化应激导致线粒体ROS产生增加和骨骼肌线粒体功能障碍,伴随运动不耐受、血管炎症和脂肪生成增加,这似乎与肥胖和代谢综合征的发展存在因果联系[19]。总之,可以确定的是,肥胖者与氧化应激和全身慢性炎症如影随形。

抗氧化作用是许多植物化学物都具有的共同特征,它们可与ROS快速反应降低其破坏力,可显著增加细胞和组织的抗氧化保护[20]。全谷物(如黑米)、豆类、水果、蔬菜等天然食物中富含酚类化合物、有机硫化合物等植物化学物,它们发挥抗炎作用[21-25]。天然植物性食物中的植物化学物的抗氧化和抗炎作用有助于改善肥胖者体内的氧化应激和慢性炎症,进而提高胰岛素和瘦素的敏感性,改善食欲和能量代谢调节,非常有利于顺利减脂和长期保持健康体重。

(四)改善肠道微生态

酚类化合物似乎选择性抑制病原菌的生长。植物化学物影响肠道菌群生态平衡,可能与其具有抗菌性、抑制有害菌生长有关[26]。据估计,酚类化合物衍生的中间产物和终产物会影响肠道生态,因为大量酚类化合物未被完全吸收[27]。这些积累的代谢物中的一部分可能对肠道菌群产生类似益生元的作用,从而抑制有害细菌生长,发挥抗菌或抑菌活性,并在此过程中促进某些益生菌生长,起到调节肠道微生态的作用[26]。

酚类化合物促进"有益菌"生长。人们摄入的天然食物不仅含有酚类化合物,而且植物性食物中同时存在膳食纤维。因为酚类化合物减少淀粉消化吸收,在饮食过程中未消化吸收的淀粉连同膳食纤维一起在结肠为肠道菌群提供充足的养料,这样特别有利于有益的细菌生长,如:双歧杆菌有助于肠道屏障保护,被称为益生菌;而酚类化合物被证明有利于双歧杆菌茁壮生长[28]。循环血液中的氧化三甲胺(TMAO)水平被认为与动脉粥样硬化相关,白藜芦醇通过抑制小鼠肠道菌群产生三甲胺(TMA),从而降低了TMAO的水平[29]。另外,嗜黏蛋白阿克曼菌(AKK菌)是一种厌氧细菌,存在于宿主的健康肠道中,被认为对人类具有多种健康益处。许多研究表明,肥胖、2型糖尿病和炎症性肠病与AKK菌丰度降低有关,酚类化合物已被证明可以促进AKK菌生长[30]。

(五)减少内毒素入血

不健康饮食所导致的代谢性内毒素血症可诱发全身慢性炎症,损害食欲和能量代谢正常调节,从而导致肥胖和代谢疾病。富含类黄酮的膳食可降低超重和肥胖者的肠道通透性并减少肠道炎症[31],天然植物性食物中的萝卜硫素、花青素、原花青素对内毒素脂多糖(LPS)的结合或中和作用可减少内毒素入血[32-34]。天然植物性食物中的植物化学物可降低餐后循环内毒素水平[35],可能也部分解释了摄入富含植物化学物的全谷物、豆类、菌类、蔬菜、水果等天然食物,有利于减脂的原因。

五、食物多样性有利于减脂和健康

植物化学物对于人体的影响具有个体差异性和不确定性。食物中植物化学物的含量、生物利用度和生物活性,及其与肠道微生物群的双向相互作用,决定其对于人体的影响程度和最终结果。人类肠道微生物群组成的个体不同,可能导致植物化学物及其代谢物的生物利用度和生物效用的不同,并对宿主健康造成不同的影响。而且,人们在日常饮食中通常会同时摄入多种食物,这些混合食物中各种营养素的比例因个体的饮食习惯不同而存在较大差异,食物中营养素配比和热量总值往往才是影响人体健康的最重要决定因素。

植物化学物种类繁多,很多植物化学物如何影响人体健康,还未探明。因此,需要特别提醒注意的是,现在或者在很远的将来,人类都不可能制造出一种可以媲美由全谷物、豆类、食用菌、藻类、水果和蔬菜组成的"多样性膳食"的保健食品。对于超重或肥胖者来说,能量摄入和能量消耗之间的动态平衡是顺利减脂和长期体重管理的唯一直接决定因素,其他的各种饮食因素都辅助于能量平衡原则。因此,本节内容所要传递知识的本意是:人们要想顺利减脂,要食用天然食物,并保持食物多样性,不要寄希望于某一种植物化学物可以为减脂提供重大帮助,以免陷入各种减肥保健品的营销圈套。

参考文献

[1] 程义勇,郭俊生,马爱国. 基础营养[M]//杨月欣,葛可佑. 中国营养科学全书. 2 版. 北京:人民卫生出版社,2019:260-297.

[2] 杨月欣,中国疾病预防控制中心营养与健康所. 中国食物成分表标准版[M]. 6 版. 北京:北京大学医学出版社,2018.

[3] Sun L J, Wang Y Y, Miao M. Inhibition of α-amylase by polyphenolic compounds:Substrate digestion, binding interactions and nutritional intervention[J]. Trends in Food Science & Technology, 2020, 104: 190-207.

[4] Wang S H, Sun Z Y, Dong S Z, et al. Molecular interactions between (-): epigallocatechin gallate analogs and pancreatic lipase[J]. PLoS One, 2014, 9(11): e111143.

[5] Fabroni S, Ballistreri G, Amenta M, et al. Screening of the anthocyanin profile and in vitro pancreatic lipase inhibition by anthocyanin-containing extracts of fruits, vegetables, legumes and cereals[J]. Journal of the Science of Food and Agriculture, 2016, 96(14): 4713-4723.

[6] Sosnowska D, Podsędek A, Kucharska A Z. Proanthocyanidins as the main pancreatic lipase inhibitors in

chokeberry fruits[J]. Food & Function, 2022, 13(10): 5616 - 5625.

[7] Bertoia M L, Rimm E B, Mukamal K J, et al. Dietary flavonoid intake and weight maintenance: Three prospective cohorts of 124, 086 US men and women followed for up to 24 years[J]. BMJ, 2016, 352: i17.

[8] Okla M, Kim J, Koehler K, et al. Dietary factors promoting brown and beige fat development and thermogenesis[J]. Advances in Nutrition, 2017, 8(3): 473 - 483.

[9] Liu Y L, Fu X Z, Chen Z Y, et al. The protective effects of sulforaphane on high-fat diet-induced obesity in mice through browning of white fat[J]. Frontiers in Pharmacology, 2021, 12: 665894.

[10] Zhang C H, He X Y, Sheng Y, et al. Allicin regulates energy homeostasis through brown adipose tissue [J]. iScience, 2020, 23(5): 101113.

[11] Zsiborás C, Mátics R, Hegyi P, et al. Capsaicin and capsiate could be appropriate agents for treatment of obesity: A meta-analysis of human studies[J]. Critical Reviews in Food Science and Nutrition, 2018, 58(9): 1419 - 1427.

[12] Ohyama K, Nogusa Y, Shinoda K, et al. A synergistic antiobesity effect by a combination of capsinoids and cold temperature through promoting beige adipocyte biogenesis[J]. Diabetes, 2016, 65(5): 1410 - 1423.

[13] Im H, Lee J, Kim K, et al. Anti - obesity effects of heat-transformed green tea extract through the activation of adipose tissue thermogenesis[J]. Nutrition & Metabolism, 2022, 19(1): 14.

[14] Kapoor M P, Sugita M, Fukuzawa Y, et al. Physiological effects of epigallocatechin - 3 - gallate (EGCG) on energy expenditure for prospective fat oxidation in humans: A systematic review and meta-analysis[J]. The Journal of Nutritional Biochemistry, 2017, 43: 1 - 10.

[15] Tong T T, Ren N, Soomi P, et al. Theaflavins improve insulin sensitivity through regulating mitochondrial biosynthesis in palmitic acid-induced HepG2 cells[J]. Molecules, 2018, 23(12): 3382.

[16] Jakubiak G K, Osadnik K, Lejawa M, et al. "obesity and insulin resistance" is the component of the metabolic syndrome most strongly associated with oxidative stress[J]. Antioxidants, 2021, 11(1): 79.

[17] Jakubiak G K, Osadnik K, Lejawa M, et al. Oxidative stress in association with metabolic health and obesity in young adults[J]. Oxidative Medicine and Cellular Longevity, 2021, 2021: 9987352.

[18] Li J, Romestaing C, Han X L, et al. Cardiolipin remodeling by ALCAT1 links oxidative stress and mitochondrial dysfunction to obesity[J]. Cell Metabolism, 2010, 12(2): 154 - 165.

[19] Youn J Y, Siu K L, Lob H E, et al. Role of vascular oxidative stress in obesity and metabolic syndrome [J]. Diabetes, 2014, 63(7): 2344 - 2355.

[20] Gebicki J M, Nauser T. Fast antioxidant reaction of polyphenols and their metabolites [J]. Antioxidants, 2021, 10(8): 1297.

[21] Ruhee R T, Roberts L A, Ma S H, et al. Organosulfur compounds: A review of their anti-inflammatory effects in human health[J]. Frontiers in Nutrition, 2020, 7: 64.

[22] Wei L Y, Zhang J K, Zheng L, et al. The functional role of sulforaphane in intestinal inflammation: A review[J]. Food & Function, 2022, 13(2): 514 - 529.

[23] Aloo S O, Ofosu F K, Kim N H, et al. Insights on dietary polyphenols as agents against metabolic disorders: Obesity as a target disease[J]. Antioxidants, 2023, 12(2): 416.

[24] Santamarina A B, Calder P C, Estadella D, et al. Anthocyanins ameliorate obesity-associated metainflammation: Preclinical and clinical evidence[J]. Nutrition Research, 2023, 114: 50 - 70.

[25] Sato S, Mukai Y. Modulation of chronic inflammation by quercetin: The beneficial effects on obesity [J]. Journal of Inflammation Research, 2020, 13: 421 - 431.

[26] Makarewicz M, Drożdż I, Tarko T, et al. The interactions between polyphenols and microorganisms, especially gut microbiota[J]. Antioxidants, 2021, 10(2): 188.

[27] Cardona F, Andrés-Lacueva C, Tulipani S, et al. Benefits of polyphenols on gut microbiota and implications in human health[J]. The Journal of Nutritional Biochemistry, 2013, 24(8): 1415 - 1422.

[28] Gwiazdowska D, Juś K, Jasnowska-Małecka J, et al. The impact of polyphenols on Bifidobacterium growth[J]. Acta Biochimica Polonica, 2015, 62(4): 895 - 901.

[29] Chen M L, Yi L, Zhang Y, et al. Resveratrol attenuates trimethylamine-N-oxide (TMAO)-induced atherosclerosis by regulating TMAO synthesis and bile acid metabolism via remodeling of the gut microbiota[J]. mBio, 2016, 7(2): e02210 - 15.

[30] Roopchand D E, Carmody R N, Kuhn P, et al. Dietary polyphenols promote growth of the gut bacterium akkermansia muciniphila and attenuate high-fat diet-induced metabolic syndrome [J]. Diabetes, 2015, 64(8): 2847 - 2858.

[31] Ward R E, Bergerson J, Hergert N, et al. A high flavonoid diet reduces gut permeability, short chain fatty acid production and decreases gut inflammation in overweight and obese men and women[J]. The FASEB Journal, 2016, 30(S1):420 - 425.

[32] Delehanty J B, Johnson B J, Hickey T E, et al. Binding and neutralization of lipopolysaccharides by plant proanthocyanidins[J]. Journal of Natural Products, 2007, 70(11): 1718 - 1724.

[33] Cremonini E, Daveri E, Iglesias D E, et al. A randomized placebo-controlled cross-over study on the effects of anthocyanins on inflammatory and metabolic responses to a high-fat meal in healthy subjects [J]. Redox Biology, 2022, 51: 102273.

[34] Nagata N, Xu L A, Kohno S, et al. Glucoraphanin ameliorates obesity and insulin resistance through adipose tissue browning and reduction of metabolic endotoxemia in mice[J]. Diabetes, 2017, 66(5): 1222 - 1236.

[35] Wong X, Madrid A M, Tralma K, et al. Polyphenol extracts interfere with bacterial lipopolysaccharide *in vitro* and decrease postprandial endotoxemia in human volunteers[J]. Journal of Functional Foods, 2016, 26: 406 - 417.

第七节　维生素和矿物质

一、维生素

维生素是维持正常生命活动的所必需的一类低分子量有机化合物。维生素是人体不能合成或合成量不能满足自身需求,必须从食物中摄取的一类重要营养素。维生素在人体内不提供能量,也不是组织成分,但它在新陈代谢、生长发育和维持正常生理功能过程中发挥重要作用。维生素缺乏可引起相关缺乏症状,维生素过量摄入可引起维生素中毒。维生素普遍存在于天然食物中,通常情况下,人们在日常饮食中保持食物多样性,一般不会出现维生素缺乏或过量。按维生素的溶解性,可将维生素分为脂溶性维生素和水溶性维生素两大类。

(一)脂溶性维生素

1. 维生素 A

维生素 A 又称视黄醇,是指具有视黄醇生物活性的一类化合物和维生素 A 原。维生素 A 多存在于动物性食物中,而维生素 A 原来自植物性食物的类胡萝卜素,其中 β-胡萝卜素最重要。β-胡萝卜素只有小部分可在小肠和肝细胞内转化为维生素 A。

维生素 A 的主要生理功能包括:构成视觉细胞内感光物质的成分,维持皮肤黏膜层的完整性,调节免疫功能,促进生长发育和维护生殖功能等。类胡萝卜素的生理功能有抗氧化,细胞间信息传递,调节免疫,抑制肿瘤生长,影响生殖功能等。维生素A缺乏的主要症状为损害视觉的夜盲症和眼干症,以及皮肤疾病。维生素A摄入过量可以引起维生素A中毒,通常是由长期服用维生素A补剂所导致。维生素A多存在于动物肝脏、鱼肝油、禽蛋、全奶中;类胡萝卜素主要存在于深绿色或红橙黄色的蔬菜和水果中,如胡萝卜等。

2. 维生素D

维生素D包括胆钙化醇(维生素D_3)和麦角钙化醇(维生素D_2)。维生素D的主要功能是维持血钙和血磷的正常水平,以促进骨骼和牙齿的矿物化,参加机体免疫调节,调节细胞分化等。人体的维生素D主要通过皮肤接受紫外线照射而合成,占人体维生素D的78%~80%,其余通过食物摄入获得。动物肝脏、蛋黄中含有维生素D_3,蘑菇菌类中含有维生素D_2,蔬菜水果中几乎不含维生素D。维生素D缺乏主要由阳光照射不足引起,可导致骨质软化症和骨质疏松症;维生素D过量通常由长期摄入维生素D补剂引起,多晒太阳不会引起维生素D过量。

3. 维生素E

维生素E又名生育酚,包括生育酚和三烯生育酚两类,每一类又分为α、β、γ、δ生育酚和α、β、γ、δ三烯生育酚。维生素E的生理功能包括抗氧化作用,促进血红素合成,调节免疫功能,促进胚胎发育,保护神经系统和骨骼肌,降低血胆固醇水平。维生素E在自然界中广泛存在,正常情况下不会缺乏,过量通常由长期摄入维生素E补剂引起。维生素E存在于所有高等植物的叶子和种子中,以种子中含量较高,植物油是维生素E的主要来源。

4. 维生素K

维生素K在自然界中包括维生素K_1和维生素K_2。维生素K的生理功能包括调节凝血蛋白质合成,调节骨密度,抑制血管钙化,影响认知功能等。正常饮食一般不会引起维生素K缺乏或过量。维生素K_1含量丰富的食物包括豆类、麦麸、绿色蔬菜、鱼类、植物油等,维生素K_2可由肠道菌群合成。

(二)水溶性维生素

1. 维生素B_1

维生素B_1又称硫胺素、抗脚气病因子、抗神经炎因子。维生素B_1被吸收入血后,在硫胺素焦磷酸激酶的作用下生成焦磷酸硫胺素(TPP),是维生素B_1在体内的主要活性形式,在体内构成辅酶参与能量代谢。维生素B_1在神经传导中起作用,是胆碱酯酶的抑制剂,参与乙酰胆碱的代谢调控。维生素B_1缺乏导致慢性末梢神经炎和其他神经肌肉变性病变,引起脚气病。维生素B_1广泛存在于天然食物中,其含量丰富的食物有全谷物、豆类的表皮,但精制的白米、白面在制作过程中维生素 B$_1$ 已经大量损失,因此长期以精制米面为主食可引起维生素 B$_1$ 缺乏。

2. 维生素 B$_2$

维生素 B$_2$ 又称核黄素。其主要生理功能包括参与体内生物氧化和能量代谢,参与烟酸和维生素 B$_6$ 的代谢等。维生素 B$_2$ 缺乏主要表现为眼、口腔和皮肤炎症反应。维生素 B$_2$ 广泛存在于各种动植物食物中,保持正常营养供应一般不会出现维生素 B$_2$ 缺乏。

3. 泛酸

泛酸又称维生素 B$_5$。泛酸的主要生理功能是构成辅酶 A 和酰基载体蛋白,并通过它们在新陈代谢中发挥作用。泛酸还参与类固醇激素、维生素 A 和维生素 D 的合成。人类膳食因素引起泛酸缺乏症很罕见。泛酸含量丰富的食物是动物肝肾、鸡蛋黄、坚果类、蘑菇。

4. 维生素 B$_6$

维生素 B$_6$ 包括吡哆醇、吡哆醛、吡哆胺。维生素 B$_6$ 的主要生理功能有参与氨基酸代谢,参与糖原和脂肪代谢,参与造血,参与某些营养素的转化吸收,调节免疫功能等。维生素 B$_6$ 缺乏可导致脂溢性皮炎。维生素 B$_6$ 在白色肉类、全谷物、坚果和蛋黄中含量丰富,水果蔬菜中含量也较多。但谷类因精加工而维生素 B$_6$ 含量显著下降。

5. 生物素

生物素也称维生素 B$_7$,在体内的主要生理功能是作为羧化酶的辅基,是脂肪和碳水化合物代谢所必需的物质。生物素还参与细胞信号转导和基因表达。生物素缺乏常见于长期酗酒或长期食用生鸡蛋的人群,酗酒可能抑制生物素吸收,而生鸡蛋中有一种抗生物素蛋白会抑制生物素吸收。生物素含量相对丰富的食物有谷类、坚果、蛋黄、酵母、动物内脏、花生、豆类,人体肠道微生物也能合成生物素。

6. 维生素 B$_{12}$

维生素 B$_{12}$ 又称钴胺素,是唯一含有金属元素(钴)的水溶性维生素。自然界中的维生素 B$_{12}$ 由微生物合成。维生素 B$_{12}$ 需要胃黏膜细胞分泌的内因子(IF)协助,才能被回肠吸收。维生素 B$_{12}$ 生理功能有参与物质代谢,促进红细胞的发育和成熟,预防恶性贫血,保护神经系统等。维生素 B$_{12}$ 缺乏会引起恶性贫血、神经系统损伤等。维生素 B$_{12}$ 主要来源于肉类、动物内脏、鱼类、禽类、贝壳类、蛋类和海藻,植物性食物中基本不含维生素 B$_{12}$。

7. 维生素 C

维生素 C 又名 L-抗坏血酸。维生素 C 的主要生理功能有促进胶原蛋白合成,促进神经递质合成,促进类固醇羟化,抗氧化,增强免疫力,抵抗低密度脂蛋白胆固醇氧化,保护心血管等。维生素 C 缺乏可缓慢发展成坏血病、出血、牙龈炎等。人体长期过量摄入维生素 C 可能增加尿中草酸盐形成,增加泌尿系统结石风险。各种蔬菜水果中绝大多数含有维生素 C,刺梨中维生素 C 含量很高,其次酸枣维生素 C 中含量较高。

8. 烟酸

烟酸又称尼克酸、抗糙皮病维生素,在体内以烟酰胺(尼克酰胺)形式存在,烟酸和烟酰胺总称为维生素 PP。烟酸的主要生理功能包括参与物质和能量代谢,参与蛋白质等物质转化,保护心血管等。烟酸缺乏引起全身性疾病,称为糙皮病。动物肝肾、瘦肉、鱼类和坚果中富含烟酸和烟酰胺,谷物因精加工导致烟酸含量下降,玉米中的烟酸人体不能吸收,故长期以玉米为主食的人容易烟酸缺乏。

9. 叶酸

叶酸属于 B 族维生素。叶酸的主要生理功能包括参与核酸合成,参与氨基酸代谢,参与血红蛋白和重要的甲基化合物合成,参与神经递质合成,预防恶性贫血,提高免疫力等。叶酸缺乏可表现为巨幼红细胞贫血,影响孕妇和胎儿健康等。服用大剂量(大于 1 mg/d)叶酸可能引发毒性作用。富含叶酸的食物主要有动物肝肾、鸡蛋、豆类、藻类、酵母、绿叶蔬菜、坚果等,功能正常的肠道菌群也能合成叶酸。

10. 胆碱

胆碱是一种强有机碱,是卵磷脂的组成成分,也存在于神经鞘磷脂中,是神经递质乙酰胆碱的前体。胆碱的主要生理功能有促进脑发育和提高记忆力,保证细胞间信息传递,调控细胞凋亡,构成生物膜,促进脂肪代谢,降低血清胆固醇等。胆碱在食物中主要以卵磷脂的形式存在于细胞膜中,在蛋黄、肝脏、花生、麦胚、大豆等食物中含量丰富。

二、矿物质

人体由很多元素组成。这些元素中,碳、氢、氧、氮主要构成蛋白质、碳水化合物、脂类有机化合物和水。其余的元素中,已知构成人体组织细胞和维持正常生理功能所必需的有 20 多种,在体内含量大于体重 0.01% 的元素称为常量元素,在体内含量小于体重 0.01% 的元素称为微量元素。其中,常量元素包含钙、镁、钾、钠、磷、硫、氯 7 种,微量元素包括铁、锌、碘、硒、铜、铬、钼、锰、氟等,这些元素被统称为矿物质。矿物质在日常的食物和饮用水中普遍存在,不过地理环境差异导致食物和饮用水中矿物质含量有所不同。

矿物质在人体内发挥着多种多样的作用:第一,构成人体的重要组分,如蛋白质中的磷、硫等,骨骼和牙齿中的钙、磷、镁等,磷脂是细胞膜的组成成分。第二,存在于细胞内液或细胞外液中,调节细胞内、外液的渗透压,控制水分流动,可以维持体液的稳定性、机体酸碱平衡、神经和肌肉兴奋性、细胞正常功能。第三,作为酶和维生素的组成成分或辅助因子。第四,参与凝血,如钙离子;参与氧运输,如铁为血红蛋白的成分。第五,构成某些激素或参与激素的作用,如甲状腺素含有碘,胰岛素含有锌等。第六,参与基因调控和核酸代谢。第七,参与物质和能量代谢。

矿物质主要来源于天然食物和饮用水,而精制食品中的矿物质含量一般很低。例如:钙在牛奶中含量丰富,且吸收率高;磷无论是在动物性食物或植物性食物中都含量丰富;镁在绿叶蔬菜中含量丰富;钾在全谷物、菌类、豆类、蔬菜中都含量丰富;钠主要来自食盐;硫在动物蛋白和谷类蛋白中含量丰富;氯在食盐和咸味调味料中含量丰富;铁在动物性食物中含量丰富;碘在海带、紫菜等海洋生物中含量丰富;硒在动物性和植物性食物中的含量因产地不同而有差异;铜在贝类和坚果中含量丰富;铬的最好食物来源是海产品、全谷物、坚果;钼在豆类、全谷物、坚果中含量丰富;锰在全谷物、豆类、茶叶、坚果中含量丰富;氟在茶叶总含量最高。

通常情况下,平衡膳食足以提供人体所需的矿物质。即使经常参加体力劳动(运动)的人可能由于排汗会丢失一定量的钠、钾、钙、镁等元素,只要摄入平衡膳食,并补充丢失的水分,仍然可保持体内无机盐平衡。

第八节　食物的风味

食物的风味包含食物的色泽、味道和口感,是动物和远古人类觅食过程中判断其营养价值的重要依据。直至现代社会,人类依然根据食物的色泽、味道和口感选择食物,并由此产生对于某种食物的喜爱、偏好,甚至成瘾。例如,红黄的色泽通常代表成熟果实或厚重口味,而甜味和脂肪味的叠加效应是导致食物成瘾和肥胖的关键因素[1]。食物色、香、味、形俱全是烹饪技艺的体现,也是超加工食品俘获大量依赖者的关键手段。

一、食物的色泽

食物的色泽是指食物中某些特定成分由于其结构特性而对可见光产生选择性的吸收和反射,进而在人眼中呈现的特定颜色,这些成分通常称为食物色素[2]。食物色素分为天然食物色素和人工合成色素两类。为了使食品呈现良好色泽,在食品加工中还会采用护色剂。

（一）食物中的天然色素

天然食物色素存在于各种天然食物中。

绿色色素：叶绿素是绿色色素的代表，是常见的蔬菜、水果中的色素，是这些植物进行光合作用的催化剂。

红色色素：血红素是动物血液和肌肉中的红色色素，它是呼吸过程中氧气和二氧化碳的载体；红曲红是由红曲霉菌代谢过程中产生的色素，常见于红曲米中；辣椒红素存在于红色辣椒中。还有高粱红、红米红、黑豆红、甜菜红等，都存在于相应的天然食物中。

紫色、蓝色色素：花青素是一种以紫色、蓝色为主的水溶性植物色素。花青素在不同的 pH 条件下颜色会变化，pH 低时变成红色，pH 高时变成紫色或蓝色。花青素主要存在于各种黑紫色的谷物、豆类、蔬菜和水果中，如黑米、黑豆、桑葚、紫薯、紫包菜等。

橙色、黄色色素：β-胡萝卜素是天然食物中橙色和黄色色素的代表，广泛存在于胡萝卜、南瓜、辣椒等蔬菜，以及水果、海藻、菌类、蛋黄等食物中。此外还有玉米黄素，主要存在于黄色玉米中；姜黄素，存在于姜黄属多年生植物姜黄的地下根茎中。

（二）食品中的合成色素

食品合成色素也称为食品合成染料，是用人工合成方法制取的着色剂。有些合成色素被允许在食品加工过程中作为着色剂使用，例如胭脂红、赤藓红、柠檬黄、日落黄、亮蓝、靛蓝、诱惑红等在食品加工中被广泛应用[3]。

胭脂红（ponceau 4R）为红色至深红色粉末，被允许用于调制乳、风味发酵乳、冷冻饮品、果酱、蛋卷、蜜饯、可可制品、巧克力、巧克力制品、糖果、蛋黄酱、沙拉酱、调味糖浆、植物蛋白饮料、果蔬汁类饮料、果冻、配制酒等食品中。

赤藓红（erythrosine）为红褐色颗粒或粉末，被允许用于可可制品、巧克力、巧克力制品、糖果、糕点上彩装、酱及酱制品、果蔬汁类饮料、碳酸饮料、配制酒等食品中。

柠檬黄（tartrazine）为橙黄色粉末，被允许用于风味发酵乳、果酱、冷冻饮品、蜜饯、虾味片、可可制品、巧克力、巧克力制品、糖果、即食谷物（包括碾轧燕麦片）、谷类和淀粉类甜品、固体复合调味料、焙烤食品馅料及表面用挂浆等食品中。

日落黄（sunset yellow）为橙色颗粒或粉末，被允许用于调制乳、风味发酵乳、冷冻饮品、果酱、蜜饯、可可制品、巧克力、巧克力制品、糖果、焙烤食品馅料及表面用挂浆、复合调味料、含乳饮料、果蔬汁类饮料、乳酸菌饮料、植物蛋白饮料、碳酸饮料、固体饮料等食品中。

亮蓝（brilliant blue）为有金属光泽的深紫色或青铜色颗粒或粉末，被允许用于风味发酵乳、果酱、果冻、冷冻饮品、调味糖浆、含乳饮料、果蔬汁类饮料、碳酸饮料、固体饮料等食品中。

靛蓝(indigotine)为蓝色粉末或颗粒,被允许用于蜜饯、可可制品、巧克力、巧克力制品、糖果、糕点上彩装、饼干夹心、果蔬汁类饮料、碳酸饮料等食品中。

诱惑红(allure red)为暗红色粉末或颗粒,被允许用于冷冻饮品、可可制品、巧克力、巧克力制品、糖果、可可玉米片、西式火腿类(熏烤、烟熏、蒸煮火腿)、肉灌肠类、饮料类等食品中。

近年来,食品合成色素的安全性也备受关注。欧盟有一项法律要求:含有六种染料(柠檬黄、喹啉黄、日落黄、胭脂红、诱惑红和酸性红)的食品必须标明它们可能对儿童的注意力产生不利影响。在动物模型研究中,作为食品添加剂的人工合成染料——诱惑红,被证明可能通过扰乱肠道菌群或损害肠道屏障功能引发结肠炎[4]。动物中的情况是否同样发生在人类身上还有待研究,但是,肠道生态失调和肠道屏障功能受损可能进一步引起代谢性内毒素血症,并与肥胖和代谢疾病密切相关。因此,减脂者应该尽量远离含有合成色素的各种食品。

(三)食品中的护色剂

护色剂本身不具备颜色,但它能与肉类及其制品中的呈色物质发生作用,使其呈现良好色泽。常见的食品护色剂有硝酸盐和亚硝酸盐类,它们能使肉制品保持稳定的鲜红色。例如,硝酸钠、硝酸钾、亚硝酸钠、亚硝酸钾,它们同时也是防腐剂。它们被允许用于腌腊肉制品类(如咸肉、腊肉、板鸭、中式火腿、腊肠)、酱卤肉制品类、熏烧烤肉类、油炸肉类、西式火腿类(熏烤、烟熏、蒸煮)、肉灌肠类、发酵肉制品类、肉罐头类食品中[3]。

前瞻性研究表明,食品添加剂硝酸盐和亚硝酸盐的消费量分别与乳腺癌和前列腺癌风险呈正相关,也与 2 型糖尿病呈正相关[5-7]。

二、食物的味道

食物的味道,是食物中的特定成分对人体的嗅觉和味觉产生刺激从而引起感官神经系统反应而形成的体验,是导致食物偏好的主要因素。人类的嗅觉感受器能辨别约一万种气味,人类的味觉感受器能辨别 5 种味道,包括咸味、甜味、酸味、苦味和鲜味[8],另外,有研究者将"脂肪味"称为第六种基本味觉。

(一)气味

气味是食物中挥发性物质触发的嗅觉体验,是主观判断食物营养价值和培养个人喜好的重要依据。最常感知的气味有酸、香、臭、腥、辛辣等。食物中气味分子呈现什么气味与其分子中的原子团有关。

食品的香气特征是将一种食品与另一种区别开来的重要感官指标。为了增加食品的风味,食用香精在食品工业中被广泛应用。有模仿橘子、葡萄、桃子、柠檬、香蕉、菠萝、杨梅等各种水果香味的香精;有模仿各种肉香味,如鸡肉粉末香精、牛肉粉末香精等;还有模仿其他植物果实香味的香精,如芝麻油香精、杏仁味香精、豆奶味香精、椰蓉味香精、泰国香米香精等。总之,食品工业已经可以生产出市场需要的各种香味食用香精,它们已经是食品工业不可缺少的一类食品添加剂,但是也有一些不法厂商将工业香味原料用于食品生产,给消费者健康带来了极大危害。

(二)咸味

咸味在食物中主要来自食盐(氯化钠)。目前,高盐摄入对于健康的危害已经形成共识,高盐摄入量与心血管疾病尤其是高血压密切相关。吃得太咸可能会扰乱人体正常食欲调节,也是不利于减脂的饮食因素之一。《中国居民膳食指南(2022)》建议成年人每日摄入食盐应不超过 5 g。

(三)甜味

甜味在食物中主要来自糖及其衍生物糖醇,如蔗糖、果糖、葡萄糖、山梨醇、麦芽糖醇等。人工合成甜味剂(如安赛蜜、三氯蔗糖、阿斯巴甜等)通常更强烈激活甜味受体,其甜度有时是天然甜味的数百倍,它们是导致糖成瘾的更强效刺激物质。人工合成甜味剂的危害主要包括导致炎症、葡萄糖不耐受、胰岛素抵抗、心血管疾病、代谢性内毒素血症和癌症风险增加。

摄入三氯蔗糖会导致胰岛素敏感性明显下降[9],消费安赛蜜、三氯蔗糖、阿斯巴甜会导致肠道微生物群的组成和功能改变(肠道生态失调),从而推动葡萄糖耐受不良[10]。人工合成甜味剂与饱和脂肪混合的超加工食品有奶茶、奶油蛋糕、面包等,食用这些食品会增加内毒素入血,导致代谢性内毒素血症[11]。动物和人体研究表明,无论阿斯巴甜及其代谢产物的摄入量是否明显高于建议的安全剂量或在建议的安全水平之内,都可能破坏体内氧化剂/抗氧化剂的平衡,诱发氧化应激,损害细胞膜完整性,并引起细胞功能失调,最终导致全身慢性炎症[12]。

国际癌症研究中心的一个咨询小组建议优先重新评估阿斯巴甜对人类的致癌性[13]。动物研究表明,被广泛用于无糖甜味饮料的阿斯巴甜对啮齿动物具有致癌性,阿斯巴甜暴露与淋巴恶性肿瘤发病率之间存在正剂量反应关系[13]。在一项研究中,大鼠怀孕期间摄入低剂量(接近人类每日可接受摄入量)阿斯巴甜,导致后代白血病和淋巴瘤的发病率显著增加[14]。阿斯巴甜对于人类的致癌性也逐步显现。一项涉及 102 865 名法国成年人参与的关于甜味剂与癌症的前瞻性研究(2009—2021 年)表明,全球范围内被广泛用于甜味饮料和超加工食品的人工甜味剂(尤其是阿斯巴甜和安赛蜜)与总体癌症风险增加,特别是乳腺癌和肥胖相关癌症风险增加有关[15]。

一项基于 103 388 位参与者的前瞻性队列研究（2009—2021 年）表明，较高的人造甜味剂（尤其是阿斯巴甜、安赛蜜和三氯蔗糖）消耗量与心血管疾病风险增加之间存在直接关联，其中阿斯巴甜摄入量与脑血管事件风险增加相关，安赛蜜和三氯蔗糖与冠心病风险增加相关[16]。人造甜味剂赤藓糖醇曾经被认为是安全的代糖，如今赤藓糖醇被证明促进体内血栓形成，与主要不良心血管事件（包括非致死性心肌梗死、中风或死亡）风险增加相关[17]。

总之，随着时间推移，甜味饮料等各种添加了糖或人造甜味剂的超加工食品对健康的危害正在逐步显现出来，这不仅对超重和肥胖人群提出了警告，也提醒处于孕期的妇女和儿童家长们要保护自己的孩子。

（四）酸味

在食物 pH 低于 5.0 时人就能感觉到酸味，在食物 pH 低于 3.0 时人就会感觉到强烈且难以接受的酸味。食物中常见的酸味组分有醋酸、柠檬酸、乳酸、琥珀酸、苹果酸等。

（五）苦味

苦味广泛存在于天然食物中，如苦瓜、苦笋、咖啡、茶叶、柚子、李子、柑橘等食品中。苦味并不是人们特别喜好的味道，然而，有大量的研究表明，人类的肠胃具有"品味"苦味的能力，苦味可以延长餐后的饱腹感，减少能量摄入。苦味食物的摄入导致长达数小时不饿的满足感，对于减脂的人来说，可能是"苦尽甘来"选择之一[18]。

苦味抑制食欲的原因，可能是苦味激活位于肠道中表达的苦味受体，促进肠道饱腹激素胰高血糖素样肽-1、胆囊收缩素、酪酪肽分泌，而这些饱腹激素是影响餐后饱腹感的重要肠道激素[19]。因此，苦味物质的摄入是导致餐后长时间不饿的饱腹效应的促进因素之一。

苦味降低"享乐性饮食"效应，而提高享乐性需求是美味超加工食品导致肥胖的关键。一项采用功能性磁共振成像技术对 15 位受试者摄入苦味物质后脑部反应进行的研究显示，胃内的盐酸奎宁（苦味物质）通过抑制胃饥饿素和胃动素介导的方式干扰体内享乐性脑神经信号循环，从而降低了受试者的食欲和实际食物摄入量[20]。

（六）鲜味

鲜味是核苷酸、氨基酸等物质在口腔激活鲜味感受器的味觉体验。引起鲜味体验的物质大多数是富含氨基酸的食物，因此鲜味体验也是人类感知食物中蛋白质的方式。

谷氨酸钠（MSG）俗称味精，是第一个报告具有鲜味的分子。1967 年，人们发现核糖核苷酸如 5′-鸟苷酸二钠（GMP）和 5′-肌苷酸二钠（IMP）与谷氨酸钠具有协同作用。当前,食品加工中常用的鲜味剂包括谷氨酸钠、甘氨酸(氨基乙酸)、L-丙氨酸、$5'$-鸟苷酸二钠、$5'$-肌苷酸二钠、$5'$-呈味核苷酸二钠、琥珀酸二钠,以及动物蛋白水解物、植物蛋白水解物和酵母提取物等。

谷氨酸钠是最常见的鲜味剂,在家庭和餐厅的厨房以及超加工食品中被广泛使用。有研究报道称,谷氨酸钠消费量与中国成年人的超重发展呈正相关[21-22]。鲜味剂可以增加食物适口性和摄入量。此外,在动物模型研究中,鲜味物质(包括谷氨酸钠在内的各种鲜味物质)在代谢过程中还会产生过多尿酸,导致下丘脑炎症、中枢瘦素抵抗,最终导致食欲和能量代谢失调,从而推动肥胖的发展[23]。

总之,通过适当烹饪天然食物来增加其适口性无可非议,然而过度追求美味,虽成全了口舌之欢,却要付出破坏食欲稳态的沉重代价。因此,学会从天然原味食物中品味人生,可能是每个人保持健康和获得幸福的必修课。

(七)脂肪味

"脂肪味"是近年来研究发现的人类和动物存在专门感知脂肪,并诱导高脂肪食物喜好的口味体验。膳食中的长链脂肪酸(LCFA)与味觉感受器细胞脂质受体(如 CD36 和 GPR120)的结合触发了细胞和分子药理学机制,从而产生脂肪味体验[24]。当前,对于饮食脂肪酸的感知是第六种基本味觉还是一种营养感知,是否适用"脂肪味"这个术语,似乎还有争论。肥胖与脂肪味觉检测阈值上调有关,因为长期高脂肪饮食可能损害脂肪味觉系统的信号转导,降低脂肪味觉的敏感性[24]。

三、风味的"诅咒"

在日常生活中,我们对天然食材进行必要的加工烹饪,以增加食物的风味,有利于从食物中摄取营养成分,最终目的是维持身体健康和幸福生活,这也是我们饮食文化的重要组成部分。

然而,随着食品工业的发展,利用各种食品添加剂调制出色、香、味俱全的"美食"变得比在之前的任何时代都更加容易。例如:果糖已经成为廉价的工业甜味剂,它是诱导现代人类肥胖和食物成瘾的重要介质。着色剂和护色剂可赋予食品诱人的色泽。香精可赋予食品浓郁的香气。增味剂可补充或增强食品原有风味。在食品加工过程中加入膨松剂,能使产品形成致密多孔结构,从而使食品具有膨松、柔软或酥脆的口感。在食品加工过程中加入增稠剂,可以提高食品的黏稠度或形成凝胶,从而改变食品的物理性状,赋予食品黏稠、醇厚和丰满的口感。

利用各种食品添加剂可调制出色、香、味和口感极佳的"美食",它们被称为超加工食品。问题是,在风味绝佳的超加工食品被时尚文化精心包装的表面现象之下,似乎潜藏着某种"诅咒"。超加工食品主要通过多种途径破坏人类的食欲和能量代谢正常调节机制,提供了短时享乐,却会损害长期健康,甚至毁掉幸福生活[25]。

参考文献

[1] DiFeliceantonio A G, Coppin G, Rigoux L, et al. Supra-additive effects of combining fat and carbohydrate on food reward[J]. Cell Metabolism, 2018, 28(1): 33-44. e3.

[2] 杨月欣, 葛可佑. 中国营养科学全书[M]. 2版. 北京: 人民卫生出版社, 2019.

[3] 中华人民共和国国家卫生和计划生育委员会. 食品安全国家标准 食品添加剂使用标准: GB 2760—2014 [S]. 北京: 中国标准出版社, 2015.

[4] Kwon Y H, Banskota S, Wang H Q, et al. Chronic exposure to synthetic food colorant Allure Red AC promotes susceptibility to experimental colitis via intestinal serotonin in mice [J]. Nature Communications, 2022, 13: 7617.

[5] Bernard S, Eloi C, Nathalie D, et al. Dietary exposure to nitrites and nitrates in association with type 2 diabetes risk: Results from the NutriNet-Santé population-based cohort study[J]. PLoS Medicine, 2023, 20(1): e1004149.

[6] Chazelas E, Pierre F, Druesne-Pecollo N, et al. Nitrites and nitrates from food additives and cancer risk: Results from the NutriNet-Santé cohort[J]. European Journal of Public Health, 2021, 31(Supplement_3): ckab165. 244.

[7] Chazelas E, Pierre F, Druesne-Pecollo N, et al. Nitrites and nitrates from food additives and natural sources and cancer risk: Results from the NutriNet-Santé cohort [J]. International Journal of Epidemiology, 2022, 51(4): 1106-1119.

[8] 闫剑群. 中枢神经系统与感觉器官[M]. 北京: 人民卫生出版社, 2015.

[9] Romo-Romo A, Aguilar-Salinas C A, Brito-Córdova G X, et al. Sucralose decreases insulin sensitivity in healthy subjects: A randomized controlled trial[J]. The American Journal of Clinical Nutrition, 2018, 108(3):485-491.

[10] Suez J, Korem T, Zeevi D, et al. Artificial sweeteners induce glucose intolerance by altering the gut microbiota[J]. Nature, 2014, 514(7521): 181-186.

[11] Sánchez-Tapia M, Miller A W, Granados-Portillo O, et al. The development of metabolic endotoxemia is dependent on the type of sweetener and the presence of saturated fat in the diet[J]. Gut Microbes, 2020, 12(1): 1801301.

[12] Choudhary A K, Pretorius E. Revisiting the safety of aspartame[J]. Nutrition Reviews, 2017, 75(9): 718-730.

[13] Landrigan P, Straif K. Aspartame and cancer-new evidence for causation[J]. Environmental Health, 2021,20(1):42.

[14] Soffritti M, Belpoggi F, Tibaldi E, et al. Life-span exposure to low doses of aspartame beginning during prenatal life increases cancer effects in rats[J]. Environmental Health Perspectives, 2007, 115(9): 1293-1297.

[15] Debras C, Chazelas E, Srour B, et al. Artificial sweeteners and cancer risk: Results from the NutriNet-Santé population-based cohort study[J]. PLoS Medicine, 2022, 19(3): e1003950.

[16] Debras C, Chazelas E, Sellem L, et al. Artificial sweeteners and risk of cardiovascular diseases: Results from the prospective NutriNet-Santé cohort[J]. BMJ, 2022, 378: e071204.

[17] Witkowski M, Nemet I, Alamri H, et al. The artificial sweetener erythritol and cardiovascular event risk[J]. Nature Medicine, 2023, 29(3): 710-718.

[18] Walker E G, Lo K R, Pahl M C, et al. An extract of hops (*Humulus lupulus* L.) modulates gut peptide hormone secretion and reduces energy intake in healthy-weight men: A randomized, crossover clinical trial[J]. The American Journal of Clinical Nutrition, 2022, 115(3): 925-940.

[19] Janssen S, Laermans J, Verhulst P J, et al. Bitter taste receptors and α-gustducin regulate the secretion of ghrelin with functional effects on food intake and gastric emptying[J]. Proceedings of the National Academy of Sciences of the United States of America, 2011, 108(5): 2094-2099.

[20] Iven J, Biesiekierski J R, Zhao D X, et al. Intragastric quinine administration decreases hedonic eating in healthy women through peptide-mediated gut-brain signaling mechanisms [J]. Nutritional Neuroscience, 2019, 22(12): 850-862.

［21］He K，Zhao L C，Daviglus M L，et al. Association of monosodium glutamate intake with overweight in Chinese adults：The INTERMAP Study［J］. Obesity，2008，16(8)：1875 – 1880.

［22］He K，Du S F，Xun P C，et al. Consumption of monosodium glutamate in relation to incidence of overweight in Chinese adults：China Health and Nutrition Survey (CHNS)［J］. The American Journal of Clinical Nutrition，2011，93(6)：1328 – 1336.

［23］Andres-Hernando A，Cicerchi C，Kuwabara M，et al. Umami-induced obesity and metabolic syndrome is mediated by nucleotide degradation and uric acid generation［J］. Nature Metabolism，2021，3(9)：1189 – 1201.

［24］Liu D L，Archer N，Duesing K，et al. Mechanism of fat taste perception：Association with diet and obesity［J］. Progress in Lipid Research，2016，63：41 – 49.

［25］联合国粮食及农业组织. 使用 NOVA 分类系统的超加工食品、饮食质量和人类健康［R/OL］. ［2023 - 06 -05］. https://www. fao. org/3/ca5644en/ca5644en. pdf.

第九节　超加工食品

超加工食品的概念由巴西圣保罗大学卡洛斯·蒙泰团队于 2009 年在公共卫生营养评论中作为论文的一部分首次提出[1]。他们认为食品加工的性质、范围和目的解释了现代食品与营养、健康和疾病之间的关系。如今，联合国粮食及农业组织的报告、声明和评论中已确认这一论点，包括美国在内的多国卫生组织已将超加工食品的概念用于官方的膳食指南[2]。目前，世界各国的独立研究团队已经发表了大量关于超加工食品如何对人体健康产生负面影响的论文，随着研究的深入，必将进一步揭示这一问题的本质。

食品加工本身不是问题。如将初级农产品进行必要的加工，如干燥、冷藏等，以利于天然食物的贮存和转运；对天然食材进行必要烹饪，以利于食物的安全食用和营养吸收；这些加工和烹饪已经是我们文化的重要组成部分。令人担忧的是那些利用人体食欲调节的生物学机制，以增加消费量和用户依赖性为目的，以非必要的过度加工为手段而生产出来的各种超加工食品。

对生活在现代社会的人们来说，选择食物时最重要的考虑不应是营养素含量，而是在购买和食用之前要清楚自己选择的是否为超加工食品，因为食物的加工程度才是决定食物质量的关键因素，而超加工食品是导致肥胖和慢性非传染性疾病全球大流行的罪魁祸首。

一、超加工食品是导致肥胖的罪魁祸首

显而易见，肥胖和慢性非传染性疾病正在全球范围内大流行，美国等发达国家是肥胖流行的引领者。已经有大量研究文献提供了强有力的证据表明，这些疾病的患病率是伴随着食品工业的发展和超加工食品的泛滥而逐年增加的[3-6]。

超加工食品是导致肥胖和慢性非传染性疾病发生和发展的罪魁祸首。超加工食品导致肥胖的直接原因是在不知不觉中大幅度增加能量摄入。一项来自美国国立卫生研究院临床中心的随机对照研究表明,体重稳定的成年人因食用超加工食品,每天平均增加能量摄入约 500 kcal(约 2 092 kJ),这导致受试者在 2 周内体重平均增加 0.9 kg[7]。超加工食品增加肥胖风险,特别是对于儿童和青少年的影响让人尤其痛心。母亲在育儿期间食用超加工食品与后代超重或肥胖的风险增加有关[8],这表明母亲对超加工食品的危害认识不足是儿童肥胖的重要负面影响因素。有研究表明,2018 年美国成年人和儿童青少年的能量供应中,超加工食品所占百分比估计值分别为 57%和 67%,这些数据似乎可以解释为什么美国人口的超重和肥胖率在世界发达国家中遥遥领先[9-10]。

表 1-1 中的数据来自世界卫生组织[11],比较了 1986—2016 年多个国家的成人超重率和肥胖率。其中,美国人口的超重率和肥胖率分别从 1986 年的 48.1%和 16.5%发展到 2016 年的 67.9%和 36.2%。根据来自美国国家卫生统计中心的数据,截至 2018 年,美国 20 岁以上成人超重率为 73.1%,肥胖率为 42.4%。中国人口的超重率和肥胖率分别从 1986 年的 13.6%和 0.9%发展到 2016 年的 32.3%和 6.2%。其他多个发达国家人口的超重率和肥胖率同样也在逐年增加。《中国居民营养与慢性病状况报告(2020 年)》称,中国居民超重、肥胖问题不断凸显,慢性病患病/发病率仍呈上升趋势,城乡各年龄组居民超重率和肥胖率继续上升,超过 50%的成年居民超重或肥胖,6～17 岁青少年和 6 岁以下儿童超重率和肥胖率分别达到 19%和 10.4%。最近 20 多年正是超加工食品逐步在全球泛滥的时期[12]。

表 1-1　多个国家 1986—2016 年成人超重和肥胖患病率比较

单位:%

超重或肥胖率	中国	美国	英国	法国	德国	加拿大	澳大利亚	新西兰	印度	日本	新加坡	巴西
超重率(1986 年)	13.6	48.1	46.4	45.2	43.9	46.5	48.0	48.7	7.8	17.5	24.77	35.5
肥胖率(1986 年)	0.9	16.5	12.6	11.5	11.6	13.5	13.8	14.7	0.7	1.4	3.5	8.6
超重率(1996 年)	18.5	55.6	52.3	50.1	49.1	53.0	53.9	54.9	10.7	19.8	26.8	43.0
肥胖率(1996 年)	1.8	22.6	16.6	14.5	14.9	18.2	18.1	19.4	1.3	1.8	4.1	12.7
超重率(2006 年)	24.8	62.5	58.4	55.0	53.1	59.2	59.7	60.7	14.6	23.1	29.2	50.2

超重或 肥胖率	中国	美国	英国	法国	德国	加拿大	澳大利亚	新西兰	印度	日本	新加坡	巴西
肥胖率 （2006 年）	3.4	29.7	21.9	17.9	18.4	23.8	23.5	24.9	2.3	2.7	5.0	17.3
超重率 （2016 年）	32.3	67.9	63.7	59.5	56.8	64.1	64.5	65.6	19.7	27.2	31.8	56.5
肥胖率 （2016 年）	6.2	36.2	27.8	21.6	22.3	29.4	29	30.8	3.9	4.3	6.1	22.1

注：1. 成人超重患病标准为 BMI≥25 kg/m² （年龄标准化估计值）；成人肥胖患病标准为 BMI≥30 kg/m²（年龄标准化估计值）。

2. 数据来源：http://www. who. int/gho/ncd/risk_factors/overweight_text/en/，2023 年 1 月在线访问。

　　超加工食品的主要特征是，通过改进配方和精制加工使食品更好看、更香、更好吃、吃了还想吃，同时尽量延长保质期。超加工食品的主要问题在于其成分通常富含不健康的淀粉、游离糖、脂质、盐和各种添加剂，在超加工（如工业提纯）过程中破坏了天然食物中有益健康的物理结构，并且有益健康的天然膳食纤维、植物化学物和微量元素已经消耗殆尽。超加工食品可能通过破坏多巴胺食物奖励系统导致食物成瘾；可能通过多种促炎途径导致包括下丘脑在内的全身慢性低度炎症；可能通过扰乱肠道微生态破坏肠道屏障功能，导致代谢性内毒素血症和随之而来的全身多组织器官慢性炎症；可能通过诱导胰岛素和瘦素抵抗导致内分泌系统失调。超加工食品在中枢神经系统、内分泌系统、免疫系统和肠道菌群之间充当不光彩的"全能破坏者"，加上这些因素之间又相互串扰，协同导致了食欲和能量代谢失调，最终导致肥胖和慢性非传染性疾病的发生和发展。有关超加工食品导致肥胖的生物学机制详见本书第三章"食欲与能量代谢调节"。

　　许多超加工食品通过添加膳食纤维和一些微量营养素，以及用人造甜味剂代替糖或减少盐来营造健康的假象，相关跨国公司花费大量资金用于产品的广告和促销，以使其具有吸引力，特别是对儿童和年轻人造成了严重的误导。超加工食品的唯一价值是源源不断地为相关跨国公司提供利润。这些产品瞄准"人性弱点"，利用神经生物学机制，成功地创造并强化了消费者的享乐需求[13]。例如，可乐型碳酸饮料中添加了具有成瘾特性的咖啡因、果糖或人工甜味剂，这些添加剂是这类饮料的"灵魂"所在，也揭示了它们的肮脏本质。超加工食品对多巴胺食物奖励系统的破坏无异于烟草、酒精和其他成瘾性物质。脑成像研究揭示了这两种情况之间的共同特征是多巴胺能通路受损，并描绘出了重叠的大脑神经回路[14]。相关跨国公司为了其产品在市场竞争中脱颖而出，在产品研发、制造包装、营销环节投入巨资,这个过程中充分考虑了神经生物学、消费心理学对消费者的长期影响,同时创造享乐饮食文化,树立品牌,但是整个过程中没有考虑人体健康和人类可持续的食物供应问题。关键是,我们的孩子受害最严重,而且这只魔爪已经伸向脆弱的农村地区。

二、超加工食品给自然生态系统额外施加了巨大压力

超加工食品已经在全球泛滥,它正在损害我们、我们的孩子和父母的身体健康。更糟糕的是,它给人类赖以生存的自然生态系统额外施加了巨大压力。有研究表明,超加工食品占用了与饮食相关的总能源消耗的17%～39%,占与饮食相关的生物多样性损失总量的36%～45%,占与饮食相关的温室气体排放、土地使用和食物浪费总量的30%,占与饮食相关的用水总量的25%[15]。超加工食品广泛使用的包装物含有致癌和干扰内分泌的化合物(如双酚A),也是全球环境废物的主要来源。食品添加剂被允许使用在超加工食品中,它对环境和健康具有潜在的双重不利影响[16]。超加工食品也被人们形象地称为“垃圾食品”,也就是说它只是一种工业产品,不是正常人类的食物,至少在没有严重自然灾害和战争的平安时期,人类不应食用它们。悲哀的是,由于超加工食品的化学成分及其对神经生物学的特定效应,表现出致瘾特质,相关跨国公司利用它创造享乐饮食文化,催生了一个巨大的消费市场,它们早已经在全球食品供应系统中占据了主导地位[17]。

超加工食品给自然环境带来的压力是完全可以避免的额外压力。目前的证据表明,超加工食品不仅当前对于人类的健康和幸福的贡献值为负数,还会成为我们子孙后代的沉重负担。各种用于超加工食品的包装容器和其他包装物会生成大量的垃圾,有些垃圾不可被生物降解,被丢弃在街道和乡村,从下水道中冲走或被集中到垃圾填埋场处置。世界各大城市周边的巨型生活垃圾填埋场时常散发着恶臭,很大程度上似乎是在控诉超加工食品犯下的累累“罪行”。似乎有一种声音在撕心裂肺地呼喊:救救我们的孩子! 救救我们的孩子! ……

三、超加工食品是癌症等慢性疾病流行的重要贡献者

来自世界多国大量前瞻性队列研究表明,随着超加工食品在膳食能量供应中的比例增加,不仅导致肥胖人口持续增加,而且与癌症、心血管疾病、2型糖尿病等多种慢性非传染性疾病患病率升高密切相关[18-23]。

超加工食品中的加工肉类、含糖饮料、人造甜味剂、即食/加热混合菜肴、肉类/家禽/海鲜类即食产品等都可能增加罹患癌症的风险。2018年发表于《英国医学杂志》的一项纳入法国104 980名参与者的前瞻性队列研究表明,饮食中超加工食品的比例增加10%与罹患总体癌症和乳腺癌的风险增加10%以上有关[24]。2019年发表于

《英国医学杂志》的一项纳入法国 101 257 名参与者的前瞻性队列研究表明,含糖饮料的消费与总体癌症和乳腺癌的风险呈正相关,100%果汁也与总体癌症风险呈正相关[25]。2022 年发表于《英国医学杂志》的来自美国的三项前瞻性队列研究的结果显示,肉类/家禽/海鲜类即食产品、含糖饮料、即食/加热混合菜肴的较高消费量与结直肠癌风险增加呈正相关[26]。2022 年发表于《柳叶刀》的纳入英格兰、苏格兰和威尔士的英国生物银行的 197 426 名参与者的一项前瞻性队列研究表明,超加工食品消费与总体癌症、乳腺癌和卵巢癌死亡率呈正相关[27]。2023 年 3 月《柳叶刀·星球健康》上发表了一项研究,该研究使用欧洲癌症和营养前瞻性调查研究的数据,涉及 521 324 名参与者,调查分析了超加工食品摄入量与癌症风险之间的关系。当用等量最低限度加工食品替代 10%的超加工食品时,发现与总体癌症(包括头颈癌、直肠癌、肝细胞癌等)风险降低相关,当模型针对 BMI、酒精和饮食摄入量以及质量进行额外调整时,大多数情况下这些关联仍然很显著[28]。这项研究表明,用最低限度加工食品代替加工和超加工食品,可能会降低患各种癌症的风险。

超加工食品增加癌症风险,可能与其配方中添加糖、饱和脂肪以及加工过程中产生反式脂肪酸有关。超加工食品的消费导致肥胖也可能是其增加总体癌症风险的重要诱因[29]。2020 年发表于《美国临床营养学杂志》的一项 101 279 名法国成年人参与的前瞻性队列研究表明,糖(尤其是添加糖)摄入量与更高的癌症风险相关[30]。2019 年发表于《欧洲公共健康杂志》的一项纳入 44 039 名参与者的前瞻性队列研究表明,饱和脂肪的摄入会增加整体癌症和乳腺癌的风险[31]。另外的研究显示,反式脂肪酸摄入与总体癌症、乳腺癌和前列腺癌风险增加有关[32-33]。

超加工食品中的各种添加剂也可能是癌症的重要诱因。常见于"零糖饮料"的人造甜味剂(尤其是阿斯巴甜和安赛蜜)与癌症风险增加有关[34]。一项 2021 年发表的 101 056 名成年人参与的前瞻性队列研究表明,硝酸盐作为食品添加剂与乳腺癌风险呈正相关,亚硝酸盐作为食品添加剂与前列腺癌风险呈正相关[35]。2022 年发表的 102 485 名法国成年人参与的前瞻性队列研究表明,超加工食品中常见的多种乳化剂与癌症风险增加有关,其中柠檬酸钠、黄原胶(又名汉生胶)、单双甘油脂肪酸酯、柠檬酸脂肪酸甘油酯、乳酸脂肪酸甘油酯、双乙酰酒石酸单双甘油酯、乙酰化单双甘油脂肪酸酯的摄入量与总体癌症风险增加有关,柠檬酸钠、硬脂酰乳酸钠、总乳酸酯、总纤维素、槐豆胶(又名刺槐豆胶)和单双甘油脂肪酸酯的摄入量较高与总体乳腺癌风险增加有关,卡拉胶、黄原胶和三磷酸盐的摄入量增加与绝经后乳腺癌风险增加有关[36]。

四、NOVA 食品分类

NOVA 食品分类系统是基于食品加工的性质、目的和程度的食品分类系统。NOVA 将所有食物及其制品分为四组：第一组，未加工或最低限度加工的食物；第二组，加工烹饪原料；第三组，加工食品；第四组，超加工食品。以下是对四组 NOVA 食品的描述[2,37]。

（一）第一组，未加工或最低限度加工的食物

1. 未加工或最低限度加工的食物定义

天然或未加工的食物是指在自然界中天然生长或农业、畜牧业、渔业生产的初级农产品。它包括谷物、薯类、豆类、蔬菜、野菜、水果、食用菌、藻类、坚果、种子等的可食用部分，以及畜肉、禽肉、乳类、蛋类、鱼虾、贝类的可食用部分，还有饮用水。

最低限度加工的食物是指通过去除不可食用或不需要的部分，或经干燥、粉碎、研磨、分馏、过滤、烘烤、沸煮、非酒精发酵、巴氏杀菌、冷藏、冷却、冷冻、放置在容器和真空包装中的天然食物。这些过程旨在保存天然食品，使其适合储存，或使它们安全可食用或更宜食用，但没有在原始食物中添加盐、糖、油或其他物质。未加工或最低限度加工的食物通常在家中或餐厅厨房中用于准备和烹饪菜肴或主食。

2. 未加工或最低限度加工的食物举例

天然或未加工植物和菌藻类食物：新鲜、挤压、冷藏、冷冻或干制的各种水果和蔬菜；谷物，如糙米、黑米、玉米棒或玉米粒、全麦；豆类，如各种新鲜或干制的黄豆、黑豆、赤豆、绿豆、扁豆、鹰嘴豆等；薯类，如土豆、红薯；食用菌，如各种新鲜或干制香菇、平菇、木耳、金针菇等；藻类，如各种新鲜或干制的海带、紫菜等；坚果种子，如各种新鲜或干制的核桃、花生等。天然或未加工动物性食物：畜肉、禽肉、鱼虾贝类（整块或分割，冷藏或冷冻，不加盐、油和其他添加剂）；蛋类；乳类，如巴氏杀菌奶或没有添加剂的奶粉。

最低限度加工的食物：不添加糖、甜味剂或其他添加剂，新鲜或烹饪的水果或蔬菜；无添加剂的全谷物和豆类，如糙米、玉米、全麦等制成的颗粒或面粉；由前述颗粒或面粉烹制而成的糙米饭和全麦馒头；不添加盐、糖或其他添加剂的整颗、磨碎的坚果种子；新鲜或干燥的香料，如胡椒、花椒、肉桂、薄荷等；不添加糖或人造甜味剂的原味酸奶、茶、咖啡、饮用水。

（二）第二组，加工烹饪原料

1. 加工烹饪原料定义

加工和烹饪食物时的必要组成原料，如油、盐和糖，是通过压制、研磨和干燥等过程从第一组食物或自然界中提取的物质。这些原料适合在家庭和餐厅厨房中使

用。它们不是单独食用的,通常用于准备、调味和烹饪第一组食物,并用它们制作各种令人愉快的手工菜肴和餐食。

2. 加工烹饪原料举例

从种子、坚果或水果(如橄榄)中压榨取得的植物油,从牛奶和猪肉中取得的黄油和猪油,从甘蔗或甜菜中取得的糖,从枫树中取得的糖浆,从蜂巢中取得的蜂蜜,从谷物和其他植物中提取的淀粉,添加抗氧化剂的植物油,开采获取或从海水中提取的食盐。还包括由第二组添加维生素或矿物质组成的产品,如加碘盐。

(三)第三组,加工食品

1. 加工食品定义

加工食品基本上是通过将盐、油、糖或其他第二组原料添加到第一组食物中制成的。它包括采用罐装和装瓶保存或加工方法,非酒精发酵情况下加工而成的食品,如新鲜面包(非预包装)和奶酪等。大多数加工食品含有两或三种成分,可识别为第一组食品的改良版本。它们可以单独食用,或者更常见的是与其他食物配合食用。加工的目的是增加第一组食品的耐久性,或改变或增强其感官品质。它们可能含有延长产品持续时间,保护食物原始性能或防止微生物增殖的添加剂。

2. 加工食品举例

盐渍的罐装或瓶装蔬菜和豆类,腌制或加糖的坚果和种子,盐渍、干燥、腌制或熏制的肉类和鱼类,鱼罐头(添加或不添加防腐剂),糖浆中的水果(添加或不添加抗氧化剂),新鲜无包装的面包和奶酪。

(四)第四组,超加工食品

1. 超加工食品定义

超加工食品(如软饮料、甜味或咸味包装零食、重组肉制品和预先准备的冷冻菜肴)不是改良食品,而是主要由食品和添加剂衍生的物质的配方制成的,其中几乎不含有任何完整的第一组食品。

超加工食品成分配方主要是工业专用的,经由一系列工业过程(如提纯)制成,许多需要复杂的设备和技术(因此称"超加工")。在超加工食品配方中,虽然包括那些也用于加工食品的成分,如糖、油、脂肪或盐,但是超加工食品还包括通常不用于烹饪准备的其他能量和营养物质。其中一些是直接从食物中提取的,如酪蛋白、乳糖、乳清蛋白和麸质。许多来自食品成分的进一步加工,例如氢化或酯交换油脂、水解蛋白质、大豆蛋白分离物、麦芽糊精、转化糖和高果糖玉米糖浆。会使用多种工艺程序来组合上述许多成分并制造最终产品,这些工艺包括几种家庭内没有的工艺,例如加氢、水解、挤出、成型和预油炸等。

超加工食品中通常含有添加剂,如防腐剂、抗氧化剂、着色剂、护色剂、增稠剂、调味剂、香精、乳化剂、稳定剂、膨松剂、漂白剂等。其中有一些添加剂仅在超加工产品中使用，用于模仿或增强食品感官质量，或掩盖最终产品的感官缺陷，例如一些着色剂和护色剂、香精、调味剂、无糖甜味剂、乳化剂、凝固剂和保水剂。还有一些加工助剂也仅在超加工产品中使用，其作用如碳酸化、紧致、膨胀、抗膨胀、脱泡、抗结块和上光等。

用于制造超加工食品的全部成分配方、添加剂和加工工艺，其功能是使最终产品成本更低廉、保质期更长、更可口、更方便食用（即食），从而更具吸引力，创造有利于树立品牌和高利润的食品。超加工食品通常包装精美，集约化销售，利用各种媒体大肆宣传，旨在更大限度取代其他各食品组。

2. 超加工食品举例

甜味或咸味包装零食、冰激凌、巧克力、糖果、果冻、蜜饯、饼干、薯片、中西式糕点、预包装面包、蛋糕和蛋糕混合物等即食产品；早餐"谷物"、"谷物"和"能量棒"等；人造黄油和涂抹酱、加工奶酪、"速溶"酱汁等；各种含糖饮料、"能量"饮料、配制乳饮料、含糖"水果"酸奶和"水果"饮料、含糖可可饮料、运动饮料、蛋白饮料、果蔬汁饮料、乳酸菌饮料等；婴儿配方奶粉、配方牛奶、婴儿配方米粉和其他婴儿用品（可能包括昂贵的成分）等；宣称"健康"和"减肥"的产品，如粉末状代餐和奶昔等；加热即食产品，如预先准备好的菜肴、馅饼、意大利面和比萨饼等；家禽和鱼肉制成的"鸡块""棍子""丸子"等；香肠、汉堡、热狗和其他重组肉制品等加工肉制品；粉末状和包装的速溶咖啡、奶茶等固体饮料等。

五、如何辨认超加工食品？

众所周知，与超加工食品相关的跨国公司取得了辉煌的商业成功。它们成功的背后是亿万民众为此付出了不必要的经济代价和沉重健康代价。幸好一些国家和地区的监管部门已经意识到超加工食品的危害，并通过对其额外征税或禁止其发布广告等措施向经营超加工食品的跨国公司发出了明确的信号，同时也为民众敲响了警钟。然而，只有大多数人都能透过超加工食品的精美包装看到它丑陋的本质，才足以影响相关跨国公司的经营策略，才能逐步重建健康且可持续的食物供应体系。因此，当务之急是要正确地识别超加工食品，并且帮助孩子们识别它们，以便于在购物和外出就餐时避免受其伤害[38]。

超加工食品不是可识别的天然食物的烹饪产物，它是工业来源的膳食能量、营养素（或非营养素）和食品添加剂配方的简单混合物，通常含有很少甚至完全没有完整的食物原料。如果去除这些超加工食品的精美外包装和标签，人们无法辨认它是由什么原料制成的。我们可以通过看添加剂、看包装、看食用方式、看广告、比价格等方法来辨认超加工食品。

（一）看添加剂

一般来说，确定一种食品是否为超加工食品的实用方法是检查其成分列表是否包含至少一种超加工食品的组成成分特征，也就是从未或很少在厨房中使用的物质，或其功能仅仅是使最终产品更可口或延长保质期的食品添加剂。这些添加剂的名称通常是其化学成分的表达，单从字面理解显得晦涩难懂，也有一些名称具有特定的功能倾向。下面列出各种食品添加剂的功能类型和名称，以及列举一些常用食品添加剂通常出现在哪些超加工食品中，以备参考辨别[39-40]。

1. 防腐剂

食品中加入防腐剂是为了防止食品腐败，延长保质期。常用的防腐剂有苯甲酸及其钠盐、山梨酸及其钾盐、对羟基苯甲酸酯类及其钠盐、丙酸及其钠盐（钙盐）、脱氢乙酸及其钠盐（又名脱氢醋酸及其钠盐）、双乙酸钠（又名二醋酸钠）、单辛酸甘油酯、二甲基二碳酸盐（又名维果灵）、二氧化硫、焦亚硫酸钾、焦亚硫酸钠、亚硫酸钠、亚硫酸氢钠、低亚硫酸钠、二氧化碳、ε-聚赖氨酸、ε-聚赖氨酸盐酸盐、纳他霉素、溶菌酶、乙酸钠（又名醋酸钠）、乙二胺四乙酸二钠等。

例如：苯甲酸及其钠盐可能引发叠加中毒，日本和新加坡等国食品中应用受到限制或禁用。它常见于蜜饯凉果、胶基果糖、果糖、果冻、果酒、风味冰和冰棍类、果酱、酱及酱制品、复合调味料、配制酒、调味糖浆、果蔬汁（肉）饮料、蛋白饮料、风味饮料（包括果味饮料、乳味、茶味、咖啡味及其他味饮料等）、植物饮料、碳酸饮料中。山梨酸及其钾盐常见于焙烤食品、熟肉制品、肉灌肠类、醋、酱油、酱及酱制品、乳酸菌饮料、果冻、果酒、配制酒、豆干再制品、新型豆制品（大豆蛋白膨化食品、大豆素肉等）、蜜饯凉果、胶基果糖、果糖、风味冰和冰棍类、果酱中。对羟基苯甲酸酯类及其钠盐常见于果酱、醋、酱油、酱及酱制品、蚝油、虾油、果味饮料、可乐型碳酸饮料、果蔬汁饮料、焙烤食品馅料及表面用挂浆（仅限糕点馅）、热凝固蛋制品中。丙酸及其钠盐（钙盐）常见于面包和糕点中。脱氢乙酸及其钠盐常见于焙烤食品、预制肉制品、熟肉制品中。双乙酸钠常用于豆干类、豆干再制品、膨化食品、粉圆、糕点等食品中。单辛酸甘油酯常见于生湿面制品（如面条、饺子皮、馄饨皮、烧卖皮）、焙烤食品馅料及表面用挂浆（仅限豆馅）、肉灌肠类等食品中。二甲基二碳酸盐常见于果蔬汁饮料、碳酸饮料、果味饮料、茶饮料等食品中。

2. 抗氧化剂

常用的抗氧化剂有丁基羟基茴香醚、没食子酸丙酯、特丁基对苯二酚、抗坏血酸棕榈酸酯、硫代二丙酸二月桂酯、L-抗坏血酸、L-抗坏血酸钠、L-抗坏血酸钙、D-抗坏血酸、D-抗坏血酸钠、乙二胺四乙酸二钠钙等。

例如：丁基羟基茴香醚常用于即食谷物包括碾轧燕麦片、杂粮粉、方便面、腌腊肉制品（如咸肉、腊肉、板鸭、中式火腿、腊肠）、油炸食品、膨化食品、胶基果糖中。没食子酸丙酯常见于胶基果糖、油炸面制品、方面米面制品、腌腊肉制品（如咸肉、腊肉、板鸭、中式火腿、腊肠）、膨化食品、糖果、果蔬汁（肉）饮料（包括发酵型产品等）、风味饮料、配制酒中。特丁基对苯二酚常用于油炸面制品、方便米面制品、月饼、膨化食品、熟制坚果与籽类中。抗坏血酸棕榈酸酯常用于即食谷物、碾轧燕麦片、方便米面制品、面包、婴幼儿配方食品、婴幼儿辅助食品中等。

3. 护色剂

亚硝酸钠、亚硝酸钾、硝酸钠、硝酸钾是常用的护色剂，它们都被证明对人体有较强毒性，且增加癌症风险。它们也被作为防腐剂使用。亚硝酸钠、亚硝酸钾、硝酸钠、硝酸钾被广泛用于腌腊肉制品类、酱卤肉制品、熏烧烤肉类、油炸肉类、西式火腿类、肉灌肠类、发酵肉制品类、肉罐头类等加工肉制品中。此外，为了让产品呈现诱人的色泽，许多超加工食品（如蛋糕、糖果、饮料等）中添加了着色剂，相关内容详见本章第八节。

4. 增稠剂

常用的增稠剂有明胶、琼脂、海藻酸钠、果胶、卡拉胶、阿拉伯胶、β-环状糊精、罗望子多糖胶、田菁胶、瓜尔豆胶、刺葵豆胶、黄原胶、结冷胶、羧甲基纤维素钠、羧甲基淀粉钠、羧丙基淀粉、羧丙基淀粉醚、淀粉磷酸酯钠、乙酰基二淀粉磷酸酯、磷酸化二淀粉磷酸酯、羧丙基二淀粉磷酸酯等。

例如：卡拉胶作为增稠剂，被允许在各类食品中按生产需要适量使用，也被用作乳化剂、稳定剂，常见于稀奶油、黄油和浓缩黄油、生湿面制品（如面条、饺子皮、馄饨皮、烧卖皮）、生干面制品、其他糖和糖浆（如红糖、赤砂糖、槭树糖浆）、婴幼儿配方食品、果蔬汁（浆）中。羧甲基纤维素钠作为增稠剂，被允许在各类食品中按生产需要适量使用，可能出现于稀奶油、冰激凌、汤汁、调味汁、速溶固体饮料（减肥代餐、奶昔、奶茶）、酸奶、速食面、面条、面包、速冻食品、橘汁、粒粒橙、椰子汁、果茶、酱油等食品中。羧甲基淀粉钠常用于冰激凌、雪糕类、果酱、方便米面制品、面包、酱及酱制品中。β-环状糊精常见于胶基糖果、方便米面制品、预制肉制品、熟肉制品、果蔬汁（浆）类饮料、植物蛋白饮料、复合蛋白饮料、碳酸饮料、茶咖啡植物（类）饮料、风味饮料、膨化食品中。明胶作为增稠剂，被允许在各类食品中按生产需要适量使用，常见于冰激凌、酸奶、软糖、奶糖、蛋白糖、巧克力、午餐肉、咸牛肉等食品中。

5. 乳化剂

食品乳化剂在食品生产和加工中占重要地位，可以说绝大多数食品的生产和加工均涉及乳化剂或乳化作用。常见乳化剂有蔗糖脂肪酸酯、单双甘油脂肪酸酯、山梨醇酐单月桂酸酯(司盘-20)、山梨醇酐单棕榈酸酯(司盘-40)、山梨醇酐单硬脂酸酯(司盘-60)、山梨醇酐三硬脂酸酯(司盘-65)、山梨醇酐单油酸酯(司盘-80)、聚氧乙烯山梨醇酐单月桂酸酯(吐温-20)、聚氧乙烯山梨醇酐单棕榈酸酯(吐温-40)、聚氧乙烯山梨醇酐单硬脂酸酯(吐温-60)、聚氧乙烯山梨醇酐单油酸酯(吐温-80)、改性大豆磷脂、硬脂酰乳酸钙(钠)木糖醇酐单硬脂酸酯、双乙酰酒石酸单双甘油酯、丙二醇脂肪酸酯、酪朊酸钠、铵磷酸、丙二醇、海藻酸丙二醇酯、琥珀酸单甘油酯、聚甘油蓖麻醇酸酯(PGPR)、聚甘油脂肪酸酯、卡拉胶、果胶、可溶性大豆多糖、柠檬酸脂肪酸甘油酯、麦芽糖醇和麦芽糖醇液、氢化松香甘油酯、乳酸脂肪酸甘油酯、辛癸酸甘油酯、辛烯基琥珀酸淀粉钠、硬脂酸钙、硬脂酸钾、硬脂酸镁、硬脂酰乳酸钠、硬脂酰乳酸钙、铵磷脂等。

例如:蔗糖脂肪酸酯可见于调制乳、稀奶油(淡奶油)及其类似品、冷冻饮品、果酱、可可制品、巧克力和巧克力制品(包括代可可脂巧克力及制品)以及糖果、专用小麦粉(如自发粉、饺子粉等)、生湿面制品(如面条、饺子皮、馄饨皮、烧卖皮)、生干面制品、面糊(如用于鱼和禽肉的拖面糊)、裹粉、煎炸粉、杂粮罐头(包括八宝粥等)、方便米面制品、肉及肉制品、调味糖浆、调味品、饮料类、果冻等食品中。聚氧乙烯山梨醇酐单油酸酯(吐温-80)可见于调制乳、稀奶油、调制稀奶油、冷冻饮品、面包、糕点、固体复合调味料、半固体复合调味料、液体复合调味料、饮料类、果蔬汁(浆)类饮料、含乳饮料、植物蛋白饮料中。山梨醇酐单油酸酯(司盘-80)可见于调制乳、稀奶油(淡奶油)、氢化植物油、冰激凌、雪糕、可可制品、巧克力和巧克力制品、代可可脂巧克力及制品、除胶基糖果以外的其他糖果、面包、糕点、饼干、果蔬汁(浆)类饮料、植物蛋白饮料、固体饮料、速溶咖啡、果味饮料中。双乙酰酒石酸单双甘油酯可见于风味发酵乳、乳粉(包括加糖乳粉)和奶油粉及其调制产品、黄油和浓缩黄油、脂肪类甜品、植脂末、冷冻饮品、水果干类、果泥、蜜饯凉果、水果甜品、发酵的水果制品、胶基糖果、生湿面制品、油炸面制品、杂粮粉、食用淀粉、方便米面制品、冷冻米面制品、谷类和淀粉类甜品(如米布丁、木薯布丁)、焙烤食品、预制肉制品、熟肉制品、糖和糖浆、茶咖啡植物(类)饮料、蒸馏酒、果酒、果冻、膨化食品等食品中。

6. 香料和香精

香料和香精是食品工业不可或缺的食品添加剂。食品加工中常用的香料有甜橙油、橘子油、柠檬油、留兰香油、薄荷素油、L-薄荷脑、桉叶油、桂花浸膏、墨红浸膏、香兰素、苯甲醛、乙基香兰素、柠檬醛、洋茉莉醛、甲位戊基桂醛、乙酸异戊酯、乙酸苄酯、丙酸乙酯、丁酸乙酯、丁酸异戊酯、异戊酸异戊酯、己酸乙酯、己酸烯丙酯、邻氨基苯甲酸甲酯、杨梅醛、麦芽酚、松油醇、苯甲醇、苯乙醇、肉桂醇、DL-薄荷脑、葵子麝香、二甲苯麝香。食用香料是调配香精的原料,香精是由多种香料调配而成的混合物。香料和香精两者关系密切不可分割:为了调配香精才研制香料,有了香料才能调配香精。恰当应用香料和香精,足以制造出在气味上以假乱真的各种食品。香料和香精常见于各种饮料、果糖、焙烤食品、布丁、果冻、冰激凌、糖浆等食品中。

7. 调味剂

食品调味剂包含酸度调节剂、甜味剂、增味剂。其中常用的酸度调节剂有柠檬酸、乳酸、磷酸、苹果酸、酒石酸,它们可能存在于水果罐头、果汁、果冻、果酱、水果糖、饮料、焙烤食品等食品中。

常用的甜味剂有糖精钠、环己基氨基磺酸钠(又名甜蜜素)、环己基氨基磺酸钙、乙酰磺胺酸钾(又名安赛蜜)、三氯蔗糖(又名蔗糖素)、天门冬酰苯丙氨酸甲酯(又名阿斯巴甜)、$L-\alpha-$天冬氨酰-$N-(2,2,4,4-$四甲基-$3-$硫化三亚甲基)-$D-$丙氨酰胺(又名阿力甜)、木糖醇、山梨糖醇、甜菊糖苷、罗汉果糖苷、索马甜、$N-[N-(3,3-$二甲基丁基)]-$L-\alpha-$天门冬氨-$L-$苯丙氨酸-$1-$甲酯(又名纽甜)、甘草酸铵、甘草酸一钾及三钾、$D-$甘露醇、麦芽糖醇和麦芽糖醇液、乳糖醇(又名$4-O-\beta-D-$吡喃半乳糖-$D-$山梨醇)、天门冬酰苯丙氨酸甲酯乙酰磺胺酸、异麦芽酮糖、赤藓糖醇。

常用的增味剂有氨基乙酸、$L-$丙氨酸、琥珀酸二钠、$5'-$呈味核苷酸二钠(又名呈味核苷酸二钠)、$5'-$肌苷酸二钠、$5'-$鸟苷酸二钠、谷氨酸钠(俗称味精)、动物蛋白水解物、植物蛋白水解物、酵母提取物。

8. 膨松剂

膨松剂又称膨胀剂、疏松剂和发粉,通常用于糕点、饼干、面包、馒头等以小麦粉为主的焙烤食品的加工,能使其体积膨胀、结构疏松、口感柔软或酥脆。常用的膨松剂有碳酸氢钠、碳酸氢铵、硫酸铝钾(又名钾明矾)、硫酸铝铵(又名铵明矾)、酒石酸氢钾。

碳酸氢铵被允许用于婴幼儿谷类辅助食品,硫酸铝钾和硫酸铝铵被允许用于面糊(如用于鱼和禽肉的拖面糊)、裹粉、煎炸粉、油炸面制品、虾味片、焙烤食品、腌制海蜇,碳酸氢钠被允许用于婴幼儿谷类辅助食品、发酵大米制品,酒石酸氢钾被允许用于小麦粉及其制品、焙烤食品。

9. 水分保持剂

水分保持剂有助于保持食品的水分,常用的水分保持剂有磷酸、焦磷酸二氢二钠、焦磷酸钠、磷酸二氢钙、磷酸二氢钾、磷酸氢二铵、磷酸氢二钾、磷酸氢钙、磷酸三钙、磷酸三钾、磷酸三钠、六偏磷酸钠、三聚磷酸钠、磷酸二氢钠、磷酸氢二钠、焦磷酸四钾、焦磷酸一氢三钠、聚偏磷酸钾、酸式焦磷酸钙。

上述水分保持剂被允许用于乳粉和奶油粉、稀奶油、再制干酪、水油状脂肪乳化制品、冷冻饮品、蔬菜罐头、可可制品、巧克力和巧克力制品（包括代可可脂巧克力及制品）、糖果、熟制坚果与籽类（仅限油炸坚果与籽类）、米粉（包括汤圆粉等）、小麦粉及其制品、生湿面制品（如面条、饺子皮、馄饨皮、烧卖皮）、面糊（如用于鱼和禽肉的拖面糊）、裹粉、煎炸粉、杂粮粉、杂粮罐头、其他杂粮制品（仅限冷冻薯条、冷冻薯饼、冷冻土豆泥、冷冻红薯泥）、食用淀粉、即食谷物〔包括碾轧燕麦（片）〕、方便米面制品、冷冻米面制品、谷类和淀粉类甜品（如米布丁、木薯布丁仅限谷类甜品罐头）、预制肉制品、熟肉制品、冷冻鱼糜制品（包括鱼丸等）、预制水产品（半成品）、水产品罐头、热凝固蛋制品（如蛋黄酪、松花蛋肠）、调味糖浆、婴幼儿配方食品、婴幼儿辅助食品、饮料类、果冻等食品中。

（二）看包装

过度包装通常也是超加工食品的一个显著特征。食品包装是为了便于运输和携带，也是为了便于储存或延长保质期。更加精美的过度包装主要是为了吸引注意力和增加食品的附加值，但是也给自然环境带来了巨大压力。

（三）看食用方式

天然食物无论是来自菜市场还是超市，通常需要经过清洗、分割、蒸煮等烹饪过程后方可食用（新鲜水果除外）。而超加工食品通常都开瓶（开袋）即食或加热即食。

（四）看广告

超加工食品通常在各种媒体渠道大肆宣传，以树立"品牌"，并且邀请各路明星代言，无中生有地创造需求，抢占消费者心智，宣扬享乐文化。因此，超加工食品的特点之一是它的营销预算巨大，其中一些产品营销广告费用远远超过原材料成本，例如各种饮料和保健食品。

（五）比价格

一些超加工食品必须具有巨大的利润空间，相关企业和产品才能持续存在。例如，人们本可通过饮用水补充水分，却购买了比饮用水价格高出数十倍的甜味饮料；再如，人们只需要一个鸡蛋、一棵蔬菜、一朵蘑菇、一把全谷物和豆子就能补充各种营养素，却花费数百倍的价格购买了宣称有利"健康"和"减肥"的保健食品，这些保健食品不仅实际营养价值远不如前述天然食物，而且通常都可归类于超加工食品。

六、传统美食的变性

饮食文化是人类文明的重要组成部分。世界上很多不同的国家和地区都有独具特色的饮食文化，使得我们的文化更加丰富多彩。中国的饮食文化更是博大精深,东西南北不同地域都孕育出了富有地域特色的美食,例如鱼香肉丝、麻婆豆腐、回锅肉、酸菜鱼、酸汤鱼、东坡肉、梅菜扣肉、佛跳墙、海蛎抱蛋、狮子头、烤鸭、烧鹅、芙蓉虾、叉烧、剁椒鱼头、大盘鸡、手抓肉、大煮干丝、四喜丸子、地三鲜、小鸡炖蘑菇、鱼丸、牛肉丸等是人们耳熟能详的美食,有一些也是我们的家常菜,这些美食的色、香、味已经深深地刻在我们的饮食记忆中。在中国或世界其他地方旅行的途中品尝当地的美食,有助于理解不同地域文化,是令人心情愉悦的一种体验。

随着食品工业的发展,各国的传统饮食文化都受到了超加工食品(包括一些跨国连锁快餐)的冲击。后者在食物中添加了各种各样的食品添加剂,赢得了人们(特别是年轻人)的青睐。它们逐渐改变了人们对食物的感官体验和记忆,甚至重新定义了美食的内涵。如今,通过各种电商平台、超市都可以购买到预包装的美食和小吃,包括前面提到的各种美食。这些美食和小吃在食品添加剂的助力下,变得更方便、更美味、更廉价、保质期更长,通常加热即可食用,但是它们中的绝大部分都变成了超加工食品。至此,很多传统美食似乎渐渐脱胎换骨,以添加剂助力,再插上时尚的翅膀,生生闯出了一片新消费市场。可怜这些"传统美食"制造商,为了迎合市场需求误入歧途,忘记了食物是为人类健康服务的本质。

事实上,超加工食品已经成为最受欢迎的美食。一些影响力巨大的跨国快餐连锁集团所提供的食物绝大多数是超加工食品,例如汉堡(其中只有一片蔬菜不是超加工)、冰激凌、蛋挞、炸鸡、重组肉、甜味饮料等。但是,它们利用巨额的营销预算赢得了少年儿童的青睐,也悄悄地偷走了他们的健康。

参考文献

[1] Monteiro C A. Nutrition and health. The issue is not food, nor nutrients, so much as processing[J]. Public Health Nutrition, 2009, 12(5): 729 - 731.

[2] 联合国粮食及农业组织. 使用 NOVA 分类系统的超加工食品、饮食质量和人类健康[R/OL]. [2023 - 06 - 05]. https://www.fao.org/3/ca5644en/ca5644en.pdf.

[3] Cordova R, Kliemann N, Huybrechts I, et al. Consumption of ultra-processed foods associated with weight gain and obesity in adults: A multi-national cohort study[J]. Clinical Nutrition, 2021, 40(9): 5079 - 5088.

[4] Juul F, Martinez-Steele E, Parekh N, et al. Ultra-processed food consumption and excess weight among US adults[J]. The British Journal of Nutrition, 2018, 120(1): 90 - 100.

[5] Livingston A, Cudhea F, Wang Z, et al. Ultra-processed food consumption and obesity among US children[J]. Current Developments in Nutrition, 2020, 4: nzaa063_054.

[6] De Amicis R, Mambrini S P, Pellizzari M, et al. Ultra-processed foods and obesity and adiposity parameters among children and adolescents: A systematic review[J]. European Journal of Nutrition, 2022, 61(5): 2297 - 2311.

[7] Hall K D, Ayuketah A, Brychta R, et al. Ultra-processed diets cause excess calorie intake and weight gain: An inpatient randomized controlled trial of *ad libitum* food intake[J]. Cell Metabolism, 2019, 30 (1): 67 - 77. e3.

[8] Wang Y Q, Wang K, Du M X, et al. Maternal consumption of ultra-processed foods and subsequent risk of offspring overweight or obesity: Results from three prospective cohort studies[J]. BMJ, 2022, 379: e071767.

[9] Juul F, Parekh N, Martinez-Steele E, et al. Ultra-processed food consumption among US adults from 2001 to 2018[J]. The American Journal of Clinical Nutrition, 2022, 115(1): 211 - 221.

[10] Wang L, Martínez Steele E, Du M X, et al. Trends in consumption of ultraprocessed foods among US youths aged 2~19 years, 1999—2018[J]. JAMA, 2021, 326(6): 519 - 530.

[11] 世界卫生组织. 全球健康观察站(GHO)数据: 超重和肥胖[R/OL]. [2023 - 06 - 05]. https://www. who. int/data/gho/data/themes/topics/topic-details/GHO/ncd-risk-factors.

[12] 国务院新闻办网站. 国务院新闻办就《中国居民营养与慢性病状况报告(2020 年)》有关情况举行发布会 [R/OL]. (2020 - 12 - 24)[2023 - 06 - 05]. http://www. gov. cn/xinwen/2020 - 12/24/content_ 5572983. htm.

[13] Lustig R H. Ultra-processed food: Addictive, toxic, and ready for regulation[J]. Nutrients, 2020, 12(11): 3401.

[14] Volkow N D, Wang G J, Tomasi D, et al. Obesity and addiction: Neurobiological overlaps[J]. Obesity Reviews, 2013, 14(1): 2 - 18.

[15] Anastasiou K, Baker P, Hadjikakou M, et al. A conceptual framework for understanding the environmental impacts of ultra-processed foods and implications for sustainable food systems[J]. Journal of Cleaner Production, 2022, 368: 133155.

[16] Seferidi P, Scrinis G, Huybrechts I, et al. The neglected environmental impacts of ultra-processed foods [J]. The Lancet Planetary Health, 2020, 4(10): e437 - e438.

[17] Monteiro C A, Moubarac J C, Cannon G, et al. Ultra-processed products are becoming dominant in the global food system[J]. Obesity Reviews: an Official Journal of the International Association for the Study of Obesity, 2013, 14(Supplement 2): 21 - 28.

[18] Srour B, Fezeu L K, Kesse-Guyot E, et al. Ultra-processed food consumption and risk of type 2 diabetes among participants of the NutriNet-santé prospective cohort[J]. JAMA Internal Medicine, 2020, 180 (2): 283 - 291.

[19] Delpino F M, Figueiredo L M, Bielemann R M, et al. Ultra-processed food and risk of type 2 diabetes: A systematic review and meta-analysis of longitudinal studies[J]. International Journal of Epidemiology, 2022, 51(4): 1120 - 1141.

[20] Srour B, Fezeu L K, Kesse-Guyot E, et al. Ultra-processed food intake and cardiovascular disease risk in the NutriNet-Santé prospective cohort[J]. European Journal of Public Health, 2019, 29(Supplement 4):28 - 29.

[21] Srour B, Fezeu L K, Kesse-Guyot E, et al. Ultra-processed food intake and risk of cardiovascular disease: Prospective cohort study (NutriNet-Santé)[J]. BMJ, 2019, 365: l1451.

[22] Debras C, Chazelas E, Sellem L, et al. Artificial sweeteners and risk of cardiovascular diseases: Results from the prospective NutriNet-Santé cohort[J]. BMJ, 2022, 378: e071204.

[23] Bonaccio M, Castelnuovo A, Costanzo S, et al. Abstract 49: Consumption of ultra-processed foods and beverages is associated with increased risk of cardiovascular mortality in the moli-sani study cohort[J]. Circulation, 2020,141(supplement 1):49.

[24] Fiolet T, Srour B, Sellem L, et al. Consumption of ultra-processed foods and cancer risk: Results from NutriNet-Santé prospective cohort[J]. BMJ, 2018, 360: k322.

[25] Chazelas E, Srour B, Desmetz E, et al. Sugary drink consumption and risk of cancer: Results from NutriNet-Santé prospective cohort[J]. BMJ, 2019, 366: l2408.

[26] Wang L, Du M X, Wang K, et al. Association of ultra-processed food consumption with colorectal cancer risk among men and women: Results from three prospective US cohort studies[J]. The BMJ, 2022, 378:e068921.

[27] Chang K, Millett C, Rauber F, et al. Ultra-processed food consumption, cancer risk, and cancer mortality: A prospective cohort study of the UK Biobank[J]. The Lancet, 2022, 400: S31.

[28] Kliemann N, Rauber F, Bertazzi Levy R, et al. Food processing and cancer risk in Europe: Results from the prospective EPIC cohort study[J]. The Lancet Planetary Health, 2023, 7(3): e219 - e232.

［29］ Wang L，Cudhea F，Eom H，et al. Obesity-related cancer burden associated with ultra-processed food consumption among US adults［J］. Current Developments in Nutrition，2020，4：060.

［30］ Debras C，Chazelas E，Srour B，et al. Total and added sugar intakes，sugar types，and cancer risk：Results from the prospective NutriNet-Santé cohort［J］. The American Journal of Clinical Nutrition，2020，112(5)：1267 – 1279.

［31］ Sellem L，Srour B，Guéraud F，et al. Saturated，mono-and polyunsaturated fatty acid intake and cancer risk：Results from the French prospective cohort NutriNet-Santé［J］. European Journal of Nutrition，2019，58(4)：1515 – 1527.

［32］ Matta M，Huybrechts I，Biessy C，et al. Dietary intake of trans fatty acids and breast cancer risk in 9 European countries［J］. BMC Medicine，2021，19(1)：81.

［33］ Wendeu-Foyet G，Chajès V，Huybrechts I，et al. Abstract P3 – 12 – 35：Industrial and ruminant trans fatty acid intakes and cancer risk：Results from the NutriNet-Santé cohort［J］. Cancer Research，2022，31(3)：ckab164. 415.

［34］ Debras C，Chazelas E，Srour B，et al. Artificial sweeteners and cancer risk：Results from the NutriNet-Santé population-based cohort study［J］. PLoS Medicine，2022，19(3)：e1003950.

［35］ Chazelas E，Pierre F，Druesne-Pecollo N，et al. Nitrites and nitrates from food additives and cancer risk：Results from the NutriNet-Santé cohort［J］. European Journal of Public Health，2021，31 (Supplement_3)：ckab165. 244.

［36］ Sellem L，Srour B，Chazelas E，et al. Food additive emulsifiers and cancer risk：Results from the French prospective NutriNet-Santé cohort［J］. European Journal of Public Health，2022，32(3)：015.

［37］ Monteiro C A，Cannon G，Moubarac J C，et al. The UN Decade of Nutrition，the NOVA food classification and the trouble with ultra-processing［J］. Public Health Nutrition，2018，21(1)：5 – 17.

［38］ Monteiro C A，Cannon G，Levy R B，et al. Ultra-processed foods：What they are and how to identify them［J］. Public Health Nutrition，2019，22(5)：936 – 941.

［39］ 郝贵增. 食品添加剂［M］. 北京：中国农业大学出版社，2020.

［40］ 中华人民共和国国家卫生和计划生育委员会. 食品安全国家标准 食品添加剂使用标准：GB 2760—2014［S］. 北京：中国标准出版社，2015.

第二章 新陈代谢

　　新陈代谢是生命体的最基本特征，新陈代谢停止之时也就是生命终止之时。人体新陈代谢是人体与其生活的环境不断进行着物质和能量交换的过程。

　　人体是由细胞组成的，细胞是生命活动的基本单位。人体的一切生命活动都以细胞为基础。细胞是有生命的，是一个复杂生命系统。每个细胞都相对独立地活着，同时又从属于机体的整体功能。细胞、组织、器官、个体是不同层次的生命系统，人体是一个复杂的巨系统。

　　人体细胞的生长、发育、修复、运动等各种生命活动过程都需要物质和能量参与，这些物质和能量需要从食物中摄取或自身合成。因此，人体新陈代谢包括消化、吸收、运输、转化、合成、储存、分解、氧化和排泄的整个过程中的物质代谢，同时伴随着能量代谢，即能量释放、能量转移、能量利用和能量储存。

　　人体从食物中摄入的碳水化合物、脂肪、蛋白质三大产能营养素，以及水、维生素、矿物质、膳食纤维、植物化学物等营养物质或生物活性物质，在神经-体液信息网络的精密调控下，参与体内新陈代谢，以保持健康和活力。每个人都是这样活着。

　　不同的饮食模式将带来不同的代谢特征。当人体从食物中吸收的能量超过各种生命活动的需求时，多余的能量会转化为脂肪储存在体内，久而久之，就会超重或肥胖。

第一节　消化吸收

人体新陈代谢所必需的各种营养素需要从食物中摄取。食物中的营养物质是在消化系统进行消化和吸收的,这些营养物质中的生物大分子物质,如蛋白质、脂肪、碳水化合物等,在消化道内被分解成结构简单的小分子物质后,方可被人体吸收。食物中的水、无机盐、大多数维生素可直接被吸收利用。

食物消化有两种方式相互协作:机械消化和化学消化。机械消化,即食物通过口腔咀嚼和消化道平滑肌运动将大块食物磨碎,同时把食物与消化液混合成食糜,不断推送至下一段消化道的过程。化学消化,即在胃肠道消化液中的各种消化酶的作用下,食糜被化学分解成可吸收的小分子物质的过程。食物中各种大分子营养物质被消化成可吸收的小分子营养物质后,绝大部分在小肠通过肠黏膜进入血液或淋巴液被人体吸收利用。不能在小肠被消化吸收的物质,如膳食纤维,被输送到大肠由肠道菌群发酵,并产生短链脂肪酸等衍生物,可在大肠被吸收利用。

最后,肠道菌群发酵残留物、脱落的肠上皮细胞以及大量细菌形成粪便,连同人体代谢产物,包括胆汁衍生物和盐类等,一起排出体外。

一、人体消化系统的组成

人体消化系统由消化道和消化腺组成。消化道包括口腔、咽、食管、胃、十二指肠(约 25 cm)、小肠(其中近端 2/5 称空肠、远端 3/5 称回肠,共有 5~7 m)、大肠(盲肠、阑尾、结肠、直肠、肛管,约 1.5 m)、肛门,消化道总长约 9 m。消化腺是分泌各种消化液的腺体,其中分布于消化道管壁内的小消化腺有唇腺、颊腺、舌腺、食管腺、胃腺、肠腺等,大消化腺有唾液腺、肝、胆、胰腺,均经由导管将分泌物排入消化道内。

二、食物在胃内消化

食物经过口腔的咀嚼吞咽进入胃后,经过胃的机械性消化和化学性消化,逐渐被胃液水解和胃运动研磨形成食糜。通常食物进入胃约数分钟后,胃运动将食糜逐步、少量地通过幽门,排入十二指肠。

(一)胃内的化学消化

胃液是胃黏膜多种外分泌细胞分泌的无色酸性液体,食物在胃内的化学消化是通过胃液来实现的。胃液 pH 为 0.9～1.5,正常人每日分泌 1.5～2.5 L。胃液的主要成分有盐酸(也称胃酸)、胃蛋白酶原、黏液和内因子,还有水、HCO_3^-、Na^+、K^+ 等无机物[1]。胃酸的主要作用是激活胃蛋白酶原,杀灭随食物进入胃的细菌,促进胰液胆汁和小肠液分泌,促进小肠对铁钙吸收。胃蛋白酶原被胃酸激活后,可水解食物中的蛋白质,利于小肠的进一步消化吸收。黏液和碳酸氢盐在胃黏膜表面联合形成厚约 0.5 mm 的保护层[1],可有效保护胃黏膜免受胃酸和蛋白酶损伤。

(二)胃内的机械消化

胃平滑肌经常处于一定程度的缓慢持续收缩状态,当进食时食物刺激口腔、咽食管等处的感受器,可反射性引起胃底和胃体舒张,使胃容量大大增加以接纳大量食物入胃,而胃内压力无显著上升。食物入胃数分钟后,胃开始蠕动,胃壁内的环形肌和纵行肌相互协调连续性收缩和舒张运动。蠕动起于胃中部向幽门逐步推进形成蠕动波,一波未平一波又起。胃蠕动可以磨碎大块食团,使其与胃液充分混合形成食糜,并将食糜通过幽门逐步排入十二指肠。

胃在空腹状态下除了存在紧张性收缩外,也会出现以间歇性强力收腹并伴有较长静息期为特征的周期性运动,被称为消化间期移行性复合运动(MMC)。胃MMC 开始于胃上部,向肠道方向传播,这种运动旨在清除胃中难以消化的残留物。胃 MMC 的每一周期为 90～120 分钟,分为 Ⅰ、Ⅱ、Ⅲ、Ⅳ 4 个时相。胃 MMC的Ⅲ期活动,幽门和十二指肠保持松弛和开放,以允许将食物残留物从胃中清除出来。胃 MMCⅢ期活动是人体胃肠道向大脑发出的饥饿信号[2]。

(三)胃排空与餐后饱腹感

胃排空是食物从胃排入十二指肠的过程,是一个受精确调控的过程[3],通常可确保向十二指肠有限且相当恒定地输送各种营养物质。胃将食糜排空到十二指肠中的速率受精确调节,对于食糜在小肠进一步消化和吸收至关重要。胃内碳水化合物和营养物质的排空速度是餐后血糖的重要决定因素,对于维持血糖的动态平衡至关重要。快速胃排空会扰乱肠道激素的释放,并对血糖稳态产生复杂的影响。快速胃排空现在被认为是引起餐后高血糖以及糖尿病发病的主要因素之一[4]。

1. 胃排空是餐后饱腹感的重要影响因素

餐后胃排空延迟是临床实践中胰高血糖素样肽-1 类似物[如已经在中国获批上市的司美格鲁肽(semaglutide)]实现改善血糖和食欲控制的重要机制之一[3]。

胃肠道中的主要细胞类型都包含充当机械感受器的亚群,如上皮细胞、平滑肌、神经元、免疫细胞等,它们可以将机械刺激和基线状态区分开来,这些内置于胃肠壁中的机械感受器,通过迷走神经传入网络将机械刺激的空间和时间信息整合,并用以协调各种生理反应,如胃蠕动和饱胀感,以调控进食行为[5]。在饱食期间,胃机械感受器通过迷走神经向大脑发出饱胀信号;当胃排空受到限制时,延缓排空的胃内固体食物导致胃扩张机械信号持续存在,餐后更长时间的饱腹感也就持续存在[6]。因此,餐后胃排空速度在餐后饱腹感调节中起着重要的作用。

胃容量具有适应性。胃排空与体重之间的相关性研究表明,胃排空可能在长期体重调节中起作用[7-8]。肥胖者的迷走神经胃扩张机械感受信号敏感性降低,胃容量增加,胃排空加速,这与其摄食总量增加、餐后饱腹时间缩短以及食欲增加有关[9]。

2. 影响胃排空的因素

食物化学成分和物理性状影响胃排空。液体食物较固体食物排空更快,因此含糖饮料、果汁、奶茶等液体食品摄入后在胃中被更快排空,这会导致摄入大量能量,但是几乎没有带来饱腹效应。小颗粒食物比大块食物排空更快,能量密度越大胃排空越快。各种超加工食品如饼干、能量棒、巧克力、蛋糕、甜点等都是小颗粒且能量密度极高的成分混合物,因此这些超加工食品的快速胃排空是它们成为高效"增肥剂"的原因之一[10]。进食量也影响胃排空,进食量越多胃排空越快。食物中天然存在的膳食纤维会延迟固体食物的胃排空,降低血糖反应,并延迟饥饿感的重置,去除膳食纤维的食物胃排空加快[11-12]。食物中的苦味物质延缓胃排空,摄食苦味食物会导致餐后饱腹感延长,这可能是苦瓜等苦味食物有利于减脂的原因之一[13]。

运动影响胃排空。人类运动会引起骨骼肌释放大量细胞因子白介素-6(IL-6),循环白介素-6的浓度升高后,会导致胃排空延迟和餐后血糖减少,这可能是运动带来健康益处和利于减脂的机制之一[14]。

胃肠道内分泌激素影响胃排空。两种胃肠道激素[胃饥饿素和胃动素(motilin)]可能会促胃排空加快,其他胃肠道激素如胆囊收缩素、胰高血糖素样肽-1、酪酪肽都可以延迟胃排空。食物中的苦味物质可以有效促进胆囊收缩素、胰高血糖素样肽-1、酪酪肽分泌,并减少胃动素释放。富含天然膳食纤维的食物,可以有效促进胆囊收缩素、胰高血糖素样肽-1、酪酪肽分泌,因此可以减缓胃排空[15]。

三、食物在小肠内消化

食糜进入十二指肠后便开始小肠内的消化。小肠内的消化包括小肠平滑肌运动所致的机械消化和小肠液、胰液、胆汁中的消化酶所致的化学消化。

(一)小肠内的机械消化

小肠平滑肌层由外层纵行肌和内层环形肌两层肌肉组成,小肠内的机械消化是两层肌肉协同运动下完成的。当食糜进入小肠后,小肠的两层肌肉协调收缩和舒张形成由上而下的分节运动,使食糜与消化液充分混合,不断挤压肠壁以促进血液和淋巴液回流,以利于化学消化和吸收。小肠蠕动是纵行肌和环形肌共同参与的节律性运动,形成小肠从近端向远端传播的环状收缩波,将经过分节运动作用的混合食糜向远端推进,到达一个新的肠段,再开始分节运动。当蠕动波到达回肠末端时,由回盲括约肌控制食糜不被过快排入结肠,同时防止结肠内容物倒流。

(二)小肠内的化学消化

小肠内的化学消化主要由胰液、胆汁、小肠液共同参与完成。

胰液是碱性液体,渗透压与血浆大致相等。胰液中含有消化酶,其中胰淀粉酶（α-淀粉酶）可水解淀粉,胰脂肪酶可将脂肪分解为脂肪酸、甘油一酯和甘油,胰蛋白酶和糜蛋白酶可将蛋白质消化为小分子肽和游离氨基酸,核酸酶可水解核酸。总之,胰液中含有三大营养物质的多种消化酶,是消化力最强和最重要的小肠消化液。最低限度加工的天然植物性食物,如全谷物、豆类、菌类、蔬菜、水果等,天然含有抑制消化酶功能的生物活性肽和植物化学物,从而能够减缓或减少食物中的淀粉、蛋白质和脂肪被消化吸收[16]。

胆汁由肝脏细胞合成分泌。在非消化期,肝脏分泌的胆汁主要存于胆囊内;在进食后,胆囊收缩将胆汁排入十二指肠,帮助消化。胆汁中不含消化酶,含有胆盐、卵磷脂、胆固醇、胆色素等有机物和水、HCO_3^-、Na^+、K^+等无机物。胆汁中的胆盐、卵磷脂、胆固醇可以乳化脂肪（类似于洗洁精的作用）,增加胰脂肪酶与脂肪的接触面积,促进脂肪分解,进而形成水溶性混合微粒,促进脂肪吸收。胆汁的这一作用也有助于脂溶性维生素（维生素 A、D、E、K）的吸收。

小肠液是小肠分泌的一种弱碱性液体。小肠液可稀释消化产物,使其渗透压下降,有利于吸收。小肠液中有肠激酶,它能将胰液中的胰蛋白酶原活化为胰蛋白酶,以利于蛋白质吸收。

除了肠腔内的消化酶对食糜进行消化外,小肠上皮细胞的刷状缘和上皮细胞内含有多种消化酶,如分解寡肽的肽酶,分解双糖的蔗糖酶、麦芽糖酶、乳糖酶等,这些酶可将食糜进一步分解为氨基酸和单糖。人体缺少分解膳食纤维的消化酶,因此天然食物中含有的膳食纤维不在小肠能被消化吸收,只能被输送至结肠,被肠道菌群发酵后利用。

四、营养的吸收

经过消化的食物营养成分通过消化道黏膜进入血液或淋巴液的过程,称为吸收。食物在口腔和食管中一般不被吸收。食物在胃内的吸收也很少,胃能吸收乙醇和少量水。小肠是吸收营养物质的主要部位,其中糖类、蛋白质、脂肪的消化产物在十二指肠和空肠被吸收,食物中的大部分营养到达回肠时通常已被吸收完毕,但回肠能主动吸收胆盐和维生素 B_{12}。大肠主要吸收水、盐类以及短链脂肪酸。

小肠内面黏膜具有许多环状皱襞,皱襞上有大量绒毛,绒毛长 0.5～1.5 mm[1]。每一条绒毛的外表面是一层柱状上皮细胞,而每个柱状上皮细胞顶端还有约 1 700 条微绒毛[1]。皱襞、绒毛、微绒毛的存在,使小肠吸收面积可达 200～250 m²,有利于吸收[1]。每一条绒毛内部有毛细血管和毛细淋巴管,它们组成吸收营养物质的通道。每一条绒毛内部有平滑肌和神经纤维,它们负责执行和调节绒毛运动,以促进营养吸收。营养物质可通过柱状上皮细胞膜(跨细胞途径),或细胞间隙(细胞旁途径)被吸收进入血液或淋巴液。

(一) 糖类的吸收

1. 糖类被消化成单糖后被吸收

食物中可被机体分解利用的糖类主要有植物淀粉、动物糖原以及麦芽糖、蔗糖、乳糖等。食物中的糖类在淀粉酶、蔗糖酶、乳糖酶等消化酶的协助下被消化分解为单糖后,才能被小肠黏膜细胞吸收。葡萄糖被小肠黏膜细胞吸收入血后,经肝门静脉进入肝脏,再经血液循环供身体各组织细胞摄取利用。果糖被吸收后在小肠被分解生成有机酸,或进入肝脏被转化为葡萄糖或脂肪。半乳糖被吸收后在肝脏被转化为葡萄糖。

2. 组织细胞摄取葡萄糖需要转运蛋白

葡萄糖被吸收入血后,在体内代谢首先需要进入细胞,这依赖一类葡萄糖转运蛋白(GLUT)实现。人体中已发现 12 种 GLUT,其中 GLUT4 主要存在于肌肉和脂肪组织中,以胰岛素依赖方式摄取葡萄糖,耐力运动可以增加骨骼肌细胞膜上的 GLUT4 数量[17]。摄入精制碳水化合物食物后,血糖迅速升高,诱导胰岛素分泌,胰岛素可以使原位于脂肪细胞和肌细胞内囊泡中的 GLUT4 重新分布于细胞膜,促进血糖的摄取利用。肥胖者胰岛素抵抗,可能导致快速吸收的葡萄糖更多地在肝脏被转化为脂肪。

(二) 脂质的吸收

膳食中的脂质(或称脂类)包括脂肪(即甘油三酯)、磷脂、胆固醇等。脂质及其消化产物主要在十二指肠下段和空肠上段吸收。食物中的脂质含有少量由中链和短链脂肪酸构成的甘油三酯,它们经胆汁盐乳化后可直接被小肠黏膜细胞摄取,继而在细胞内的脂肪酶的作用下被水解成甘油和脂肪酸,通过肝门静脉进入血液循环。脂质消化产生的长链脂肪酸在小肠进入肠黏膜细胞后,在肠黏膜细胞内重新合成甘油三酯,再与载脂蛋白、磷脂、胆固醇共同组成乳糜微粒(CM),后被小肠黏膜细胞分泌进入淋巴管,经淋巴系统进入血液循环,供身体各组织细胞利用。在膳食中,动植物油脂含有的长链脂肪酸较多,因此脂肪吸收途径以淋巴系统为主。

（三）蛋白质的吸收

食物中的蛋白质被消化成寡肽和氨基酸,主要在小肠通过主动转运机制被吸收,吸收过程需要消耗能量。小肠黏膜上皮细胞膜上存在转运寡肽和氨基酸的载体蛋白,能与氨基酸和寡肽以及 Na^+ 形成三联体,将它们转运入细胞,其中被吸收后的寡肽在小肠黏膜细胞内被寡肽酶水解成氨基酸。氨基酸被小肠吸收后,进入血液循环,供身体各组织细胞利用。

五、未消化吸收的食物

未被消化吸收的食物被输送到远端肠道,供肠道菌群发酵或腐败,剩余残渣和肠道菌群衍生物一起,以粪便形式被排出体外。

（一）未消化的膳食纤维在结肠被肠道细菌发酵

由于人体缺乏分解膳食纤维的消化酶,食物中的膳食纤维不能被消化,但是这些未消化的膳食纤维进入结肠后,可被肠道菌群发酵,主要终产物为短链脂肪酸(SCFA),主要包括乙酸、丙酸、丁酸[18]。短链脂肪酸在盲肠和近端结肠的浓度最高,而远端结肠短链脂肪酸浓度降低。丁酸是结肠细胞的首选能量来源,而其他的短链脂肪酸被吸收流入门静脉。丙酸在肝脏中代谢,因此在循环血液中丙酸浓度较低;乙酸为循环血液中最丰富的短链脂肪酸。琥珀酸盐和乳酸是有机酸,它们也是膳食纤维肠道微生物发酵产物,微生物也可以将它们代谢转化为短链脂肪酸。

（二）未消化吸收的蛋白质在结肠被肠道细菌腐败

食物中的蛋白质绝大部分被彻底消化吸收,未消化吸收的蛋白质在结肠下段被肠道细菌分解,以无氧分解为主,被称为蛋白质腐败作用。蛋白质被肠道细菌分解的产物主要有胺类、氨、酚类、吲哚及硫化氢等,这些物质大部分情况下对人体有害。蛋白质被肠道细菌分解的产物主要随粪便被排出体外,少量经肝门静脉进入血液循环。

参考文献

[1] 王庭槐. 生理学[M]. 9版. 北京:人民卫生出版社,2018.
[2] Tack J, Deloose E, Ang D, et al. Motilin-induced gastric contractions signal hunger in man[J]. Gut, 2016,65(2):214−224.
[3] Goyal R K, Guo Y M, Mashimo H. Advances in the physiology of gastric emptying[J]. Neurogastroenterology and Motility, 2019,31(4):e13546.
[4] Phillips L K, Deane A M, Jones K L, et al. Gastric emptying and glycemia in health and diabetes mellitus [J]. Nature Reviews Endocrinology, 2015,11(2):112−128.
[5] Mercado-Perez A, Beyder A. Gut feelings:Mechanosensing in the gastrointestinal tract[J]. Nature Reviews Gastroenterology & Hepatology, 2022,19(5):283−296.

［6］ Kim M，Heo G，Kim S Y. Neural signalling of gut mechanosensation in ingestive and digestive processes ［J］. Nature Reviews Neuroscience，2022，23(3)：135 - 156.

［7］ Pajot G，Camilleri M，Calderon G，et al. Association between gastrointestinal phenotypes and weight gain in younger adults：A prospective 4 - year cohort study［J］. International Journal of Obesity，2020，44(12)：2472 - 2478.

［8］ Daniel G，Alejandro C，Gerardo C，et al. Association of gastric emptying with postprandial appetite and satiety sensations in obesity［J］. Obesity (Silver Spring, Md)，2021，29(9)：1497 - 1507.

［9］ Cifuentes L，Camilleri M，Acosta A. Gastric sensory and motor functions and energy intake in health and obesity：Therapeutic implications［J］. Nutrients，2021，13(4)：1158.

［10］ Hunt J N，Smith J L，Jiang C L. Effect of meal volume and energy density on the gastric emptying of carbohydrates［J］. Gastroenterology，1985，89(6)：1326 - 1330.

［11］ Müller M，Canfora E E，Blaak E E. Gastrointestinal transit time，glucose homeostasis and metabolic health：Modulation by dietary fibers［J］. Nutrients，2018，10(3)：275.

［12］ Benini L，Castellani G，Brighenti F，et al. Gastric emptying of a solid meal is accelerated by the removal of dietary fibre naturally present in food［J］. Gut，1995，36(6)：825 - 830.

［13］ Rose B D，Bitarafan V，Rezaie P，et al. Comparative effects of intragastric and intraduodenal administration of quinine on the plasma glucose response to a mixed-nutrient drink in healthy men：Relations with glucoregulatory hormones and gastric emptying［J］. The Journal of Nutrition，2021，151(6)：1453 - 1461.

［14］ Lang Lehrskov L，Lyngbaek M P，Soederlund L，et al. Interleukin - 6 delays gastric emptying in humans with direct effects on glycemic control［J］. Cell Metabolism，2018，27(6)：1201 - 1211.

［15］ Steinert R E，Feinle-Bisset C，Asarian L，et al. Ghrelin，CCK，GLP - 1，and PYY(3 - 36)：Secretory controls and physiological roles in eating and glycemia in health，obesity，and after RYGB［J］. Physiological Reviews，2017，97(1)：411 - 463.

［16］ Rajan L，Palaniswamy D，Mohankumar S K. Targeting obesity with plant-derived pancreatic lipase inhibitors：A comprehensive review［J］. Pharmacological Research，2020，155：104681.

［17］ 周春燕，药立波. 生物化学与分子生物学［M］. 9 版. 北京：人民卫生出版社，2018.

［18］ Morrison D J，Preston T. Formation of short chain fatty acids by the gut microbiota and their impact on human metabolism［J］. Gut Microbes，2016，7(3)：189 - 200.

第二节　运输转化

食物中的各种营养物质被消化吸收后,进入循环血液,被各组织细胞摄取利用。碳水化合物、蛋白质、脂肪三大能源物质,在体内通过共同的中间代谢物可相互转化。人体可将非糖物质通过糖异生转化为葡萄糖,以维持血糖稳态。肠道糖异生对于减脂过程中保持"不饿"非常重要。血浆脂蛋白是脂质和蛋白质复合体,是血浆脂质的运输形式和代谢形式。肝脏是人体的"化工厂",在葡萄糖代谢、果糖代谢、脂质代谢、氨基酸代谢和生物转化过程中发挥重要作用。

一、血液负责物质运输

血液是流动于心血管系统内的流体组织,主要发挥运输物质的作用。心血管系统以心脏的泵血功能为动力,通过动脉和毛细血管运送各组织细胞新陈代谢所需的物质(包括营养物质、激素、生物活性物质和氧),并在毛细血管与各组织细胞间进行物质交换,之后由微静脉带走代谢产物和二氧化碳。二氧化碳经呼吸系统排出体外,其他代谢终产物通过肾脏等排泄器官排出体外。血液还将内分泌激素和细胞因子等信号分子输送到相应的靶细胞,以实现细胞间信息传递。

食物中的营养物质在胃肠道消化后被吸收入血。其中碳水化合物消化为单糖后被吸收入血;蛋白质被消化吸收后以氨基酸入血;脂质消化吸收后,短链和中链脂肪酸以甘油和脂肪酸经肝门静脉入血,长链脂肪酸以乳糜微粒(CM)经淋巴管入血。吸收进入循环血液的营养物质随即被输送到各组织细胞,以供摄取利用。

二、血糖和糖异生

(一)血糖

血糖是指血液中的葡萄糖。葡萄糖是人体的主要供能物质,在体内处于被优先利用的地位。正常情况下,脑组织严重依赖血糖供能,而血液中的红细胞只能利用葡萄糖供能,因此血糖稳态是维持生命活动的必要条件。血糖来源于肠道吸收的葡萄糖、肝糖原分解生成的葡萄糖、糖异生生成的葡萄糖。血糖的去路是被各组织细胞所摄取,用于氧化供能、合成糖原(储存于肝和肌肉)、转化成脂肪和氨基酸或其他糖。人体有一套完善的控制系统来维持血糖稳态,使得健康人的血糖水平始终维持在 3.9~6.0 mmol/L,并处于动态平衡之中[1],体重 70 kg 的人循环血液中葡萄糖大约维持在 4 g[2]。例如：当大量摄入碳水化合物时血糖水平迅速升高，此时血糖各种代谢去路都变得活跃起来，或被合成糖原，或转化成脂肪，或被氧化供能等，血糖水平便会回落；当减少碳水化合物摄入、长时间运动或禁食时，血糖来自肝糖原分解或由非糖物质糖异生而来，以维持血糖稳态，此时机体大多数组织可能改用脂肪供能。

（二）血糖稳态主要受激素调节

血糖水平的动态平衡是糖、脂肪、氨基酸之间协调转化的结果，而血糖水平受激素调节。调节血糖的激素主要有胰岛素、胰高血糖素、肾上腺素等。这些激素协调发挥作用，通过整合调节各组织中各种代谢途径的关键酶，不断适应人体能量需求和供能物质供应变化，从而维持血糖处于动态平衡。胰岛素促进全身细胞摄取利用葡萄糖，抑制糖异生，促进葡萄糖合成糖原和葡萄糖转化为脂肪，目前被认为是体内唯一的降血糖激素。胰高血糖素促进肝糖原分解和糖异生，增加血糖来源，同时还促进脂肪分解供能，减少血糖消耗，是升高血糖的主要激素。

（三）糖异生

体内非糖物质（乳酸、甘油、生糖氨基酸等）转化为葡萄糖或糖原的过程被称为糖异生。糖异生可以源源不断补充血糖，以维持血糖水平动态平衡。糖异生在肝脏、肾脏和肠道进行。

1. 肝脏糖异生

在禁食、长时间运动或极低碳水化合物饮食期间，人体大量消耗糖原时，可通过肝脏糖异生调节血糖稳态，此时生糖氨基酸、乳酸和甘油，均可作为肝糖异生的原料。禁食期间，肌组织内有大量蛋白质被分解为氨基酸，再以丙氨酸和谷氨酰胺的形式经血液运输至肝脏进行糖异生，这是禁食期间肝糖异生的主要原料来源。运动过程中，骨骼肌收缩（如抗阻运动）时利用肌糖原无氧氧化生成乳酸，这些乳酸通过血液循环进入肝脏，在肝脏内异生为葡萄糖，肝脏产生的葡萄糖分泌入血后又在肌肉被摄取，如此形成循环，被称为乳酸循环。在禁食或运动过程中，体内脂肪分解逐渐增加，产生的甘油和脂肪酸释放入血，其中甘油被运输至肝脏，也可作为糖异生的原料来源。人体在恢复正常饮食状态后的进食初期，也可通过肝糖异生来恢复糖原储备。

2. 肾脏糖异生

长期限制碳水化合物摄入或大量消耗葡萄糖时，由于脂肪分解代谢产生的酮体增加，此时体液 pH 降低，会促使肾糖异生增强，这有利于维持酸碱平衡，防止酸中毒。

3. 肠道糖异生

肠道糖异生在经典教科书中并未被明确强调。然而,近些年的研究表明,肠道糖异生在人体糖代谢稳态中起到重要作用,特别是对于控制体重尤为重要。肝移植患者的无肝阶段,肾脏糖异生可能约占糖异生的70%,肠道糖异生可能占其余30%[3]。肠道糖异生也在肥胖者胃绕道手术后得到验证,并被认为与改善胰岛素抵抗有关[4]。

(1) 肠道糖异生的代谢益处

肠道糖异生的代谢益处包括:增加餐后饱腹感,减少食物摄入量,减少脂肪储存和体重,减少肝葡萄糖产生,提高肝胰岛素敏感性,改善全身葡萄糖代谢和胰岛素作用[5]。血液中葡萄糖来自哪里很重要。来自肠道异生的葡萄糖入血后,被肝门静脉葡萄糖感受器感知,这些感受器向大脑发出能量充足的信号,导致持续的餐后饱腹感[6]。相反,肝糖异生产生的葡萄糖增加没有这样的信号传导能力,却有助于提高外周血浆葡萄糖和胰岛素水平。在进餐后消化吸收期,来自食物的葡萄糖与其他膳食信号合并,能够强烈抑制饥饿,而在消化吸收后期(如在餐后3小时至下一餐开始前),上述遏制饥饿的膳食信号已经结束,在下一餐进食之前,肠道糖异生产生的肝门静脉葡萄糖信号是可被大脑感知到的促饱腹感信号,并且可有效地抑制饥饿感。肠道糖异生对于减脂者避免两餐之间零食行为,减少餐前饥饿感,减少食物摄入量非常重要。

(2) 膳食纤维和蛋白质增加肠道糖异生

膳食蛋白质消化期间产生的寡肽,通过肠-脑神经回路诱导肠道细胞中糖异生基因的表达[7]。当一顿饭的食物营养被消化吸收完成后,在下一餐开始之前,蛋白质消化产生的生糖氨基酸或血液里的生糖氨基酸部分在肠道被转化为葡萄糖。膳食纤维在餐后不能被肠道消化吸收。它们由肠道微生物群发酵,生成琥珀酸、短链脂肪酸(如丙酸和丁酸)。丙酸通过肠-脑神经回路诱导近端和远端肠道中的肠道糖异生基因表达,丁酸盐通过连续增加腺苷三磷酸(ATP)产生诱导远端肠道中的肠道糖异生基因表达[8]。丙酸和琥珀酸均可作为肠道糖异生的原料,被转化为葡萄糖[9]。

一些推荐饮食中缺乏充足的膳食纤维或蛋白质,在食物消化吸收后期,肠道糖异生非常少,肝门静脉血浆葡萄糖浓度降至动脉葡萄糖浓度以下,这会被大脑感知,并转化为饥饿感。蛋白质和膳食纤维可作为肠道糖异生底物(原料)储备,在消化吸收后至下一次进食期间会持续存在,刺激肠道糖异生。

三、血脂与血浆脂蛋白

(一)血脂

血脂是血浆脂质的统称,血浆脂质包括甘油三酯、磷脂、胆固醇、胆固醇酯、游离脂肪酸等。血脂的主要来源包括来自膳食中的外源性脂质,以及肝细胞、脂肪细胞和其他组织细胞释放入血的内源性脂质。血脂水平不如血糖稳定,受年龄、膳食、代谢、性别等影响,波动范围较大。

(二)血浆脂蛋白

血浆脂蛋白是以甘油三酯(TG)和胆固醇酯(CE)为内核,载脂蛋白(Apo)、磷脂和游离胆固醇覆盖于表面的脂质和蛋白质复合体,包括乳糜微粒(CM)、极低密度脂蛋白(VLDL)、低密度脂蛋白(LDL)、高密度脂蛋白(HDL)等。血浆脂蛋白是血脂的运输和代谢形式。

1. 乳糜微粒(CM)是膳食脂质的运输载体

食物中脂肪在肠道消化后,小肠黏膜细胞利用其摄取的长链脂肪酸再合成甘油三酯,并与磷脂、胆固醇、载脂蛋白一起组装成新生乳糜微粒(CM),经淋巴管入血。随后,新生乳糜微粒转变为成熟乳糜微粒,随血液流经骨骼肌、心肌和脂肪组织等,被毛细血管内皮细胞表面的脂蛋白脂肪酶(LPL)水解,之后释放大量脂肪酸,被心肌、骨骼肌、脂肪组织和肝脏摄取利用。随着脂肪酸的释放,乳糜微粒颗粒逐渐变小,其中的载脂蛋白、磷脂和胆固醇离开乳糜微粒颗粒,形成新生高密度脂蛋白。最后,乳糜微粒残粒被肝摄取后彻底降解。

2. 极低、低和高密度脂蛋白是内源性脂质的运输载体

极低密度脂蛋白(VLDL)主要转运内源性甘油三酯。极低密度脂蛋白主要在肝细胞合成,小肠黏膜细胞也可合成少量极低密度脂蛋白。肝细胞可利用葡萄糖(或果糖)合成甘油三酯,也可利用膳食中的脂肪酸以及脂肪组织释放的脂肪酸合成甘油三酯,再与载脂蛋白、磷脂、胆固醇等组装成极低密度脂蛋白,之后分泌入血。极低密度脂蛋白入血后,随血液流经骨骼肌、心肌和脂肪组织等,与乳糜微粒一样被毛细血管内皮细胞表面的脂蛋白脂肪酶水解后,释放的脂肪酸和甘油被摄取利用。极低密度脂蛋白在血浆最终代谢产物为低密度脂蛋白。

低密度脂蛋白(LDL)是由极低密度脂蛋白在血浆中转变而来的,它的主要功能是转运肝脏合成的内源性胆固醇。低密度脂蛋白的代谢途径有两条:一是通过低密度脂蛋白受体途径降解;二是通过巨噬细胞清除。

高密度脂蛋白(HDL)主要由肝合成,小肠也可合成。乳糜微粒和极低密度脂蛋白代谢过程中,它们表面的一些载脂蛋白、磷脂和胆固醇脱离也可形成高密度脂蛋白。高密度脂蛋白的主要功能是逆向转运胆固醇,它将肝外组织细胞胆固醇通过血液循环转运到肝。胆固醇在肝脏可转化为胆汁酸排出,部分胆固醇也可以直接随胆汁排入肠道。

(三)脂蛋白脂肪酶(LPL)是调节血脂代谢的关键酶

脂蛋白脂肪酶(LPL)通过催化血管内的甘油三酯水解来促进甘油三酯被不同组织摄取利用,它在脂肪组织和肌肉都有很高的表达。最近的研究发现[10],脂肪组织毛细血管内皮细胞表达一种脂蛋白结合蛋白-1(GPIHBP1),其功能是结合脂蛋白脂肪酶,并将其运输到毛细血管腔定位在血管表面,从而允许其与含有甘油三酯的乳糜微粒和极低密度脂蛋白接触,将它们携带的甘油三酯水解为脂肪酸后摄取利用。另外,还发现三种血管生成素样蛋白(ANGPTL3、ANGPTL4、ANGPTL8),它们单独或合作[11],特异性抑制不同组织的脂蛋白脂肪酶活性,以控制脂肪酸的释放和摄取,将脂质储存和氧化在不同器官之间进行优化分配。

四、肝脏是人体的"化工厂"

(一)肝在糖代谢中的作用

肝在糖代谢中的主要作用是维持血糖水平相对恒定。在大量摄食精制碳水化合物时,血糖迅速升高,肝可利用葡萄糖合成糖原,肝脏也可能更多是将葡萄糖转化为脂肪,并以极低密度脂蛋白的形式释放入血,此时血糖便会下降。在减少碳水化合物摄入或大量消耗葡萄糖时,肝脏可分解糖原补充血糖。同时,肝也可通过糖异生补充血糖,肝糖异生的主要原料是蛋白质分解产生的生糖氨基酸。

(二)肝在脂质代谢中的作用

肝细胞合成并分泌胆汁酸,是脂质消化吸收所必需的乳化剂。肝可利用消化吸收的脂肪酸氧化供能,或用于合成脂肪,并以极低密度脂蛋白形式释放入血。肝可利用脂肪酸在肝内氧化产生的乙酰辅酶A(是体内能源物质代谢的重要中间代谢产物,是一个枢纽性的物质)在肝细胞内合成酮体,供肝外组织(如脑和肌肉)氧化利用。肝是合成胆固醇的主要器官,也是转化和排出胆固醇的主要器官。肝磷脂合成非常活跃,尤其是卵磷脂。

(三)肝在氨基酸代谢中的作用

肝可将某些氨基酸转化为脂肪酸和甘油三酯。血浆脂蛋白绝大部分由肝合成和分泌,除γ球蛋白外,绝大多数的血浆脂蛋白均由肝细胞合成。人体血浆清蛋白(又称白蛋白)由肝实质细胞合成,是血浆中主要蛋白质成分。肝是体内除支链氨基酸以外所有氨基酸分解和转化的重要场所。肝通过鸟氨酸循环(又称尿素循环)将有毒的氨合成无毒的尿素,肝也是胺类物质的生物转化重要器官。

（四）果糖主要在肝脏代谢

果糖代谢需要特异性的果糖激酶，肠道和肝脏都存在果糖激酶，因此少量摄入果糖，可能其中大部分被肠道分解成为葡萄糖和有机酸，此时在肝门静脉血中仅能发现微量果糖[12]。如果短时间大量摄入果糖，导致肠道中的果糖吸收和分解不堪重负，这时果糖会经肝门静脉到达肝脏，一部分也可能到达结肠被肠道菌群利用。大量被输送至肝脏的果糖促进了肝脂肪堆积和代谢综合征的发展。

过量摄入的果糖主要在肝内转化为脂肪，并增加尿酸生成。果糖经肝门静脉进入肝后，大部分被肝细胞摄取，肝细胞可将果糖代谢产生磷酸二羟丙酮和3-磷酸甘油醛，它们都是糖酵解的中间代谢产物。葡萄糖酵解的速率受到磷酸果糖激酶-1(PFK-1)作为糖酵解限速酶的严格调节，但是，果糖的上述代谢途径却绕过了这一限速步骤，这导致果糖分解不受限制[13]。大量涌入肝脏的果糖被快速分解，为进一步的糖酵解、糖异生、脂肪生成增加了底物。特别是当同时摄入葡萄糖和果糖，刺激胰岛素分泌，会明显加快肝细胞脂肪合成，肝细胞将这些脂肪组装成极低密度脂蛋白分泌入血。此外，肝脏在果糖代谢过程中还会增加血浆尿酸水平。果糖在肝细胞快速磷酸化，使得细胞内 ATP 和游离磷酸减少，迅速增加 AMP 积累和激活 AMP 脱氨酶，导致尿酸的生成增加[14]。

总之，果糖与葡萄糖的代谢途径不同，果糖增加肝脂肪和尿酸生成。正因为果糖这种特殊的代谢特征，大量摄入富含果糖的食物（如含糖饮料、甜点、奶茶和果汁等）被认为是推动肥胖和代谢疾病发展的重要驱动因素[15]。

（五）乙醇主要在肝脏转化

乙醇（酒精）进入人体后，主要在肝脏进行生物转化。肝细胞内存在醇脱氢酶和醛脱氢酶，可催化乙醇氧化成乙醛，后者被醛脱氢酶催化生成乙酸。一部分人饮酒后血管扩张、脸红、心跳加速，这是乙醛在体内堆积引起的，与他们体内醛脱氢酶基因变异或活性低下有关。乙醇在肝脏生物转化过程中会产生自由基和脂质过氧化物，它们攻击肝细胞、肝巨噬细胞、肝星状细胞和肝窦内皮细胞，可能导致酒精性脂肪肝（AFL）、酒精性脂肪性肝炎（ASH）、酒精性肝炎（AH）、酒精性肝硬化（AC）和酒精性肝细胞癌（AHCC）[16]。

众所周知，经常饮酒会导致酒精成瘾，而长期饮酒导致肠道生态失调、肠道屏障功能受损、内毒素入血增加，不仅增加肝病风险，还可能是导致全身慢性炎症和肥胖的重要因素[17-19]。另外，酒精摄入可能与人类暴饮暴食有关。动物研究表明，酒精摄入可导致下丘脑 AgRP 神经元被过度激活并引起强烈饥饿感[20]，况且，乙醇属于高能量密度物质[7 kcal/g（约 29 kJ/g）]，因此，酒精和其他食物一起增加了能量摄入，这可能是饮酒导致肥胖的重要因素之一。

五、糖、脂质和蛋白质的相互转化

在人体内,糖、脂质、蛋白质的代谢通过共同的中间代谢物、三羧酸循环等进行相互转化。

(一)葡萄糖可以转化为脂肪酸

当膳食中摄入的葡萄糖超过身体需求时,除部分用于合成肝糖原和肌糖原外,其余的葡萄糖被转化为脂肪酸和脂肪。因此,摄入大量精制碳水化合物,哪怕"少油少盐",也会导致血脂升高和肥胖。

(二)葡萄糖与大部分氨基酸相互转化

组成人体蛋白质的 20 种氨基酸,除亮氨酸和赖氨酸外,都可以通过糖异生转化为葡萄糖。葡萄糖代谢的一些中间产物,如丙酮酸、α-酮戊二酸等仅能转化成 11 种非必需氨基酸,不能转化为人体所需的 9 种必需氨基酸,因此这些必需氨基酸需要从膳食中摄取。

(三)氨基酸可以转化为多种脂质

体内的氨基酸均能分解生成乙酰辅酶 A,经还原缩合反应可合成脂肪酸,进而转化为脂肪。氨基酸分解产生的乙酰辅酶 A 也可以用于合成胆固醇。氨基酸还可以作为合成磷脂的原料。

(四)脂肪几乎不能转化为葡萄糖和氨基酸

脂肪分解产生的脂肪酸不能在体内被转化为葡萄糖。脂肪分解产生的甘油可以作为糖异生原料被转化为葡萄糖,进而转化为非必需氨基酸,但是量极少。

参考文献

[1] 周春燕,药立波. 生物化学与分子生物学[M]. 9 版. 北京:人民卫生出版社,2018.

[2] Wasserman D H. Four grams of glucose[J]. American Journal of Physiology Endocrinology and Metabolism, 2009, 296(1): E11 - E21.

[3] Battezzati A, Caumo A, Martino F, et al. Nonhepatic glucose production in humans[J]. American Journal of Physiology-Endocrinology and Metabolism, 2004, 286(1): E129 - E135.

[4] Gutierrez-Repiso C, Garcia-Serrano S, Moreno-Ruiz F J, et al. Jejunal gluconeogenesis associated with insulin resistance level and its evolution after Roux-en-Y gastric bypass[J]. Surgery for Obesity and Related Diseases, 2017, 13(4): 623 - 630.

[5] Vily-Petit J, Soty-Roca M, Silva M, et al. Intestinal gluconeogenesis prevents obesity-linked liver steatosis and non-alcoholic fatty liver disease[J]. Gut, 2020, 69(12): 2193 - 2202.

[6] Soty M, Gautier-Stein A, Rajas F, et al. Gut-brain glucose signaling in energy homeostasis[J]. Cell Metabolism, 2017, 25(6): 1231 - 1242.

[7] Duraffourd C, De Vadder F, Goncalves D, et al. Mu-opioid receptors and dietary protein stimulate a gut-brain neural circuitry limiting food intake[J]. Cell, 2012, 150(2): 377 - 388.

[8] De Vadder F，Kovatcheva-Datchary P，Goncalves D，et al. Microbiota-generated metabolites promote metabolic benefits via gut-brain neural circuits[J]. Cell，2014，156(1/2)：84 - 96.

[9] De Vadder F，Kovatcheva-Datchary P，Zitoun C，et al. Microbiota-produced succinate improves glucose homeostasis via intestinal gluconeogenesis[J]. Cell Metabolism，2016，24(1)：151 - 157.

[10] Young S G，Fong L G，Beigneux A P，et al. GPIHBP1 and lipoprotein lipase，partners in plasma triglyceride metabolism[J]. Cell Metabolism，2019，30(1)：51 - 65.

[11] Sylvers-Davie K L，Davies B S J. Regulation of lipoprotein metabolism by ANGPTL3，ANGPTL4，and ANGPTL8[J]. American Journal of Physiology-Endocrinology and Metabolism，2021，321(4)：E493 - E508.

[12] Jang C，Hui S，Lu W Y，et al. The small intestine converts dietary fructose into glucose and organic acids[J]. Cell Metabolism，2018，27(2)：351 - 361. e3.

[13] Herman M A，Birnbaum M J. Molecular aspects of fructose metabolism and metabolic disease[J]. Cell Metabolism，2021，33(12)：2329 - 2354.

[14] Fang X Y，Qi L W，Chen H F，et al. The interaction between dietary fructose and gut microbiota in hyperuricemia and gout[J]. Frontiers in Nutrition，2022，9：890730.

[15] Tappy L，Lê K A. Metabolic effects of fructose and the worldwide increase in obesity[J]. Physiological Reviews，2010，90(1)：23 - 46.

[16] Teschke R. Alcoholic liver disease：Alcohol metabolism，cascade of molecular mechanisms，cellular targets，and clinical aspects[J]. Biomedicines，2018，6(4)：106.

[17] Rao R. Endotoxemia and gut barrier dysfunction in alcoholic liver disease[J]. Hepatology，2009，50(2)：638 - 644.

[18] Qamar N，Castano D，Patt C，et al. Meta-analysis of alcohol induced gut dysbiosis and the resulting behavioral impact[J]. Behavioural Brain Research，2019，376：112196.

[19] Sato S，Namisaki T，Murata K，et al. The association between sarcopenia and endotoxin in patients with alcoholic cirrhosis[J]. Medicine，2021，100(36)：e27212.

[20] Cains S，Blomeley C，Kollo M，et al. AgRP neuron activity is required for alcohol-induced overeating [J]. Nature Communications，2017，8：14014.

第三节　合成储存

我们从食物中摄取的糖类、脂肪和氨基酸,除了被分解氧化提供能量外,多余的部分都会被转化为脂肪储存起来。脂肪组织不仅仅是"能量仓库",还是一个动态器官,向大脑和全身发出信号,参与能量代谢。

一、糖原合成

糖原(glycogen)是葡萄糖的多聚体,俗称"动物淀粉",是动物和人体内的葡萄糖储存形式,其特点是在需要葡萄糖时可快速分解,以响应机体的紧急需求[1]。人体从膳食中摄取的糖类(如葡萄糖和果糖)超出机体供能需求时,多出部分会以其他形式储存起来,一部分用于合成糖原,此外的大部分可能转化为脂肪被储存起来。

糖原主要在肝脏和骨骼肌合成并储存。肝糖原是血糖的重要来源,在必要时肝糖原分解成葡萄糖释放入血,以维持血糖稳态,这对于大脑、红细胞等依赖葡萄糖供能的组织细胞尤为重要。肌糖原不能分解成葡萄糖,只能通过糖酵解在肌肉收缩时快速提供能量来源。饱食促使胰岛素分泌增加,促进糖原合成,抑制糖原分解。人体内糖原的总量一般不超过 500 g,其中肝糖原 70~100 g,肌糖原 350~400 g[2]。

二、蛋白质合成

氨基酸是合成蛋白质的原料。膳食蛋白质经消化吸收后,分解为氨基酸进入循环血液,这些氨基酸的重要生理功能之一是作为机体内蛋白质的合成原料。机体内的蛋白质几乎参与生命的全部过程,是生命活动的重要物质基础。体内的蛋白质具有高度的种属特异性,所以体内各种结构和功能不同的蛋白质都必须由机体自身合成。

蛋白质由基因编码,是遗传信息表达的主要终产物。蛋白质在细胞内的合成过程实际上就是遗传信息从 DNA 经信使 RNA(mRNA)传递到蛋白质的过程,此时 mRNA 分子中的遗传信息被具体地翻译成蛋白质的氨基酸排列顺序,因此这一过程也被形象地称为"翻译"。蛋白质合成以氨基酸作为原料,以 mRNA 为蛋白质合成的模板,以转运 RNA(tRNA)作为特异的氨基酸"搬运工具",以核糖体作为蛋白质合成的装配场所,有关的酶和蛋白质因子参与反应,并且合成过程需要 ATP 或 GTP(三磷酸鸟苷)提供能量。新合成的蛋白质多肽链通常不具备生物学活性,需经过各种修饰、加工并折叠成为特定空间结构和功能的蛋白质分子,然后被输送至特定区域或分泌到细胞外以发挥其生物学功能。

膳食蛋白质消化吸收后,主要作为体内蛋白质更新的补充原料,因此,必须每日摄食足够的蛋白质,才能使得体内的蛋白质不断地合成与分解,保持动态平衡。当能量过剩时,过量摄入的蛋白质除了作为体内蛋白质的更新原料外,多余部分也会被转化为脂肪储存起来。

三、脂肪合成和储存

(一)脂肪合成

脂肪即甘油三酯,甘油和脂肪酸是合成脂肪的基本原料。肝、脂肪组织和小肠是甘油三酯合成的主要场所,其中肝合成脂肪能力最强。肝主要利用摄入的糖(主要是葡萄糖和果糖)分解过程中产生的 3-磷酸甘油和乙酰辅酶 A 合成的脂肪酸为基本原料,合成甘油三酯;肝也可利用游离甘油以及膳食来源的脂肪酸和体内脂肪酸为原料合成甘油三酯。肝合成甘油三酯,但不能储存甘油三酯,便以极低密度脂蛋白形式分泌入血,供其他组织细胞利用。

小肠黏膜细胞利用其摄取的长链脂肪酸再合成甘油三酯,并以乳糜微粒的形式由淋巴管入血,输送至脂肪组织、肌肉、肝等处被摄取利用。

　　脂肪组织可以将葡萄糖酵解途径生成的 3-磷酸甘油,以及乙酰辅酶 A 合成的脂肪酸、乳糜微粒中的脂肪酸或极低密度脂蛋白中的脂肪酸为基本原料,合成甘油三酯。脂肪组织因缺乏甘油激酶而不能以游离甘油作为合成甘油三酯的原料。

(二)脂肪酸合成

　　机体内源性脂肪酸合成由多个酶催化完成,这些酶组成了脂肪酸合成酶复合体。肝的脂肪酸合成酶复合体活性最高,因此,肝是体内脂肪酸合成的主要器官,而脂肪组织的脂肪酸主要来源于膳食中的脂肪酸和肝合成的脂肪酸。

　　α-亚麻酸和亚油酸是人体不能自身合成的必需脂肪酸,但可以由植物合成,所以膳食植物油是必需脂肪酸的来源。

(三)脂肪合成受饮食状态调节

　　高脂肪膳食或脂肪动员时,细胞内脂酰辅酶 A 增多,而脂酰辅酶 A 抑制脂肪酸合成。因此,高脂肪膳食或脂肪动员时抑制脂肪酸合成。

　　高精制碳水化合物饮食为脂肪合成提供充足原料,并促进脂肪酸合成。高精制碳水化合物饮食后,促使胰岛素大量分泌,胰岛素在肝脏促进利用糖代谢中间产物合成脂肪;胰岛素还增加脂肪组织脂蛋白脂肪酶活性,促进脂肪组织摄取血液中乳糜微粒或极低密度脂蛋白中的脂肪酸,用于合成脂肪并储存起来。

　　禁食或低糖饮食,血糖下降导致胰高血糖素分泌增加糖异生,同时抑制脂肪酸合成,并抑制甘油三酯合成。肾上腺素、生长激素等能抑制乙酰辅酶 A 羧化酶,调节脂肪酸合成。

　　天然食物中的酚类化合物、萜类化合物等具有脂肪酸合酶抑制功能,如茶多酚等。果糖不仅作为脂肪合成的原料,还通过损害肠道屏蔽功能和促进内毒素血症,进而促进炎症产生和脂肪合成[3]。

(四)脂肪储存

　　脂肪主要储存于脂肪组织,随着人体体重的增加,脂肪也会异位储存于骨骼肌、肝脏等组织。

四、脂肪组织不仅仅是"能量仓库"

　　人类从膳食中摄取的多余热量将以甘油三酯的形式储存于脂肪组织的脂肪细胞中。这些甘油三酯作为体内的能源储备,可以帮助人类度过食物短缺的艰难日子。过量摄食碳水化合物、蛋白质或脂肪三大能源物质中的任何一种营养素,最终都可能导致能量正平衡而肥胖。也正因为如此,现代社会中无处不在高能量密度的超加工食品导致全球数以亿计的人口肥胖。然而,脂肪组织不仅仅是"能量仓库",它们由多种不同类型的细胞组成,除脂肪细胞外还有成纤维细胞、血液、血管、免疫细胞和神经系统。

(一)脂肪储存在哪儿,很重要

脂肪组织分布在皮下、内脏、关节、骨髓等处。内脏脂肪蓄积(腹部肥胖)与心血管疾病、胰岛素抵抗、2型糖尿病甚至全因死亡率的风险增加有关。相反,下半身脂肪堆积(臀腿肥胖)与心血管疾病和2型糖尿病负相关[4-5]。例如,心外膜脂肪在解剖学上位于心肌和心包的内脏层之间,覆盖大约80%的心脏表面积[6]。心外膜的脂肪细胞除了提供机械缓冲外,因表达高水平的解偶联蛋白-1,主动产生热量,还为心脏提供热保护。但是,过量的心外膜脂肪会增加心脏收缩的工作负担,并导致心脏肥大,还会导致心肌的脂肪浸润和脂肪衍生的促炎信号增加,两者都可能对心脏功能产生的不利影响。再如,胰腺中脂肪的慢性积累可导致慢性胰腺炎、胰腺肿瘤、葡萄糖代谢紊乱和胰岛素分泌受损[7]。通过健康饮食和有氧运动,可减轻体重,有效改善身体代谢,减少内脏脂肪量。

(二)脂肪组织是个动态器官

脂肪细胞数量是成人脂肪量的主要决定因素。在成年期,即使人体体重明显减轻,瘦人和肥胖个体的脂肪细胞数量仍保持不变,表明成年人脂肪细胞数量受到严格调节。然而,脂肪细胞响应能量储存而肥大,同时脂肪细胞更新在整个生命周期中持续进行,平均每年约有10%的脂肪细胞更新[8]。

(三)三种颜色脂肪细胞参与能量代谢

脂肪组织主要包含三种与能量代谢密切相关的脂肪细胞,分别为白色、米色、棕色脂肪细胞,如图2-1所示。

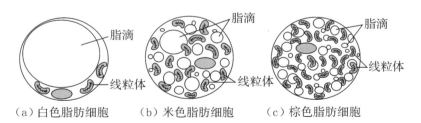

(a)白色脂肪细胞　　(b)米色脂肪细胞　　(c)棕色脂肪细胞

图2-1　三种脂肪细胞示意图

成年人体内的大多数脂肪组织是白色脂肪组织(WAT),它主要由含有单个脂滴(LDs)的大型脂肪细胞组成,这些白色脂肪细胞(white adipocytes)线粒体数量明显少于棕色脂肪细胞(brown adipocytes)。白色脂肪细胞的主要功能是通过储存和释放脂质来控制能量稳态,以响应全身能量代谢需求。

棕色脂肪细胞比白色脂肪含有更多线粒体和更多分散的小脂滴,主要功能是消耗能量用于产热以防止体温过低[9]。由棕色脂肪细胞组成的棕色脂肪组织(BAT)仅在颈部、肩部、胸部脊椎和腹部的某些解剖位中被发现。人体中可检测到的棕色脂肪组织最大质量约为 1 kg,在 20～50 岁的成年人中,其范围为 50～500 g[4]。

米色脂肪细胞(beige adipocytes)存在于白色脂肪组织中,被白色脂肪细胞包围。米色脂肪细胞因其富含线粒体和许多分散的小脂滴,具有棕色脂肪细胞相同的产热特性,它可能通过白色脂肪细胞的重编程或从脂肪细胞祖细胞从头分化而来[10]。

(四)脂肪组织向大脑和全身发出信号

脂肪组织也是一个内分泌器官。脂肪细胞除了在葡萄糖和脂质代谢中的作用外,还通过释放内分泌因子对调节各种生理或代谢过程做出不同反应,例如调节能量消耗、食欲控制、葡萄糖稳态、胰岛素敏感性、炎症和组织修复[11]。

瘦素(leptin)是由脂肪组织分泌的激素,它向中枢神经发出能量储存水平的实时信号,瘦素的循环水平与脂肪量成比例增加[12]。瘦素分泌增加或减少通常作用于下丘脑刺激食欲神经元(AgRP/NPY)或抑制食欲神经元(POMC/CART),作为食欲调节剂,然而,在肥胖者体内,循环血液中瘦素水平升高,并存在瘦素敏感性下降或处于瘦素抵抗状态。

脂联素(adiponectin)也是由脂肪组织分泌,具有调节葡萄糖和脂质代谢、抗动脉粥样硬化、抗炎和增加胰岛素敏感性等功能[13]。棕色脂肪细胞还释放外泌体microRNA,可以调节肝脏等其他组织中的基因表达[14]。

白色和棕色脂肪细胞都参与免疫调节。肥胖导致白色脂肪组织巨噬细胞大量聚集,产生促炎细胞因子、慢性炎症、胰岛素抵抗、释放游离脂肪酸(FFA)增加,进而促进全身胰岛素抵抗和多种代谢疾病发生[15]。相比之下,棕色脂肪细胞对肥胖引起的炎症特别具有抵抗力,并使胰岛素敏感性增加。

参考文献

[1] 周春燕,药立波. 生物化学与分子生物学[M]. 9 版. 北京:人民卫生出版社,2018.

[2] 《运动生物化学》编写组. 运动生物化学[M]. 北京:北京体育大学出版社,2013.

[3] Todoric J, Di Caro G, Reibe S, et al. Fructose stimulated *de novo* lipogenesis is promoted by inflammation[J]. Nature Metabolism, 2020, 2(10): 1034-1045.

[4] Cypess A M. Reassessing human adipose tissue[J]. The New England Journal of Medicine, 2022, 386 (8): 768-779.

[5] Stefan N. Causes, consequences, and treatment of metabolically unhealthy fat distribution[J]. The Lancet Diabetes & Endocrinology, 2020, 8(7): 616-627.

[6] Zwick R K, Guerrero-Juarez C F, Horsley V, et al. Anatomical, physiological, and functional diversity of adipose tissue[J]. Cell Metabolism, 2018, 27(1): 68 – 83.

[7] Wagner R, Eckstein S S, Yamazaki H, et al. Metabolic implications of pancreatic fat accumulation[J]. Nature Reviews Endocrinology, 2022, 18(1): 43 – 54.

[8] Spalding K L, Arner E, Westermark P O, et al. Dynamics of fat cell turnover in humans[J]. Nature, 2008, 453(7196): 783 – 787.

[9] Cannon B, Nedergaard J. Brown adipose tissue: Function and physiological significance[J]. Physiological Reviews, 2004, 84(1): 277 – 359.

[10] Shamsi F, Wang C H, Tseng Y H. The evolving view of thermogenic adipocytes: Ontogeny, niche and function[J]. Nature Reviews Endocrinology, 2021, 17(12): 726 – 744.

[11] Scheja L, Heeren J. The endocrine function of adipose tissues in health and cardiometabolic disease[J]. Nature Reviews Endocrinology, 2019, 15(9): 507 – 524.

[12] Friedman J M. Leptin and the endocrine control of energy balance[J]. Nature Metabolism, 2019, 1(8): 754 – 764.

[13] Straub L G, Scherer P E. Metabolic messengers: Adiponectin[J]. Nature Metabolism, 2019, 1(3): 334 – 339.

[14] Thomou T, Mori M A, Dreyfuss J M, et al. Adipose-derived circulating miRNAs regulate gene expression in other tissues[J]. Nature, 2017, 542(7642): 450 – 455.

[15] Crewe C, An Y A, Scherer P E. The ominous triad of adipose tissue dysfunction: Inflammation, fibrosis, and impaired angiogenesis[J]. The Journal of Clinical Investigation, 2017, 127(1): 74 – 82.

第四节　分解氧化

人体呼吸、运动、心脏跳动、大脑思考等一切生命活动都需要能量,这些能量主要来源于三大能源物质(即糖、脂肪、蛋白质)分解氧化产生的腺苷三磷酸(ATP)。ATP 是细胞的"能量货币",是驱动细胞生命活动的直接能源。体内三大能源物质的分解氧化受到饮食、运动和其他各种影响人体能量平衡的因素调节,瘦素和胰岛素等激素是调节能量代谢的重要信号分子。

一、生物氧化

化学物质在生物体内的氧化分解过程称为生物氧化(也称细胞呼吸)。生物氧化是细胞内分解化学物质释放能量的主要途径,它的化学本质与燃烧反应相同,最终产物都是二氧化碳(CO_2)和水(H_2O),释放的能量也完全相同。人体内的葡萄糖、脂肪和蛋白质主要在体细胞线粒体内被彻底氧化分解释放能量,这个过程在温和的生理条件下进行,需要 H_2O 的参与,并且反应过程需要在酶的催化下逐步进行,反应产生的能量逐步释放,并储存于能量转换分子 ATP 的高能磷酸键中。如图 2 - 2 所示:

生物氧化时释放的能量可通过二磷酸腺苷(ADP)磷酸化储存于 ATP 的高能

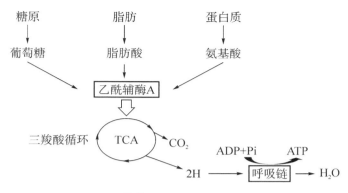

图 2‑2　营养物质氧化一般过程示意图

磷酸键中备用,当细胞进行各种活动需要能量时,又可去磷酸化,使高能磷酸键断裂释放能量以满足需求。ATP 分子寿命仅数分钟,它不在细胞中储存,而是不停地进行 ATP/ADP 的相互转变再循环,相互转变过程中伴随着能量的释放和获得,在各种生理活动中完成能量穿梭转换。生物体内能量的生成、转移和利用都以 ATP 为中心,因此 ATP 被称为"能量货币"。

ATP 是体内最重要的高能磷酸化合物,也是细胞可直接利用的能量形式。ATP 分子中高能磷酸键水解后释放大量自由能,为骨骼肌收缩、血液循环、大脑活动、呼吸等以及细胞的各种生命活动提供能量。

人体棕色脂肪细胞线粒体内富含解偶联蛋白‑1,可以使氧化过程与 ADP 磷酸化过程解偶联,不生成 ATP,能量以热能的形式释放,这是棕色脂肪和米色脂肪耗能产热维持体温的共同机制。人体的甲状腺激素可诱导解偶联蛋白基因表达,导致 ATP 合成减少,机体产热和能量消耗同时增加,所以甲亢(甲状腺功能亢进症)患者基础代谢率更高,而甲状腺功能减退时,基础代谢率更低。

线粒体消耗氧,用于产生 ATP。同时,线粒体呼吸链在传递电子过程中,由于将漏出的电子直接交给氧而产生活性氧(ROS),ROS 具有很高的氧化性,大量积累会损伤细胞功能。维生素 C、维生素 E、β‑胡萝卜素和很多来自天然食物的植物化学物都具有抗氧化功能,它们与体内的抗氧化酶一起组成人体抗氧化体系。

二、糖原分解

肝糖原分解主要受胰高血糖素调节,在禁食或低碳水化合物饮食导致血糖下降时,胰高血糖素分泌增加,促进肝糖原分解,减少血糖利用,以维持血糖稳态。肌糖原分解主要受肾上腺素调节,在运动中交感神经兴奋,肾上腺素分泌增加,促进肌糖原分解以快速提供能量。

糖原分解,首先分解为葡萄糖‑1‑磷酸,进而转化为葡萄糖‑6‑磷酸。肝内存在葡萄糖-6-磷酸酶,可将葡萄糖-6-磷酸水解成葡萄糖释放入血,补充血糖和维持血糖稳态。然而,肌肉中缺乏葡萄糖-6-磷酸酶,葡萄糖-6-磷酸只能进行糖酵解并进一步生成乳酸,不能分解为葡萄糖补充血糖,但可以为肌肉收缩快速提供能量。

三、糖的无氧氧化

糖的无氧氧化全部反应都在细胞质中进行,分为糖酵解和乳酸生成两个阶段。1分子葡萄糖在细胞质中被分解为2分子丙酮酸,此过程称为糖酵解,它是葡萄糖无氧氧化和有氧氧化的共同起始途径。在不能利用氧或氧供应不足时,组织细胞将糖酵解生成的丙酮酸进一步在细胞质中还原生成乳酸,称为糖的无氧氧化。每1分子葡萄糖经无氧氧化可净获得2分子ATP;肌糖原中的1分子葡萄糖进行无氧氧化,净生成3分子ATP[1]。

糖的无氧氧化最主要的生理意义是不利用氧而迅速产生能量,这对于肌肉收缩至关重要。肌肉内ATP含量很低,肌肉收缩数秒即可耗尽,此时通过糖的无氧氧化可以迅速得到ATP,而有氧氧化过程需要更长时间,无法及时提供能量。例如,在剧烈运动特别是大负荷抗阻运动时,局部肌肉组织供氧不足,则以糖的无氧氧化迅速供能。

成熟血红细胞没有线粒体,只能依赖糖的无氧氧化供能,视网膜、神经、肾髓质、胃肠道、皮肤等即使不缺氧也常由糖的无氧氧化供能。

四、糖的有氧氧化

糖的有氧氧化是机体利用氧将葡萄糖彻底氧化成二氧化碳(CO_2)和水(H_2O)的反应过程。机体绝大多数细胞都可利用糖的有氧氧化供能,这是它们获得能量的主要方式。在肌组织中,肌糖原通过无氧氧化产生的乳酸也可在运动时被彻底氧化生成二氧化碳和水,以提供能量。

糖的有氧氧化分为三个步骤:第一步,葡萄糖在细胞质中经糖酵解生成丙酮酸;第二步,丙酮酸进入线粒体氧化脱羧生成乙酰辅酶A;第三步,乙酰辅酶A进入三羧酸循环彻底氧化生成二氧化碳和水。三羧酸循环(TCA循环)是线粒体内一系列酶促反应所构成的循环反应体系,是三大能源物质分解产能的共同通路。三大能源物质(糖、脂肪、蛋白质)代谢分解最终都产生乙酰辅酶A,都经过三羧酸循环彻底氧化。三羧酸循环也是糖、脂肪、氨基酸代谢联系的枢纽,糖转化为脂肪、糖与大部分氨基酸相互转化、氨基酸转化为多种脂质,都是通过利用三羧酸循环中的各种代谢中间产物实现的。1分子葡萄糖彻底氧化生成二氧化碳和水,可净生成30或32分子ATP[1]。

五、蛋白质分解

成年人体内的蛋白质每天都在分解与合成的动态平衡之中，每天有 1‰～2‰ 的蛋白质被降解，其中主要是骨骼肌中的蛋白质。

（一）蛋白质分解后的去路

体内的蛋白质分解生成氨基酸。体内蛋白质降解所产生的氨基酸，大部分又被重新用于合成新的蛋白质。体内蛋白质分解产生的内源性氨基酸、体内自身合成的非必需氨基酸、消化吸收的外源性氨基酸，这些氨基酸都可以作为细胞合成蛋白质所需要的原料，一起参与代谢，共同组成体内氨基酸代谢库。

体内氨基酸除了被用于合成蛋白质（或多肽），也可被进一步分解用于提供能量或转化为其他化合物。氨基酸分解先要脱氨基，脱氨基后生成 α-酮酸，α-酮酸可有三种进一步代谢途径：第一，可以通过三羧酸循环彻底氧化，生成二氧化碳和水，同时释放能量；第二，可以经氨基化转化为非必需氨基酸；第三，可以转化为葡萄糖或脂质。例如，禁食或低糖饮食会导致血糖下降，此时骨骼肌蛋白质可能部分被分解为生糖氨基酸，输送至肝脏作为糖异生的原料，以补充血糖。

（二）氨的代谢

氨基酸分解脱氨基产生的氨以及未消化的蛋白质在肠道被细菌腐败产生的氨进入血液，形成血氨。而氨在人体内是有毒物质，必须以无毒的方式经血液运输至肝转化成尿素后经尿液排出体外，或运输至肾以铵盐的形式排出体外。氨通过丙氨酸-葡萄糖循环从骨骼肌被运往肝，氨也通过谷氨酰胺从脑和骨骼肌等组织被运往肝和肾，正常情况下体内的氨主要在肝通过鸟氨酸循环（又称尿素循环）合成尿素后随尿液排出体外，只有少部分氨运输至肾，以铵盐形式随尿液排出体外。

在高蛋白饮食或氨基酸分解代谢旺盛的情况下，从肠道吸收的氨和氨基酸脱氨基产生的氨增加，从而肝合成尿素速度加快，从尿液中排泄的尿素和铵盐也增多。此时，体内氨代谢处于动态平衡，如果肝功能受损，或其他因素导致肝合成尿素障碍，血氨会升高，引发高血氨症。高血氨症可表现为厌食、呕吐、嗜睡等症状，脑中的氨增加引起大脑功能障碍，严重时发生昏迷。

六、脂肪分解和脂肪酸氧化

（一）脂肪动员

储存在白色脂肪细胞内的脂滴中的脂肪（甘油三酯）在脂肪酶的作用下逐步水解，并释放游离脂肪酸和甘油供其他组织细胞氧化利用的过程，称为脂肪动员（fat mobilization）。脂肪动员是机体适应内外环境变化，进行能源重新分配的起始过程,例如,为了适应禁食、运动等能量负平衡情况,人体分解脂肪释放脂肪酸和甘油,用于肌肉等其他组织细胞氧化供能。

脂肪动员受到激素和神经信号调节[2]。当禁食、运动或交感神经兴奋时,肾上腺素、去甲肾上腺素等促进脂肪分解的激素分泌增加,它们作用于白色脂肪细胞膜的特定受体,启动脂肪分解程序,在多种酶参与的条件下下进行脂肪分解。脂肪在细胞质内分解:第一步主要由甘油三酯脂肪酶(ATGL)催化,生成甘油二酯和脂肪酸;第二步主要由激素敏感性脂肪酶(HSL)催化,生成甘油一酯和脂肪酸;最后由甘油一酯脂肪酶(MCL)催化,生成甘油和脂肪酸。

(二) 脂肪动员的调节

肾上腺素和去甲肾上腺素信号转导代表了激活脂肪分解的经典途径,而其他激,如心房钠尿肽(ANP)、生长激素(GH)等,也被证明在运动时增加分泌量,并有效促进脂肪分解。胰高血糖素与肝胰高血糖素受体信号转导在维持葡萄糖和脂质代谢稳态中起关键作用,但是胰高血糖素不会直接或间接地调节白色脂肪细胞的脂肪分解[3]。

心房钠尿肽是心脏分泌的肽激素,也在耐力运动过程中参与脂肪分解的调控[4-5]。人类生长激素可以有效地刺激脂肪分解。生长激素似乎通过减少细胞葡萄糖摄取利用,增加脂肪分解来转换能源供应[6]。生长激素分泌通常存在昼夜节律,睡眠和运动都可以有效启动生长激素分泌。耐力运动达到一定强度,并持续至少 10 分钟似乎可对生长激素的分泌产生刺激作用[7]。

下丘脑是食欲和能量代谢的调控中心,下丘脑支配脂肪组织的交感神经纤维,调节禁食期间的脂肪动员[8]。瘦素和胰岛素在大脑调节食欲和能量代谢过程中发挥重要作用。瘦素是由脂肪组织产生的一种激素,作用于大脑(下丘脑),激活交感神经,刺激脂肪分解。瘦素促脂肪分解的作用是通过支配脂肪组织的交感神经纤维来实现的,交感神经纤维建立了神经-脂肪连接,直接"包裹"脂肪细胞,调节脂肪分解[9]。并且,下丘脑中瘦素信号转导通过自上而下的神经通路调节脂肪组织交感神经结构的可塑性(减少或恢复支配)[10]。因此,中枢瘦素信号的敏感性对于能量代谢稳态至关重要,而肥胖者瘦素抵抗,导致其能量代谢失调。

胰岛素具有强效抑制脂肪分解功能,是主要抗脂解激素。胰岛素在大脑(下丘脑)的信号转导对于调节脂肪分解起关键作用,下丘脑胰岛素信号转导通过减少脂肪组织的交感神经输出来抑制脂肪分解,并诱导脂肪组织中从头生成脂肪[11]。因此,当摄食行为(如高糖饮食)触发胰岛素分泌,使循环血液胰岛素水平升高时,会抑制脂肪动员。

(三) 甘油主要在肝被利用

经脂肪动员分解产生的甘油可直接经过血液运输至肝、肾、肠等组织,在甘油激酶作用下转化为 3-磷酸甘油,3-磷酸甘油可沿糖酵解途径分解,或通过糖异生转化为葡萄糖。肝的甘油激酶活性最高,脂肪动员产生的甘油主要被肝细胞摄取利用。

(四)脂肪酸氧化

1. 脂肪酸氧化过程

脂肪动员分解作用生成的脂肪酸不溶于水,不能直接在血浆中运输。血浆白蛋白(清蛋白)为脂肪酸运输载体,将脂肪酸转运至全身组织被摄取利用。除脑以外,机体的大多数组织都可利用脂肪酸氧化供能。脂肪酸主要在心肌、骨骼肌和肝脏被利用。

在氧充足时,脂肪酸先被活化为脂酰辅酶 A,催化脂肪酸氧化的酶系存在于线粒体基质中,脂酰辅酶 A 必须进入线粒体内才能被氧化。长链脂酰辅酶 A 不能直接通过线粒体内膜,需要肉碱(carnitine)和肉碱脂酰转移酶-1 协助转运才能进入线粒体基质。因此,脂酰辅酶 A 进入线粒体是脂肪酸 β 氧化的限速步骤,肉碱脂酰转移酶-1 是脂肪酸 β 氧化的关键酶。脂酰辅酶 A 进入线粒体基质后,反复进行脱氢、加水、再脱氢、硫解四步反应,最终完成脂肪酸 β 氧化,并产生大量 ATP 供能。脂肪酸氧化是机体 ATP 的重要来源。

2. 脂肪酸氧化受饮食和运动调节

当禁食或高脂低糖饮食时,体内没有充足的糖供能,会导致脂肪动员增强,肉碱脂酰转移酶活性提高,脂肪酸氧化增加;相反,饱食或高糖饮食会导致胰岛素分泌增加,脂肪动员被抑制,肉碱脂酰转移酶活性下降,减少脂肪酸氧化。

有氧运动训练可以增强骨骼肌参与脂肪酸摄取的能力,并且可促进骨骼肌细胞线粒体生物发生和改善线粒体功能,提高脂肪酸氧化能力[12]。有报道称,发现一种脂肪酸结合蛋白 PLIN5,优先结合脂肪分解释放的单不饱和脂肪酸(MUFA),从而促进单不饱和脂肪酸被优先氧化[13]。这可能部分解释了为什么富含单不饱和脂肪酸的食用油(如橄榄油、山茶油、高油酸菜籽油等)相较于其他食用油更有利于减脂。

(五)"生酮"是脂肪酸大量氧化的必然过程

1. 酮体在肝中生成

脂肪动员产生的脂肪酸,其中一部分会在肝脏内经过 β 氧化产生乙酰辅酶 A 后转化为酮体。生酮主要发生在肝脏线粒体基质中,其速率与总脂肪氧化呈正相关。酮体包括 β-羟丁酸、乙酰乙酸和微量丙酮,其中大部分是 β-羟丁酸。酮体在肝中合成,但是肝中缺乏利用酮体的酶,酮体被输送至心肌、大脑、骨骼肌等组织,被裂解成乙酰辅酶 A 后,通过三羧酸循环彻底氧化供能。

2. 酮体是重要能源

酮体是在机体进行能源供应模式转换后,由肝输出的重要能源。酮体分子小,溶于水,可在血液中运输,能通过血脑屏障和肌组织毛细血管壁,因此很容易被心肌、肾、大脑、骨骼肌利用。

在禁食期间或葡萄糖供应不足时,为了维持血糖动态平衡,体内糖异生增加,而糖异生的主要原料来源于肌组织内蛋白质分解产生的生糖氨基酸。长此以往,蛋白质过度分解,生命将无法维持。此时,机体会转换能源供给模式,利用葡萄糖供能显著减少,而利用脂肪和酮体供能显著增加,从而减少蛋白质的消耗。脑组织不能利用脂肪酸氧化供能,酮体便成为脑组织的主要能源物质。

通常情况下,血中仅含有少量酮体,在禁食、低碳水化合物饮食等情况下,大量脂肪被动员氧化时,酮体生成就会增加。如果血中酮体超过肾阈值,尿液中酮体含量也会增加。

七、脂肪产热助力减脂

脂肪分解导致循环血液游离脂肪酸水平升高,除了被骨骼肌等组织细胞摄取彻底氧化供能以外,有部分被棕色和米色脂肪细胞摄取用于产热而增加能量消耗,特别是在机体暴露于温度较低的环境中时或在运动过程中。

(一)产热脂肪细胞

棕色脂肪细胞富含线粒体,并且线粒体内膜含有解偶联蛋白-1,它消耗能量但不产生 ATP,因此棕色脂肪组织是一种产热组织,对于人体能量稳态具有重要意义[14]。棕色脂肪细胞的主要作用是帮助人类适应低温环境。它们吸收消耗葡萄糖、游离脂肪酸和支链氨基酸,用于产热以防止体温过低[15]。人体拥有棕色脂肪组织的质量因人而异,肥胖男性的棕色脂肪组织比瘦男性的含有更多棕色脂肪细胞,但其活性低于瘦男性的棕色脂肪组织[16]。目前估计,激活棕色脂肪细胞后,每克棕色脂肪细胞的耗能贡献约为 1 kcal/d(约 4.184 kJ/d)。如果激活棕色脂肪细胞为 100 g,则每天增加 100 kcal(约 418.4 kJ)能耗,这对于减脂者来说是一个具有吸引力的数字[17]。

米色脂肪细胞也富含线粒体和分散的小脂滴,似乎处于棕色和白色脂肪组织的中间态。它存在于白色脂肪组织中,却具有棕色脂肪细胞的产热特征,响应外环境变化,如温度变化、运动、营养等发生适应性"褐变"或"白变",即白色转变为米色脂肪细胞或米色转变为白色脂肪细胞[18]。

(二)冷刺激影响

冷刺激可以激活棕色脂肪组织产热,并诱导白色脂肪细胞"褐变"为米色脂肪细胞而耗能产热。例如,暴露在 16℃ 左右的气温中并穿着清凉,可能刺激白色脂肪细胞"褐变",同时刺激米色和棕色脂肪细胞摄取循环血液中的能量物质用于产热,防止体温过低[19]。但是,在冷暴露期间,作为保持体温和能量储存的稳态反应的一部分,下丘脑负责上调食欲的 AgRP 神经元放电迅速增加[20]。这似乎可以解释为什么人在游泳后通常会感到饥饿并且食欲增加[21]。

(三) 运动影响

运动可能通过多种机制刺激白色脂肪细胞"褐变"[22]。运动过程中释放的多种细胞因子[来自骨骼肌的白介素-6(IL-6)、鸢尾素,来自肝脏的成纤维细胞生长因子-21(FGF-21)等]促进白色脂肪细胞"褐变"。运动有利于提高下丘脑瘦素和胰岛素敏感性,而瘦素和胰岛素作用于下丘脑,促进白色脂肪细胞"褐变"[23-24],因此,运动是改善人体长期能量代谢灵活性的关键有益行为。

(四) 饮食影响

天然食物中的植物化学物,如辣椒素、花青素、姜黄素、茶多酚等,都可能激活棕色脂肪组织产热[25-29]。这些植物化学物都可以从日常生活中的天然植物性食物中获得,只要保持食物多样性即可,请勿购买保健食品,谨防上当。超加工食品中最常用的乳化剂羧甲基纤维素会通过诱导肠道生态失调和增加内毒素入血,损害棕色脂肪组织产热功能[30]。另外,间歇性禁食(限时饮食)也被证明有利于刺激白色脂肪细胞"褐变"[31]。

(五) 脂肪产热对减脂的贡献

产热的脂肪细胞对于减肥的总体贡献目前尚无定论。现代社会为人类提供了恒温生活环境以及久坐不动的工作方式,限制了棕色脂肪组织发挥其作用,也限制了白色脂肪细胞的"褐变"[32]。但是,产热的脂肪细胞的激活消耗血浆游离脂肪酸和支链氨基酸,可以提高胰岛素敏感性,而胰岛素敏感性下降是肥胖者的共同特征[14]。因此,兼顾脂肪产热效应的饮食和运动方案也是减脂计划的重要内容之一。

八、不同组织器官的能源"喜好"

(一) 骨骼肌

骨骼肌主要以肌糖原和脂肪酸为主要能源。在静息状态下或在氧供应充足的有氧运动中,骨骼肌利用脂肪酸、肌糖原、酮体彻底氧化供能。在剧烈运动时,如抗阻力无氧运动时,骨骼肌主要利用糖的无氧氧化供能。

(二) 心肌

在静息状态下心肌优先利用脂肪酸分解氧化供能,也利用肝生成的酮体氧化供能。在运动中和运动后心肌则可利用乳酸氧化供能,餐后心肌也利用葡萄糖氧化供能。

(三)大脑

来自血液的葡萄糖是大脑的主要能源。大脑每天消耗约 100 g 葡萄糖。当血糖供应不足时,如低碳水化合物饮食或禁食时,大脑则主要利用来自肝生成的酮体供能。

(四)肝

肝利用葡萄糖、脂肪酸、甘油、氨基酸供能,而不能利用酮体供能。

参考文献

[1] 周春燕,药立波. 生物化学与分子生物学[M]. 9 版. 北京:人民卫生出版社,2018.

[2] Grabner G F, Xie H, Schweiger M, et al. Lipolysis: Cellular mechanisms for lipid mobilization from fat stores[J]. Nature Metabolism, 2021, 3(11): 1445 – 1465.

[3] Vasileva A, Marx T, Beaudry J L, et al. Glucagon receptor signaling at white adipose tissue does not regulate lipolysis[J]. American Journal of Physiology-Endocrinology and Metabolism, 2022, 323(4): E389 – E401.

[4] Sengenes C, Moro C, Galitzky J, et al. Natriuretic peptides: A new lipolytic pathway in human fat cells[J]. Medecine Sciences, 2005, 21(1): 61 – 65.

[5] Moro C, Polak J, Hejnova J, et al. Atrial natriuretic peptide stimulates lipid mobilization during repeated bouts of endurance exercise[J]. American Journal of Physiology-Endocrinology and Metabolism, 2006, 290(5): E864 – E869.

[6] Kopchick J J, Berryman D E, Puri V, et al. The effects of growth hormone on adipose tissue: Old observations, new mechanisms[J]. Nature Reviews Endocrinology, 2020, 16(3): 135 – 146.

[7] Godfrey R J, Madgwick Z, Whyte G P. The exercise-induced growth hormone response in athletes[J]. Sports Medicine, 2003, 33(8): 599 – 613.

[8] Bray G A, Nishizawa Y. Ventromedial hypothalamus modulates fat mobilisation during fasting[J]. Nature, 1978, 274(5674): 900 – 902.

[9] Zeng W W, Pirzgalska R M, Pereira M M A, et al. Sympathetic neuro-adipose connections mediate leptin-driven lipolysis[J]. Cell, 2015, 163(1): 84 – 94.

[10] Wang P, Loh K H, Wu M, et al. A leptin-BDNF pathway regulating sympathetic innervation of adipose tissue[J]. Nature, 2020, 583(7818): 839 – 844.

[11] Scherer T, O'Hare J, Diggs-Andrews K, et al. Brain insulin controls adipose tissue lipolysis and lipogenesis[J]. Cell Metabolism, 2011, 13(2): 183 – 194.

[12] Fritzen A M, Lundsgaard A M, Kiens B. Tuning fatty acid oxidation in skeletal muscle with dietary fat and exercise[J]. Nature Reviews Endocrinology, 2020, 16(12): 683 – 696.

[13] Najt C P, Khan S A, Heden T D, et al. Lipid droplet-derived monounsaturated fatty acids traffic via PLIN5 to allosterically activate SIRT1[J]. Molecular Cell, 2020, 77(4): 810 – 824.

[14] Chondronikola M, Volpi E, Børsheim E, et al. Brown adipose tissue improves whole-body glucose homeostasis and insulin sensitivity in humans[J]. Diabetes, 2014, 63(12): 4089 – 4099.

[15] Cohen P, Kajimura S. The cellular and functional complexity of thermogenic fat[J]. Nature Reviews Molecular Cell Biology, 2021, 22(6): 393 – 409.

[16] Leitner B P, Huang S, Brychta R J, et al. Mapping of human brown adipose tissue in lean and obese young men[J]. Proceedings of the National Academy of Sciences of the United States of America, 2017,

114(32)：8649 - 8654.

[17] Marlatt K L, Chen K Y, Ravussin E. Is activation of human brown adipose tissue a viable target for weight management? [J]. American Journal of Physiology-Regulatory, Integrative and Comparative Physiology, 2018, 315(3)：R479 - R483.

[18] Cypess A M. Reassessing human adipose tissue[J]. The New England Journal of Medicine, 2022, 386(8)：768 - 779.

[19] Ohyama K, Nogusa Y, Shinoda K, et al. A synergistic antiobesity effect by a combination of capsinoids and cold temperature through promoting beige adipocyte biogenesis[J]. Diabetes, 2016, 65(5)：1410 - 1423.

[20] Deem J, Faber C L, Pedersen C E, et al. 209 - OR：Evidence that AgRP neuron activation drives cold-induced hyperphagia[J]. Diabetes, 2020, 69(1)：209 - OR.

[21] Thackray A E, Willis S A, Sherry A P, et al. An acute bout of swimming increases post-exercise energy intake in young healthy men and women[J]. Appetite, 2020, 154：104785.

[22] Mu W J, Zhu J Y, Chen M, et al. Exercise-mediated browning of white adipose tissue：Its significance, mechanism and effectiveness[J]. International Journal of Molecular Sciences, 2021, 22(21)：11512.

[23] Dodd G T, Decherf S, Loh K, et al. Leptin and insulin act on POMC neurons to promote the browning of white fat[J]. Cell, 2015, 160(1/2)：88 - 104.

[24] Da Cruz Rodrigues K C, Pereira R M, De Campos T D P, et al. The role of physical exercise to improve the browning of white adipose tissue via POMC neurons[J]. Frontiers in Cellular Neuroscience, 2018, 12：88.

[25] Okla M, Kim J, Koehler K, et al. Dietary factors promoting brown and beige fat development and thermogenesis[J]. Advances in Nutrition, 2017, 8(3)：473 - 483.

[26] Yoneshiro T, Aita S, Kawai Y, et al. Nonpungent capsaicin analogs (capsinoids) increase energy expenditure through the activation of brown adipose tissue in humans 1[J]. The American Journal of Clinical Nutrition, 2012, 95(4)：845 - 850.

[27] Choi M, Mukherjee S, Yun J W. Anthocyanin oligomers stimulate browning in 3T3 - L1 white adipocytes via activation of the β3 - adrenergic receptor and ERK signaling pathway[J]. Phytotherapy Research, 2021, 35(11)：6281 - 6294.

[28] Wang S, Wang X C, Ye Z C, et al. Curcumin promotes browning of white adipose tissue in a norepinephrine-dependent way[J]. Biochemical and Biophysical Research Communications, 2015, 466(2)：247 - 253.

[29] Silvester A J, Aseer K R, Yun J W. Dietary polyphenols and their roles in fat browning[J]. The Journal of Nutritional Biochemistry, 2019, 64：1 - 12.

[30] Zheng W Y, Xu D B, Wu X Y, et al. 1011 impaired thermogenesis in brown adipose tissue induced by dietary emulsifiers carboxymethyl cellulose is mediated by mucolytic bacteria and LPs endotoxemia[J]. Gastroenterology, 2020, 158(6)：S - 201.

[31] Kivelä R, Alitalo K. White adipose tissue coloring by intermittent fasting[J]. Cell Research, 2017, 27 (11)：1300 - 1301.

[32] Betz M J, Enerbäck S. Targeting thermogenesis in brown fat and muscle to treat obesity and metabolic disease[J]. Nature Reviews Endocrinology, 2018, 14(2)：77 - 87.

第五节　能量代谢

在人体内,物质代谢过程同时伴随着能量的释放、利用、转移和储存的能量代谢过程。人体维持生命活动所需的能量来源于从食物中摄取的外源性能量和体内储存的内源性能量,它们共同参与能量代谢。人体主要通过基础代谢、身体活动(运

第二章　新陈代谢

动)和食物热效应消耗能量,当处于特殊的生理状态时也会增加或减少能量消耗。

人体在运动时消耗的能量大大增加,身体活动(运动)是影响人们每日能量消耗的可控的决定因素。人体的能量平衡状态决定了体重增减,肥胖是机体长期处于能量正平衡的结果。代谢适应是减脂过程中的一种阻力,但不会最终阻碍成功的长期体重管理。

一、能量来源

人体生命活动过程中所需的能量主要来自糖、脂肪、蛋白质三大产能营养素,它们在体内经过生物氧化生成腺苷三磷酸(ATP),ATP 是细胞生命活动可直接利用的能量形式。

在营养学中常用卡路里(cal)作为能量单位,1 卡路里约等于 4.184 焦耳(换算公式:1 cal=4.184 J,1 kcal=4.184 kJ)。世界卫生组织(WHO)、联合国粮食及农业组织(FAO)推荐使用的产能营养素的能量系数分别为:碳水化合物约 17 kJ/g(4 kcal/g),脂肪约 37 kJ/g(9 kcal/g),蛋白质约 17 kJ/g(4 kcal/g),乙醇约 29 kJ/g(7 kcal/g),有机酸 13 kJ/g(3 kcal/g),膳食纤维约 8 kJ/g(2 kcal/g)[1]。

人体每天主要从膳食中吸收糖、脂肪、蛋白质等能源物质作为补充生命活动所需的外源性能量,而内源性能量主要来源于体内的糖原和脂肪。糖原(肝糖原和肌糖原)存储量一般不超过 500 g。脂肪存储量因个体的体脂率不同而差别较大,肥胖的重要特征是体内脂肪过量储存。蛋白质虽然也可以作为能源物质,但其主要功能是构成或修复人体组织细胞,以及合成各种酶或激素等生物活性物质,通常情况下用于氧化供能的数量很少,因此,蛋白质在体内几乎没有多余储存。

二、能量消耗

产能营养素在体内分解氧化过程中释放的能量,一部分直接转化为热能,其余部分则转化为"能量货币"ATP 等高能磷酸化合物,以供机体用于进行各种生理活动,主要包括用于基础代谢、身体活动(运动)、食物热效应和其他特殊生理状态下的能量需求。能量除了被用于肌肉收缩做功之外,以其他形式利用的能量最终都将转变为热能。体内产生的热能用于维持体温、散发到环境中去或随排泄物排出体外。

(一)基础代谢能量消耗

基础代谢(basal metabolism)是指人体在基础状态下的能量代谢,即人体在清醒、安静,不受肌肉活动、环境温度、精神紧张和食物等因素影响的状态下的能量代谢。人体在基础状态下的能量消耗主要用于维持呼吸和血液循环等基本生命活动之需,通常生活状态下占人体能量消耗总量的 60%~70%。基础代谢率(basal metabolic rate,BMR)是指基础状态下单位时间内的能量消耗量。BMR 与体表面积成正比,一般用每平方米体表面积每小时的产热量来衡量,单位为 kJ/(m² · h)[2]。

BMR 也因年龄、性别而有所差异,中国人正常 BMR 的平均值如表 2-1 所示。

表 2-1　中国人正常基础代谢率(BMR)平均值

单位:kJ/(m² · h)

年龄/岁	11~15	16~17	18~19	20~30	31~40	41~50	51 及以上
男性	195.5	193.4	166.2	157.8	158.5	154.0	149.0
女性	172.5	181.7	154.0	146.5	146.9	142.4	138.6

本表引自:王庭槐. 生理学[M].9 版. 北京:人民卫生出版社,2018:216.

1. 每日基础代谢能量消耗的常用估算公式

估算每日基础代谢能量消耗的公式:每日基础代谢能量(kJ)=体表面积(m²)×24(小时)×BMR。

测算体表面积常用 Stevenson 公式:体表面积(m²)=0.006 1×身高(cm)+0.012 8×体重(kg)−0.152 9。

2. 人体每日基础代谢消耗能量估算举例

例 1:某女性,身高 168 cm,体重 62 kg,年龄 40 岁。她的体表面积为 0.006 1×168(cm)+0.012 8×62(kg)−0.152 9≈1.665 5 m²,每日基础代谢为 1.665 5(m²)×24(小时)×146.9(BMR)=5 871.886 8 kJ,换算为卡路里为 5 871.886 8 kJ÷4.184≈1 403 kcal。因此,这位女性的基础代谢消耗能量约 1 400 kcal/d。

例 2:某男性,身高 178 cm,体重 75 kg,年龄 45 岁。他的体表面积为 0.006 1×178(cm)+0.012 8×75(kg)−0.152 9=1.892 9 m²,每日基础代谢为 1.892 9(m²)×24(小时)×154(BMR)=6 996.158 4 kJ,换算为卡路里为 6 996.158 4 kJ÷4.184≈1 672 kcal。因此,这位男性的基础代谢消耗能量约 1 700 kcal/d。

以上述公式计算预测的基础代谢能量消耗与实际测量结果会有一定差异。有的研究显示,实际测量的中国成年男女每日基础代谢能量消耗值高于采用上述公式计算所得的结果。

3. 成年人基础代谢率的影响因素

影响成年人基础代谢率的因素主要包括去脂体重(FMM)、体表面积、年龄、性别等。去脂体重(FMM,或称瘦体重)是扣除脂肪之后的体重,其每日消耗能量占基础代谢的 70%~80%。也就是说体脂率越低,基础代谢能量消耗就越高,可见去脂体重是人体每日能量消耗的重要影响因素。另外,人体能量代谢过程受激素(例如瘦素、胰岛素、肾上腺素、生长激素、甲状腺激素等)的调节,因此,激素信号转导的敏感性可能也会影响基础代谢能量消耗。其中甲状腺激素可诱导解偶联蛋白基因表达,对基础代谢率的影响最明显。

关于年龄对于每日能量消耗的影响,2021 年 8 月发表在《科学》上,来自 29 个国家 6 421 位受试者参加的研究表明,成年人(20 至 60 岁)的基础代谢率保持相对平稳,即使在怀孕期间变化也不大,60岁以后的老年人基础代谢率才以每年0.7%左右的幅度下降[4]。因此,对于"发福"的中年人来说,不应该只抱怨"岁月之刀"无情,似乎更该从去脂肪体重中寻找体重增加的原因。骨骼肌的新陈代谢为基础代谢提供了约30%的贡献[3],因此,在减脂计划中增加有氧和抗阻运动可以保住肌肉(或增肌),从而一定程度上减缓基础代谢能量消耗下降。

(二)身体活动能量消耗

身体活动(运动)是影响能量消耗的第二个重要因素,也是在减脂过程中影响能量消耗的最重要因素。在减脂过程中,基础代谢能量消耗不可避免地随着体重减轻而逐渐下降,而身体活动能量消耗是可控的。久坐少动的人与每日体力劳作的人比较,能量消耗可能相差10%~30%,甚至更高。例如,一个骑行上下班的人,如果往返骑行共60分钟(速度约20 km/h),每小时大约净增加能量消耗390 kcal(约1 632 kJ)(见表2-2)。因此,身体活动(运动)是影响人们每日能量消耗的可控的决定因素[5]。

表2-2为身体活动(运动)的能量消耗参考表。

表2-2 各种身体活动或运动的能量消耗(净增加能量消耗)参考表

单位:kcal[①]

活动项目	每小时身体活动能量消耗[②]	每小时基础代谢能量消耗[③]	每小时净增加能量消耗[④]
办公:看书、写字、讨论	80	70	10
休闲:看电视、静坐、聊天、打牌	80	70	10
家务活动:做饭、洗碗、收拾餐桌、清扫房间	120	70	50
散步(速度1 609 m/h)	200	70	130
中速步行:步行上学或上班	240	70	170
快步走(速度6 000~7 200 m/h)	350	70	280
骑自行车(速度8.5 km/h)	200	70	130
骑自行车(速度15 km/h)	360	70	290
骑自行车(速度20 km/h)	460	70	390
一般慢跑	400	70	330
跑步(速度9.6 km/h)	600	70	530
爬楼梯	600	70	530

注:①1 kcal=4.184 kJ。

②每小时身体活动能量消耗是指参加该项目身体活动1小时的能量消耗,数据引自《中国成人超重和肥胖预防控制指南2021》经折算后的估值。

③每小时基础代谢能量消耗是指每日基础代谢能量消耗1 700 kcal(约7 113 kJ)的人24小时内平均每小时的能量消耗。

④每小时净增加能量消耗是指参加某项身体活动时的能量消耗扣除24小时内平均每小时的能量消耗后所得净能量消耗。

非运动性活动产热（NEAT）是指除体育运动以外的身体活动产热，也是每日能量消耗的重要贡献者。有研究表明，对于两个体型相似的成年人来说，非运动活动产热可以解释每日 200～350 kcal（837～1 464 kJ）能量消耗差别[6]。整理房间、在家做饭、打扫卫生等家庭内务活动，以及由职业特性所决定的站立、走动等不同身体姿态的保持，都会促进非运动活动产热。可见，家务活动不仅可以通过整理内务，使得家庭环境干净利落、井井有条，给全家人带来舒适的生活环境和愉悦的心情，经常参加家务活动也是保持健康体重的简单且可持续的有效方法。

值得一提的是，对于长期在办公室环境工作的人群，利用高度可调节办公桌，采用站立式和坐式交替的办公方式是一个很好的选择。一项使用高度可调办公桌的研究中，来自英国莱斯特、利物浦和大曼彻斯特的地方政府委员会的 756 位员工发现，使用高度可调办公桌使得采取坐姿的时间大幅减少[7]。另一项实验表明，肥胖者比正常体重的健康者平均每天多坐 2 小时，如果肥胖者采用健康者同样的NEAT 增强行为，每天可能会额外消耗约 350 kcal（约 1 464 kJ）热量[8]。事实上，站立式和坐式交替的办公方式受制于大多数雇主尚未了解 NEAT 的相关作用，在办公室并未得到很好的应用。

（三）食物热效应能量消耗

人在进食后的一段时间，即使在安静状态下也会出现能量消耗增加的现象，称为食物热效应（thermic effect of food，TEF），这种现象在 2 小时达到高点，之后逐渐回落[9]。关于食物热效应的机制尚未完全阐明，目前认为是人在进食之后的消化、吸收、运输、转化、合成的新陈代谢过程引起的额外能量消耗所致。不同食物成分的食物热效应分别为：糖 5%～10%、脂肪 0%～5%、蛋白质 20%～30%、混合食物约 10%[1]。

食物热效应与食物的加工程度有关，也与食物膳食纤维含量有关。摄食最低限度加工的食物和膳食纤维含量较高的食物，餐后食物热效应值更高；相反，摄食超加工食品和缺乏膳食纤维的食物，餐后食物热效应值更低。在一项研究中，食用杂粮面包与白面包比较，餐后能量消耗相差约 50%[前者平均 137 kcal（约 573 kJ），占膳食总能量的 19.9%；后者平均 73 kcal（约 305 kJ），占膳食总能量的 10.7%][10]。

食物热效应可能随着年龄的增加而降低[11]。胰岛素抵抗也会对食物热效应产生负面影响[12]。食物热效应还与运动有关，适度增加有氧运动和抗阻运动，无论年龄和身体成分情况如何，都可能会增加餐后食物热效应值[13]。食物热效应还与进食的速度（即在口中品尝食物的持续时间和咀嚼的持续时间）有关，细嚼慢咽相较于狼吞虎咽，会显著增加餐后食物热效应值[14]。另外，相同能量的食物一次性吃完，相比分多次吃完，食物热效应能量消耗显著增加，这可以部分解释吃零食的害处[15]。

食物热效应产生的能量消耗通常仅以热能散发,因此在计算能量摄入量时,必须考虑食物热效应额外消耗的能量,例如,如果一个人的每日基础代谢为1 400 kcal(约5 858 kJ),在不考虑其他能量消耗的情况下,以摄入混合食物计算食物热效应额外消耗的能量,理论上至少应增加140 kcal(约586 kJ),即每日总能量摄入1 540 kcal(约6 443 kJ),才能维持当日的能量代谢平衡。

(四) 其他与能量消耗有关的因素

在儿童和青少年时期,由于生长发育,需要增加能量消耗;怀孕期和哺乳期,也都需要额外增加能量消耗;当人处于精神紧张状态,如激动、恐惧或烦躁不安时,能量消耗会增加;当生活的环境温度过高或过低时,也需要增加能量消耗以维持体温。

综上所述,通常情况下人体每日总能量消耗主要由每日基础代谢、身体活动(运动)和食物热效应三部分能量消耗组成。其中,基础代谢对于每日能量消耗贡献很高。骨骼肌是基础代谢率的主要贡献者,重要的是骨骼肌具有很好的可塑性。食物热效应消耗能量因食物搭配而异,可在膳食中适当增加膳食纤维和蛋白质,以增加食物热效应能量消耗,同时也要避免高蛋白饮食。适当的加强身体活动,包括体力劳动、体育运动和非运动活动,是增加每日能量消耗的有效方式,而参加有计划的运动锻炼,提高骨骼肌质量,不仅仅是增加能量消耗的最佳途径,而且可以全面改善人体内环境,提高基础代谢率。

三、能量平衡

(一) 能量动态平衡

人体的能量平衡状态决定了体重增减。能量既不会凭空产生,也不会凭空消失,它只会从一种形式转化为另一种形式,或者从一个物体转移到其他物体,而能量的总量保持不变,这是能量守恒定律的定义。人体也必须遵循这个基本物理定律才能得以生存。

当每日摄入的能量多于消耗的能量,此时机体处于能量正平衡状态,多余的能量会转化为脂肪等储存起来,体重会逐渐增加;当每日摄入的能量少于消耗的能量,此时机体处于能量负平衡状态,会动用体内储存的能源物质以提供能量,体重会逐渐减轻;当一段时间内摄入的能量约等于消耗的能量,即能量处于"收支平衡",并未引起体重增加或减轻,此阶段机体处于能量动态平衡状态。影响能量平衡的两个变量为能量摄入和能量消耗,食欲是能量摄入的关键调节因素,身体活动是能量消耗的主要调节因素。以某男性(身高178 cm、体重75 kg、年龄45岁)和某女性(身高168 cm、体重62 kg、年龄40岁)为例,估算每日能量平衡如表2-3所示。

表 2 - 3　成人每日能量平衡估算参考表

性别	年龄/岁	身高/cm	体重/kg	BMI/(kg/m²)	每日基础代谢能耗/kcal	每日身体活动能量消耗/kcal	每日食物热效应能量消耗/kcal	每日总能量需求/kcal
女	40	168	62	21.97	1 400	220	180	1 800
男	45	178	75	23.67	1 700	280	220	2 200

注:1. BMI=体重/身高²。

2. 每日身体活动能量消耗为轻身体活动估计值。

3. 每日摄入能量高于每日总能量需求,则处于能量正平衡,体重逐渐增加;每日摄入能量低于每日总能量需求,则处于能量负平衡,体重逐渐减轻。当一段时间内总能量需求与总能量消耗持平,则这一段时间内处于能量的动态平衡状态,体重不增也不减。

4. 1 kcal=4.184 kJ。

(二)代谢适应

代谢适应(metabolic adaptation)被定义为,当体重减轻时会导致每日总能量消耗减少,也就是此时实际测量的基础代谢率与预测基础代谢率相比显著降低[16]。事实上,人体体重减轻会导致每日能量消耗减少,相反,体重增加则会导致每日能量消耗增加。具体表现为,持续一段时间的能量正平衡状态导致体重增加,会出现每日总能量消耗量增加,部分抵消了体重的进一步增加,此时每日的能量摄入与消耗处于新平衡状态。相反,在持续一段时间的能量负平衡状态导致体重减轻后,也会出现总能量消耗量减少,进入能量代谢的新平衡状态,增加了进一步减脂的阻力,并且成为体重反弹的推动力[17]。

1. 代谢适应的机制

代谢适应似乎是一种人体内部稳态调控机制,提供了一个应对能量失衡的缓冲平台,以避免由于体重过快增加或减轻而给健康带来不利影响。当各种因素导致能量代谢进一步失衡,以致于缓冲平台被进一步突破时,即旧平衡被打破,新平衡建立之前,体重又会进一步增加或减轻。例如,一个体重 70 kg、身高 175 cm 的健康成年人如果长期处于能量正平衡,有一天可能会变成体重超过 100 kg 的肥胖者,体重增加 30 kg 可能是跨越了数个缓冲平台的结果。相反,如果想要通过减脂返回体重 70 kg 的健康状态,一样要经历数个缓冲平台。

代谢适应的具体机制尚未完全阐明。有些研究认为,人体有一个稳态体重"设定点",当体重减轻后,机体会以增加食欲和减少能量消耗为推手,将体重推回设定值[18],这可能是基因、肠道共生菌群、生理、心理和环境等多种因素共同作用的结果。

有研究发现,不同肥胖个体的遗传基因存在"节俭表型"和"挥霍表型"[19]。在每日能量平衡的关系中,"节俭表型"的特征是,膳食能量不足时,大幅度减少每日能量消耗；膳食能量富余时，仅小幅增加每日能量消耗。"挥霍表型"者刚好呈完全相反的代谢特征。

许多研究发现，体重减轻后，血浆激素水平发生明显变化，如瘦素、胰高血糖素样肽-1、酪酪肽等抑制食欲的激素水平降低，而胃饥饿素水平升高，因而有助于增加食欲，也可能成为体重反弹的重要推动因素[20]。

此外，肥胖与肠道生态失调有关。如果采用缺乏充足膳食纤维和植物化学物的减肥饮食方案，尽管降低了体重但无益于恢复肠道微生态平衡。体重减轻后仍然存在"致胖性"肠道微生物组特征也可能成为加速体重反弹的贡献者，因为，肠道共生菌群可能通过调节内分泌系统、免疫系统和神经系统从而影响食欲和能量代谢，并最终影响体重[21-22]。

因此，制订减脂饮食计划时，需要重点考虑的内容至少应包括有利于促进肠道饱腹激素分泌，并且有利于恢复肠道微生态平衡，从而减少代谢适应的负面影响。

2. 代谢适应的大小

代谢适应的大小，可能与不同减脂者的初始肥胖程度和体重下降幅度有关。

在一项研究中，171 位女性肥胖者（平均 BMI 为 28.3 kg/m²，平均体重 77.6 kg）参加了一项减肥计划，153 天后平均减轻体重 12.2 kg（平均每天减轻体重约 80 g），体重减轻后代谢适应平均为 54 kcal/d（约 226 kJ/d），1 年随访时为 43 kcal/d（约 180 kJ/d），2 年随访时为 19 kcal/d（约 79 kJ/d）[23]。另一项研究中，14 位严重肥胖者（平均 BMI 为 49.4 kg/m²，平均体重 149.2 kg）参与研究，210 天后平均减轻体重 58.3 kg（平均每天减轻体重约 277.6 g），体重减轻后平均代谢适应为 610 kcal/d（约 2 552 kJ/d），6 年后随访时平均代谢适应为 499 kcal/d（约 2 088 kJ/d）[24]。比较这两项研究，结果表明，减肥者的初始体重更大，减肥过程中体重下降幅度更大，即更快速减重，可能与更大限度的代谢适应相关。可见，严重肥胖者如果快速减肥，可能面临更大的、持续时间更长的体重反弹压力。因此，不要追求快速减肥，而要通过改变不健康的饮食习惯和生活方式，并以适当的能量缺口（小于 500 kcal/d，即 2 092 kJ/d）来促进利用体内脂肪氧化供能，可能更有利于减轻代谢适应的负面影响。

总之，代谢适应是体重减轻过程中的普遍生理现象，它虽然是减脂过程中的一种阻力，但不会最终阻碍成功减脂和长期体重管理。另外，在减脂计划开展过程中，当进入减脂平台期时，采用低碳水化合物饮食可能减轻因体重下降导致的代谢适应，并部分抵消每日能量消耗下降的负面影响[25-26]，更多与低碳水化合物饮食有关的内容详见本章第六节。

（三）肥胖是长期能量正平衡的结果

根据能量守恒定律，当人体处于能量正平衡状态，哪怕少量富余的能量都会被转化为脂肪储存起来，体重会逐渐增加。肥胖则是人体长期处于能量正平衡，使脂肪在体内逐渐蓄积的结果。

不健康的饮食习惯和生活方式是推动能量正平衡的主要因素，例如，摄食超加工食品和缺乏运动等。长期不健康饮食和不良生活方式会导致脂肪组织、神经系统、内分泌系统、免疫系统、肠道微生态发生适应性变化，这些变化再加上它们之间的相互串扰，损害了食欲和能量代谢调节，如此形成恶性循环，又进一步推动着能量正平衡和肥胖的发展。

参考文献

[1] 程义勇,郭俊生,马爱国. 基础营养[M]//杨月欣,葛可佑. 中国营养科学全书. 2 版. 北京:人民卫生出版社,2019:92.

[2] 王庭槐. 生理学[M]. 9 版. 北京:人民卫生出版社,2018.

[3] Pontzer H, Yamada Y, Sagayama H, et al. Daily energy expenditure through the human life course[J]. Science, 2021, 373(6556): 808 – 812.

[4] Zurlo F, Larson K, Bogardus C, et al. Skeletal muscle metabolism is a major determinant of resting energy expenditure[J]. The Journal of Clinical Investigation, 1990, 86(5): 1423 – 1427.

[5] Ravussin E, Lillioja S, Anderson T E, et al. Determinants of 24 – hour energy expenditure in man. Methods and results using a respiratory chamber[J]. Journal of Clinical Investigation, 1986, 78(6): 1568 – 1578.

[6] Villablanca P A, Alegria J R, Mookadam F, et al. Nonexercise activity thermogenesis in obesity management[J]. Mayo Clinic Proceedings, 2015, 90(4): 509 – 519.

[7] Edwardson C L, Biddle S J H, Clemes S A, et al. Effectiveness of an intervention for reducing sitting time and improving health in office workers: Three arm cluster randomised controlled trial[J]. BMJ, 2022, 378: e069288.

[8] Levine J A, Lanningham-Foster L M, McCrady S K, et al. Interindividual variation in posture allocation: Possible role in human obesity[J]. Science, 2005, 307(5709): 584 – 586.

[9] Calcagno M, Kahleova H, Alwarith J, et al. The thermic effect of food: A review[J]. Journal of the American College of Nutrition, 2019, 38(6): 547 – 551.

[10] Barr S B, Wright J C. Postprandial energy expenditure in whole-food and processed-food meals: Implications for daily energy expenditure[J]. Food & Nutrition Research, 2010, 54: 5144.

[11] Du S, Rajjo T, Santosa S, et al. The thermic effect of food is reduced in older adults[J]. Hormone and Metabolic Research, 2014, 46(5): 365 – 369.

[12] Segal K R, Albu J, Chun A, et al. Independent effects of obesity and insulin resistance on postprandial thermogenesis in men[J]. The Journal of Clinical Investigation, 1992, 89(3): 824 – 833.

[13] Denzer C M, Young J C. The effect of resistance exercise on the thermic effect of food[J]. International Journal of Sport Nutrition and Exercise Metabolism, 2003, 13(3): 396 – 402.

[14] Hamada Y, Hayashi N. Chewing increases postprandial diet-induced thermogenesis[J]. Scientific Reports, 2021, 11: 23714.

[15] Tai M, Castillo P, Pi-Sunyer F. Meal size and frequency: Effect on the thermic effect of food[J]. The American Journal of Clinical Nutrition, 1991, 54(5): 783 – 787.

[16] Martins C, Gower B, Hunter G. Metabolic adaptation delays time to reach weight loss goals[J].

Obesity, 2021, 30: 400 - 406.

[17] Leibel R L, Rosenbaum M, Hirsch J. Changes in energy expenditure resulting from altered body weight [J]. The New England Journal of Medicine, 1995, 332(10): 621 - 628.

[18] Aronne L J, Hall K D, Jakicic J M, et al. Describing the weight-reduced state: Physiology, behavior, and interventions[J]. Obesity, 2021, 29(Supplement 1): S9 - S24.

[19] Reinhardt M, Thearle M S, Ibrahim M, et al. A human thrifty phenotype associated with less weight loss during caloric restriction[J]. Diabetes, 2015, 64(8): 2859 - 2867.

[20] Sumithran P, Prendergast L A, Delbridge E, et al. Long-term persistence of hormonal adaptations to weight loss[J]. The New England Journal of Medicine, 2011, 365(17): 1597 - 1604.

[21] Thaiss C A, Itav S, Rothschild D, et al. Persistent microbiome alterations modulate the rate of post-dieting weight regain[J]. Nature, 2016, 540(7634): 544 - 551.

[22] Polidori D, Sanghvi A, Seeley R J, et al. How strongly does appetite counter weight loss? quantification of the feedback control of human energy intake[J]. Obesity, 2016, 24(11): 2289 - 2295.

[23] Martins C, Gower B A, Hill J O, et al. Metabolic adaptation is not a major barrier to weight-loss maintenance[J]. The American Journal of Clinical Nutrition, 2020, 112(3): 558 - 565.

[24] Fothergill E, Guo J E, Howard L, et al. Persistent metabolic adaptation 6 years after "The Biggest Loser" competition[J]. Obesity, 2016, 24(8): 1612 - 1619.

[25] Ebbeling C B, Feldman H A, Klein G L, et al. Effects of a low carbohydrate diet on energy expenditure during weight loss maintenance: Randomized trial[J]. BMJ, 2018, 363: k4583.

[26] Ebbeling C B, Swain J F, Feldman H A, et al. Effects of dietary composition on energy expenditure during weight-loss maintenance[J]. JAMA, 2012, 307(24): 2627 - 2634.

第六节　不同饮食模式的代谢特征

一、几种饮食模式的代谢特征

由于食物质量和营养素配比不同,以及膳食所含能量不同,每次用餐之后体内会发生截然不同的代谢反应。但是,无论何种饮食模式都有一个共同特征,即人体每日从膳食中吸收的能量超过每日生命活动所需,过剩的能量都会被转化为脂肪储存起来。

(一)高脂肪高精制碳水化合物饮食

高脂肪高精制碳水化合物饮食,是指膳食中精制碳水化合物和脂肪含量较高,蛋白质含量较少的饮食模式。该饮食模式主要以精制米面为主食,而且在食物烹饪或加工过程中加入较多脂肪,仅辅以少量(或没有)蔬菜和肉蛋类。例如,油泼面、炸酱面、热干面、葱油拌面、炒饭、担担面、拌米粉等富有地域特色的食物,以及甜甜圈、蛋糕、冰激凌、巧克力等形象地称为"糖油混合物"的超加工食品,是人们生活中常见的高脂肪高精制碳水化合物食物。

饱食高脂肪高精制碳水化合物食物之后,食物中糖和脂肪迅速被消化吸收,导致血糖迅速升高,同时促进胰岛素大量分泌。吸收入血的葡萄糖在胰岛素的作用下,部分在肝合成肝糖原和脂肪,肝合成的脂肪被组装成极低密度脂蛋白(VLDL)释放入血,输送至脂肪组织等储存起来;部分葡萄糖可能由血液运输至骨骼肌合成肌糖原,或被肌肉、脑等分解利用;还有部分葡萄糖可能直接被脂肪组织、骨骼肉等摄取后转化为脂肪储存起来。与此同时,吸收的脂肪在小肠组装成乳糜微粒(CM)入血后,大部分输送至脂肪组织储存起来,小部分被心肌、骨骼肌、肝脏等摄取利用。

高脂肪高精制碳水化合物饮食的体内代谢特征是:增加胰岛素分泌,促进合成代谢,增加脂肪和糖原合成储存,餐前饱腹感低(在本书特指用餐3小时之后至下一餐开始之前,这段时间饱腹感的自我评价)。经常高脂肪高精制碳水化合物饮食,如没有适量增加身体活动(运动),极易导致能量正平衡而肥胖。

(二)高脂肪低碳水化合物饮食

高脂肪低碳水化合物饮食,是指膳食中脂肪含量最多,蛋白质适量,碳水化合物非常少的一种饮食模式。这样的膳食中没有米饭、面条、馒头、土豆等淀粉类主食,脂肪是主要能量来源,通常富含蛋白质和脂肪的肉类、全蛋、全脂奶,以及坚果、低糖水果、非根茎蔬菜等,另外,在烹饪时可能会加入更多脂肪,如椰子油、黄油、橄榄油等。

高脂肪低碳水化合物饮食模式经常被作为减肥工具[1]。生酮饮食(KD)是一种典型的高脂肪低碳水化合物饮食模式,大约100年前就被用于治疗难治性癫痫病。生酮饮食通常是指高脂肪极低碳水化合物饮食,膳食中碳水化合物占总能量摄入的比例小于10%,或20~50 g/d,而膳食脂肪供能占比大于70%。

采用高脂肪低碳水化合物饮食不会引起血糖大幅升高而刺激胰岛素分泌,因此体内胰岛素水平较低。饱食后,消化吸收的脂肪被输送至脂肪组织、骨骼肌、心肌、肝等处利用,这些组织在摄取脂肪的同时,也在分解氧化脂肪,此时体内脂肪动员增加,脂肪氧化成为人体的主要能量来源。脂肪酸在肝 β 氧化过程中产生大量酮体,并输出至心肌、肾、大脑、骨骼肌被利用。同时,胰高血糖素水平升高,促进肝糖异生增加,以维持血糖稳态,肝糖异生的原料主要来自外源性氨基酸和内源性氨基酸(部分来自肌肉蛋白质降解)组成的氨基酸代谢库,少量来自脂肪分解生成的甘油。经过适应之后,大脑消耗葡萄糖减少,利用酮体供能比例增加。

总之,高脂肪低碳水化合物饮食主要代谢特征是,促使机体不同组织细胞从利用葡萄糖转换为分解氧化脂肪酸和酮体提供能量,并通过增加糖异生来维持血糖稳态。本书以生酮饮食为例,简要介绍其特点和利弊。

1. 生酮饮食可更快减轻体重

生酮饮食相较于常规热量限制的减肥饮食方案,被证明在减脂初期可以更大程度地减轻体重。然而,生酮饮食在减脂初期导致体重减轻,更多是去脂体重(FMM)损失所致,其中包括体内水分、糖原、蛋白质等减少,而更少是减少脂肪所致。

2021年发表在《自然医学》的一项研究中,20名平均年龄29.9岁,平均身体质量指数(BMI)为(27.8±1.3)kg/m²的成年人在美国国立卫生研究院临床中心住院,并被随机分配至两种不同饮食组中参与饮食实验2周,住院期间随意摄入能量。一组采用最低限度加工的高血糖负荷的植物性低脂饮食(10.3%脂肪、75.2%碳水化合物、14.5%蛋白质),其中膳食纤维31.4 g/d;另一组采用最低限度加工的低血糖负荷的动物性低碳水化合物生酮饮食(75.8%脂肪、10.0%碳水化合物、14.2%蛋白质),其中膳食纤维8.5 g/d。[2]

上述实验结果显示:两种饮食期间体重都减轻了,生酮饮食参试者第一周体重迅速下降,2周后体重平均减轻1.772 kg。低脂饮食参试者初始体重减轻较慢,2周后体重平均减轻1.09 kg。但是,生酮饮食参试者的去脂体重(FMM)减少1.61 kg,而低脂饮食参试者FMM仅减少0.16 kg,前者平均每天减脂仅16 g,而后者平均每天减脂51 g。这些数据表明,生酮饮食导致去脂体重减少更多,其中身体蛋白质(肌肉)的净损失更多。因此,在生酮饮食期间要适当增加蛋白质摄入,并进行适当的抗阻运动,以尽量减少肌肉流失。尽管生酮饮食期间可能流失更多肌肉,但是在减脂初期,快速减轻体重非常重要,这将给予正在减脂的人更多信心,特别是对于初始BMI较高的个体,其中有些人对于减肥成功几乎不抱希望,因此对于他们来说,信心贵比黄金。

生酮饮食可能通过抑制食欲减少能量摄入,也可能通过增加能量消耗,从而实现在减脂初期更快减轻体重。生酮饮食抑制食欲的作用一方面可能与蛋白质摄入较多有关,增加蛋白质摄入可能通过刺激肠道饱腹激素(如胰高血糖素样肽-1)释放,也可通过增加糖异生从而增加饱腹感[3];另一方面,酮体(如β-羟丁酸)可能抑制胃饥饿素分泌或直接在中枢起到抑制食欲的作用[4]。生酮饮食增加能量消耗,也可能与蛋白质摄入量较高有关,因为蛋白质的食物热效应为20%~30%。另外,在生酮饮食期间,体内为了维持血糖稳定,必然导致糖异生增加,而糖异生是需要消耗能量的过程[3]。相较于高碳水化合物饮食,生酮饮食可能增加能量消耗的机制尚未完全阐明,是否一定会增加能量消耗或者增加多少能量消耗,还有争议,这可能与不同实验方法或不同营养素配比有关[5-6]。但无论如何,生酮饮食也是通过促进能量负平衡,从而实现减轻体重的。

2. 生酮饮食有助于突破减脂平台

在减脂计划进行过程中,随着体重减轻会触发机体保护机制,导致代谢适应而使每日总能量消耗减少,进入减脂平台期,此时生酮饮食也可作为短期饮食方案,以帮助减脂者顺利突破平台。

相较于低脂饮食,生酮饮食的代谢适应更小。一项由 21 位超重和肥胖的年轻人参与的研究中,体重减轻 10%～15% 后的代谢适应导致总能量消耗显著降低,与减肥前相比,能量消耗下降幅度在低脂肪饮食中下降最大(423 kcal/d,即约 1 770 kJ/d),低血糖指数饮食中下降居中(297 kcal/d,即约 1 243 kJ/d),极低碳水化合物饮食中下降最小(97 kcal/d,即约 406 kJ/d)[7]。另一项研究中,在 164 位 BMI≥25 kg/m² 的成年人参与者体重平均减轻 12% 后,给他们随机分配碳水化合物含量各不相同的饮食:60%(高碳水化合物饮食)、40%(中碳水化合物饮食)或 20%(低碳水化合物饮食)。持续 20 周后,研究人员发现,与高碳水化合物饮食相比,分配到中碳水化合物饮食的受试者的每日总能量消耗增加了 91 kcal/d(约 381 kJ/d),分配到低碳水化合物饮食的受试者每日总能量消耗增加了 209 kcal/d(约 874 kJ/d)[8]。

上述这些研究表明,在减脂平台期采用低碳水化合物饮食或者严格生酮饮食,可能相较于等热量高碳水化合物饮食会增加总能量消耗,这可能部分抵消因体重减轻而导致代谢适应的负面影响,从而帮助减脂者顺利突破减脂平台,拉动体重进一步下降。

3. 生酮饮食的潜在风险

鉴于生酮饮食快速减轻体重的特点,有很多人已经迫不及待地尝试,并希望从中获益。但是,在实践过程中,为了增加饱腹感,初试者往往容易过量摄入动物性蛋白质,并且不可避免地增加了长链饱和脂肪酸的摄入量。也有一些初试者,可能是由于对天然植物性食物中膳食纤维改善人体内环境的重要性认识不足,因此造成他们在生酮饮食的实践过程中普遍存在天然膳食纤维摄入不足的问题[9]。前述两种情况都可能增加生酮饮食的潜在风险。

首先,生酮饮食实践中为了维持必要的饱腹感,可能过量摄入蛋白质,特别是来自动物性食物的蛋白质,并因此产生与高蛋白饮食相同的长期代谢风险,这些风险包括慢性肾功能损伤、心血管疾病等[10-13]。

其次,高脂肪含量是生酮饮食的主要特征,特别是长链饱和脂肪酸(如棕榈酸)摄入增加,可能也是这种饮食模式潜在风险的促发因素。长链饱和脂肪酸主要来自动物性食物(如畜肉类油脂、黄油),它是促进代谢性炎症的重要膳食成分,这些长链饱和脂肪酸可能直接或间接通过肠道菌群衍生物(如增加细菌脂多糖入血)促进炎症发展,例如下丘脑炎症。下丘脑是食欲和能量代谢的调控中枢,下丘脑炎症可能导致瘦素和胰岛素在中枢神经系统的信号转导受损,从而促进食欲和能量代谢失调。另外,高脂肪饮食会导致粪便中的次级胆汁酸含量升高,并可能通过肠道菌群和胆汁酸的相互影响促进肠道生态失调、肠道屏障功能下降和慢性炎症。促进具有促肿瘤活性的次级胆汁酸产生，这可能诱导消化系统癌症如结直肠癌的发展，特别是在大量摄入动物性脂肪时[14-15]。

最后，生酮饮食在实践过程中，如果忽视天然植物性食物膳食纤维的重要性，可能会促进肠道生态失调，损害肠道屏障功能，增加细菌脂多糖（LPS）入血，导致全身慢性炎症和神经内分泌信号转导受损，最终影响食欲和能量代谢中枢调节的灵敏性。缺乏充足天然植物性食物来源的膳食纤维，与富含长链饱和脂肪酸的膳食共同作用对肠道生态造成的不良影响，可能一定程度解释为什么从生酮饮食模式转换到常规饮食模式会导致食欲和体重的快速反弹。另外，肠道屏障功能受损会导致蛋白质细菌腐败产生的多种有毒衍生物入血增加，这可能进一步放大高蛋白摄入的不良代谢后果。例如，在动物模型研究中，高脂肪饮食增加了肠道微生物群衍生的氧化三甲胺（TMAO），这是心血管疾病的危险因素[16]。

采用严格的生酮饮食模式减肥通常有几种常见的不良反应，包括流感样症状、腿部痉挛和抽筋、便秘、口臭、心悸、体能下降、尿酸升高等。其中，便秘与食物中缺乏天然膳食纤维有密切关系。更要注意的是，有些人在采用生酮饮食过程中会出现低密度脂蛋白胆固醇（LDL-C）水平升高或总胆固醇异常升高，这是需要引起重视的心血管疾病危险因素[4]。

虽然生酮饮食的长期安全性尚未确定，还存在多种潜在长期风险，但是生酮饮食是对常规低脂肪低热量饮食指南的有益挑战，前者已经使大量希望减肥的人从中受益，相较于后者在减肥实践中取得了更好效果[17]。其中的关键原因可能是，低脂肪低热量饮食始终没能解决减脂过程中持续困扰的"饥饿"问题[18]，而导致低脂肪低热量饮食难以长期坚持。如果在减脂过程中短期采用改良版生酮饮食，可能会有助于突破减脂平台，例如，在减脂菜单中以植物性蛋白质部分替代动物性蛋白质，以不饱和脂肪替代或减少饱和脂肪，并增加富含天然膳食纤维和植物化学物的食物。

（三）高精制碳水化合物低脂肪饮食

高精制碳水化合物低脂肪饮食，是指膳食中含精制碳水化合物量较高，脂肪含量很低，蛋白质含量适中或偏低的饮食模式。这样的膳食模式以白米饭、白馒头、面条等精制碳水化合物为主食，各类配菜以"少油清淡"为普遍特征。

饱食高精制碳水化合物低脂食物之后，食物中的糖和脂肪同样迅速被消化吸收，触发胰岛素大量分泌。此时，吸收的葡萄糖除了被各组织分解利用外，其余葡萄糖在胰岛素的作用下，在肝合成肝糖原和脂肪，肝合成的脂肪被组装成极低密度脂蛋白（VLDL）释放入血，输送至脂肪组织等储存；部分葡萄糖可能在骨骼肌合成肌糖原;还有部分葡萄糖可能直接被脂肪组织、骨骼肌等摄取后转化为脂肪储存。同时,因为膳食脂肪摄入很少,其被直接输送至脂肪组织储存的量也很少。

高精制碳水化合物低脂肪饮食的体内代谢特征同样是促进合成代谢,增加脂肪及糖原合成和储存,很明显,这样的饮食方案不利于减脂。通过减少总脂肪摄入量而不减少精制碳水化合物摄入量,以实现减少总能量摄入,这种方案在短期内可能具有减肥效果,前提是需要坚强的意志力来抵抗餐前饥饿感,否则通常无法长期坚持。有研究表明,选择性限制脂肪,而不限制碳水化合物,可能在回归常规饮食后更倾向于选择高脂肪食物,这可能导致体重反弹[18]。相反,在制定减脂饮食方案时,可考虑采用初级压榨的富含油酸或 α-亚麻酸的植物性烹饪油脂替代富含饱和脂肪酸的动物烹饪油脂,同时采用富含天然膳食纤维的全谷物和豆类替代精制碳水化合物,可能会更有利于减脂计划顺利实施。

(四) 高蛋白饮食

高蛋白饮食是指膳食中蛋白质含量最高,脂肪含量适中(或高),碳水化合物含量较低的饮食模式。这样的膳食中以肉、蛋、奶、海鲜等富含蛋白质的食物为主食,在烹饪中加入适量脂肪以优化口感,仅辅以少量蔬菜水果,很少淀粉类食物,或没有实质性减少碳水化合物摄入,例如,从餐后甜点和含糖饮料中摄入碳水化合物。

饱食高蛋白食物后,体内胰岛素水平中度升高,胰高血糖素水平升高。蛋白质经消化吸收后以氨基酸入血,部分氨基酸在肝经糖异生转化为葡萄糖,连同肝糖原分解生成的葡萄糖一起释放入血,以维持血糖稳态;部分氨基酸可能在肝转化为脂肪后入血,被心肌、脂肪组织等摄取利用;部分氨基酸如支链氨基酸(缬氨酸、亮氨酸和异亮氨酸)被输送至骨骼肌,被摄取利用。在饱食高蛋白食物后,机体增加肌肉蛋白质合成并减少肌肉蛋白质分解。年轻人每餐摄入 $20\sim25$ g 可快速消化的蛋白质,体内净蛋白质合成即达到峰值平台,摄入超过该量的蛋白质会被转化为糖或脂肪,或者被分解氧化[19]。

高蛋白质摄入后,促进了肠道饱腹激素(如胆囊收缩素、胰高血糖素样肽-1 和酪酪肽)的分泌,而且,在消化吸收的后期,来自蛋白质消化的或血液的生糖氨基酸,部分通过肠道糖异生转化为葡萄糖,这些葡萄糖通过门静脉葡萄糖感受器在大脑产生持续的餐后饱腹感。

目前,对高蛋白饮食的定义缺乏共识,但大多数定义将蛋白质摄入量阈值设定在每天每千克体重 $1.2\sim2.0$ g 之间,因此,大于每天每千克体重 1.5 g 的蛋白质摄入量的饮食通常被认为是高蛋白饮食[10]。高蛋白饮食在减肥方面仍然很受欢迎,但有研究表明肾功能恶化可能发生在肾功能受损或没有受损的个体中。高膳食蛋白质摄入会导致肾小球内高压,这可能导致肾小球滤过率明显高于正常水平、肾小球损伤和蛋白尿[11]。因此,尽管高蛋白饮食是否有损肾脏尚有争议,但是长期摄入高蛋白有必要担心其潜在风险大于收益[13]。膳食蛋白质的质量也可能影响肾脏健康。与来自植物来源的蛋白质相比,动物蛋白(特别是加工红肉)摄入增加与慢性肾病风险增加有关,其中潜在机制包括肠道微生物群失调和由此产生的慢性炎症等因素[12]。

高蛋白饮食也可能增加心血管疾病风险。大量摄入肉类、蛋类和海鲜都可能使血浆氧化三甲胺(TMAO)水平升高,而氧化三甲胺循环水平与动脉粥样硬化密切相关[20]。还有研究表明,给小鼠喂食高蛋白饮食,其血液和动脉粥样硬化斑块中的氨基酸水平会急剧升高,促进斑块进展,这也与心血管疾病风险增加有关[21]。

高蛋白饮食与严格的生酮饮食不同,可能没有实质性减少碳水化合物的摄入,这可能导致能量摄入增加,同时可以推测,在高蛋白饮食前提下,摄入的碳水化合物质量堪忧,这些来自精制碳水化合物或甜点、含糖饮料等超加工食品的碳水化合物将协同超量蛋白质一起导致肥胖和其他代谢疾病。

高蛋白饮食如果以动物蛋白为主要食物来源,特别是加工红肉摄入增加,会增加癌症风险,这可能与红肉中血红素以及加工肉中添加硝酸盐和亚硝酸盐有关,也可能与肠道生态失调有关[22-23]。有研究表明,用植物蛋白替代红肉蛋白或加工肉蛋白与较低的总死亡率、癌症相关死亡率和心血管疾病相关死亡率相关[24]。植物性食物来源的蛋白质会带来健康益处,可能因为在摄食这些食物时同时也摄取了有益健康的天然膳食纤维、植物化学物和生物活性肽。因此,在减脂计划中,可以考虑适度采用植物性蛋白质替代动物性蛋白质,以避免红肉和加工肉的潜在风险。

高蛋白饮食因其具有口感优势和特有的饱腹感效应,常成为减肥工具,且效果显著。然而,综合考虑前述可能存在的负面因素后,不免令人担忧其对于长期健康的影响。

二、禁食状态下的代谢特征

通常情况下,人们每天的生活中都存在8～12小时的自然禁食期,即从晚餐之后到次日早餐之间的时间。有时候,也存在为了减脂或其他目的的更长时间的禁食期,如限时饮食、"5＋2"间歇性断食等。

(一)自然禁食期

自然禁食期是指在晚餐之后到次日早餐之间的时期,通常除饮水之外不再摄入任何含有能量的食物。在此期间体内的代谢特征是,胰岛素分泌逐渐下降(胰岛素分泌遵循昼夜节律,大约下午5时达到峰值,在次日凌晨4时处于低谷,处于不同经度或不同个体间有差异),在禁食6～8小时后,在胰高血糖素作用下,肝糖原开始逐渐分解以补充血糖,在晚餐后8~12小时内,由脂肪细胞释放的游离脂肪酸的一部分被血液运输到肝,并在肝内转化为酮体,此时体内的酮体水平升高,说明已经在较大程度上利用脂肪酸氧化供能。

(二)限时饮食

限时饮食(time-restricted eating,TRE),通常是在自然禁食期之外延长禁食时间,例如,将每日禁食期延长至18小时,每日含有能量的食物仅在6小时内摄入。在禁食12小时之后,肝糖原可继续分解,但是储备的肝糖原即将耗尽,因此主要依赖糖异生来补充血糖。此时,脂肪动员增加,机体已经转入利用脂肪和肝生成的酮体作为主要能量来源的能量代谢模式。与此同时,骨骼肌在利用脂肪酸或酮体供能的时候,也可能有小部分分解为生糖氨基酸,作为肝糖异生的原料来源。

人体在12~18小时禁食状态下,增加脂肪酸分解和增加肝酮体生成,以作为机体能量主要来源,并且,肝糖原分解增加和糖异生增加以维持血糖稳态。但是,在禁食18小时之后,骨骼肌蛋白质分解增加,蛋白质分解产生的氨基酸大部分转变为丙氨酸和谷氨酰胺释放入血,在肝脏被作为糖异生的主要原料来源。

(三)禁食期细胞适应性反应

在禁食期间,机体为了适应能量短缺,在细胞层面也发生了适应性反应,包括细胞自噬等。

首先,禁食期间机体会最大限度减少合成代谢,同时刺激细胞自噬(autophagy)[25]。禁食期间葡萄糖和氨基酸水平的降低,导致哺乳动物雷帕霉素靶蛋白(mTOR)通路的活性降低,从而抑制蛋白质合成,同时刺激细胞自噬和线粒体自噬。暂时性减少人体蛋白质合成,有利于保存能量和分子资源,而自噬使细胞能够清除损伤的蛋白质和线粒体,并且回收可利用的分子成分,用于细胞内环境的维护和细胞器的修复更新。其次,禁食可刺激线粒体生物发生,细胞线粒体增生有利于高效利用脂肪酸氧化供能,增强抗应激能力和激活抗氧化防御的信号通路,使炎症减少。

限时饮食(如每日18小时禁食)及"5+2"间歇性禁食[即每周禁食2日,禁食日仅摄入500 kcal(约2 092 kJ)热量]等方案已经被作为减肥和许多疾病的辅助治疗工具[26]。由正常饮食转为限时饮食或间歇性禁食时,许多人会在禁食期间感到饥饿、易怒和难以集中注意力,这些副作用通常会在一段时间的适应后逐渐减少或消失。另外,为期数月的限时或禁食饮食方案在年轻减肥人群的实践中已经被证实安全有效,人们是否可以在更长期方案中持续获益还有待确定。

参考文献

[1] Ludwig D S, Willett W C, Volek J S, et al. Dietary fat: From foe to friend? [J]. Science, 2018, 362 (6416): 764 – 770.

[2] Hall K D, Guo J E, Courville A B, et al. Effect of a plant-based, low-fat diet versus an animal-based, ketogenic diet on *ad libitum* energy intake[J]. Nature Medicine, 2021, 27(2): 344 – 353.

[3] Veldhorst M A B, Westerterp-Plantenga M S, Westerterp K R. Gluconeogenesis and energy expenditure after a high-protein, carbohydrate-free diet[J]. The American Journal of Clinical Nutrition, 2009, 90 (3): 519 – 526.

[4] Roekenes J, Martins C. Ketogenic diets and appetite regulation[J]. Current Opinion in Clinical Nutrition & Metabolic Care, 2021, 24(4): 359 – 363.

[5] Ludwig D S, Dickinson S L, Henschel B, et al. Do lower-carbohydrate diets increase total energy expenditure? an updated and reanalyzed meta-analysis of 29 controlled-feeding studies[J]. The Journal of Nutrition, 2021, 151(3): 482 – 490.

[6] Guyenet S J, Hall K D. Overestimated impact of lower-carbohydrate diets on total energy expenditure [J]. The Journal of Nutrition, 2021, 151(8): 2496 – 2497.

[7] Ebbeling C B, Swain J F, Feldman H A, et al. Effects of dietary composition on energy expenditure during weight-loss maintenance[J]. JAMA, 2012, 307(24): 2627 – 2634.

[8] Ebbeling C B, Feldman H A, Klein G L, et al. Effects of a low carbohydrate diet on energy expenditure during weight loss maintenance: Randomized trial[J]. BMJ, 2018, 363: k4583.

[9] Crosby L, Davis B, Joshi S, et al. Ketogenic diets and chronic disease: Weighing the benefits against the risks[J]. Frontiers in Nutrition, 2021, 8: 702802.

[10] Ko G J, Rhee C M, Kalantar-Zadeh K, et al. The effects of high-protein diets on kidney health and longevity[J]. Journal of the American Society of Nephrology: JASN, 2020, 31(8): 1667 – 1679.

[11] Kalantar-Zadeh K, Kramer H M, Fouque D. High-protein diet is bad for kidney health: Unleashing the taboo[J]. Nephrology Dialysis Transplantation, 2020, 35(1): 1 – 4.

[12] Kamper A L, Strandgaard S. Long-term effects of high-protein diets on renal function[J]. Annual Review of Nutrition, 2017, 37: 347 – 369.

[13] Stanton R, Crowe T. Risks of a high-protein diet outweigh the benefits[J]. Nature, 2006, 440(7086): 868.

[14] Ocvirk S, O'Keefe S J D. Dietary fat, bile acid metabolism and colorectal cancer[J]. Seminars in Cancer Biology, 2021, 73: 347 – 355.

[15] Wan Y, Wu K N, Wang L, et al. Dietary fat and fatty acids in relation to risk of colorectal cancer[J]. European Journal of Nutrition, 2022, 61(4): 1863 – 1873.

[16] Yoo W, Zieba J K, Foegeding N J, et al. High-fat diet-induced colonocyte dysfunction escalates microbiota-derived trimethylamine *N*-oxide[J]. Science, 2021, 373(6556): 813 – 818.

[17] Tobias D K, Chen M, Manson J E, et al. Effect of low-fat diet interventions versus other diet interventions on long-term weight change in adults: A systematic review and meta-analysis[J]. The Lancet Diabetes & Endocrinology, 2015, 3(12): 968 – 979.

[18] Darcey V, Guo J E, Courville A, et al. Restriction of dietary fat, but not carbohydrate, affects brain reward regions in adults with obesity[J]. bioRxiv-Neuroscience, 2022.

[19] Trommelen J, Betz M W, Van Loon L J C. The muscle protein synthetic response to meal ingestion following resistance-type exercise[J]. Sports Medicine, 2019, 49(2): 185 – 197.

[20] Koeth R A, Wang Z N, Levison B S, et al. Intestinal microbiota metabolism of l-carnitine, a nutrient in red meat, promotes atherosclerosis[J]. Nature Medicine, 2013, 19(5): 576 – 585.

[21] Zhang X Y, Sergin I, Evans T D, et al. High-protein diets increase cardiovascular risk by activating macrophage mTOR to suppress mitophagy[J]. Nature Metabolism, 2020, 2(1): 110 – 125.

[22] Etemadi A, Sinha R, Ward M H, et al. Mortality from different causes associated with meat, heme iron, nitrates, and nitrites in the NIH-AARP Diet and Health Study: Population based cohort study[J].

BMJ，2017，357：j1957.

［23］Farvid M S，Sidahmed E，Spence N D，et al. Consumption of red meat and processed meat and cancer incidence：A systematic review and meta-analysis of prospective studies［J］. European Journal of Epidemiology，2021，36(9)：937－951.

［24］Budhathoki S，Sawada N，Iwasaki M，et al. Association of animal and plant protein intake with all-cause and cause-specific mortality in a Japanese cohort［J］. JAMA Internal Medicine，2019，179(11)：1509－1518.

［25］De Cabo R，Mattson M P. Effects of intermittent fasting on health，aging，and disease［J］. The New England Journal of Medicine，2019，381(26)：2541－2551.

［26］Cienfuegos S，Gabel K，Kalam F，et al. Effects of 4－and 6－h time-restricted feeding on weight and cardiometabolic health：A randomized controlled trial in adults with obesity［J］. Cell Metabolism，2020，32(3)：366－378.

第三章

食欲和能量代谢调节

　　"饿"或"不饿"是食欲调节的结果。食欲和能量代谢由中枢神经系统调控,下丘脑是食欲和能量代谢的调控中心。

　　食欲有两种:一种由稳态需求驱动,表现为饥饿,称为稳态食欲;另一种由享乐需求驱动,表现为想要、喜欢或渴望,无论是否饥饿,因此被称为享乐食欲。

　　人体每日能量平衡状态,决定了体重增减,而食欲决定了能量摄入,是"能量天平"的关键调节因素。遗传基因、饮食习惯和生活方式等各种个体因素和环境因素都是直接或间接通过影响食欲和能量代谢,进而调节"能量天平"的,肥胖则是长期能量正平衡的结果。

　　人体通过神经-体液-免疫调节网络维持内环境稳态,包括严格调节食欲和能量代谢。人体的生物钟和肠道菌群也会影响中枢神经系统,调节食欲和能量代谢。人们日常生活中的饮食、睡眠和运动行为都可以通过影响肠道菌群、生物节律和神经-体液-免疫调节网络,从而间接或者直接影响食欲和能量代谢调节。

　　肥胖者通常存在多巴胺食物奖励系统功能受损、肠道生态失调、肠道屏障功能下降、全身慢性炎症、中枢瘦素和胰岛素抵抗等问题,这些问题一起导致了食欲和能量代谢失调。

第一节　神经系统调控食欲和能量代谢

一、神经系统的基本组成和功能概述

人体神经系统是由中枢神经系统和周围神经系统组成。

中枢神经系统,由脑和脊髓构成。人脑包括大脑、间脑、小脑、脑干。大脑是进行学习、记忆、思考和决策的最高中枢。间脑包括丘脑、后丘脑、上丘脑、底丘脑和下丘脑 5 个部分[1],其中下丘脑是神经内分泌中枢,也是体温、摄食、生殖、体液平衡、情绪行为的主要或重要调节中枢。小脑调节肌紧张和躯体反射活动。脑干是中脑、脑桥和延髓的合称,是脊髓与大脑之间的上下通路。中枢神经组织中主要有两种细胞类型,分别是神经元(或称神经细胞)和神经胶质细胞。神经元数量约有上千亿,它们具有接收、传递、分析、整合、储存各种信息的功能,是意识、记忆、思维和行为决策的物质基础。神经胶质细胞的数量是神经元的几十甚至上百倍,它们在神经元与神经元之间或在神经元与非神经细胞之间起支持、保护、营养、修复、分割绝缘、免疫应答、保障信息传递等重要作用。

周围神经系统由脑发出的 12 对脑神经以及脊髓发出的 31 对脊神经组成,包括传入(感觉)神经和传出(运动)神经。传出神经根据所支配的器官特性,分为支配骨骼肌的躯体神经系统和支配心肌、平滑肌、腺体等的自主神经系统。传入神经相当于所有的感觉神经,包括躯体感觉、内脏感觉和特殊感觉(视觉、听觉、嗅觉、味觉),由感受器或感受器官、传入神经通路组成。

感受器是指分布于体表或组织内部的专门感受机体内、外环境变化的装置,其功能是将环境中的不同形式的刺激能量(如机械能、热能、电磁能和化学能等)转换成神经元的生物电信号。

周围神经分布于全身,将中枢神经系统与全身其他组织器官联系起来,使人体成为统一有机整体。中枢神经系统通过遍布全身不计其数的感受装置(感受器和感受器官)及其传入神经通路感知体内外环境变化,整合各种信息产生意识活动,并通过躯体神经系统、自主神经系统、神经内分泌系统做出相应的反应,调节体内各器官和系统的功能活动,使人体适应体内外环境变化,从而维持机体功能正常运行和内环境稳态。

二、下丘脑是"稳态食欲"和能量代谢的调控中心

中枢神经系统,可通过传入神经和循环血液接收信息,这些信息包括由脂肪组织、肝脏、胰腺和胃肠道等器官释放的激素或从食物中吸收的营养物质,这些信息充当大脑的稳态反馈信号,大脑整合这些信息以协调神经内分泌和自主神经系统,实施适当代谢反应和行为(如产生饥饿感、开始摄食、停止摄食和/或脂肪生热),在维持代谢稳态中起着关键作用[2]。下丘脑通过整合能量储备信号、营养信号和激素信号,并以饥饿感和饱腹感作为调节摄食行为的驱动力,被称为"稳态食欲",这是人类生存的基础。因此,下丘脑是"稳态食欲"和能量代谢的调控中心。"稳态食欲"是人们感觉"饿"或"不饿",以及进一步摄食行为决策的关键调节因素,在正常情况下,其他因素(包括外环境和内环境因素)都直接或间接地服务于"稳态食欲",以维持人体物质能量代谢的动态平衡[3]。

(一)下丘脑的"饿中枢"和"饱中枢"

下丘脑神经元回路中的不同神经元群体间相互联系监测内部状态,对食欲和能量代谢以及体温、情绪、昼夜节律等进行严格调控。全基因组关联研究发现,大多数与肥胖或代谢综合征相关基因在中枢神经系统中表达,其中多数在下丘脑中表达[4-5]。下丘脑的弓状核(ARC)是研究最详细的区域,大量研究表明弓状核在食欲和能量代谢调控中起着关键作用[6]。

在下丘脑的弓状核中有两个特征明显、相互关联且功能拮抗的神经元群,参与调控食欲和能量代谢[6]。下丘脑弓状核中包括刺激食欲的共表达刺鼠相关肽/神经肽Y(AgRP/NPY)神经元,以及抑制食欲的共表达阿黑皮素原/可卡因-苯丙胺相关转录肽(POMC/CART)神经元。在下文中,简称AgRP神经元和POMC神经元,它们分别是下丘脑的"饿中枢"和"饱中枢"。

POMC神经元主要通过释放α-促黑素(α-MSH),激活突触后表达黑皮质素4受体(MC4R)的神经元来抑制食欲和调节全身能量代谢,因此影响POMC或MC4R的基因突变导致严重的肥胖,人工合成的MC4R激动剂现在正在被用于治疗肥胖。AgRP神经元通过释放AgRP作为MC4R反向激动剂,同时释放神经肽Y(NPY)以及γ-氨基丁酸(GABA),发挥刺激食欲和调节能量代谢的作用[2,6]。

AgRP神经元激活,刺激食欲并增加食物摄入。AgRP神经元感知和整合外周代谢信号,在禁食情况下或感知能量缺乏时,AgRP神经元被激活,饥饿感增加,而用餐后抑制了AgRP神经元活动。除了在调节食欲中的作用外,AgRP神经元激活还减少脂肪利用,并增加全身葡萄糖利用。

POMC神经元激活,抑制食欲并减少食物摄入。POMC神经元感知和整合外周代谢信号,当能量充足时被激活,除了抑制食欲同时还增加能量消耗。POMC

神经元小部分也存在于下丘脑外,在脑干孤束核(NTS)中,对调节食欲的胃肠道激素十分敏感,孤束核 POMC 神经元被激活后迅速抑制食欲。

基于 AgRP 神经元和 POMC 神经元相互关联又相互拮抗,一阳一阴的神经生物学模型(如图 3 - 1),仅为理解大脑如何调节全身能量平衡提供基础观点,可能过于简单化和不完整。随着研究的进一步深入,AgRP 和 POMC 神经元以及脑内其他神经元如何影响食欲和能量平衡的故事还将进一步的展开,其中的情节可能充满曲折、转折和惊喜。例如,具有异质性的 POMC 神经元,位于脑干的臂旁核(PBN)和孤束核(NTS)中的神经元亚群,与下丘脑弓状核中的 AgRP 和 POMC 神经元,深入研究三者之间如何相互影响,将有助于我们进一步理解外周营养和激素在中枢神经系统参与食欲和能量代谢调节的更详细情况[7-9]。

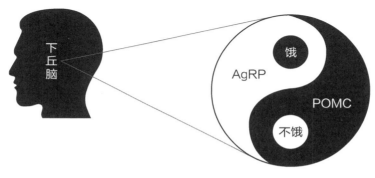

图 3 - 1 下丘脑 AgRP 神经元和 POMC 神经元调节食欲和能量代谢

(二)影响下丘脑食欲调节的相关信号

AgRP 神经元和 POMC 神经元相互关联又相互拮抗,整合长期能量储备信号、短期能量缺乏或充足信号,产生饥饿感或饱腹感。饥饿感或饱腹感以及嗅觉、味觉、视觉、记忆、情感和认知等各方面的信息经大脑高级中枢综合分析后,做出价值评估和利弊权衡,最后发出开始摄食或停止摄食的行为决策指令[10]。

有学者依据大量的研究数据提出,下丘脑的弓状核(ARC)中的 AgRP 和 POMC 神经元群接收三股信息流[11]。第一股信息流由能量储备信号组成,如来自脂肪组织分泌的瘦素,它们报告体内的能量储备情况,并随人体脂肪存量波动。第二股信息流由肠道中的食物触发的检测信号组成,这些信号报告了过去几分钟摄入食物的成分、能量、体积等短期信息。这些信号主要来自消化系统的肝、胰腺、胃肠道的营养信号、激素信号和胃肠道的机械信号。第三股信息流来自外部世界的感官线索,这些线索报告了每时每刻的食物供应情况,并预测即将到来的食物摄入。AgRP 和 POMC 神经元的功能是整合这三股信息流,以产生能量需求的连贯估计。重要的是,这个过程不仅考虑了当前的能量储备,还考虑了由于持续或即将到来的食物摄入而导致的能量平衡的预测变化。AgRP 和 POMC 神经元对前馈和反馈的信号进行整合,能够最准确地估计能量状态。越来越多的证据支持 AgRP 和 POMC 神经元作为"能量计算器"的模型,然后将这些信息广播到下游电路(高级中枢),而不是作为直接控制行为输出的神经元。

1. 能量储备信号——瘦素

瘦素主要来自白色脂肪细胞,是反映人体能量储备水平的内分泌信号,脂肪储量越多分泌越多,脂肪储量越少分泌越少。瘦素在下丘脑逐渐抑制 AgRP 神经元活动,并在数小时的时间尺度上逐渐激活 POMC 神经元,有效且持续抑制食欲。

2. 短期营养信号

下丘脑可感知短期营养信号变化,包括食物消化吸收后的葡萄糖、脂肪酸、氨基酸以及肠道菌群代谢物短链脂肪酸等,它们通过血液或迷走神经系统向大脑发出信号[12]。葡萄糖是大脑的首要能量来源,低血糖可能带来致命风险。下丘脑可以实时感知血糖水平的细微变化,当血糖水平陡然下降时 AgRP 神经元被激活,通过增加食欲(饥饿)催促进食,来抵抗可能产生的低血糖风险[8]。因此,餐后血糖降得太快是下一餐来临之前感觉饥饿的重要原因之一[13]。然而,在餐后食物消化吸收完成至下一餐来临前,来自肠道糖异生的葡萄糖信号在肝门静脉被下丘脑感知,是保持"不饿"的重要因素。食物营养成分在肠道被吸收后,下丘脑也可以直接感知脂肪酸和氨基酸,用于整合餐后的能量状态信息[14-15]。食物中不易被消化吸收的天然膳食纤维在肠道远端被细菌发酵产生的短链脂肪酸,可直接进入下丘脑或通过迷走神经,激活厌食 POMC 神经元,从而抑制食欲[16]。

值得注意的是,肥胖可能会导致 AgRP 神经元和 POMC 神经元感知营养信号的敏感性下降。在动物实验中,肥胖导致 POMC 神经元对葡萄糖的敏感性下降,也使 AgRP 神经元对脂肪的敏感性下降,这可能与肥胖者食欲失调有关[17-18]。另外,在动物实验中,急性高脂肪饮食会激活弓状核(ARC)中的孤啡肽前体(PNOC)神经元,它向 POMC 神经元提供抑制性突触输入,导致食欲亢进[19]。这似乎可以部分解释为什么人们在品尝"很香"的高能量零食后,情不自禁地吃了很多。

还需注意,酒精(乙醇)的能量系数为 7 kcal/g(约 29 kJ/g),是仅次于脂肪的高能量物质。与其他携带能量的营养物质不同,摄入酒精可能通过激活 AgRP 神经元[20]导致饥饿感增加。有研究表明,酒精与食物气味会发生相互作用,从而起到开胃的作用,这也是它增加能量摄入,促进肥胖的重要因素之一。

3. 其他激素信号

瘦素以外的其他激素信号主要包括胃饥饿素、胰岛素、胆囊收缩素、胰高血糖素样肽-1、酪酪肽等。胃饥饿素主要来自胃底部细胞,在餐前升高,充当进餐信号,通过刺激 AgRP 神经元活动和抑制 POMC 神经元活动来诱导进食,直至饱腹感来临。胰岛素来自胰岛 B 细胞,通过抑制 AgRP 神经元和激活 POMC 神经元抑制食欲。胆囊收缩素(CCK)由肠内分泌细胞释放,主要在脂肪摄入时释放到循环中,能够迅速抑制 AgRP 神经元和激活黑皮质素 4 受体(MC4R),从而抑制食欲。胰高血糖素样肽-1 由肠道 L 细胞分泌,可通过激活 POMC 神经元抑制食欲。酪酪肽从肠道 L 细胞释放,可通过抑制 AgRP 神经元抑制食欲。更多有关内分泌激素如何影响食欲和能量代谢调节的内容将在下一节中详细介绍。

4. 胃肠道机械信号

胃肠道机械信号,是饱餐后由胃和肠道的拉伸、膨胀而触发机械感受器产生,并通过迷走神经传入中枢的饱腹信号。饱餐后,由迷走神经支配的胃(GLP-1R)肠(OXTR)IGLE 机械感受器被激活,从而抑制 AgRP 神经元活动。即使在没有营养物质的情况下,增大肠道内容物体积也足以抑制食物摄入和 AgRP 神经元活性。

除了上述因素以外,运动、肠道菌群、肠道糖异生、感官刺激、食物奖励系统、睡眠和饮食规律等因素都会影响食欲和能量代谢。并且,各种影响下丘脑食欲和能量代谢调节的因素之间有些也相互影响。它们交织在一起,协同形成了一个调节食欲和能量代谢稳态的信息网络,如图 3-2 所示。

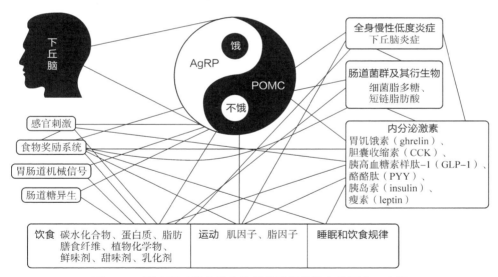

图 3-2　影响下丘脑食欲和能量代谢调节的各种因素示意图

三、多巴胺系统是"享乐食欲"的核心参与者

下丘脑的弓状核(ARC)是"稳态食欲"的调控中心。除此以外,人体内还有一套影响食欲的奖励机制。当人们摄食美味又营养的食物时,会激活脑内由特定神

经介质和神经通路组成的奖励系统,让人体验享受美食的快乐,以此强化食物价值和食物认知,并鼓励再次消费,这种利用奖励和享乐为手段的饮食行为驱动力被称为"享乐食欲"。多巴胺系统处于食物奖励系统的核心地位,其他神经递质也通过调节多巴胺系统参与食物奖励的调节,例如内源性阿片肽系统或内源性大麻素系统。

(一) 多巴胺信号通路

神经系统各种活动的本质是化学物质的传递,多巴胺信号通路以多巴胺为神经递质。多巴胺(DA)是一种儿茶酚胺类神经递质,脑内合成多巴胺的神经元主要分布在黑质(substantia nigra,SN)和腹侧被盖区(ventral tegmental area,VTA)。

从黑质投射到纹状体,构成黑质-纹状体通路,该通路调节机体的运动功能,是产生好奇、摄食、探索等活动驱动力的基础[1]。

从腹侧被盖区投射到伏隔核(NAc)、杏仁核(Am)和海马(Hip)以及眶额叶皮层(OFC)、前额叶皮层(PFC)和前扣带回(CG),这条通路在正常生理状态下参与摄食、饮水等行为的调节和强化,也被认为与食物的奖励和成瘾有关,是海洛因、尼古丁等成瘾性药物作用的关键通路[1,21]。示意图如图3-3:伏隔核在奖励和成瘾方面起重要作用,杏仁核、海马参与形成刺激-奖励关系的记忆,眶额叶皮层参与决策、预期、奖励、惩罚,前额叶皮层和前扣带回参与抑制调节和情绪调节。

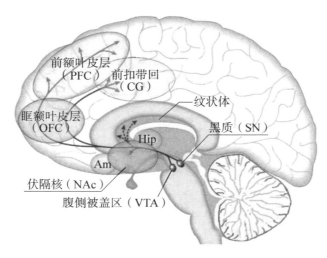

图3-3 多巴胺奖励通路示意图

多巴胺神经元利用血液中摄取的酪氨酸,先后在酪氨酸羟化酶(TH)和多巴脱羧酶(DDC)的作用下合成多巴胺。合成的多巴胺被输送到神经元突触末端,并储存在突触囊泡中,直到动作电位到达神经末梢时,多巴胺被释放到突触间隙中,与多巴胺受体结合后发挥生物学效应。此外,释放到突触间隙中的多巴胺通过细胞膜上的多巴胺转运体(DAT),约1/3被突触前膜重摄取,这是清除突触间多巴胺的主要途径[1]。肥胖与多巴胺受体下调和多巴胺转运体功能降低有关[22]。

(二)饮食行为和多巴胺释放特征

人类在看到、闻到、品尝到食物后会激活多巴胺神经元,导致不同程度的多巴胺释放,这可能是基于以往学习经验,做出食物价值评估,以鼓励开始寻找食物或鼓励摄食吞咽。

首先,人类通过视觉信息和多巴胺协同作用,有利于高效率获取食物,这也是制作精良的美食广告促进消费行为的神经生物学机制之一[23-24]。

其次,当我们闻到食物的气味或食物入口时,美味食物会强烈刺激多巴胺释放[25-26],这一次释放量与对食物渴望程度成正比例,以此奖励之前的摄食行为,鼓励继续进食,此时似乎有个声音在说:"很好,就是这个味!"

最后,在食物消化吸收后,多巴胺再次释放。这一次释放是大脑的高级认知中枢对食物营养价值进行综合评价后做出的奖励反应[25,27-28],以此强化对食物营养价值的认知,指导对高营养食物的摄取,鼓励再次进食。此时似乎有个声音在说:"非常好,营养很丰富!"

(三)影响多巴胺食物奖励系统的因素

1. 食物的风味和营养决定奖励强度

人类通过视觉、嗅觉和味觉对食物的价值做出评估,并通过多巴胺奖励系统做出价值评价。因此,食物的诱人色泽、浓郁香气和甜美味道(即包括食物"色、香、味"以及形状口感在内的食物风味)是刺激多巴胺奖励的有效食物特征。天然食物的风味通常在很大限度上代表了食物的营养价值,例如,甜味和脂肪味通常代表了富含葡萄糖、果糖或脂肪的能量丰富的食物,是多巴胺的强效刺激剂[29-30]。

食物消化吸收后,由肠道和肝门静脉中的化学感受器感知营养价值,并通过神经和内分泌途径传送到大脑,可有效刺激多巴胺奖励系统,以指导食物选择行为,而且,食物营养价值奖励可以独立起作用,无须口腔味觉体验协助[31]。例如,哪怕在口腔中并未感觉到富含淀粉的食物有明显的甜味,但其在肠道消化过程中产生的葡萄糖被大脑迅速感知,并刺激多巴胺释放。

需要强调的是,富含脂肪和糖的食物会产生叠加超额奖励效应[32],不但强烈刺激多巴胺分泌,而且可能触发内源性阿片肽系统或内源性大麻素系统协同参与强化奖励价值,导致摄食动机改变并加快习惯性反应的形成进程,促进食物成瘾。不仅如此,摄入这些"糖油混合物"还会降低天然食物在下丘脑调节食欲的正常作用,导致"稳态食欲"失调。

另外,食物的血糖生成指数似乎也会影响摄食某种食物后的多巴胺奖励效果。

有研究表明,摄入高血糖生成指数的食物后,会刺激多巴胺食物奖励通路中的关键区域伏隔核更大激活,并且与餐后饥饿感增加和对食物的渴望有关[33-34]。高血糖生成指数食物的这种促食欲效应,可部分解释食用由精制淀粉加工而成的食物(如白米饭、馒头和面条)或超加工食品为什么不利于减脂计划的顺利实施。

2. 超加工食品是食物奖励系统稳态的破坏者

超加工食品为享乐而生,它在研发设计阶段就已经充分考虑了食物奖励机制的神经生物学效应[35]。如今,合法利用食品添加剂,可以轻而易举地配制出满足不同年龄和性别人群需求的饮料、点心等"美味食品"。超加工食品的主要特征是色泽诱人,香气浓郁,以及口感、味道好。在自然界中,任何食物都不可能同时具备上述特征,即使母乳,平均也只含有约3.5%脂肪和7%碳水化合物,而一些典型的超加工休闲食品含有超过20%脂肪和50%碳水化合物,因此超加工食品对于多巴胺系统的稳态具有极大的破坏性[32]。例如,以脂肪、淀粉或添加糖为主要原料混合而成的饼干、巧克力、甜甜圈、蛋糕、奶茶、冰激凌等各种零食甜点都具有强烈刺激多巴胺系统产生叠加超额奖励效应。还有,添加几乎不含能量的人工甜味剂(如三氯蔗糖)的无糖饮料,饮用时会在口腔迅速刺激多巴胺分泌,而不能在胃肠道激活营养感受器触发多巴胺奖励效应,导致预期与结果的巨大落差,从而使人体产生对能量更强烈的渴望,可能导致报复性消费以抚慰被欺骗的创伤[36-38]。女性或肥胖者,尤其是肥胖的女性,对于人工甜味剂的促食欲反应可能更敏感[39]。

总之,经常食用超加工食品,强烈刺激多巴胺分泌,可能导致多巴胺信号敏感性下降,从而需要吃更多"美味食品"以刺激多巴胺分泌才能获得必要的奖励,最终进入恶性循环[40-41]。

3. 内分泌激素是食物奖励强度的调节者

内分泌激素影响"稳态食欲",也不同程度影响多巴胺食物奖励机制,充当奖励强度调节的信号分子。

瘦素主要来自白色脂肪组织,它在中枢神经调节食欲。瘦素受体在腹侧被盖区多巴胺神经元中表达,通过抑制这些神经元,改变多巴胺下游信号转导来调节伏隔核、纹状体的多巴胺活动,抑制多巴胺奖励效果从而减少享乐食欲[42]。瘦素受体也在腹侧被盖区GABA(γ-氨基丁酸)神经元中表达,大量投射到伏隔核的多巴胺神经元受其支配,瘦素可激活这些GABA神经元,从而抑制投射到伏隔核的多巴胺神经元活性,减少食物奖励[43]。另外,瘦素作用于下丘脑外侧区表达瘦素受体的神经元,这些神经元通过投射到腹侧被盖区,间接调节多巴胺神经元来抑制"享乐食欲"[44]。遗憾的是,肥胖人群处于瘦素抵抗状态,削弱了瘦素在大脑中参与调节"稳态食欲"和"享乐食欲"的正常功能。

胰岛素是胰腺分泌的促进合成代谢的激素,也在中枢神经系统调节食欲。胰岛素受体在纹状体和腹侧被盖区的多巴胺神经元中表达。胰岛素可能通过调节多巴胺神经元活动和随后的突触多巴胺释放，以及突触间多巴胺浓度，来降低食物的奖励价值，抑制可口食物的奖励效应，从而减少食物摄入量[45-47]。同样遗憾的是，肥胖者中枢胰岛素敏感性降低，也处于胰岛素抵抗状态，因此也削弱了胰岛素在中枢神经调节奖励信号抑制食欲的作用。

胰高血糖素样肽-1（GLP-1）由肠道肠内分泌细胞和脑 GLP-1 神经元分泌。脑内 GLP-1 受体广泛表达，包括在腹侧被盖区和伏隔核。GLP-1 受体激活改变了腹侧被盖区多巴胺基因的表达，而这足以减少饥饿驱动的进食和食物享乐价值驱动的摄食动机[48]。

胃饥饿素从胃中分泌，是唯一已知促进食欲的胃肠激素。胃饥饿素作用于腹侧被盖区中的神经元来增强食物的奖励价值，这增加了从腹侧被盖区到伏隔核多巴胺能通路的激活[49]。此外，有证据表明，胃饥饿素也会影响内源性阿片肽系统或内源性大麻素系统，从而增加食物的奖励价值[49]。胃饥饿素在食物奖励系统的主要作用是增强对食物的渴望，促进摄食行为的开始，同时提高普通食物的奖励价值，似乎让人感觉粗茶淡饭也很香。

四、当"享乐"凌驾于"稳态"之上

从人类演化的角度看，对于饮食行为的奖励是为了强化食物价值和食物认知，是促进寻找、发现、辨别、选择、品尝、确认、记忆等整个摄食行为的必要机制。这种以多巴胺为主要介质的奖励机制本质上服务于物质和能量代谢稳态，对于动物和人类的生存至关重要。在动物中使用多巴胺受体阻断剂抑制多巴胺信号转导，导致动物运动减少，失去摄食的动力，甚至不饮不食直至死亡[1]。而如今，人类的生活环境中各种各样的"美味"超加工食品泛滥，"西式饮食"广受欢迎。同时伴随着生活节奏加快，年轻一代逐渐失去烹饪食物的兴趣和能力，这反过来又进一步促进了年轻人对超加工食品的依赖。以满足享乐需求并强化享乐需求为主要特性的超加工食品已成功利用这种食物奖励神经生物学机制，带领人们走进了以"享乐"为中心的食品消费时代[50-52]。

（一）"就好这一口"可能是食物成瘾

特定饮食习惯，是由特定外在环境因素和人体内在生物机制间相互作用，久而久之形成的一种大脑的饮食认知。这种饮食认知背后的神经生物学机制至少包括多巴胺食物奖励机制和下丘脑稳态调节机制之间相互影响，进而达到某种暂时性的平衡，目的是适应环境的变化而更好地生存。然而，当人们仅以享乐为目的，长期偏爱于某一种食物时，"享乐机制"长期凌驾于"稳态机制"之上，会导致食物奖励机制功能受损，甚至出现食物成瘾样症状。

如果承认含酒精饮料属于食物的范畴，那么食物成瘾已经是无可争议的事实。但是，含酒精饮料以外的食物是否成瘾，似乎还有争议，因为糖、蛋白质、脂肪等各种营养素是我们赖以生存的营养物质的基础成分。来自人类神经影像学研究的证据表明，食用高度可口食物时，黑质、纹状体和腹侧被盖区投射到伏隔核的多巴胺能通路被强烈激活，更为关键的是，前述摄食奖励通路与药物滥用（如尼古丁、大麻、酒精）所激活的神经通路重叠[53]。因此，如果经常摄入超加工食品，并且出现摄入量超出预期、持续渴望、多次戒断失败、明知有害继续食用、不吃难受吃了感觉好一点等情况，可能已经处于特定食物成瘾状态。

超加工食品的主要配方不仅包含了果糖、咖啡因、长链饱和脂肪酸等食物中常见的可能促进食物成瘾的成分，而且为了提升口感添加了多种食品添加剂，这些添加剂（如人工甜味剂和鲜味物质）可能直接或间接通过破坏"稳态食欲"调节机制，从而促进食物成瘾[54]。可乐、奶茶、甜点、休闲零食等超加工食品都具有成瘾的必要成分特征，都可能会使人上瘾[55]。如果每天习惯性地摄入又香又甜（糖＋脂肪）的零食，数周后可能就会对低脂肪食物失去兴趣，对香甜食物渴望明显增加[56]。事实上，含糖饮料等各种超加工成瘾性食品已经成为推进肥胖和非传染性慢性疾病全球大流行的中坚力量[57]。

（二）食物成瘾与肥胖"哥俩好"

肥胖与食物成瘾有关。在一项研究中，从一般人群中招募的 652 名成年人大约有 5％被归类为食物成瘾者，并且这些人明显为超重或肥胖者[58]。女性似乎更容易成为食物成瘾者，这可能与她们喜欢零食有关，并导致她们的内脏脂肪积累增加，主要表现为腹部肥胖[59]。重要的是，父母的错误饮食认知和不健康的家庭饮食习惯是导致儿童食物成瘾和肥胖的主要原因[60]。因此每位为人父母者都有必要提升饮食认知水平，尽快消除不健康饮食习惯对儿童长期健康的影响。

肥胖是长期能量正平衡的结果，而高度可口的超加工食品导致能量摄入过多从而推动肥胖的进程，可能与它具有明显的成瘾成分特性有关。正如超加工食品的广告语所言"好吃，你就多吃点"。摄入这些能量密度高，营养价值低而高度可口的食物，将导致能量代谢失衡，长期的能量正平衡必然导致肥胖[61]。在肥胖个体中观察到多巴胺能通路信号转导缺陷，包括纹状体多巴胺受体可用性降低，以及负责抑制控制和决策制定的脑神经区域基线活性降低，导致他们需要摄入更多高能量密度和高度可口的食物刺激多巴胺分泌，以补偿多巴胺信号转导的缺陷，才能获得预期的奖励[22,62-63]。因此，在减脂计划实施的初期，有一部分人可能需要经历克服特定食物"戒断反应"的生理和心理适应期，适应期的时间长短和"戒断反应"程度可能因人而异。

食物成瘾者如果长期食用超加工食品，还可能导致肠道微生态失衡、肠道屏蔽功能受损,增加细菌脂多糖(LPS)入血。脂多糖是革兰阴性细菌细胞壁的组成成分,是一种内毒素,脂多糖入血诱发代谢性内毒素血症和全身慢性低度炎症(包括下丘脑炎症),这种低度的慢性炎症会扰乱内分泌信号转导,又进一步损害"稳态食欲"和"享乐食欲"之间的平衡,导致食欲和能量代谢失调[64]。

总之,当食物不好吃时,AgRP 神经元对于驱动进食很重要,这是基于物质能量代谢稳态的需求。而当食物非常可口时,AgRP 神经元显得可有可无[65]。此时"享乐"凌驾于"稳态"之上,似乎有一个声音在脑内回荡:"喜欢,你就多吃点吧!"。这是来自"肥胖乐园"的呼唤。

五、视觉、嗅觉、味觉参与食欲调节

(一)美食广告刺激食欲

人类通过视觉系统感知食物的色泽、形状等信息,并与记忆中的食物特性迅速进行比对和分析,以此得出食物价值的初步判断。因此,那些代表美味和能量的美食广告以其巧妙的视觉效果成功唤起了我们对食物的渴望,即使我们不是真的饿了[23-24]。

对于健康成年人来说,当面对美味食物视觉刺激时,参与食欲调节的稳态和奖励区域被适度激活。而肥胖者或青少年对于食物视觉刺激表现出中枢食物奖励系统被过度激活,增加了对食物的渴望[66],此时极易触发零食行为,而零食行为是引发肥胖和代谢失调的重要因素。因此,无孔不入的含糖饮料、糕点、薯片、洋快餐等超加工食品广告有害,特别是对于肥胖者和青少年。请一定要屏蔽它们。

(二)嗅觉初步判断营养价值

嗅觉系统是一个接口,感知外部化学世界,人类嗅觉细胞能够辨别的气味约1 万种。嗅细胞是唯一存在于上皮的感觉神经元,也是唯一源于中枢神经系统且能感受环境中化学物质刺激的神经元。嗅细胞上有 10～30 根嗅毛。嗅毛作为嗅觉感受器,其上分布着不同的嗅觉受体,可接受不同的化学物质刺激,使嗅细胞产生冲动,通过其神经轴突穿过颅骨筛板到达嗅球,产生嗅觉。嗅球将信息进一步投射到梨状皮层等嗅觉相关中枢,梨状皮层再投射到丘脑、下丘脑、海马和杏仁,这些更高级中枢对嗅觉信息进一步解码整合,将嗅觉信息和认知、内脏活动、情绪及内环境稳态联系起来。

嗅细胞上表达葡萄糖转运蛋白和胰岛素受体、氨基酸转运蛋白和氨基酸受体、脂肪酸转运蛋白和脂肪酸受体。嗅细胞上也表达各种代谢激素受体(如胰岛素、瘦素、胃饥饿素、胆囊收缩素等激素受体),因此内分泌激素可以影响嗅觉敏感性,如胃饥饿素在饥饿时分泌量增加,此时嗅觉系统的敏感性也增加,这有利于提高觅食效率[67]。总之,嗅觉系统对于饮食行为的作用类似于"非接触式营养传感器",同时内分泌系统参与调节这些传感器的灵敏度[68]。在大脑中,多巴胺奖励系统似乎负责为来自食物气味编码的信息添加额外标签,以评估食物价值,以便在食物入口前做出了适当的奖励反应[69]。

正常的嗅觉系统对于饮食行为非常重要,而肥胖者嗅觉系统可能受损,导致对于食物的初步营养价值判断偏差。而减肥可以逆转嗅觉受损[70]。对于嗅觉受损是否进一步促进肥胖的发展,人们尚有争议,但是可以推测,嗅觉受损者可能会偏爱气味更浓郁的食物而不是水果和蔬菜,或者会增加调味品和香料的使用量。

超加工食品富含不健康脂肪、添加糖以及多种食品添加剂,但缺乏天然复杂膳食纤维,容易导致肠道微生态失调和肠道屏障功能受损,增加细菌脂多糖入血,可能诱导嗅觉功能受损[71-72]。

(三) 味觉与食欲调节

1. 口腔中的味蕾

人类的口腔约有 10 万个味蕾,儿童味蕾数量可能更多,老年人味蕾数量可能更少[1]。

每个味蕾由 50～100 个味觉感受器细胞(以下简称味觉细胞)组成,这些细胞是化学感受器细胞。味觉细胞的平均寿命为 10～14 天,这意味着每天大约 10% 的味觉细胞在每个味蕾中更新,从而为人类适应环境变化不断改变"口味偏好"提供物质基础[73]。肥胖引起的慢性低度炎症会破坏这种细胞更新和死亡的平衡,从而影响味觉功能。

人类苦味的感受阈值低,而甜味的感受阈值高。因此,苦味觉受体作为味觉系统中的警告传感器,可以敏锐地检测苦味,以免摄入潜在有毒物质;反之,甜味较高的感受阈值则鼓励摄入更多营养物质。但是,味觉细胞是一种快适应感受器,长时间受到某种味质刺激时,其味觉敏感性下降。

2. 胃肠道发出"先苦后甜"的感叹

人类苦味觉受体(T2R)目前已证实由 30 多种 G 蛋白偶联受体家族成员组成,因此可以检测自然界中多种不同的苦味物质。这些受体基因除了在口腔中表达,也在脂肪组织、胰腺和胃肠道中表达,也就是说,苦味不仅在口腔被感知,还在胃肠道被感知[74-75]。

苦味物质(如苦瓜等)摄入,通过激活苦味受体,刺激胆囊收缩素、胰高血糖素样肽-1 等肠道饱腹激素分泌[76-78],增加饱腹感,减少享乐性食欲,减少能量摄入。研究表明,摄入苦味物质导致餐后胃排空延迟[77],这可能与餐后饱腹感增加有关。体外细胞研究表明,苦瓜汁还可以下调脂肪生成基因表达,抑制脂肪生成,刺激人脂肪细胞中脂肪分解活性[79]。

因为前述苦味受体激活后产生"先苦后甜"的代谢反应,包括延缓胃排空、增加饱腹感、影响脂质代谢,导致苦瓜等苦味食物已经被建议作为减肥候选食材。

3. 肥胖者味觉系统受损的因和果

肥胖者表现出味觉系统功能受损[80-81]。

味觉细胞平均寿命只有一两周,在成年期经历持续的更新,并严格维持细胞增殖和死亡之间的平衡。最新研究显示,急性炎症事件可以改变这种平衡。例如,摄入富含不健康脂肪和糖且缺少膳食纤维的超加工食品,诱导脂多糖入血,在味蕾中诱导促炎细胞因子分泌,导致慢性炎症[82]。脂多糖诱导的炎症抑制味觉祖细胞增殖并干扰味觉细胞更新,且缩短味觉细胞的平均寿命[83]。另外,肥胖引起的慢性低度炎症也会破坏味觉细胞更新和细胞死亡的平衡,从而减少味蕾中味觉细胞的数量[84]。

肥胖者味觉细胞数量减少,可能直接导致味觉敏感性下降或味觉阈值改变,从而喜好更浓郁的味道刺激[85-86]。在日常生活中,味道浓郁的食物通常代表了更高的能量密度,如更多的脂肪和糖,或更多刺激味觉的添加剂如各种人工增味剂、甜味剂等,这些都可能进一步促进能量失衡和肥胖的发展。

另外,有研究发现,超重和肥胖的人味觉受体基因表达下降[87],并且缺乏甜味感知阈值的昼夜变化[88]。味觉受体基因表达下降,特别是胃肠道味觉受体基因表达下降[89],可能导致餐后饱腹感明显降低,而味觉阈值的昼夜变化控制失效可能与胰岛素抵抗有关。

总之,肥胖受试者中发现的上述味觉系统受损的种种不良后果也可能是长期摄入肥甘厚味"美食"所导致的,无论起源何处,似乎又是一个恶性循环。

六、来自肝门静脉的葡萄糖信号转化为"不饿"

包括人类在内的大多数哺乳动物都无法忍受超过几分钟的低血糖,尤其是大脑,可能因低血糖而遭受潜在的不可逆转的损害。因此,当餐后血糖大幅下降时通过激活下丘脑 AgRP 神经元产生饥饿感,催促赶快进食[8,13]。

肝门静脉收集除肝脏以外不成对的全部内脏的静脉血,包括食管腹段、胃、十二指肠、小肠、大肠、脾、胰腺、胆囊的静脉血。特殊的解剖位置决定了肝门静脉是体内最适合大脑感知葡萄糖变化的地方。脑感知来自肝门静脉的葡萄糖信号,是利用存在于肝门静脉的葡萄糖感受器。葡萄糖感受器可能凭借钠-葡萄糖协同转运蛋白(SGLT-1、SGLT-2、SGLT-3)感知葡萄糖的细微浓度变化,并通过脊髓神经将实时葡萄糖水平信号传入大脑[12,90]。肝门静脉葡萄糖感受器感知餐后来自食物消化吸收期的葡萄糖,以及肠道糖异生产生的葡萄糖。

在摄入缺乏充足膳食纤维和蛋白质的饮食的情况下,食物消化吸收后期至下一次进食前(如餐后3小时之后),肠道糖异生水平非常低,此时肝门静脉血浆葡萄糖浓度逐渐降至动脉葡萄糖浓度以下,大脑通过肝门静脉葡萄糖感受器感知这种落差,并通过增加饥饿感来催促尽快进食补充能量(葡萄糖)。在摄入富含天然复杂膳食纤维和蛋白质的饮食的条件下,在食物消化吸收后,未被消化的膳食纤维经细菌发酵产生的短链脂肪酸和蛋白质通过不同途径诱导肠道糖异生(详见本书第二章第二节"肠道糖异生"相关内容),使消化吸收后期至下一次进食前肝门静脉葡萄糖浓度升高,然后肝门静脉葡萄糖感受器将信号发送至大脑,从而下丘脑 AgRP 神经元活动被抑制,饥饿感变钝,转化为餐后更长时间的"不饿"[91]。

因此,膳食中包含充足蛋白质和天然复杂膳食纤维是减脂饮食计划的重要内容。

七、来自胃肠道的机械信号转化为快速和持久的饱腹感

人类的每一顿饭、每一次饮食行为都受到严格调节,神经系统监测的内容包括食物的化学成分,也包括食物的体积,监测位置主要在胃肠道[92]。一种被称为神经足细胞的肠道上皮细胞与迷走神经形成突触(突触是一个神经元与另一个神经元相互传递信息的特殊结构),它们形成的神经回路使肠道能够将肠腔内的营养物质刺激在几毫秒内传至大脑[93],这样大脑就可以理解我们吃的是什么东西。此外,食物沿着消化道产生连续的机械感觉信号,进入胃肠道的食物物理体积是大脑感知食物摄入总量的关键指标[94]。

迷走神经是监测消化系统、心血管系统和呼吸系统的关键的神经通路,它在大脑和外周器官之间双向提供信息。大多数纤维是迷走神经传入纤维,将感觉信息从内脏器官传递到大脑。在胃肠道内,迷走神经感觉神经元可检测胃肠道激素信号、营养物质信号以及胃肠道拉伸(和/或膨胀)机械信号。胃肠道的肌肉层密密麻麻地布满了被称为 IGLE 的机械感受器,并由迷走神经传入神经支配,刺激这些肠道机械感受器足以激活脑干中的促进饱腹感的神经回路,并抑制下丘脑中促进饥饿的 AgRP 神经元,即使在没有营养物质的情况下,增大肠道内容物体积也足以抑制 AgRP 神经元活动和食物摄入[95]。

动物实验表明,迷走神经支配的胃(GLP-1R)和肠(OXTR)的 IGLE 机械感受器被激活后,可迅速抑制 AgRP 神经元活动。这两种机械感受器亚型抑制 AgRP神经元具有不同的动力学效应:刺激胃支配的 GLP-1R 神经元导致 AgRP 神经元活动被快速但短暂地抑制,而刺激肠道支配的 OXTR 神经元会快速且持久地抑制 AgRP 神经元活动。

因此,餐盘中应增加全谷物、豆类、菌类、海藻、蔬菜等富含天然膳食纤维的食

物,因为这些食物消化吸收缓慢,并且同等热量的这类食物体积较大,可以延缓胃排空,可能增加食物在近端肠道停留时间,从而刺激胃和肠迷走神经机械感受器,"胃胀"和"肠饱"协调配合,在餐后持久抑制下丘脑促饥饿的 AgRP 神经元活动。这可能是减脂饮食方案的关键内容。

不幸的是,肥胖者迷走神经传入网络感知营养、激素和机械感刺激的敏感性下降[96-98],这会导致餐后饱腹感和满足感降低,进一步促进暴饮暴食和肥胖的发展。重要的是,这种现象可能在体重减轻后的一段时间内持续存在,这也可能是导致体重反弹的重要因素之一[98-99]。

肥胖者长期不健康的饮食习惯是损害迷走神经传入网络敏感性的主要原因。在动物研究中,慢性高碳水化合物和高脂肪饮食都会损害迷走神经传入网络的敏感性,进而影响食欲调控[100]。以超加工食品为代表的高碳水化合物和高脂肪食物可能诱导肠道生态失调、增加细菌脂多糖入血,导致全身慢性炎症,最终损害迷走神经传入网络敏感性[101-102]。此外,扰乱生物钟也可能损害迷走神经传入网络敏感性。动物研究表明,扰乱生物钟破坏了迷走神经传入网络机械敏感性的昼夜节律,进而影响食欲调控而导致肥胖[103],限时饮食则有利于逆转这种不利影响[104]。

参考文献

[1] 闫剑群. 中枢神经系统与感觉器官[M]. 北京:人民卫生出版社,2015.

[2] Andermann M L, Lowell B B. Toward a wiring diagram understanding of appetite control[J]. Neuron, 2017, 95(4): 757 – 778.

[3] Morton G J, Cummings D E, Baskin D G, et al. Central nervous system control of food intake and body weight[J]. Nature, 2006, 443(7109): 289 – 295.

[4] Locke A E, Kahali B, Berndt S I, et al. Genetic studies of body mass index yield new insights for obesity biology[J]. Nature, 2015, 518(7538): 197 – 206.

[5] Rohde K, Keller M, La Cour Poulsen L, et al. Genetics and epigenetics in obesity[J]. Metabolism, 2019, 92: 37 – 50.

[6] Jais A, Brüning J C. Arcuate nucleus-dependent regulation of metabolism: Pathways to obesity and diabetes mellitus[J]. Endocrine Reviews, 2022, 43(2): 314 – 328.

[7] Campos C A, Bowen A J, Roman C W, et al. Encoding of danger by parabrachial CGRP neurons[J]. Nature, 2018, 555(7698): 617 – 622.

[8] Aklan I, Sayar Atasoy N, Yavuz Y, et al. NTS catecholamine neurons mediate hypoglycemic hunger via medial hypothalamic feeding pathways[J]. Cell Metabolism, 2020, 31(2): 313 – 326.

[9] D'Agostino G, Lyons D J, Cristiano C, et al. Appetite controlled by a cholecystokinin nucleus of the solitary tract to hypothalamus neurocircuit[J]. eLife, 2016, 5: 12225.

[10] Azevedo E P, Ivan V J, Friedman J M, et al. Higher-order inputs involved in appetite control[J]. Biological Psychiatry, 2022, 91(10): 869 – 878.

[11] Myers M G, Affinati A H, Richardson N, et al. Central nervous system regulation of organismal energy and glucose homeostasis[J]. Nature Metabolism, 2021, 3(6): 737 – 750.

[12] Goldstein N, McKnight A D, Carty J R E, et al. Hypothalamic detection of macronutrients via multiple gut-brain pathways[J]. Cell Metabolism, 2021, 33(3): 676 – 687.

[13] Wyatt P, Berry S E, Finlayson G, et al. Postprandial glycemic dips predict appetite and energy intake in

healthy individuals[J]. Nature Metabolism, 2021, 3(4): 523-529.

[14] Lam T K T, Schwartz G J, Rossetti L. Hypothalamic sensing of fatty acids[J]. Nature Neuroscience, 2005, 8(5): 579-584.

[15] Cota D, Proulx K, Smith K A, et al. Hypothalamic mTOR signaling regulates food intake[J]. Science, 2006, 312(5775): 927-930.

[16] Frost G, Sleeth M L, Sahuri-Arisoylu M, et al. The short-chain fatty acid acetate reduces appetite via a central homeostatic mechanism[J]. Nature Communications, 2014, 5: 3611.

[17] Parton L E, Ye C P, Coppari R, et al. Glucose sensing by POMC neurons regulates glucose homeostasis and is impaired in obesity[J]. Nature, 2007, 449(7159): 228-232.

[18] Beutler L R, Corpuz T V, Ahn J S, et al. Obesity causes selective and long-lasting desensitization of AgRP neurons to dietary fat[J]. eLife, 2020, 9: 55909.

[19] Jais A, Paeger L, Sotelo-Hitschfeld T, et al. PNOC^{ARC} neurons promote hyperphagia and obesity upon high-fat-diet feeding[J]. Neuron, 2020, 106(6): 1009-1025.

[20] Cains S, Blomeley C, Kollo M, et al. AgRP neuron activity is required for alcohol-induced overeating [J]. Nature Communications, 2017, 8: 14014.

[21] Carter A, Hendrikse J, Lee N, et al. The Neurobiology of "food addiction" and its implications for obesity treatment and policy[J]. Annual Review of Nutrition, 2016, 36: 105-128.

[22] Wang G J, Volkow N D, Logan J, et al. Brain dopamine and obesity[J]. The Lancet, 2001, 357 (9253): 354-357.

[23] Rothemund Y, Preuschhof C, Bohner G, et al. Differential activation of the dorsal striatum by high-calorie visual food stimuli in obese individuals[J]. NeuroImage, 2007, 37(2): 410-421.

[24] Gearhardt A N, Yokum S, Stice E, et al. Relation of obesity to neural activation in response to food commercials[J]. Social Cognitive and Affective Neuroscience, 2014, 9(7): 932-938.

[25] Thanarajah S E, Backes H, DiFeliceantonio A G, et al. Food intake recruits orosensory and post-ingestive dopaminergic circuits to affect eating desire in humans[J]. Cell Metabolism, 2019, 29(3): 695-706.

[26] Sorokowska A, Schoen K, Hummel C, et al. Food-related odors activate dopaminergic brain areas[J]. Frontiers in Human Neuroscience, 2017, 11: 625.

[27] De Araujo I E, Oliveira-Maia A J, Sotnikova T D, et al. Food reward in the absence of taste receptor signaling[J]. Neuron, 2008, 57(6): 930-941.

[28] Tan H E, Sisti A C, Jin H, et al. The gut-brain axis mediates sugar preference[J]. Nature, 2020, 580 (7804): 511-516.

[29] Tellez L A, Han W F, Zhang X B, et al. Separate circuitries encode the hedonic and nutritional values of sugar[J]. Nature Neuroscience, 2016, 19(3): 465-470.

[30] Mazzone C M, Liang-Guallpa J, Li C A, et al. High-fat food biases hypothalamic and mesolimbic expression of consummatory drives[J]. Nature Neuroscience, 2020, 23(10): 1253-1266.

[31] Gallop M R, Wilson V C, Ferrante A W. Post-oral sensing of fat increases food intake and attenuates body weight defense[J]. Cell Reports, 2021, 37(3): 109845.

[32] DiFeliceantonio A G, Coppin G, Rigoux L, et al. Supra-additive effects of combining fat and carbohydrate on food reward[J]. Cell Metabolism, 2018, 28(1): 33-44. e3.

[33] Lennerz B, Munsch F, Alsop D, et al. 1773-P: Postprandial hyperglycemia after a high-glycemic index meal activates brain areas associated with food cravings and overeating in T1D[J]. Diabetes, 2020, 69(1): 1773.

[34] Lennerz B S, Alsop D C, Holsen L M, et al. Effects of dietary glycemic index on brain regions related to reward and craving in men[J]. The American Journal of Clinical Nutrition, 2013, 98(3): 641-647.

[35] Small D M, DiFeliceantonio A G. Processed foods and food reward[J]. Science, 2019, 363(6425): 346-347.

[36] Wang Q P, Lin Y Q, Zhang L, et al. Sucralose promotes food intake through NPY and a neuronal fasting response[J]. Cell Metabolism, 2016, 24(1): 75-90.

[37] Buchanan K L, Rupprecht L E, Kaelberer M M, et al. The preference for sugar over sweetener depends on a gut sensor cell[J]. Nature Neuroscience, 2022, 25(2): 191-200.

[38] Pepino M Y. Metabolic effects of non-nutritive sweeteners[J]. Physiology & Behavior, 2015, 152: 450 - 455.

[39] Yunker A G, Alves J M, Luo S, et al. Obesity and sex-related associations with differential effects of sucralose vs sucrose on appetite and reward processing: A randomized crossover trial[J]. JAMA Network Open, 2021, 4(9): e2126313.

[40] Burger K S, Stice E. Frequent ice cream consumption is associated with reduced striatal response to receipt of an ice cream-based milkshake[1][J]. The American Journal of Clinical Nutrition, 2012, 95(4): 810 - 817.

[41] Guo J, Simmons W K, Herscovitch P, et al. Striatal dopamine D2 - like receptor correlation patterns with human obesity and opportunistic eating behavior[J]. Molecular Psychiatry, 2014, 19(10): 1078 - 1084.

[42] Farooqi I S, Bullmore E, Keogh J, et al. Leptin regulates striatal regions and human eating behavior[J]. Science, 2007, 317(5843):1355.

[43] Omrani A, De Vrind V A J, Lodder B, et al. Identification of novel neurocircuitry through which leptin targets multiple inputs to the dopamine system to reduce food reward seeking[J]. Biological Psychiatry, 2021, 90(12): 843 - 852.

[44] Leininger G M, Jo Y H, Leshan R L, et al. Leptin acts via leptin receptor-expressing lateral hypothalamic neurons to modulate the mesolimbic dopamine system and suppress feeding[J]. Cell Metabolism, 2009, 10(2): 89 - 98.

[45] Tiedemann L J, Schmid S M, Hettel J, et al. Central insulin modulates food valuation via mesolimbic pathways[J]. Nature Communications, 2017, 8: 16052.

[46] Kullmann S, Blum D, Jaghutriz B A, et al. Central insulin modulates dopamine signaling in the human striatum[J]. The Journal of Clinical Endocrinology and Metabolism, 2021, 106(10): 2949 - 2961.

[47] Mebel D M, Wong J C, Dong Y J, et al. Insulin in the ventral tegmental area reduces hedonic feeding and suppresses dopamine concentration via increased reuptake[J]. European Journal of Neroscience, 2012,36(3):2336 - 2346.

[48] Skibicka K P. The central GLP - 1: Implications for food and drug reward[J]. Frontiers in Neuroscience, 2013, 7: 181.

[49] Al Massadi O, Nogueiras R, Dieguez C, et al. Ghrelin and food reward[J]. Neuropharmacology, 2019, 148: 131 - 138.

[50] Volkow N D, Wise R A, Baler R. The dopamine motive system: Implications for drug and food addiction[J]. Nature Reviews Neuroscience, 2017, 18(12): 741 - 752.

[51] Murray S, Tulloch A, Gold M S, et al. Hormonal and neural mechanisms of food reward, eating behaviour and obesity[J]. Nature Reviews Endocrinology, 2014, 10(9): 540 - 552.

[52] Cope E C, Gould E. New evidence linking obesity and food addiction[J]. Biological Psychiatry, 2017, 81(9): 734 - 736.

[53] Volkow N D, Wang G J, Tomasi D, et al. Obesity and addiction: Neurobiological overlaps[J]. Obesity Reviews, 2013, 14(1): 2 - 18.

[54] Lustig R H. Ultraprocessed food: Addictive, toxic, and ready for regulation[J]. Nutrients, 2020, 12 (11): 3401.

[55] Bray G A. Is sugar addictive? [J]. Diabetes, 2016, 65(7): 1797 - 1799.

[56] Edwin Thanarajah S, DiFeliceantonio A G, Albus K, et al. Habitual daily intake of a sweet and fatty snack modulates reward processing in humans[J]. Cell Metabolism, 2023, 35(4): 571 - 584.

[57] Malik V S, Hu F B. The role of sugar-sweetened beverages in the global epidemics of obesity and chronic diseases[J]. Nature Reviews Endocrinology, 2022, 18(4): 205 - 218.

[58] Pedram P, Wadden D, Amini P, et al. Food addiction: Its prevalence and significant association with obesity in the general population[J]. PLoS One, 2013, 8(9): e74832.

[59] Pursey K M, Gearhardt A N, Burrows T L. The relationship between "food addiction" and visceral adiposity in young females[J]. Physiology & Behavior, 2016, 157: 9 - 12.

[60] Burrows T, Skinner J, Joyner M, et al. Food addiction in children: Associations with obesity, parental food addiction and feeding practices[J]. Eating Behaviors, 2017, 26: 114 - 120.

[61] Gupta S, Hawk T, Aggarwal A, et al. Characterizing ultra-processed foods by energy density, nutrient

density, and cost[J]. Frontiers in Nutrition, 2019, 6: 70.

[62] Kenny P J, Voren G, Johnson P M. Dopamine D2 receptors and striatopallidal transmission in addiction and obesity[J]. Current Opinion in Neurobiology, 2013, 23(4): 535 - 538.

[63] De Weijer B A, Van De Giessen E, Van Amelsvoort T A, et al. Lower striatal dopamine $D_{2/3}$ receptor availability in obese compared with non-obese subjects[J]. EJNMMI Research, 2011, 1(1): 37.

[64] Gupta A, Osadchiy V, Mayer E A. Brain-gut-microbiome interactions in obesity and food addiction[J]. Nature Reviews Gastroenterology & Hepatology, 2020, 17(11): 655 - 672.

[65] Denis R G P, Joly-Amado A, Webber E, et al. Palatability can drive feeding independent of AgRP neurons[J]. Cell Metabolism, 2015, 22(4): 646 - 657.

[66] Jastreboff A M, Lacadie C, Seo D, et al. Leptin is associated with exaggerated brain reward and emotion responses to food images in adolescent obesity[J]. Diabetes Care, 2014, 37(11): 3061 - 3068.

[67] Loch D, Breer H, Strotmann J. Endocrine modulation of olfactory responsiveness: Effects of the orexigenic hormone ghrelin[J]. Chemical Senses, 2015, 40(7): 469 - 479.

[68] Julliard A K, Al Koborssy D, Fadool D A, et al. Nutrient Sensing: Another Chemosensitivity of the Olfactory System[J]. Frontiers in Physiology, 2017, 8: 468.

[69] Rampin O, Saint Albin Deliot A, Ouali C, et al. Dopamine modulates the processing of food odour in the ventral striatum[J]. Biomedicines, 2022, 10(5): 1126.

[70] Peng M, Coutts D, Wang T, et al. Systematic review of olfactory shifts related to obesity[J]. Obesity Reviews, 2019, 20(2): 325 - 338.

[71] Hasegawa-Ishii S, Shimada A, Imamura F. Lipopolysaccharide-initiated persistent rhinitis causes gliosis and synaptic loss in the olfactory bulb[J]. Scientific Reports, 2017, 7: 11605.

[72] Hasegawa-Ishii S, Shimada A, Imamura F. Abstract # 1788 Propagation of endotoxin-induced nasal mucosal inflammation to the olfactory bulb along the olfactory neural pathway[J]. Brain, Behavior, and Immunity, 2016, 57: e24.

[73] Barlow L A. Progress and renewal in gustation: New insights into taste bud development[J]. Development, 2015, 142(21): 3620 - 3629.

[74] Jang H J, Kokrashvili Z, Theodorakis M J, et al. Gut-expressed gustducin and taste receptors regulate secretion of glucagon-like peptide - 1[J]. Proceedings of the National Academy of Sciences of the United States of America, 2007, 104(38): 15069 - 15074.

[75] Xie C, Wang X Y, Young R L, et al. Role of intestinal bitter sensing in enteroendocrine hormone secretion and metabolic control[J]. Frontiers in Endocrinology, 2018, 9: 576.

[76] Kim K S, Egan J M, Jang H J. Denatonium induces secretion of glucagon-like peptide - 1 through activation of bitter taste receptor pathways[J]. Diabetologia, 2014, 57(10): 2117 - 2125.

[77] Rose B D, Bitarafan V, Rezaie P, et al. Comparative effects of intragastric and intraduodenal administration of quinine on the plasma glucose response to a mixed-nutrient drink in healthy men: Relations with glucoregulatory hormones and gastric emptying[J]. The Journal of Nutrition, 2021, 151(6): 1453 - 1461.

[78] Andreozzi P, Sarnelli G, Pesce M, et al. The bitter taste receptor agonist quinine reduces calorie intake and increases the postprandial release of cholecystokinin in healthy subjects [J]. Journal of Neurogastroenterology and Motility, 2015, 21(4): 511 - 519.

[79] Nerurkar P V, Lee Y K, Nerurkar V R. Momordica charantia (bitter melon) inhibits primary human adipocyte differentiation by modulating adipogenic genes[J]. BMC Complementary and Alternative Medicine, 2010, 10(1): 1 - 10.

[80] Skrandies W, Zschiescchang R. Olfactory and gustatory functions and its relation to body weight[J]. Physiology & Behavior, 2015, 142: 1 - 4.

[81] Hardikar S, Wallroth R, Villringer A, et al. Shorter-lived neural taste representations in obese compared to lean individuals[J]. Scientific Reports, 2018, 8: 11027.

[82] Feng S, Achoute L, Margolskee R F, et al. Lipopolysaccharide-induced inflammatory cytokine expression in taste organoids[J]. Chemical Senses, 2020, 45(3): 187 - 194.

[83] Cohn Z J, Kim A, Huang L Q, et al. Lipopolysaccharide-induced inflammation attenuates taste progenitor cell proliferation and shortens the life span of taste bud cells[J]. BMC Neuroscience, 2010,

11：72.

[84] Kaufman A, Choo E, Koh A, et al. Inflammation arising from obesity reduces taste bud abundance and inhibits renewal[J]. PLoS Biology, 2018, 16(3)：e2001959.

[85] Chevrot M, Passilly-Degrace P, Ancel D, et al. Obesity interferes with the orosensory detection of long-chain fatty acids in humans 1[J]. The American Journal of Clinical Nutrition, 2014, 99(5)：975 – 983.

[86] Pepino M Y, Finkbeiner S, Beauchamp G K, et al. Obese women have lower monosodium glutamate taste sensitivity and prefer higher concentrations than do normal-weight women[J]. Obesity, 2010, 18 (5)：959 – 965.

[87] Archer N, Shaw J, Cochet-Broch M, et al. Obesity is associated with altered gene expression in human tastebuds[J]. International Journal of Obesity, 2019, 43(7)：1475 – 1484.

[88] Sanematsu K, Nakamura Y, Nomura M, et al. Diurnal variation of sweet taste recognition thresholds is absent in overweight and obese humans[J]. Nutrients, 2018, 10(3)：297.

[89] Chao D M, Argmann C, Van Eijk M, et al. Impact of obesity on taste receptor expression in extra-oral tissues：Emphasis on hypothalamus and brainstem[J]. Scientific Reports, 2016, 6：29094.

[90] Delaere F, Duchampt A, Mounien L, et al. The role of sodium-coupled glucose co-transporter 3 in the satiety effect of portal glucose sensing[J]. Molecular Metabolism, 2013, 2(1)：47 – 53.

[91] Soty M, Gautier-Stein A, Rajas F, et al. Gut-brain glucose signaling in energy homeostasis[J]. Cell Metabolism, 2017, 25(6)：1231 – 1242.

[92] Kim M, Heo G, Kim S Y. Neural signalling of gut mechanosensation in ingestive and digestive processes [J]. Nature Reviews Neuroscience, 2022, 23(3)：135 – 156.

[93] Kaelberer M M, Buchanan K L, Klein M E, et al. A gut-brain neural circuit for nutrient sensory transduction[J]. Science, 2018, 361(6408)：eaat5236.

[94] Williams E K, Chang R B, Strochlic D E, et al. Sensory neurons that detect stretch and nutrients in the digestive system[J]. Cell, 2016, 166(1)：209 – 221.

[95] Bai L, Mesgarzadeh S, Ramesh K S, et al. Genetic identification of vagal sensory neurons that control feeding[J]. Cell, 2019, 179(5)：1129 – 1143.

[96] De L G. Role of the vagus nerve in the development and treatment of diet-induced obesity[J]. The Journal of Physiology, 2016, 594(20)：5791 – 5815.

[97] Page A J, Kentish S J. Plasticity of gastrointestinal vagal afferent satiety signals[J]. Neurogastroenterology & Motility, 2017, 29(5).

[98] Van Galen K A, Schrantee A, ter Horst K W, et al. Brain responses to nutrients are severely impaired and not reversed by weight loss in humans with obesity：A randomized crossover study[J]. Nature Metabolism, 2023, 5(6)：1059 – 1072.

[99] Kentish S J, O'Donnell T A, Frisby C L, et al. Altered gastric vagal mechanosensitivity in diet-induced obesity persists on return to normal chow and is accompanied by increased food intake[J]. International Journal of Obesity, 2014, 38(5)：636 – 642.

[100] Loper H, Leinen M, Bassoff L, et al. Both high fat and high carbohydrate diets impair vagus nerve signaling of satiety[J]. Scientific Reports, 2021, 11：10394.

[101] Jamar G, Ribeiro D A, Pisani L P. High-fat or high-sugar diets as trigger inflammation in the microbiota-gut-brain axis[J]. Critical Reviews in Food Science and Nutrition, 2021, 61(5)：836 – 854.

[102] Sen T, Cawthon C R, Ihde B T, et al. Diet-driven microbiota dysbiosis is associated with vagal remodeling and obesity[J]. Physiology & Behavior, 2017, 173：305 – 317.

[103] Kentish S J, Christie S, Vincent A, et al. Disruption of the light cycle ablates diurnal rhythms in gastric vagal offerent mechanosensitivity. Cover image[J]. Neurogastroenterology & Motility, 2019, 31(12)：e13711.

[104] Kentish S J, Hatzinikolas G, Li H, et al. Time-restricted feeding prevents ablation of diurnal rhythms in gastric vagal afferent mechanosensitivity observed in high-fat diet-induced obese mice[J]. The Journal of Neuroscience, 2018, 38(22)：5088 – 5095.

第二节　内分泌激素调节食欲和能量代谢

　　人体的一切生命活动都是以细胞为基础的。激素是化学信使,作为细胞间的信息传递者,将具有特定含义信息传递给靶细胞(特定的目标细胞)。分布在身体各组织和器官的内分泌细胞合成和释放的激素,通过体液与靶细胞的特异性受体(负责选择性接收细胞外信号的特殊蛋白质)结合,激活靶细胞内一系列生物化学反应,产生特定的生物学效应。

　　人们在日常生活中的每一顿饭都伴随着体内激素水平的显著变化,这种激素水平变化及其信号转导的结果悄无声息地影响着食欲和能量代谢,其中包括产生"饿"或"不饿"等内在感受。大量相关研究正在帮助我们更进一步地理解(或新发现)体内的各种激素的"角色使命",这里介绍几种与食欲和能量代谢密切相关的激素,包括瘦素、胰岛素、胃饥饿素、胆囊收缩素、胰高血糖素样肽-1、酪酪肽。这些内分泌激素如何影响食欲和能量代谢,以及饮食运动行为又如何影响这些激素的分泌和信号转导,是我们在制订科学减脂计划时必须考虑的重要因素。

一、瘦素

　　1994年发现瘦素,代表了肥胖研究和理解体重控制中涉及的分子机制的里程碑事件。瘦素主要来自白色脂肪细胞,脂肪储量越多其分泌越多,脂肪储量越少其分泌越少[1]。瘦素分泌到血液中,将脂肪储量水平的实时信息传递给下丘脑,下丘脑通过调控食物摄入和能量消耗,维持脂肪组织适当的脂肪储量,从而保护人体免受过度瘦弱或肥胖而带来的风险[2]。瘦素除了在白色脂肪组织表达外,还在胃、乳腺、胎盘中表达。

(一)瘦素在中枢神经调节食欲

　　瘦素在下丘脑通过抑制 AgRP 神经元活动,并激活 POMC 神经元,从而抑制食欲以减少能量摄入[3-5]。瘦素对下丘脑食欲调节没有急性作用,而是诱导缓慢的调节作用,该调节作用持续数小时,是抑制进食所必需的[5]。因此,编码瘦素及其受体的基因突变会导致食欲亢进和严重肥胖,通常会在早发性(<10 岁)肥胖者中发现这种情况[6]。瘦素还通过影响多巴胺食物奖励系统来抑制"享乐食欲"。

（二）瘦素调节能量代谢

交感神经纤维与脂肪组织建立了神经与脂肪连接,直接"包裹"脂肪细胞。瘦素通过激活交感神经,促进白色脂肪组织中的脂肪分解,刺激肌肉中脂肪酸氧化,增加棕色脂肪细胞产热,从而增加了能量消耗[7]。瘦素还可能与胰岛素协同激活POMC神经元,促进白色脂肪细胞"褐变"(由白色脂肪细胞转变为米色脂肪细胞)[8]。在禁食期间,瘦素促进了机体从利用葡萄糖转向利用脂肪氧化作为能量来源[9]。

（三）肥胖者瘦素抵抗

在先天性瘦素缺乏症患者或循环瘦素水平低的人中,瘦素治疗能够减少食物摄入并促进体重减轻。不幸的是,肥胖者通常不缺瘦素,大部分肥胖者循环瘦素水平就像他们的脂肪储备一样居高不下,很显然,瘦素在肥胖者身上没有起到抑制食欲和增加能量消耗的应有作用,肥胖者处于瘦素抵抗状态。瘦素抵抗的机制尚未完全阐明,目前认为可能是瘦素穿过血脑屏障的数量减少、瘦素受体的下游信号转导受损、下丘脑炎症等多种因素综合作用所致[10-12]。无论何种途径导致瘦素抵抗,它们似乎有一个共同的出发点,即能量过剩导致的肥胖。

瘦素也是免疫系统的调节剂,在先天性和适应性免疫反应中具有广泛的功能。瘦素受体在大部分免疫细胞表达,一般来说,瘦素发挥促炎特性,上调促炎细胞因子的分泌[13]。全身慢性低度炎症是肥胖个体的普遍特征,循环瘦素浓度升高可能促进这个过程,包括脂肪组织炎症和下丘脑炎症等,而炎症反过来又进一步促进瘦素抵抗。

（四）健康的植物性食物有利于提高瘦素敏感性

健康的植物性食物是指仅经过最低限度加工的天然植物性食物,如全谷物、豆类、菌类、藻类、蔬菜等,不包含精制碳水化合物(如精米、白面等)。健康的植物性食物中富含的植物化学物质(包括酚类化合物、萜类化合物、有机硫化合物等)可能通过调节瘦素穿过血脑屏障,增加瘦素受体的下游信号转导保真度,改善下丘脑炎症等途径提高瘦素敏感性[14-15]。最低限度加工的植物性食物中富含的天然膳食纤维可能通过促进肠道分泌胰高血糖素样肽-1、促进肠道菌群发酵产生短链脂肪酸、减轻下丘脑炎症等途径提高瘦素敏感性[16-17]。健康的植物性食物有助于降低循环瘦素水平,这可能也有利于提高瘦素敏感性[18-19]。

超加工食品富含游离糖或饱和脂肪酸,可能是诱导瘦素抵抗的主要饮食因素。在动物实验中,食用30%的蔗糖溶液会导致瘦素抵抗快速发作[20]。果糖摄入可增加血尿酸水平,而尿酸可能通过促进下丘脑炎症,诱导中枢瘦素抵抗[21-22]。饱和脂肪酸则可能促进下丘脑炎症和减少瘦素通过血脑屏障,诱导中枢瘦素抵抗。还有,能量过剩是促进瘦素抵抗的重要原因,而超加工食物由于其高度可口性,是能量过剩的主要贡献者。

(五)运动提高瘦素敏感性

运动可能通过增加骨骼肌质量和脂肪酸氧化能力提高肌肉瘦素敏感性。运动也可能通过改善下丘脑炎症和全身低度炎症,改善下丘脑瘦素受体下游信号转导,从而提高中枢瘦素敏感性[23]。瘦素抵抗通常伴随肥胖,运动可导致血浆瘦素水平下降。有研究表明,血浆瘦素水平适度下降与瘦素敏感性提高有关,而在运动促进逐步减脂的过程中,瘦素敏感性也会逐步提高[24-25]。

二、胰岛素

1921 年加拿大的弗雷德里克·班廷(Frederick Banting)和查尔斯·贝斯特(Charles Best)发现了胰岛素。胰岛素通过结合靶细胞中的胰岛素受体(INSR),全面促进糖原、蛋白质、脂肪的合成代谢反应。胰岛素是目前已知的体内唯一降低血糖的激素,是调节能量代谢稳态的关键参与者。

(一)胰岛素在外周组织全面促进合成代谢

胰岛素促进糖原、脂肪和蛋白质合成,抑制糖原、脂肪和蛋白质分解,抑制糖异生。

胰岛素在肌肉与胰岛素受体(INSR)结合后,促进葡萄糖摄取和肌糖原合成。胰岛素促进肌肉摄取葡萄糖,是通过增加其细胞膜上葡萄糖转运蛋白 4(GLUT4)数量来实现的。胰岛素作用于肌肉,导致肌细胞能量代谢以葡萄糖作为主要能量来源,并减少利用脂肪,同时促进肌肉组织蛋白质合成,抑制蛋白质分解。

胰岛素在肝脏促进肝脏摄取葡萄糖,促进肝糖原合成,同时抑制肝糖原分解和肝糖异生。当转运至肝脏的葡萄糖超过肝细胞用于肝糖原合成所需的量时,胰岛素则促进肝细胞利用葡萄糖转化为脂肪,并被组装进极低密度脂蛋白,经循环血液转运至脂肪组织储存。

胰岛素在脂肪组织促进脂肪合成与储存,抑制脂肪分解与利用。胰岛素促脂肪细胞摄取葡萄糖,用于合成脂肪储存在脂肪细胞中,同时抑制激素敏感性脂肪酶(HSL)活性,抑制脂肪细胞中的脂肪动员分解。

胰岛素促进蛋白质合成,抑制蛋白质分解。胰岛素可促进氨基酸向细胞内转运,促进细胞内蛋白合成;抑制蛋白质分解成氨基酸从组织细胞内释放入血,阻止氨基酸通过糖异生转化为葡萄糖。

(二)胰岛素在中枢神经调节食欲和能量代谢

胰岛素在中枢神经系统的主要作用是作为抑制食欲信号,减少食物摄入和调节葡萄糖稳态。胰岛素可能主要通过抑制 AgRP 神经元活动,激活 POMC 神经元活动来抑制食欲,也可能通过表达神经肽 Y(NPY)神经元中的胰岛素受体,实现抑制食欲和调节能量消耗。胰岛素还会通过影响多巴胺食物奖励系统来抑制"享乐食欲"。目前的证据表明,胰岛素在中枢神经增加能量消耗的作用,可能涉及促进白色脂肪细胞"褐变"和棕色脂肪细胞产热,从而影响能量代谢和体重[26-27]。

(三)肥胖者胰岛素抵抗

胰岛素抵抗,是在正常的血浆胰岛素水平下,胰岛素在靶组织细胞无法发挥相应的生物学效应,需要增加胰岛素分泌来补偿,因此空腹血浆胰岛素水平升高。超重或肥胖者通常处于胰岛素抵抗状态,而胰岛素抵抗则导致全身代谢紊乱。

首先,胰岛素在中枢神经的作用受损,导致食欲和能量代谢失调。食欲失控的直接后果就是吃得更多,而且饥饿不减,从而导致持续的能量正平衡和肥胖[28-29]。

其次,胰岛素抵抗情况下,持续的能量正平衡会导致高胰岛素血症和胰岛素抵抗的恶性循环,还可能导致胰岛 B 细胞衰竭,最终发展为 2 型糖尿病。骨骼肌是胰岛素促进葡萄糖利用的主要部位,骨骼肌胰岛素抵抗导致葡萄糖摄取和肌糖原合成受损,最明显后果是肌细胞内脂肪数量增加,运动能力下降。肝脏胰岛素抵抗的明显后果是,促进非酒精性脂肪性肝病(NAFLD)的发展和肝作为全身代谢中枢枢纽的功能下降。约三分之二的肥胖人群和绝大部分患有 2 型糖尿病的肥胖患者都患有非酒精性脂肪性肝病[30]。脂肪组织胰岛素抵抗可能导致脂肪储存和脂肪分解失调,从而使血浆游离脂肪酸浓度升高,促进脂肪异位储存,即非脂肪组织的脂肪沉积,如骨骼肌和肝脏、胰腺、心脏等内脏脂肪堆积[30]。

(四)超加工食品促进胰岛素抵抗

超加工食品中通常富含淀粉、游离糖(例如果葡糖浆等)、不健康脂质和各种添加剂,可诱导胰岛素抵抗。果糖摄入可以直接阻碍肝脏中胰岛素信号转导[31],可增加血尿酸水平,而尿酸可通过引发下丘脑炎症诱导中枢胰岛素抵抗[21]。果糖强烈刺激肝脂肪从头合成,增加食物奖励价值,减少饱腹感,增大肠道表面积促进能量吸收,从而促进能量过剩和胰岛素抵抗[32]。长链饱和脂肪酸则可能直接通过促进下丘脑炎症导致中枢胰岛素抵抗[33]。超加工食品中的西甜点、巧克力、奶茶等属于游离糖和脂质混合物,这对于增加食物摄入和促进食物成瘾具有叠加效应,而且能量密度很高,极易促进慢性能量过剩,诱导胰岛素抵抗[34]。

超加工食品富含果糖、不健康脂质和各种添加剂,而且食品中缺乏天然膳食纤维和植物化学物,这些因素都可能通过诱导肠道生态失调,肠道屏障功能障碍,内毒素(细菌脂多糖)入血增加,从而促进代谢性全身慢性炎症,最终导致全身胰岛素抵抗[35-36]。例如,卡拉胶(角叉菜胶)在食品工业中作为增稠剂或乳化剂,不仅可能通过诱导炎症促进胰岛素抵抗,而且被证明可削弱胰岛素信号转导,直接导致胰岛素抵抗[37]。在一项为期 12 周的糖尿病前期患者随机对照临床试验中,仅在饮食中剔除卡拉胶就可改善胰岛素信号转导,减轻胰岛素抵抗[38]。

生物系统的复杂性意味着,任何用统一、简洁和直接的模型来理解全身胰岛素抵抗的努力都可能是一件愚蠢的事情。但是,所有促进胰岛素抵抗的因素似乎有一个共同的作用点,就是促进食欲和能量代谢失调。例如,不健康的饮食通过多种途径诱导下丘脑炎症,而下丘脑炎症导致中枢胰岛素和瘦素抵抗,进而促进食欲和能量代谢失调,食欲和能量代谢失调导致慢性能量过剩,又进一步促进了中枢和外周胰岛素抵抗。因此,超加工食品摄入所诱发的下丘脑炎症以及随之而来的食欲和能量代谢失调,可能是促进全身胰岛素抵抗的关键早期事件。

(五)健康的植物性食物有利于提高胰岛素敏感性

健康的植物性食物中通常富含天然膳食纤维和植物化学物。天然食物中的膳食纤维可能通过调节餐后胰岛素平稳释放,减少食物摄入和能量吸收,促进脂肪产热以增加能量消耗,改善肠道微生态,减少内毒素入血和代谢性炎症,减轻体重等途径提高全身胰岛素敏感性。天然植物性食物中的植物化学物可通过抑制消化酶活性减少能量吸收,促进脂肪产热以增加能量消耗,以及抗氧化和抗炎等途径提高胰岛素敏感性[39-44]。

(六)运动提高胰岛素敏感性

运动是一种有效的非药物治疗工具,可促进骨骼肌摄取葡萄糖,因此要特别强调运动是肥胖和代谢性疾病治疗的基石[45-47]。骨骼肌负责约 80％的餐后葡萄糖摄取,在高强度运动期间,骨骼肌对葡萄糖的摄取在运动期间可增加多达50 倍[48]。运动可以改善胰岛素信号转导,会在运动后长达 48 小时内持续增加胰岛素敏感性,从而恢复胰岛素抵抗肌肉中的葡萄糖代谢[48]。

运动通过增加能量消耗,促进能量平衡以及运动诱导的各种中间机制来提高胰岛素敏感性[49]。具体来说,运动可以改善心血管系统,增加肌肉总质量,诱导骨骼肌细胞线粒体增生和毛细血管增生以提高氧化能力,上调肌细胞胰岛素受体数量,增加葡萄糖转运蛋白 4(GLUT4)数量,从而促进肌细胞对脂肪酸和葡萄糖的利用。另外,运动使得胰岛 B 细胞功能得到改善,使得肌肉、脂肪组织和肝脏对血糖的摄取增加,脂肪动员的能力得到提高,但游离脂肪酸减少。运动过程中骨骼肌分泌多种肌因子,如白介素-6(IL-6)等,可能通过改善全身慢性炎症来提高胰岛素敏感性。

总之,运动通过重塑骨骼肌,重塑心血管系统,重塑脂肪组织,改善肝脏功能,改善胰腺功能和减少全身慢性炎症,并通过促进能量负平衡减轻体重等多种因素,独立或协同作用以提高全身胰岛素敏感性。

（七）饮食与胰岛素的分泌调节

血糖水平变化是胰岛素分泌的主要影响因素，胰岛 B 细胞对血糖变化非常敏感，餐后血糖升高导致胰岛素分泌增加，此时胰岛素介导肌肉、肝脏等全身细胞摄取葡萄糖，则血糖降低至正常水平，胰岛素分泌也恢复至基础状态。如果机体处于胰岛素抵抗状态，血糖未能被各组织细胞及时摄取利用，或者其他原因导致血糖持续升高，此时胰岛素分泌呈两个时相。第一时相，胰岛素血浆浓度在餐后 5 分钟内升高至基础值的 10 倍以上，并持续 5～10 分钟之后下降约 50%；第二时相，如果 15 分钟后血糖还未回落至正常值，胰岛素分泌量再次增加，2～3 小时达到峰值[50]。除血糖以外，氨基酸与血糖对胰岛素的刺激作用具有协同效应。血浆脂肪酸和酮体大量增加时，也可以促进胰岛素分泌，但影响很小。

基于上述胰岛素分泌的特征可知，高碳水化合物饮食并伴有餐后零食的饮食习惯会持续刺激胰岛素大量分泌，导致胰岛 B 细胞承受巨大压力。特别是长期大量摄入高糖食物（精制碳水化合物或超加工食品）并且在餐后食用零食（如甜味饮料、巧克力、甜点等）的不良习惯可能导致胰岛 B 细胞衰竭，胰岛素分泌不足而引起糖尿病。

三、胃饥饿素

胃饥饿素是一种主要由胃底细胞分泌的酰化肽激素，它是 1a 型生长激素促分泌素受体（GHS-R1a）的内源性配体，是目前已知唯一在外周器官中产生的促进食欲的肽激素。除了在中枢增加食欲和调节能量代谢的作用以外，胃饥饿素通过驱动细胞自噬、减轻炎症和纤维化、减少活性氧（ROS）产生以及改善线粒体功能来维持细胞稳态[51]。

（一）胃饥饿素在中枢神经增加食欲

胃饥饿素通过下丘脑的 1a 型生长激素促分泌素受体（GHS-R1a）激活 AgRP 神经元，并通过 AgRP 神经元释放抑制性神经递质 γ-氨基丁酸（GABA）间接抑制 POMC 神经元活动，从而增加食欲，诱导食物摄入[52-53]。胃饥饿素还可能通过加快胃排空增加食物摄入。胃饥饿素通过与多巴胺系统的相互作用来增强食物的奖励价值和摄入量。

（二）肥胖者胃饥饿素抵抗

正常情况下，循环胃饥饿素水平在禁食期间升高，在进食后下降，在习惯性用餐时间前升高，然后在餐后逐渐升高直至下一餐[54]。

肥胖者的血浆胃饥饿素浓度较低，但并未因此降低食欲。事实上，一餐饱食之后,本该随着进食下降的胃饥饿素浓度没有下降,这意味着食欲不减,驱动进食继续[11]。胃饥饿素在中枢神经系统,本应增加食物的奖励效果,而肥胖者的胃饥饿素功能受损,可能导致高糖高脂食物奖励效果降低,并因此在摄食高糖高脂食物时缺少"不过瘾",从而增加摄入量[11]。还有研究表明,肥胖者循环胃饥饿素与免疫球蛋白结合的亲和力增加,免疫球蛋白保护其在循环中免受降解,从而保持了它的促食欲活性,这可能与肥胖期间食欲增加有关[55]。

总之,肥胖者似乎处于胃饥饿素抵抗状态,而胃饥饿素抵抗的原因尚未阐明,可能与肥胖者瘦素抵抗、胰岛素抵抗、下丘脑炎症有关。

(三)饮食与胃饥饿素分泌调节

膳食中的常量营养素都能有效抑制胃饥饿素分泌,抑制程度的等级顺序为,在用餐后 3 小时内,蛋白质＞碳水化合物＞脂质。但是,单独摄入碳水化合物在用餐 3 小时后(此时并未到下一餐开始时间),胃饥饿素循环水平开始上升,超过餐前水平,这可以部分解释为什么食用容易消化吸收的碳水化合物导致强烈渴望下一餐提前到来[56]。值得注意的是,摄入果糖对于胃饥饿素分泌的抑制相较于葡萄糖明显减弱[57]。富含天然膳食纤维的食物,如豆类、菌类、藻类、蔬菜、全谷物等可降低餐后胃饥饿素水平,这可能与膳食纤维增加肠道糖异生,增加肠道菌群发酵产生短链脂肪酸有关[58-59]。

总之,富含蛋白质和天然膳食纤维的食物更有利于在餐后抑制胃饥饿素分泌,如果餐后摄入富含游离糖和脂肪的超加工食品(如含糖饮料和零食甜点)会刺激胃饥饿素分泌,可能导致下一餐来临之前饥饿难耐。

(四)运动与胃饥饿素

无论何种形式的急性运动都可以抑制循环胃饥饿素水平,但是在体重减轻后,胃饥饿水平恢复正常[60-61]。

四、胆囊收缩素

胆囊收缩素(CCK)是由肠道中 I 细胞分泌的激素。I 细胞是开放型细胞,即它们的顶端表面暴露于肠腔,可以方便地"品尝"到肠腔内容物。肠内分泌胆囊收缩素的细胞在十二指肠和近端空肠中密集,在空肠远端密度较小,在回肠中很稀疏。胆囊收缩素调节多种消化过程,包括胆汁分泌、胆囊收缩、胆汁排空和胃排空[52]。

(一)胆囊收缩素是肠道饱腹激素

胆囊收缩素可能主要通过抑制 AgRP 神经元活动从而抑制食欲,可能通过激活位于脑干孤束核中的 NTS-POMC 神经元、NTS-CCK 神经元、NTS-PPG 神经元,进而激活下丘脑室旁核(PVN)中黑皮质素 4 受体(MC4R)诱导饱腹感,也可能通过位于脑干的臂旁核(PBN)中表达降钙素基因相关肽的神经元(CGRP-PBN 神经元)抑制食欲[62-65]。另外,胆囊收缩素还可通过抑制胃排空而产生饱腹效应[66]。

(二)食物与胆囊收缩素分泌调节

混合营养餐可刺激胆囊收缩素的分泌,其血浆水平在摄食混合食物后 10～15 分钟内增加[52]。摄取三大宏量营养素都刺激胆囊收缩素分泌,其中膳食脂肪是最有效刺激剂,蛋白质次之,碳水化合物刺激作用最小[67]。因此,膳食中的脂肪和蛋白质都可以通过刺激胆囊收缩素诱导饱腹感,特别是膳食中的长链不饱和脂肪酸因更有效刺激胆囊收缩素分泌,可能更容易诱导饱腹感。

需要注意的是,长期能量过剩导致的肥胖可能损害胆囊收缩素诱导饱腹感作用。

五、胰高血糖素样肽-1

胰高血糖素样肽-1(GLP-1)是一种主要由肠道 L 细胞分泌的肽类激素,通过抑制食欲和调节胃排空促进胰岛素分泌并抑制胰高血糖素分泌,在食欲和能量代谢稳态中起重要作用[68]。GLP-1 受体激动剂(GLP-1RA,司美格鲁肽等)已经在许多国家和地区被批准为治疗 2 型糖尿病或减肥的药物[69]。

(一)GLP-1 在中枢神经抑制食欲

GLP-1 可能主要通过在下丘脑激活 POMC 神经元从而抑制食欲,同时,GLP-1 可能通过调节腹侧被盖区和伏隔核多巴胺奖励效果,减少享乐性食欲[70-71]。另外,GLP-1 通过精准调节回肠蠕动,产生"回肠制动器(ileal brake)"效应,这是一种调节胃排空速率的控制回路,以便食糜进入十二指肠的速率与小肠中的营养吸收速率相平衡。如果来自胃的食糜流动得太快,并且使得十二指肠和空肠吸收不完全,则回肠营养负荷增加会刺激 GLP-1 和 PYY 分泌,这就会反过来减缓胃排空速率,并使营养吸收与胃排空之间恢复平衡[72-74]。延缓胃排空,可以减缓营养吸收,特别是减慢餐后葡萄糖吸收入血,有利于控制餐后血糖平稳,在此期间胃肠道通过机械感受器不断向大脑发出饱腹信号,协同营养信号一起导致餐后长时间不饿。

(二)GLP-1 改善血糖控制调节能量代谢

GLP-1 在胰岛,可能通过减少胰岛 B 细胞凋亡,诱导胰岛 B 细胞增殖,上调胰岛素生物合成和分泌,同时抑制胰岛 A 细胞分泌胰高血糖素,从而调节血糖稳态。GLP-1 可能还有助于改善人类的胰岛素敏感性,减少炎症,改善心血管系统,但是,这些作用都可能归因于减少能量摄入而减轻体重所带来的健康益处。

（三）内源性 GLP - 1 主要来源于肠道

肠道是血浆 GLP - 1 的主要来源。摄入营养物质后,在数分钟内观察到 GLP - 1 血浆浓度升高。在动物(猪)研究中,从肠道分泌的 GLP - 1 只有约 25% 到达门静脉、10%~15% 到达体循环还具有生物活性,这是因为大部分 GLP - 1 被二肽基肽酶-4(DPP - 4)降解为无活性形式。内源性 GLP - 1 具有非常短的半衰期,可能只有数分钟。

GLP - 1 受体(GLP - 1R)分布于胃肠道、胰腺、心房、肾脏、脂肪组织,以及包括下丘脑、脑干、脊髓在内的多个中枢神经系统中[75]。

（四）来源于肠道的 GLP - 1 如何介导中枢抑制食欲

人们认为,脑内脑外存在两个独立的 GLP - 1 系统,来源于肠道的 GLP - 1 主要充当激素,并与血脑屏障(BBB)以外的外周组织受体结合,可能主要在消化系统内,以履行其作为促胰岛素分泌的作用。肠道分泌的 GLP - 1 可能主要以旁分泌方式"局部"起作用,激活肠道系统附近的 GLP - 1 受体。脑源性 GLP - 1 被来自迷走神经胃肠道机械感受器信号激活,并以神经递质的方式在脑内释放。因此认为,GLP - 1 既是一种激素又是一种神经递质,但来源于肠道的 GLP - 1 不能作为神经递质,因为餐后生理性肠道释放的 GLP - 1 被二肽基肽酶-4(DPP - 4)降解,而活性 GLP - 1 以足够的浓度穿过血脑屏障到达大脑,是值得怀疑的[76-77]。

最新研究表明,来自肠道的内源性 GLP - 1 作用于肠神经系统的肠肌间神经元诱导抑制食欲和调节胃排空[78]。肠肌间神经元感应 GLP - 1,并通过腹腔交感神经节—胃—脊髓—下丘脑通路传递信号,该通路将 GLP - 1 通过调节胃膨胀和下丘脑食欲抑制联系起来。这样看来,肠道 L 细胞分泌的 GLP - 1 虽然易被二肽基肽酶-4(DPP - 4)降解,但不妨碍它就地通过肠神肌间经元向下丘脑发出信号,从而有效抑制食欲。

因此,只要通过饮食调节内源性 GLP - 1 适度分泌,可能足以发挥 GLP - 1 调节胃排空、抑制食欲以及调节葡萄糖稳态的效用,从而避免外源性 GLP - 1(药物)可能产生的已知和未知的风险。

（五）缓慢消化的食物促进肠道 GLP - 1 分泌

肠道 GLP - 1 主要来自开放型肠道 L 细胞,这些细胞可以感知肠腔内容物,因此 GLP - 1 分泌极易受到膳食影响,碳水化合物、脂肪、蛋白质消化后都可以刺激肠道 L 细胞分泌 GLP - 1。十二指肠—空肠—回肠—结肠,L 细胞分布密度逐步增加,大多数 L 细胞共表达分泌 GLP - 1 和 PYY,因此,当食物吸收发生在肠道更远端时,GLP - 1 释放量更大[52]。也就是说,摄入缓慢消化的食物(如全谷物、豆类、蔬菜、菌类等)更容易被输送到远端肠道,在那里,这些营养物质不但可以直接促进

GLP-1大量分泌[79-80]，还可以通过肠道菌群发酵产生短链脂肪酸[81]，持续刺激肠道 L 细胞分泌 GLP-1。因为结肠中 L 细胞密度比近端肠道更高，远端肠道通常在持续的 GLP-1 分泌中起主导作用。

众所周知，减肥手术[袖状胃切除术(SG)或胃旁路术(RYGB)]本质上是通过重构消化道解剖结构以减少食物摄入，从而达到减肥目的。事实上，减肥手术的另一客观结果是，食物更多地被输送到远端肠道，导致 GLP-1 大量分泌(有报道称，GLP-1 分泌量增加 10 倍)，这为食物在肠道远端促进更多 GLP-1 分泌提供了有力证据[82]。

膳食碳水化合物消化后产生的葡萄糖有效刺激肠道 GLP-1 分泌。如果摄入的是容易消化吸收的精制碳水化合物，可能在靠近十二指肠的近端肠道已经被吸收殆尽，虽然也会刺激 GLP-1 分泌，但因为被输送到远端肠道的食物很少，则促使 GLP-1 分泌相对较少。因此，摄入精制碳水化合物不能在餐后长时间提供来自肠道的饱腹信号(GLP-1)，相反，可能因为增加食物奖励效应而导致食欲增加。

游离脂肪酸受体在远端小肠 L 细胞上密集表达，这可能有助于脂质摄入后刺激 GLP-1 分泌。有研究表明，不饱和脂肪酸相较于饱和脂肪酸更有效刺激 GLP-1 分泌。也有研究报道称，高脂饮食可能损害肠道 L 细胞的功能[83]。

膳食中无论是动物还是植物蛋白质，消化后产生的寡肽和氨基酸都可以刺激肠道 GLP-1 分泌[84]。苦味食物(如苦瓜等天然食物中的苦味物质)通过肠道中表达的苦味受体刺激肠道 L 细胞分泌 GLP-1[85-86]。天然食物中的植物化学物如姜黄素、原花青素、槲皮素等也被证明具有诱导肠道 GLP-1 分泌的功能[87]，在动物模型研究中，来自葡萄籽的原花青素提取物还导致肠道 L 细胞数量增加[88]。

天然且未被精加工的全谷物、豆类等食物富含抑制二肽基肽酶-4 活性的生物活性肽，因此这些天然食物可能是提高 GLP-1 生物利用度的重要膳食组分[89-90]。另外，这些天然食物中富含天然膳食纤维，被证明具有促进肠道 GLP-1 分泌的功能，这一功能可能是由膳食纤维在肠道的发酵产物短链脂肪酸所诱导产生的。体外研究表明，短链脂肪酸还可选择性增加肠道 L 细胞数量，从而促进 GLP-1 分泌[91]。

超加工食品中通常含有多种添加剂，它不能促进肠道 L 细胞分泌 GLP-1，反而会增加食欲。在食品中添加工业提纯的膳食纤维(例如菊粉，经常以膳食纤维身份出现在各种超加工食品中)，并不能有效刺激肠道 GLP-1 分泌[92]。摄入超加工食品中的添加糖，可能会因其过度刺激食物奖励系统，导致正常餐食摄入后 GLP-1 释放减少，增加暴饮暴食的风险[93-94]。果糖刺激肠道分泌 GLP-1 的能力不到葡萄糖的一半，人工合成的甜味剂(如阿斯巴甜、三氯蔗糖等)不仅不能刺激 GLP-1 分泌，而且摄入这些合成甜味剂会明显增加饥饿感[95]。

总之,设计个性化减脂饮食方案的关键可能是考虑如何选择富含天然膳食纤维和植物化学物的食物,这些食物更缓慢地被消化,有助于将更多营养物质输送到远端肠道,刺激那里高密度分布的肠道 L 细胞分泌 GLP‑1,以利于在下一餐开始前持续保持不饿。

(六)肥胖对 GLP‑1 的影响

肥胖者中观察到血清二肽基肽酶‑4 水平升高,但是 GLP‑1 水平降低;此外,二肽基肽酶‑4 水平与活性 GLP‑1 水平呈负相关,但与胰岛素抵抗呈正相关[96]。因此,肥胖和胰岛素抵抗可能削弱 GLP‑1 的饱腹作用。

六、酪酪肽

酪酪肽(PYY)也由开放型肠道 L 细胞合成和分泌。表达 PYY 的细胞主要位于远端小肠和结肠,通常共表达分泌 GLP‑1。PYY 可以在胃肠道检测到的浓度,沿胃肠道由近至远逐渐增加,在结肠和直肠其浓度最高[52]。PYY 的基础血浆浓度较低,但进餐之后升高,餐后数小时仍保持升高,具有抑制食欲的作用[97-98]。

(一)酪酪肽(PYY)在中枢神经抑制食欲

酪酪肽可能在下丘脑主要通过抑制 AgRP 神经元活动从而抑制食欲,也可能通过脑内的其他神经回路抑制食欲,还可通过调节食物的奖励价值来调节食欲[5]。此外,肠道分泌的 PYY 像 GLP‑1 一样通过调节回肠蠕动,产生"回肠制动器(ileal brake)"效应,从而抑制食欲[99]。

(二)食物与酪酪肽(PYY)分泌调节

膳食消化产生的脂肪酸、氨基酸、葡萄糖都可以诱导 PYY 分泌,人工甜味剂不能促进 PYY 分泌。分泌 PYY 的肠道细胞似乎在更远端结肠高丰度存在,因此,缓慢消化被输送到远端肠道的食物也更有效促进 PYY 分泌。

天然膳食纤维在肠道细菌发酵的产物短链脂肪酸不仅可以诱导 PYY 分泌,还可能诱导肠道 L 细胞增殖(动物实验中增殖 87%),而 GLP‑1 也在这里产生,因此这可能是摄食富含膳食纤维的天然食物发挥长期改善食欲和能量代谢作用的重要因素之一[100-102]。

相较于体重正常的人,肥胖者禁食和餐后内源性血浆 PYY 水平会降低[103],血浆 PYY 降低的程度与饱腹感下降和食物摄入量相对增加有关,这可能也是减脂计划需要考虑的因素之一。

参考文献

[1] Picó C, Palou M, Pomar C A, et al. Leptin as a key regulator of the adipose organ[J]. Reviews in Endocrine and Metabolic Disorders, 2022, 23(1): 13 - 30.

[2] Friedman J M. Leptin and the endocrine control of energy balance[J]. Nature Metabolism, 2019, 1(8): 754 - 764.

[3] Cowley M A, Smart J L, Rubinstein M, et al. Leptin activates anorexigenic POMC neurons through a neural network in the arcuate nucleus[J]. Nature, 2001, 411(6836): 480 - 484.

[4] Xu J, Bartolome C L, Low C S, et al. Genetic identification of leptin neural circuits in energy and glucose homeostases[J]. Nature, 2018, 556(7702): 505 - 509.

[5] Beutler L R, Chen Y M, Ahn J S, et al. Dynamics of gut-brain communication underlying hunger[J]. Neuron, 2017, 96(2): 461 - 475.

[6] Perakakis N, Farr O M, Mantzoros C S. Leptin in leanness and obesity: JACC state-of-the-art review [J]. Journal of the American College of Cardiology, 2021, 77(6): 745 - 760.

[7] Zeng W W, Pirzgalska R M, Pereira M M A, et al. Sympathetic neuro-adipose connections mediate leptin-driven lipolysis[J]. Cell, 2015, 163(1): 84 - 94.

[8] Dodd G T, Decherf S, Loh K, et al. Leptin and insulin act on POMC neurons to promote the browning of white fat[J]. Cell, 2015, 160(1/2): 88 - 104.

[9] Minokoshi Y, Kim Y B, Peroni O D, et al. Leptin stimulates fatty-acid oxidation by activating AMP-activated protein kinase[J]. Nature, 2002, 415(6869): 339 - 343.

[10] De Git K C G, Adan R A H. Leptin resistance in diet-induced obesity: The role of hypothalamic inflammation[J]. Obesity Reviews, 2015, 16(3): 207 - 224.

[11] Cui H X, López M, Rahmouni K. The cellular and molecular bases of leptin and ghrelin resistance in obesity[J]. Nature Reviews Endocrinology, 2017, 13(6): 338 - 351.

[12] Li S F, Li X. Leptin in normal physiology and leptin resistance[J]. Science Bulletin, 2016, 61(19): 1480 - 1488.

[13] Abella V, Scotece M, Conde J, et al. Leptin in the interplay of inflammation, metabolism and immune system disorders[J]. Nature Reviews Rheumatology, 2017, 13(2): 100 - 109.

[14] Aragonès G, Ardid-Ruiz A, Ibars M, et al. Modulation of leptin resistance by food compounds[J]. Molecular Nutrition & Food Research, 2016, 60(8): 1789 - 1803.

[15] Çakır I, Pan P L, Hadley C K, et al. Sulforaphane reduces obesity by reversing leptin resistance[J]. eLife, 2022, 11: e67368.

[16] Heiss C N, Manneràs-Holm L, Lee Y S, et al. The gut microbiota regulates hypothalamic inflammation and leptin sensitivity in Western diet-fed mice via a GLP - 1R-dependent mechanism[J]. Cell Reports, 2021, 35(8): 109163.

[17] Swann O G, Breslin M, Kilpatrick M, et al. Dietary fibre intake and its association with inflammatory markers in adolescents[J]. British Journal of Nutrition, 2021, 125(3): 329 - 336.

[18] Baden M Y, Satija A, Hu F B, et al. Change in plant-based diet quality is associated with changes in plasma adiposity-associated biomarker concentrations in women[J]. The Journal of Nutrition, 2019, 149(4): 676 - 686.

[19] Gogga P, Janczy A, Szupryczyńska N, et al. Plant-based diets contribute to lower circulating leptin in healthy subjects independently of BMI[J]. Acta Biochimica Polonica, 2022,:,69(4):879 - 882.

[20] Vasselli J R, Scarpace P J, Harris R B S, et al. Dietary components in the development of leptin resistance[J]. Advances in Nutrition, 2013, 4(2): 164 - 175.

[21] Lu W J, Xu Y Z, Shao X N, et al. Uric acid produces an inflammatory response through activation of NF-κB in the hypothalamus: Implications for the pathogenesis of metabolic disorders[J]. Scientific Reports, 2015, 5: 12144.

[22] Shapiro A, Mu W, Roncal C, et al. Fructose-induced leptin resistance exacerbates weight gain in response to subsequent high-fat feeding[J]. American Journal of Physiology Regulatory, Integrative and

Comparative Physiology, 2008, 295(5): R1370 - R1375.

[23] Peng J, Yin L J, Wang X H. Central and peripheral leptin resistance in obesity and improvements of exercise[J]. Hormones and Behavior, 2021, 133: 105006.

[24] Zhao S G, Zhu Y, Schultz R D, et al. Partial leptin reduction as an insulin sensitization and weight loss strategy[J]. Cell Metabolism, 2019, 30(4): 706 - 719.

[25] Fedewa M V, Hathaway E D, Ward-Ritacco C L, et al. The effect of chronic exercise training on leptin: A systematic review and meta-analysis of randomized controlled trials[J]. Sports Medicine, 2018, 48(6): 1437 - 1450.

[26] Scherer T, Sakamoto K, Buettner C. Brain insulin signalling in metabolic homeostasis and disease[J]. Nature Reviews Endocrinology, 2021, 17(8): 468 - 483.

[27] Benedict C, Brede S, Schiöth H B, et al. Intranasal insulin enhances postprandial thermogenesis and lowers postprandial serum insulin levels in healthy men[J]. Diabetes, 2011, 60(1): 114 - 118.

[28] Kullmann S, Heni M, Veit R, et al. Selective insulin resistance in homeostatic and cognitive control brain areas in overweight and obese adults[J]. Diabetes Care, 2015, 38(6): 1044 - 1050.

[29] Heni M, Kullmann S, Preissl H, et al. Impaired insulin action in the human brain: Causes and metabolic consequences[J]. Nature Reviews Endocrinology, 2015, 11(12): 701 - 711.

[30] Petersen M C, Shulman G I. Mechanisms of insulin action and insulin resistance[J]. Physiological Reviews, 2018, 98(4): 2133 - 2223.

[31] Softic S, Stanhope K L, Boucher J, et al. Fructose and hepatic insulin resistance[J]. Critical Reviews in Clinical Laboratory Sciences, 2020, 57(5): 308 - 322.

[32] Dekker M J, Su Q Z, Baker C, et al. Fructose: A highly lipogenic nutrient implicated in insulin resistance, hepatic steatosis, and the metabolic syndrome[J]. American Journal of Physiology-Endocrinology and Metabolism, 2010, 299(5): E685 - E694.

[33] Reynolds C M, McGillicuddy F C, Harford K A, et al. Dietary saturated fatty acids prime the NLRP3 inflammasome via TLR4 in dendritic cells-implications for diet-induced insulin resistance[J]. Molecular Nutrition & Food Research, 2012, 56(8): 1212 - 1222.

[34] Sigala D M, Hieronimus B, Price C, et al. Consuming high-fructose corn syrup or sucrose-sweetened beverages increases hepatic lipid content and decreases insulin sensitivity in young adults[J]. Diabetes, 2020, 69(supplement 1):5.

[35] Cani P D, Amar J, Iglesias M A, et al. Metabolic endotoxemia initiates obesity and insulin resistance [J]. Diabetes, 2007, 56(7): 1761 - 1772.

[36] Du L Y, Lei X, Wang J E, et al. Lipopolysaccharides derived from gram-negative bacterial pool of human gut microbiota promote inflammation and obesity development[J]. International Reviews of Immunology, 2022, 41(1): 45 - 56.

[37] Tobacman J K, Sumit B, Leonid F. Increase in galectin - 3 contributes to glucose intolerance and insulin resistance following exposure to the common food additive carrageenan[J]. Diabetes, 2018, 67 (Supplement 1): 780.

[38] Feferman L, Bhattacharyya S, Oates E, et al. Carrageenan-free diet shows improved glucose tolerance and insulin signaling in prediabetes: A randomized, pilot clinical trial[J]. Journal of Diabetes Research, 2020, 2020: 1 - 16.

[39] Weickert M O, Roden M, Isken F, et al. Effects of supplemented isoenergetic diets differing in cereal fiber and protein content on insulin sensitivity in overweight humans[J]. The American Journal of Clinical Nutrition, 2011, 94(2): 459 - 471.

[40] Edirisinghe I, Banaszewski K, Cappozzo J, et al. Strawberry anthocyanin and its association with postprandial inflammation and insulin[J]. British Journal of Nutrition, 2011, 106(6): 913 - 922.

[41] Jennings A, Welch A A, Spector T, et al. Intakes of anthocyanins and flavones are associated with biomarkers of insulin resistance and inflammation in women[J]. The Journal of Nutrition, 2014, 144 (2): 202 - 208.

[42] Zhao L P, Zhang F, Ding X Y, et al. Gut bacteria selectively promoted by dietary fibers alleviate type 2 diabetes[J]. Science, 2018, 359(6380): 1151 - 1156.

［43］Song S J, Paik H Y, Song Y. High intake of whole grains and beans pattern is inversely associated with insulin resistance in healthy Korean adult population[J]. Diabetes Research and Clinical Practice, 2012, 98(3): e28 - e31.

［44］Goode J P, Smith K J, Breslin M, et al. A healthful plant-based eating pattern is longitudinally associated with higher insulin sensitivity in Australian adults[J]. The Journal of Nutrition, 2023, 153(5): 1544 - 1554.

［45］Cuff D J, Meneilly G S, Martin A, et al. Effective exercise modality to reduce insulin resistance in women with type 2 diabetes[J]. Diabetes Care, 2003, 26(11): 2977 - 2982.

［46］Rice B, Janssen I, Hudson R, et al. Effects of aerobic or resistance exercise and/or diet on glucose tolerance and plasma insulin levels in obese men[J]. Diabetes Care, 1999, 22(5): 684 - 691.

［47］Association A D. 8. obesity management for the treatment of type 2 diabetes: *Standards of medical care in diabetes* - 2021[J]. Diabetes Care, 2021, 44(Supplement 1): S100 - S110.

［48］Sylow L, Kleinert M, Richter E A, et al. Exercise-stimulated glucose uptake: Regulation and implications for glycemic control[J]. Nature Reviews Endocrinology, 2017, 13(3): 133 - 148.

［49］Yaribeygi H, Atkin S L, Simental-Mendia L E, et al. Molecular mechanisms by which aerobic exercise induces insulin sensitivity[J]. Journal of Cellular Physiology, 2019, 234(8): 12385 - 12392.

［50］吕社民, 刘学政. 内分泌系统[M]. 北京: 人民卫生出版社, 2015.

［51］Yanagi S, Sato T, Kangawa K, et al. The homeostatic force of ghrelin[J]. Cell Metabolism, 2018, 27(4): 786 - 804.

［52］Steinert R E, Feinle-Bisset C, Asarian L, et al. Ghrelin, CCK, GLP - 1, and PYY(3 - 36): Secretory controls and physiological roles in eating and glycemia in health, obesity, and after RYGB[J]. Physiological Reviews, 2017, 97(1): 411 - 463.

［53］Al Massadi O, López M, Tschöp M, et al. Current understanding of the hypothalamic ghrelin pathways inducing appetite and adiposity[J]. Trends in Neurosciences, 2017, 40(3): 167 - 180.

［54］Cummings D E, Purnell J Q, Frayo R S, et al. A preprandial rise in plasma ghrelin levels suggests a role in meal initiation in humans[J]. Diabetes, 2001, 50(8): 1714 - 1719.

［55］Takagi K, Legrand R, Asakawa A, et al. Anti-ghrelin immunoglobulins modulate ghrelin stability and its orexigenic effect in obese mice and humans[J]. Nature Communications, 2013, 4: 2685.

［56］Foster-Schubert K E, Overduin J, Prudom C E, et al. Acyl and total ghrelin are suppressed strongly by ingested proteins, weakly by lipids, and biphasically by carbohydrates[J]. The Journal of Clinical Endocrinology and Metabolism, 2008, 93(5): 1971 - 1979.

［57］Teff K L, Elliott S S, Tschöp M, et al. Dietary fructose reduces circulating insulin and leptin, attenuates postprandial suppression of ghrelin, and increases triglycerides in women[J]. The Journal of Clinical Endocrinology & Metabolism, 2004, 89(6): 2963 - 2972.

［58］Torres-Fuentes C, Golubeva A V, Zhdanov A V, et al. Short-chain fatty acids and microbiota metabolites attenuate ghrelin receptor signaling[J]. The FASEB Journal, 2019, 33(12): 13546 - 13559.

［59］Gruendel S, Garcia A L, Otto B, et al. Carob pulp preparation rich in insoluble dietary fiber and polyphenols enhances lipid oxidation and lowers postprandial acylated ghrelin in humans[J]. The Journal of Nutrition, 2006, 136(6): 1533 - 1538.

［60］Malin S K, Heiston E M, Gilbertson N M, et al. Short-term interval exercise suppresses acylated ghrelin and hunger during caloric restriction in women with obesity[J]. Physiology & Behavior, 2020, 223: 112978.

［61］Ouerghi N, Feki M, Bragazzi N L, et al. Ghrelin response to acute and chronic exercise: Insights and implications from a systematic review of the literature[J]. Sports Medicine (Auckland, N Z), 2021, 51(11): 2389 - 2410.

［62］D'Agostino G, Lyons D J, Cristiano C, et al. Appetite controlled by a cholecystokinin nucleus of the solitary tract to hypothalamus neurocircuit[J]. eLife, 2016, 5: 12225.

［63］Hisadome K, Reimann F, Gribble F M, et al. CCK stimulation of GLP - 1 neurons involves α1 - adrenoceptor-mediated increase in glutamatergic synaptic inputs[J]. Diabetes, 2011, 60(11): 2701 - 2709.

［64］Fan W, Ellacott K L J, Halatchev I G, et al. Cholecystokinin-mediated suppression of feeding involves the brainstem melanocortin system[J]. Nature Neuroscience, 2004, 7(4): 335 – 336.

[65] Roman C W, Derkach V A, Palmiter R D. Genetically and functionally defined NTS to PBN brain circuits mediating anorexia[J]. Nature Communications, 2016, 7: 11905.

[66] Schwizer W, Borovicka J, Kunz P, et al. Role of cholecystokinin in the regulation of liquid gastric emptying and gastric motility in humans: Studies with the CCK antagonist loxiglumide[J]. Gut, 1997, 41(4): 500 – 504.

[67] Drewe J, Gadient A, Rovati L C, et al. Role of circulating cholecystokinin in control of fat-induced inhibition of food intake in humans[J]. Gastroenterology, 1992, 102(5): 1654 – 1659.

[68] Müller T D, Finan B, Bloom S R, et al. Glucagon-like peptide 1 (GLP – 1)[J]. Molecular Metabolism, 2019, 30: 72 – 130.

[69] Drucker D J. GLP – 1 physiology informs the pharmacotherapy of obesity[J]. Molecular Metabolism, 2022, 57: 101351.

[70] Péterfi Z, Szilvásy-Szabó A, Farkas E, et al. Glucagon-like peptide – 1 regulates the proopiomelanocortin neurons of the arcuate nucleus both directly and indirectly via presynaptic action[J]. Neuroendocrinology, 2021, 111(10): 986 – 997.

[71] Alhadeff A L, Rupprecht L E, Hayes M R. GLP – 1 neurons in the nucleus of the solitary tract project directly to the ventral tegmental area and nucleus accumbens to control for food intake [J]. Endocrinology, 2012, 153(2): 647 – 658.

[72] Delgado-Aros S, Kim D Y, Burton D D, et al. Effect of GLP – 1 on gastric volume, emptying, maximum volume ingested, and postprandial symptoms in humans[J]. American Journal of Physiology-Gastrointestinal and Liver Physiology, 2002, 282(3): G424 – G431.

[73] Nauck M A, Niedereichholz U, Ettler R, et al. Glucagon-like peptide 1 inhibition of gastric emptying outweighs its insulinotropic effects in healthy humans[J]. The American Journal of Physiology, 1997, 273(5): E981 – E988.

[74] Schirra J, Wank U, Arnold R, et al. Effects of glucagon-like peptide – 1(7 – 36)amide on motility and sensation of the proximal stomach in humans[J]. Gut, 2002, 50(3): 341 – 348.

[75] Ishnoor S, Wang L, Xia B J, et al. Activation of arcuate nucleus glucagon-like peptide – 1 receptor-expressing neurons suppresses food intake[J]. Cell & Bioscience, 2022, 12(1): 178.

[76] Trapp S, Brierley D I. Brain GLP – 1 and the regulation of food intake: GLP – 1 action in the brain and its implications for GLP – 1 receptor agonists in obesity treatment[J]. British Journal of Pharmacology, 2022, 179(4): 557 – 570.

[77] Brierley D I, Holt M K, Singh A, et al. Central and peripheral GLP – 1 systems independently suppress eating[J]. Nature Metabolism, 2021, 3(2): 258 – 273.

[78] Zhang T, Perkins M H, Chang H, et al. An inter-organ neural circuit for appetite suppression[J]. Cell, 2022, 185(14): 2478 – 2494.

[79] Qin W Y, Ying W, Hamaker B, et al. Slow digestion-oriented dietary strategy to sustain the secretion of GLP – 1 for improved glucose homeostasis[J]. Comprehensive Reviews in Food Science and Food Safety, 2021, 20(5): 5173 – 5196.

[80] Juntunen K S, Niskanen L K, Liukkonen K H, et al. Postprandial glucose, insulin, and incretin responses to grain products in healthy subjects 1[J]. The American Journal of Clinical Nutrition, 2002, 75(2): 254 – 262.

[81] Chambers E S, Viardot A, Psichas A, et al. Effects of targeted delivery of propionate to the human colon on appetite regulation, body weight maintenance and adiposity in overweight adults[J]. Gut, 2015, 64(11): 1744 – 1754.

[82] Jørgensen N B, Jacobsen S H, Dirksen C, et al. Acute and long-term effects of Roux-en-Y gastric bypass on glucose metabolism in subjects with Type 2 diabetes and normal glucose tolerance [J]. American Journal of Physiology-Endocrinology and Metabolism, 2012, 303(1): E122 – E131.

[83] Richards P, Pais R, Habib A M, et al. High fat diet impairs the function of glucagon-like peptide – 1 producing L-cells[J]. Peptides, 2016, 77: 21 – 27.

[84] Watkins J D, Koumanov F, Gonzalez J T. Protein-and calcium-mediated GLP – 1 secretion: A narrative

review[J]. Advances in Nutrition, 2021, 12(6): 2540 – 2552.

[85] Kim K S, Egan J M, Jang H J. Denatonium induces secretion of glucagon-like peptide – 1 through activation of bitter taste receptor pathways[J]. Diabetologia, 2014, 57(10): 2117 – 2125.

[86] Chang C I, Cheng S Y, Nurlatifah A O, et al. Bitter melon extract yields multiple effects on intestinal epithelial cells and likely contributes to anti-diabetic functions[J]. International Journal of Medical Sciences, 2021, 18(8): 1848 – 1856.

[87] Kato M, Nishikawa S, Ikehata A, et al. Curcumin improves glucose tolerance via stimulation of glucagon-like peptide – 1 secretion[J]. Molecular Nutrition & Food Research, 2017, 61(3): 1600471.

[88] Àngela C M, Noemi G A, Joan S, et al. Long term exposure to a grape seed proanthocyanidin extract enhances L-cell differentiation in intestinal organoids[J]. Molecular Nutrition & Food Research, 2020, 64(16): e2000303.

[89] Rivero-Pino F, Espejo-Carpio F, Guadix E. Identification of dipeptidyl peptidase IV (DPP-IV) inhibitory peptides from vegetable protein sources[J]. Food Chemistry, 2021,354:129473.

[90] Hatanaka T, Inoue Y, Arima J, et al. Production of dipeptidyl peptidase IV inhibitory peptides from defatted rice bran[J]. Food Chemistry, 2012, 134(2): 797 – 802.

[91] Petersen N, Reimann F, Bartfeld S, et al. Generation of L cells in mouse and human small intestine organoids[J]. Diabetes, 2014, 63(2): 410 – 420.

[92] Lee I, Shi L, Webb D L, et al. Effects of whole-grain rye porridge with added inulin and wheat gluten on appetite, gut fermentation and postprandial glucose metabolism: A randomised, cross-over, breakfast study[J]. British Journal of Nutrition, 2016, 116(12): 2139 – 2149.

[93] Dorton H M, Luo S, Monterosso J R, et al. Influences of dietary added sugar consumption on striatal food-cue reactivity and postprandial GLP – 1 response[J]. Frontiers in Psychiatry, 2018, 8: 297.

[94] Jones S, Luo S, Dorton H M, et al. Obesity and dietary added sugar interact to affect postprandial GLP – 1 and its relationship to striatal responses to food cues and feeding behavior[J]. Frontiers in Endocrinology, 2021, 12: 638504.

[95] Overduin J, Collet T H, Medic N, et al. Failure of sucrose replacement with the non-nutritive sweetener erythritol to alter GLP – 1 or PYY release or test meal size in lean or obese people[J]. Appetite, 2016, 107: 596 – 603.

[96] Ahmed R H, Huri H Z, Muniandy S, et al. Altered circulating concentrations of active glucagon-like peptide (GLP – 1) and dipeptidyl peptidase 4 (DPP4) in obese subjects and their association with insulin resistance[J]. Clinical Biochemistry, 2017, 50(13/14): 746 – 749.

[97] Batterham R L, Cowley M A, Small C J, et al. Gut hormone PYY₃ – 36 physiologically inhibits food intake[J]. Nature, 2002, 418(6898): 650 – 654.

[98] Batterham R L, Cohen M A, Ellis S M, et al. Inhibition of food intake in obese subjects by peptide YY$_{3-36}$[J]. New England Journal of Medicine, 2003, 349(10): 941 – 948.

[99] Pironi L, Stanghellini V, Miglioli M, et al. Fat-induced heal brake in humans: A dose-dependent phenomenon correlated to the plasma levels of peptide YY[J]. Gastroenterology, 1993, 105(3): 733 – 739.

[100] Goodlad R A, Lenton W, Ghatei M A, et al. Proliferative effects of 'fibre' on the intestinal epithelium: Relationship to gastrin, enteroglucagon and PYY[J]. Gut, 1987, 28(Supplement): 221 – 226.

[101] Larraufie P, Martin-Gallausiaux C, Lapaque N, et al. SCFAs strongly stimulate PYY production in human enteroendocrine cells[J]. Scientific Reports, 2018, 8: 74.

[102] Brooks L, Viardot A, Tsakmaki A, et al. Fermentable carbohydrate stimulates FFAR2-dependent colonic PYY cell expansion to increase satiety[J]. Molecular Metabolism, 2017, 6(1): 48 – 60.

[103] Le Roux C W, Batterham R L, Aylwin S J B, et al. Attenuated peptide YY release in obese subjects is associated with reduced satiety[J]. Endocrinology, 2006, 147(1): 3 – 8.

第三节　代谢性炎症影响食欲和能量代谢

在正常情况下,人体神经-体液信息网络高效调节新陈代谢的每一个过程,足以维持物质和能量代谢稳态,其中也包括每一餐摄入适量食物,以及下一餐来临之前始终保持"不饿",这对于保持健康体重至关重要。然而,在肥胖者体内,这种稳态似乎被打破了。

肥胖者通常伴随着全身慢性低度炎症,被称为代谢性炎症,包括下丘脑、脂肪组织、骨骼肌、肝脏和胰腺等慢性低度炎症,从而促进许多相关合并症的发展。由不健康饮食和能量过剩所诱导的肥胖者中,各种促炎性细胞因子、穿过肠道屏障的细菌内毒素——脂多糖(LPS)、膳食中的促炎成分等诸多因素在神经-体液-免疫调节网络间串扰,连同久坐少动的工作环境和缺乏运动的生活方式,一起引起食欲和能量代谢失调。当然,代谢性炎症在不同个体间存在差异,并且代谢性炎症的发展程度与肥胖程度和肥胖的持续时间有关。

一、肥胖者下丘脑炎症

神经影像学研究和死后尸检组织病理学分析表明,肥胖者(儿童和成年人)存在下丘脑炎症和下丘脑神经胶质增生,并且与全身慢性低度炎症、肥胖、代谢综合征密切相关[1-3]。现有的研究文献已经表明,人类下丘脑神经炎症反应在肥胖发病机制中起作用[4-6]。下丘脑的弓状核(ARC)是各种营养状态信号的整合器,其中AgRP神经元和POMC神经元相互关联且功能拮抗主导调控食欲与能量代谢。长时间下丘脑弓状核中的神经元炎症信号级联反应,导致细胞应激机制的激活(如内质网应激、线粒体功能障碍和氧化应激、细胞自噬功能障碍等)以及随之而来POMC神经元和AgRP神经元中的瘦素和胰岛素抵抗,这破坏了维持代谢稳态的反馈信号回路,直接后果是饱腹信号传导受损,导致食欲和能量代谢失调,进一步促进了能量正平衡和体重增加[6-8]。

不健康饮食与下丘脑炎症的发展关系密切。在动物模型研究中,食物中的长链饱和脂肪酸(主要存在于棕榈油、动物油脂、奶油、黄油等中)可能通过多种途径诱导中枢神经系统中的常驻巨噬细胞(免疫细胞)——小胶质细胞产生促炎细胞因子,如肿瘤坏死因子(TNF-α)等,同时诱导内质网(ER)应激,促进下丘脑炎症[9-13]。也有报告称,动物过度食用脂肪和糖混合物会刺激下丘脑神经元的炎症反应,如小胶质细胞增生,并最终导致控制能量代谢的神经元功能障碍[14]。有证据表明,尿酸水平的升高也是促发下丘脑炎症的因素之一,血液中的尿酸可以穿过血脑屏障(BBB),通过激活 NF - κB 诱导下丘脑炎症,无论是在动物和人类中都一样[15]。因此,过量摄入富含果糖的食物(如含糖饮料、奶茶等)可能会通过增加血浆尿酸水平促进下丘脑炎症。还有动物研究表明,鲜味物质(如味精等鲜味剂)通过诱导产生大量尿酸,导致下丘脑炎症、中枢瘦素抵抗、食欲亢进和肥胖[16]。

在我们的日常生活中,很多超加工食品可以满足长链饱和脂肪酸、游离糖、鲜味剂的全配方组合,例如甜点、巧克力、奶茶、蛋糕、薯片、冰激凌、饼干等,它们可能是最高效的下丘脑炎症促进剂。这些以糖油混合物为主要原料的超加工食品还可能通过损害肠道微生态平衡和肠道黏膜屏障功能增加肠道黏膜通透性,导致血浆中的细菌脂多糖水平升高。脂多糖可独立或与长链饱和脂肪酸协同引发下丘脑炎症[17]。

总之,以超加工食品为代表的不健康食物是促进下丘脑炎症发展的主要饮食因素。需要引起注意的是,下丘脑炎症可能发生在体重增加和外周组织炎症(如脂肪组织炎症)之前。在动物实验中,即使是短期(1～6 小时)暴露于过量膳食饱和脂肪也足以诱导下丘脑小胶质细胞变化[18],给小鼠喂食高脂肪饲料后 1 到 3 天内出现下丘脑炎症信号,一周后下丘脑弓状核中神经胶质增生。这些研究表明,下丘脑炎症可能是肥胖的原因,而不是结果。因此,"吃货"们似乎应该思考一个问题,即我们是否无意中正在陷入一种被时尚文化所粉饰的"美食圈套",我们乐在其中,有人却乐在其后。

二、肥胖者脂肪组织慢性炎症

肥胖者脂肪组织慢性炎症主要表现为先天性和适应性免疫细胞在脂肪组织中积聚,其中巨噬细胞在脂肪组织中积聚增加,以及 M1 促炎型巨噬细胞相对于 M2 抗炎型巨噬细胞比例增加,这两个因素组合是脂肪组织炎症的标志[19-22]。有研究表明,肥胖者在脂肪组织慢性炎症期间,巨噬细胞占脂肪组织中细胞总数的百分比可以从不到 10% 增加到近 40%,增长了 3 倍之多[23]。

(一)脂肪组织慢性炎症的不良后果

脂肪组织慢性炎症的不良后果包括诱导胰岛素抵抗和脂肪动员功能受损。前者导致葡萄糖代谢稳态失调[24],后者导致减脂过程中不能灵活调用脂肪供能,以及白色脂肪细胞"褐变"生成米色脂肪细胞减少[25],也削弱了棕色脂肪产热活性[26]。人类动员脂肪的经典途径是交感神经被激活后,促进儿茶酚胺(肾上腺素和去甲肾上腺素)释放,它们通过 β 肾上腺素受体(β-AR)诱导脂肪动员,这对于适应机体的能量重分配,调控脂肪分解和产热至关重要。肥胖者脂肪动员信号转导受损,可能的机制涉及白色脂肪细胞 β 肾上腺素受体下调,激素敏感性脂肪酶(HSL)表达减少,炎症上调了儿茶酚胺降解酶的基因表达等因素[27-31],这些都会导致脂肪动员功能受损,成为减脂过程中的重要障碍之一。

此外,脂肪组织产生的促炎细胞因子可能在各种组织器官间串扰,从而影响其他组织的免疫稳态,如诱导骨骼肌、肝脏、胰腺等炎症发生[20,22]。总之,脂肪组织一过性的炎症可能是响应脂肪组织重塑和扩张的适应性反应,而脂肪组织慢性炎症进一步促进了能量代谢失衡,并且可能推动了全身慢性炎症和代谢紊乱的发展[20]。

(二)脂肪组织炎症的可能诱导因素

脂肪组织炎症的根本原因是持续的能量正平衡。为了应对能量过剩,脂肪组织通过脂肪细胞肥大和增生来增加脂质储存,当这种情况达到极限时,触发了炎症反应。与肥胖相关的脂肪组织炎症的确切触发因素尚不清楚,有几种可能的机制,包括脂肪组织缺氧和膳食因素直接或间接影响。

脂肪组织是一种高度血管化的器官,每个肥大前的脂肪细胞与至少一根毛细血管相邻。肥胖的直接后果之一是脂肪组织毛细血管变得稀疏,因为当脂肪细胞响应持续的能量正平衡逐渐肥大时,相邻微毛细血管之间的距离会显著增加,从而降低毛细血管密度。毛细血管网变得过于稀疏时,尤其是与肥胖引起的血流量减少相结合时,会导致脂肪组织局部缺氧[24]。脂肪组织缺氧会诱导脂肪细胞许多基因表达发生变化,上调与炎症相关的脂肪因子的分泌,因而被认为是脂肪细胞炎症的起始原因之一[32-33]。

膳食来源的饱和脂肪酸和体内脂肪分解产生的游离脂肪酸可能直接激活脂肪组织中巨噬细胞促炎信号通路。另外,由于摄入超加工食品等不健康的饮食,造成肠道生态失调和肠道通透性增加[34],导致促炎性肠道微生物衍生产物的水平增加并进入循环,其中包括细菌脂多糖(LPS),这种肠道来源的脂多糖可通过激活脂肪组织中巨噬细胞 Toll 样受体 4(TLR4)来引发炎症级联反应,类似的事件也可能发生在肝脏和其他组织中。

三、肥胖者骨骼肌慢性炎症

随着肥胖的发展,一个常见后果是,本该储存在白色脂肪组织的脂肪异位储存于骨骼肌的脂滴中。肥胖者的肌肉切面可能类似于"雪花牛肉"[35],这些脂肪可能来自白色脂肪细胞中的脂肪分解产生的游离脂肪酸,或来自膳食中的乳糜微粒和肝细胞分泌的极低密度脂蛋白。膳食中的长链脂肪酸、葡萄糖、果糖是血浆中富含甘油三酯的乳糜微粒和极低密度脂蛋白的主要贡献者。

越来越多的证据表明,肥胖者的免疫细胞也积聚在骨骼肌中,巨噬细胞和

T 细胞在肌内脂肪组织中水平升高。与内脏脂肪组织类似,骨骼肌中的免疫细胞倾向于在肥胖症中极化为促炎表型,促炎标志物如肿瘤坏死因子增加,促进骨骼肌炎症发展[35]。除了促炎细胞因子增加外,肥胖过程中流入骨骼肌的长链饱和脂肪酸已被一致证明可诱导炎症,因此也可能有助于肥胖发展中骨骼肌的免疫细胞活化。另外,内脏脂肪组织中的炎症常伴有促炎性细胞因子分泌增加,也可能通过内分泌作用对肌细胞代谢功能产生不利影响。

骨骼肌炎症可能诱导几种不良后果,如骨骼肌血流量减少、骨骼肌线粒体功能障碍、骨骼肌氧化能力下降,并且可能导致骨骼肌胰岛素低[36]。在正常情况下,骨骼肌负责约 80% 的胰岛素诱导的全身葡萄糖摄取和处置,骨骼肌胰岛素抵抗导致全身葡萄糖代谢紊乱[37]。骨骼肌氧化能力的下降,导致不能灵活利用葡萄糖和脂肪酸作为"燃料"为运动过程中提供能量。此时,出现一个更直观的感觉是,有氧运动能力显著下降,导致参加运动时感觉特别累,或者从未从运动中体验过快乐。有氧运动能力下降是肥胖人群抗拒参加体育运动的主要原因,已经成为减脂计划的关键障碍。

四、肥胖者肠道慢性炎症

肠道黏膜上皮组织、肠道淋巴组织、肠上皮细胞和免疫细胞及其产生的分子和分泌物,还有在肠道黏膜正常栖息的肠道共生菌群,构成了肠道黏膜免疫系统。健康个体中肠道黏膜免疫系统保持着免疫应答和免疫稳态之间的平衡,然而,在一些肥胖个体中,肠道免疫应答和免疫稳态之间的平衡似乎也被打破了[38]。

在肥胖个体的十二指肠和结肠中发现了更多的促炎巨噬细胞,这让人想起感染性和炎症性肠病中报告描述的情形[39]。肥胖者空肠上皮内促炎性 T 细胞群密度增加是肠道慢性炎症的另一个特征,活化的 T 细胞分泌的促炎细胞因子可能导致肠道胰岛素敏感性下降[40]。不健康饮食诱导肥胖期间,肠道上皮内 T 细胞数量增加,它们可能通过"捕获"胰高血糖素样肽-1(GLP-1),从而限制 GLP-1 生物利用度。活化的肠道上皮内 T 细胞也可能上调二肽基肽酶-4 的表达,从而使更多 GLP-1 被降解,这会降低肥胖期间 GLP-1 生物利用度。另外,肠道 T 细胞产生的促炎细胞因子(如肿瘤坏死因子)也可能抑制 GLP-1 分泌。因此,肥胖期间 GLP-1 分泌减少和/或生物利用度降低,导致餐后(下一餐开始前)来自肠道的关键饱腹感信号减弱,这可能也是减脂路上的一个障碍[41]。

肠道慢性炎症可能损害肠道屏障供能,导致内毒素——脂多糖(LPS)入血增加,产生代谢性内毒素血症,从而引发全身慢性炎症[42](相关内容将在本章第四节进一步描述)。另外,肠道慢性低度炎症可能与肠道癌症有关[43],但通过调整饮食而减肥成功可降低肠道炎症反应和肠道癌症发生的风险[44]。

五、肥胖者其他组织慢性炎症

在能量过剩导致的肥胖症中,肝脂肪变性是普遍特征,肝脂肪变性进一步发展则是非酒精性脂肪性肝病(NAFLD),并最终可能进展为非酒精性脂肪性肝炎(NASH)和肝纤维化。肝脏炎症的诱因可能起源于肝脏外部(脂肪组织或肠道)以及肝器官内部(例如,脂毒性、先天免疫反应、线粒体功能障碍和内质网应激),但是究其根本,不健康饮食引起的肠道通透性增加和内毒素入血可能是众多其他因素的共同出发点[45]。

此外,肥胖者胰岛内巨噬细胞更趋于促炎表型,这可能是胰岛内促炎环境的一个启动因素,并导致肥胖个体更容易发展为2型糖尿病[46]。

总之,肥胖者体内普遍存在全身慢性低度炎症,其诱因是不健康饮食。不健康食品的代表是无处不在的超加工食品,而以超加工食品为主的"西式饮食"是肥胖和全身慢性低度炎症的始作俑者[47]。请注意,炎症是肥胖和癌症的共同特征,持续的肥胖和慢性炎症与多种癌症相关,包括消化系统癌症,例如肝癌、胰腺癌和结肠癌等[48]。

六、饮食与全身慢性炎症

膳食的不同营养成分、不同加工方式和不同能量密度,都深刻影响着免疫应答和免疫稳态之间的平衡。

(一)以超加工食品为主的西式饮食增加炎症

以超加工食品为主的"西式饮食"的主要特征是富含游离糖、盐、精制碳水化合物、加工肉类、反式脂肪酸、长链饱和脂肪酸和多种添加剂。另外,超加工食品仅含有很少或几乎不含天然复杂膳食纤维、维生素和矿物质,并且缺少具有抗氧化、抗炎作用的天然植物化学物[47]。问题是,由跨国食品工业巨头主导的"西式饮食"正在以时尚文化开路,创造享乐性需求,受到了年轻一代的普遍欢迎。

超加工食品中普遍存在长链饱和脂肪酸和反式脂肪酸,长链饱和脂肪酸可能独立于其他途径直接促进下丘脑炎症,而反式脂肪酸是众所周知的促进炎症发生的饮食因素[9-13,49-50]。另外,摄入乳化脂肪急剧增加细菌内毒素入血,诱导慢性炎症的发生[51]。长链饱和脂肪酸、反式脂肪酸、乳化脂肪通常存在于需要添加和/或利用油脂的超加工食品中,例如预包装面包、奶茶、巧克力、冰激凌、蛋糕等。

超加工食品普遍能量密度更高,有一些表现出高血糖生成指数,这意味着它们会引起血糖快速上升。因此,超加工食品消耗导致短时间内摄入更多能量,血浆葡萄糖和胰岛素的快速飙升,以及随后营养物质吸收转化为脂肪储存在脂肪组织中,所以"胖得快",而肥胖是全身慢性炎症的独立影响因素[52]。另外,高血糖通过改变肠上皮细胞的紧密连接完整性导致肠屏障通透性增加,从而有更多的细菌脂多糖(LPS)入血,诱导全身慢性低度炎症[53]。

超加工食品中的晚期糖基化终产物(AGEs),即食品在热处理过程中产生的美拉德反应产物,也可能促进炎症发展。由于美拉德反应在食品中诱导化学变化,从而赋予食品色泽、风味和香气,食品工业长期以来一直在食品中增强或补充美拉德反应产物,以增加感官特性和适口性,因此,晚期糖基化终产物是超加工(特别是广泛热处理)食品中无处不在的成分。大多数食物中的晚期糖基化终产物逃脱消化和吸收,通过胃和小肠到达结肠,并在那里损害肠道黏膜屏障功能,从而促进内毒素入血和炎症发生[54]。油炸食品中的过氧化脂肪酸也会在肠道黏膜诱导促炎基因表达并破坏肠道黏膜屏障功能[55]。

超加工食品中的游离糖,特别是在食品加工中常用的果糖,是诱发炎症的重要饮食因素。虽然短期摄入果糖可能不会在健康肠道中引发炎症反应,但会显著改变肠道菌群组成,导致肠道微生态失调和肠道屏障功能受损,从而促进内毒素入血并引起的全身慢性炎症[56]。重要的是,过量摄入果糖可通过增加血尿酸水平导致下丘脑炎症。

超加工食品中的多种添加剂都被证明能够破坏肠道微生态平衡,损害肠道黏膜屏障功能,增加内毒素入血,促进肠道炎症发生[57]。例如,超加工食品中普遍存在的各种乳化剂[58],一方面可直接破坏肠道上皮紧密连接增加通透性,另一方面可通过促进肠道潜在致病菌的繁殖及其对肠道上皮的黏附、侵袭和促炎基因表达,进而诱导炎症发生。

总之,超加工食品的多种有害成分和高能量密度通过增加能量摄入、破坏肠道微生态平衡、改变肠道屏障功能、增加内毒素入血等途径,或通过直接的促炎途径,促进全身慢性低度炎症的发生和发展。因此,在日常生活中,可以将超加工食品理解为"超级促炎食品",并彻底拒绝。

(二)富含膳食纤维和植物化学物的天然食物减少炎症

天然食物中的全谷物、豆类、菌类、蔬菜、海藻类等,这些天然食物富含膳食纤维、植物化学物和生物活性肽,它们可通过多种途径减少或逐步消退全身慢性炎症。

富含天然膳食纤维的植物性食物消化吸收缓慢,致使更多未被小肠消化吸收的碳水化合物被输送到远端结肠,被肠道菌群发酵产生短链脂肪酸(SCFA),这是体内短链脂肪酸的主要来源。在动物模型研究中,短链脂肪酸被证明具有抑制下丘脑炎症的作用[59-60]。膳食纤维可为肠道共生菌提供"食物"来源,增加有益菌和减少致病菌,提升菌群多样性,维护肠道菌群生态平衡。同时,天然膳食纤维通过促进黏蛋白和抗菌肽分泌,保护肠道黏液层,保护肠上皮细胞间紧密连接,从而改善肠道屏障功能,减少细菌脂多糖(LPS)入血,减少全身慢性炎症[61]。天然食物中还富含植物化学物,如酚类化合物、萜类化合物、有机硫化合物等,它们都被证明具有抗炎作用[62]。例如,酚类物质可减少活性氧的产生,可改善下丘脑内氧化应激和炎症,提高瘦素敏感性[63]。

富含天然膳食纤维的植物性饮食消化吸收缓慢,这促进了肠道 L 细胞分泌胰高血糖素样肽-1(GLP-1)。GLP-1 除了可以抑制食欲以外,在动物模型研究中还可抑制小胶质细胞增生,而且是独立于体重减轻起作用的[64-65]。另外,健康的植物性饮食富含生物活性肽,发挥二肽基肽酶-4(DPP-4)抑制剂的作用,而二肽基肽酶-4 在体内可降解 GLP-1,因此,植物性食物中的生物活性肽间接提高了GLP-1 信号传导的保真度,有利于 GLP-1 在下丘脑的抗炎作用[66]。

十字花科蔬菜如西蓝花、甘蓝、卷心菜、花椰菜、大白菜等可能有利于减少肠道慢性炎症。这些蔬菜富含硫代葡萄糖苷[简称硫苷(GS)]其分解产物吲哚-3-甲醇(I3C)在胃肠道可以转化为高亲和力的芳香烃受体(AhR)的配体[67]。肠道先天淋巴细胞(ILC)和肠道上皮内淋巴细胞(IEL)都表达芳香烃受体,食用十字花科蔬菜有利于维持这些免疫细胞数量和功能,促进白介素-22(IL-22)产生,并增加产生短链脂肪酸的细菌丰度,从而调节肠道稳态,预防炎症发生[68-70]。

食用菌(蘑菇)因其富含真菌多糖(如 β-葡聚糖)、吲哚化合物和酚类化合物,也被证明具有一定的抗炎作用[71]。对于减脂者来说,食用菌可能主要通过其富含的膳食纤维调节肠道微生态,改善肠道屏障功能,减少能量摄入和肥胖而发挥抗炎作用。

有趣的是,有研究证明,短期禁食可以改善慢性炎症性疾病[72]。另外,禁食、热量限制、长时间运动或低碳水化合物生酮饮食会使酮体 β-羟丁酸(β-HB)水平升高,也有助于抑制炎症[73]。

总之,富含天然膳食纤维、植物化学物和生物活性肽的饮食,通过多种途径,减少或逐步消退全身慢性炎症,从而增加瘦素和胰岛素在中枢神经的敏感性,有利于逐渐恢复下丘脑对食欲和能量代谢的正常调节。

七、运动与全身慢性炎症

众所周知,适度运动具有抗炎作用。现在普遍认为,运动不仅具有预防疾病的价值,而且对许多病症和疾病(如 2 型糖尿病等慢性疾病)也是一种有效的治疗方法。此外,运动可能通过增加抗炎细胞因子表达、改善局部组织微环境等途径改善全身慢性低度炎症,无论减肥与否[74-76]。

(一)运动促进抗炎性细胞因子表达

运动训练不仅减少了促炎细胞因子表达,并且运动过程中白介素-6(IL-6)、鸢尾素(irisin)、白介素-10(IL-10)、脂联素(adiponectin)等具有抑制炎症作用的细胞因子分泌增加[77-80]。

急性运动刺激使骨骼肌释放 IL-6 大幅增加,运动后大约 60 分钟回落到休息水平,这种从骨骼肌释放的 IL-6 可抑制由内毒素所诱导的促炎性细胞因子(肿瘤坏死因子)产生,被证明具有抗炎作用[81-82]。运动还会促进抗炎细胞因子 IL-10 表达。IL-10 家族细胞因子通过限制过度的炎症反应,上调先天免疫力和促进组织修复,在感染和炎症过程中维持组织稳态[83]。运动导致骨骼肌分泌鸢尾素,不仅促进白色脂肪细胞"褐变",而且具有抗炎作用。鸢尾素抗炎功能的机制包括减少促炎细胞因子产生,同时促进抗炎细胞因子产生,减少巨噬细胞增殖,激活 M2 型抗炎巨噬细胞,抑制炎性小体的形成[78]。脂联素主要由白色脂肪细胞分泌,已经被证明具有抗炎作用,并且有助于提高胰岛素敏感性,而运动会提高血浆脂联素水平[80]。

(二)运动有助于消退脂肪组织炎症

运动训练通过增加全身脂肪动员和氧化,减少全身脂肪总质量。体重减轻后可能彻底恢复脂肪组织正常功能。特别是有氧运动,可通过重塑脂肪组织免疫环境来对抗炎症[84]。

运动减少脂肪组织巨噬细胞浸润。脂肪组织炎症的主要特征是,巨噬细胞在脂肪组织中大量积聚增加。单核细胞(monocyte)由骨髓中粒细胞/巨噬细胞前体分化而成,通常在血液中停留 12~24 小时后,在单核细胞趋化蛋白-1 等趋化因子作用下迁移至全身组织器官,分化发育为巨噬细胞。肥胖成年人参与运动(特别是耐力运动)可减少循环促炎单核细胞数量,下调单核细胞趋化蛋白-1,减少单核细胞迁移活化,从而减少单核细胞和/或巨噬细胞浸润到脂肪组织中[85-87]。

运动可能将巨噬细胞从促炎转变为抗炎表型[88]。因局部组织微环境不同,单核细胞可分化发育为功能特性不同的两个巨噬细胞亚群,其中 1 型巨噬细胞(M1)分泌促炎细胞因子介导炎症反应,2 型巨噬细胞(M2)分泌抗炎细胞因子,介导抑制炎症和参与损伤组织修复。运动过程中,由交感神经系统激活的巨噬细胞 β 肾上腺素受体下游信号转导,可能导致脂肪组织中 M1 型促炎巨噬细胞减少,而 M2 型抗炎巨噬细胞增加[89]。有研究认为,促炎性 M1 型巨噬细胞基本上通过糖酵解和高乳酸生成来获得能量,而参与免疫调节和炎症消退的调节性 T 细胞或抗炎性 M2 型巨噬细胞优先将脂肪酸氧化作为能量主要来源[90]。因此,运动训练增加脂肪组织血管生成和增加血氧供应,可能在抑制脂肪组织慢性炎症中发挥重要作用[74]。

（三）运动有助于消退下丘脑炎症

运动可能消退下丘脑炎症[91]。在一项研究中，β-氨基异丁酸（BAIBA）可逆转棕榈酸诱导的小鼠下丘脑小胶质细胞活化，证实了 BAIBA 通过靶向小胶质细胞来缓解下丘脑炎症[92]。在另一项有趣的研究中，从自愿奔跑的小鼠身上收集"跑步者血浆"，注入久坐不动的小鼠体内，可使后者基线神经炎症基因表达降低且实验诱导的脑部炎症消退，血浆蛋白质组学分析显示后者血浆凝聚素（clusterin）浓度升高[93]。在人体中，运动同样导致凝聚素血浆浓度升高，β-氨基异丁酸血浆浓度也随着运动而升高，并与代谢危险因素呈负相关[93-94]。因此，可以合理地推测人类在运动过程中，在循环血液中增加的前述两种分子也可能在肥胖者中发挥消退下丘脑炎症的作用。此外，脂联素通过调节小胶质细胞活化，从而逆转因高饱和游离脂肪酸引发的小鼠下丘脑炎症[95]，同样，运动使人类的血浆脂联素浓度升高[80]，也可能有助于消退肥胖者的下丘脑炎症。

参考文献

[1] O'Brien P D, Hinder L M, Callaghan B C, et al. Neurological consequences of obesity[J]. The Lancet Neurology, 2017, 16(6): 465-477.

[2] Sewaybricker L E, Kee S, Melhorn S J, et al. Greater radiologic evidence of hypothalamic gliosis predicts adiposity gain in children at risk for obesity[J]. Obesity (Silver Spring, Md), 2021, 29(11): 1770-1779.

[3] Thaler J P, Yi C X, Schur E A, et al. Obesity is associated with hypothalamic injury in rodents and humans[J]. The Journal of Clinical Investigation, 2012, 122(1): 153-162.

[4] Kreutzer C, Peters S, Schulte D M, et al. Hypothalamic Inflammation in Human Obesity Is Mediated by Environmental and Genetic Factors[J]. Diabetes, 2017, 66(9): 2407-2415.

[5] Jais A, Brüning J C. Hypothalamic inflammation in obesity and metabolic disease[J]. Journal of Clinical Investigation, 2017, 127(1): 24-32.

[6] Sewaybricker L E, Huang A, Chandrasekaran S, et al. The significance of hypothalamic inflammation and gliosis for the pathogenesis of obesity in humans[J]. Endocrine Reviews, 2023, 44(2): 281-296.

[7] Rosenbaum Jennifer L, Melhorn Susan J, Stefan S, et al. Evidence that hypothalamic gliosis is related to impaired glucose homeostasis in adults with obesity[J]. Diabetes Care, 2021, 45(2): 416-424.

[8] Schur E A, Melhorn S J, Oh S K, et al. Radiologic evidence that hypothalamic gliosis is associated with obesity and insulin resistance in humans[J]. Obesity, 2015, 23(11): 2142-2148.

[9] Sergi D, Morris A C, Kahn D E, et al. Palmitic acid triggers inflammatory responses in N42 cultured hypothalamic cells partially via ceramide synthesis but not via TLR4[J]. Nutritional Neuroscience, 2020, 23(4): 321-334.

[10] Sergi D, Williams L M. Potential relationship between dietary long-chain saturated fatty acids and hypothalamic dysfunction in obesity[J]. Nutrition Reviews, 2020, 78(4): 261-277.

[11] Milanski M, Degasperi G, Coope A, et al. Saturated fatty acids produce an inflammatory response predominantly through the activation of TLR4 signaling in hypothalamus: Implications for the pathogenesis of obesity[J]. The Journal of Neuroscience: the Official Journal of the Society for Neuroscience, 2009, 29(2): 359-370.

[12] Wang Z, Liu D X, Wang F W, et al. Saturated fatty acids activate microglia via Toll-like receptor 4/NF-κB signalling[J]. The British Journal of Nutrition, 2012, 107(2): 229-241.

[13] Lancaster G I, Langley K G, Berglund N A, et al. Evidence that TLR4 is not a receptor for saturated fatty acids but mediates lipid-induced inflammation by reprogramming macrophage metabolism[J]. Cell Metabolism, 2018, 27(5): 1096 – 1110. e5.

[14] Gao Y Q, Bielohuby M, Fleming T, et al. Dietary sugars, not lipids, drive hypothalamic inflammation [J]. Molecular Metabolism, 2017, 6(8): 897 – 908.

[15] Lu W J, Xu Y Z, Shao X N, et al. Uric acid produces an inflammatory response through activation of NF-κB in the hypothalamus: Implications for the pathogenesis of metabolic disorders[J]. Scientific Reports, 2015, 5: 12144.

[16] Andres-Hernando A, Cicerchi C, Kuwabara M, et al. Umami-induced obesity and metabolic syndrome is mediated by nucleotide degradation and uric acid generation[J]. Nature Metabolism, 2021, 3(9): 1189 – 1201.

[17] Jamar G, Ribeiro D A, Pisani L P. High-fat or high-sugar diets as trigger inflammation in the microbiota-gut-brain axis[J]. Critical Reviews in Food Science and Nutrition, 2021, 61(5): 836 – 854.

[18] Cansell C, Stobbe K, Sanchez C, et al. Dietary fat exacerbates postprandial hypothalamic inflammation involving glial fibrillary acidic protein-positive cells and microglia in male mice[J]. Glia, 2021, 69(1): 42 – 60.

[19] Osborn O, Olefsky J M. The cellular and signaling networks linking the immune system and metabolism in disease[J]. Nature Medicine, 2012, 18(3): 363 – 374.

[20] Lee Y S, Wollam J, Olefsky J M. An integrated view of immunometabolism[J]. Cell, 2018, 172(1/2): 22 – 40.

[21] Reilly S M, Saltiel A R. Adapting to obesity with adipose tissue inflammation[J]. Nature Reviews Endocrinology, 2017, 13(11): 633 – 643.

[22] Saltiel A R, Olefsky J M. Inflammatory mechanisms linking obesity and metabolic disease[J]. The Journal of Clinical Investigation, 2017, 127(1): 1 – 4.

[23] Weisberg S P, McCann D, Desai M, et al. Obesity is associated with macrophage accumulation in adipose tissue[J]. The Journal of Clinical Investigation, 2003, 112(12): 1796 – 1808.

[24] Cifarelli V, Beeman S C, Smith G I, et al. Decreased adipose tissue oxygenation associates with insulin resistance in individuals with obesity[J]. The Journal of Clinical Investigation, 2020, 130 (12): 6688 – 6699.

[25] Chung K J, Chatzigeorgiou A, Economopoulou M, et al. A self-sustained loop of inflammation-driven inhibition of beige adipogenesis in obesity[J]. Nature Immunology, 2017, 18(6): 654 – 664.

[26] Villarroya F, Cereijo R, Gavaldà-Navarro A, et al. Inflammation of brown/beige adipose tissues in obesity and metabolic disease[J]. Journal of Internal Medicine, 2018, 284(5): 492 – 504.

[27] Langin D, Dicker A, Tavernier G, et al. Adipocyte lipases and defect of lipolysis in human obesity[J]. Diabetes, 2005, 54(11): 3190 – 3197.

[28] Ray H, Pinteur C, Frering V, et al. Depot-specific differences in perilipin and hormone-sensitive lipase expression in lean and obese[J]. Lipids in Health and Disease, 2009, 8: 58.

[29] Valentine J M, Ahmadian M, Keinan O, et al. β3-Adrenergic receptor downregulation leads to adipocyte catecholamine resistance in obesity[J]. The Journal of Clinical Investigation, 2022, 132 (2): e153357.

[30] Horowitz J F, Klein S. Whole body and abdominal lipolytic sensitivity to epinephrine is suppressed in upper body obese women[J]. American Journal of Physiology-Endocrinology and Metabolism, 2000, 278(6): E1144 – E1152.

[31] Mowers J, Uhm M, Reilly S M, et al. Inflammation produces catecholamine resistance in obesity via activation of PDE3B by the protein kinases IKKε and TBK1[J]. eLife, 2013, 2: e01119.

[32] Trayhurn P. Hypoxia and adipose tissue function and dysfunction in obesity[J]. Physiological Reviews, 2013, 93(1): 1 – 21.

[33] Wang B H, Trayhurn P. Hypoxia modulates the expression and secretion of inflammation-related adipokines in differentiated human adipocytes[J]. The Lancet, 2013, 381: S112.

[34] Genser L, Aguanno D, Soula H A, et al. Increased jejunal permeability in human obesity is revealed by

a lipid challenge and is linked to inflammation and type 2 diabetes[J]. The Journal of Pathology, 2018, 246(2): 217 – 230.

[35] Khan I M, Perrard X Y, Brunner G, et al. Intermuscular and perimuscular fat expansion in obesity correlates with skeletal muscle T cell and macrophage infiltration and insulin resistance[J]. International Journal of Obesity (2005), 2015, 39(11): 1607 – 1618.

[36] Di Meo S, Iossa S, Venditti P. Skeletal muscle insulin resistance: Role of mitochondria and other ROS sources[J]. Journal of Endocrinology, 2017, 233(1): R15 – R42.

[37] Wu H Z, Ballantyne C M. Skeletal muscle inflammation and insulin resistance in obesity[J]. Journal of Clinical Investigation, 2017, 127(1): 43 – 54.

[38] Khan S, Luck H, Winer S, et al. Emerging concepts in intestinal immune control of obesity-related metabolic disease[J]. Nature Communications, 2021, 12: 2598.

[39] Rohm T V, Fuchs R, Müller R L, et al. Obesity in humans is characterized by gut inflammation as shown by pro-inflammatory intestinal macrophage accumulation[J]. Frontiers in Immunology, 2021, 12: 668654.

[40] Monteiro-Sepulveda M, Touch S, Mendes-Sá C, et al. Jejunal T cell inflammation in human obesity correlates with decreased enterocyte insulin signaling[J]. Cell Metabolism, 2015, 22(1): 113 – 124.

[41] Tsai S, Winer S, Winer D A. Gut T cells feast on GLP – 1 to modulate cardiometabolic disease[J]. Cell Metabolism, 2019, 29(4): 787 – 789.

[42] Winer D A, Luck H, Tsai S, et al. The intestinal immune system in obesity and insulin resistance[J]. Cell Metabolism, 2016, 23(3): 413 – 426.

[43] Cani P D, Jordan B F. Gut microbiota-mediated inflammation in obesity: A link with gastrointestinal cancer[J]. Nature Reviews Gastroenterology & Hepatology, 2018, 15(11): 671 – 682.

[44] Pendyala S, Neff L M, Suárez-Fariñas M, et al. Diet-induced weight loss reduces colorectal inflammation: Implications for colorectal carcinogenesis[J]. The American Journal of Clinical Nutrition, 2011, 93(2): 234 – 242.

[45] Schuster S, Cabrera D, Arrese M, et al. Triggering and resolution of inflammation in NASH[J]. Nature Reviews Gastroenterology & Hepatology, 2018, 15(6): 349 – 364.

[46] He W, Yuan T, Maedler K. Macrophage-associated pro-inflammatory state in human islets from obese individuals[J]. Nutrition & Diabetes, 2019, 9: 36.

[47] Christ A, Lauterbach M, Latz E. Western diet and the immune system: An inflammatory connection [J]. Immunity, 2019, 51(5): 794 – 811.

[48] Nault J C, Zucman-Rossi J. Building a bridge between obesity, inflammation and liver carcinogenesis [J]. Journal of Hepatology, 2010, 53(4): 777 – 779.

[49] Estadella D, Da Penha Oller do Nascimento C M, Oyama L M, et al. Lipotoxicity: Effects of dietary saturated and transfatty acids[J]. Mediators of Inflammation, 2013, 2013: 137579.

[50] Hirata Y. *trans*-fatty acids as an enhancer of inflammation and cell death: Molecular basis for their pathological actions[J]. Biological and Pharmaceutical Bulletin, 2021, 44(10): 1349 – 1356.

[51] Vors C, Drai J, Pineau G, et al. Emulsifying dietary fat modulates postprandial endotoxemia associated with chylomicronemia in obese men: A pilot randomized crossover study[J]. Lipids in Health and Disease, 2017, 16(1): 1 – 6.

[52] Alderton G. High caloric intake induces inflammation[J]. Science, 2018, 359(6375): 531. 2 – 532.

[53] Thaiss C A, Levy M, Grosheva I, et al. Hyperglycemia drives intestinal barrier dysfunction and risk for enteric infection[J]. Science, 2018, 359(6382): 1376 – 1383.

[54] Phuong-Nguyen K, McNeill B A, Aston-Mourney K, et al. Advanced glycation end-products and their effects on gut health[J]. Nutrients, 2023, 15(2): 405.

[55] Keewan E, Narasimhulu C A, Rohr M, et al. Are fried foods unhealthy? the dietary peroxidized fatty acid, 13 – HPODE, induces intestinal inflammation *in vitro* and *in vivo* [J]. Antioxidants, 2020, 9(10): 926.

[56] Cheng W L, Li S J, Lee T I, et al. Sugar fructose triggers gut dysbiosis and metabolic inflammation with cardiac arrhythmogenesis[J]. Biomedicines, 2021, 9(7): 728.

[57] Lerner A, Matthias T. Changes in intestinal tight junction permeability associated with industrial food additives explain the rising incidence of autoimmune disease[J]. Autoimmunity Reviews, 2015, 14(6): 479 - 489.

[58] Chassaing B, Van De Wiele T, Gewirtz A T. 88 dietary emulsifiers directly impact the human gut microbiota increasing its pro-inflammatory potential[J]. Gastroenterology, 2016, 150(4): S22.

[59] Dong Y, Cui C. The role of short-chain fatty acids in central nervous system diseases[J]. Molecular and Cellular Biochemistry, 2022, 477(11): 2595 - 2607.

[60] Wang X Y, Duan C W, Li Y, et al. Sodium butyrate reduces overnutrition-induced microglial activation and hypothalamic inflammation[J]. International Immunopharmacology, 2022, 111: 109083.

[61] Ma W J, Nguyen L H, Song M Y, et al. Dietary fiber intake, the gut microbiome, and chronic systemic inflammation in a cohort of adult men[J]. Genome Medicine, 2021, 13(1): 102.

[62] Behl T, Kumar K, Brisc C, et al. Exploring the multifocal role of phytochemicals as immunomodulators [J]. Biomedicine & Pharmacotherapy, 2021, 133: 110959.

[63] Samodien E, Johnson R, Pheiffer C, et al. Diet-induced hypothalamic dysfunction and metabolic disease, and the therapeutic potential of polyphenols[J]. Molecular Metabolism, 2019, 27: 1 - 10.

[64] Yoon G, Kim Y K, Song J. Glucagon-like peptide-1 suppresses neuroinflammation and improves neural structure[J]. Pharmacological Research, 2020, 152: 104615.

[65] Gao Y Q, Ottaway N, Schriever S C, et al. Hormones and diet, but not body weight, control hypothalamic microglial activity[J]. Glia, 2014, 62(1): 17 - 25.

[66] Rivero-Pino F, Espejo-Carpio F J, Guadix E M. Identification of dipeptidyl peptidase IV (DPP-IV) inhibitory peptides from vegetable protein sources[J]. Food Chemistry, 2021, 354: 129473.

[67] Tilg H. Cruciferous vegetables: Prototypic anti-inflammatory food components [J]. Clinical Phytoscience, 2015, 1(1): 1 - 6.

[68] Kiss E A, Vonarbourg C, Kopfmann S, et al. Natural aryl hydrocarbon receptor ligands control organogenesis of intestinal lymphoid follicles[J]. Science, 2011, 334(6062): 1561 - 1565.

[69] Busbee P B, Menzel L, Alrafas H R, et al. Indole - 3 - carbinol prevents colitis and associated microbial dysbiosis in an IL - 22 - dependent manner[J]. JCI Insight, 2020, 5(1): e127551.

[70] Li Y, Innocentin S, Withers D R, et al. Exogenous stimuli maintain intraepithelial lymphocytes via aryl hydrocarbon receptor activation[J]. Cell, 2011, 147(3): 629 - 640.

[71] Muszyńska B, Grzywacz-Kisielewska A, Kała K, et al. Anti-inflammatory properties of edible mushrooms: A review[J]. Food Chemistry, 2018, 243: 373 - 381.

[72] Jordan S, Tung N, Casanova-Acebes M, et al. Dietary intake regulates the circulating inflammatory monocyte pool[J]. Cell, 2019, 178(5): 1102 - 1114. e17.

[73] Youm Y H, Nguyen K Y, Grant R W, et al. The ketone metabolite β-hydroxybutyrate blocks NLRP3 inflammasome-mediated inflammatory disease[J]. Nature Medicine, 2015, 21(3): 263 - 269.

[74] You T J, Arsenis N C, Disanzo B L, et al. Effects of exercise training on chronic inflammation in obesity[J]. Sports Medicine, 2013, 43(4): 243 - 256.

[75] Gleeson M, Bishop N C, Stensel D J, et al. The anti-inflammatory effects of exercise: Mechanisms and implications for the prevention and treatment of disease[J]. Nature Reviews Immunology, 2011, 11(9): 607 - 615.

[76] Gonzalo-Encabo P, Maldonado G, Valadés D, et al. The role of exercise training on low-grade systemic inflammation in adults with overweight and obesity: A systematic review[J]. International Journal of Environmental Research and Public Health, 2021, 18(24): 13258.

[77] Pedersen B K, Febbraio M A. Muscle as an endocrine organ: Focus on muscle-derived interleukin - 6 [J]. Physiological Reviews, 2008, 88(4): 1379 - 1406.

[78] Slate-Romano J J, Yano N, Zhao T C. Irisin reduces inflammatory signaling pathways in inflammation-mediated metabolic syndrome[J]. Molecular and Cellular Endocrinology, 2022, 552: 111676.

[79] Cabral-Santos C, De Lima Junior E A, Da Cruz Fernandes I M, et al. Interleukin - 10 responses from acute exercise in healthy subjects: A systematic review[J]. Journal of Cellular Physiology, 2019, 234 (7): 9956 - 9965.

[80] Atashak S, Mohammad G, Faeze S. Effect of 10 week progressive resistance training on serum leptin and adiponectin concentration in obese men [J]. British Journal of Sports Medicine, 2010, 44 (Supplement 1): i29.

[81] Steensberg A, Fischer C P, Keller C, et al. IL - 6 enhances plasma IL - 1ra, IL - 10, and cortisol in humans [J]. American Journal of Physiology-Endocrinology and Metabolism, 2003, 285 (2): E433 - E437.

[82] Starkie R, Ostrowski S R, Jauffred S, et al. Exercise and IL - 6 infusion inhibit endotoxin-induced TNF-α production in humans[J]. The FASEB Journal, 2003, 17(8): 1 - 10.

[83] Ouyang W J, O'Garra A. IL - 10 family cytokines IL - 10 and IL - 22: From basic science to clinical translation[J]. Immunity, 2019, 50(4): 871 - 891.

[84] Winn N C, Cottam M A, Wasserman D H, et al. Exercise and adipose tissue immunity: Outrunning inflammation[J]. Obesity, 2021, 29(5): 790 - 801.

[85] Niemiro G M, Allen J M, Mailing L J, et al. Effects of endurance exercise training on inflammatory circulating progenitor cell content in lean and obese adults[J]. The Journal of Physiology, 2018, 596 (14): 2811 - 2822.

[86] Barry J C, Simtchouk S, Durrer C, et al. Short-term exercise training alters leukocyte chemokine receptors in obese adults[J]. Medicine & Science in Sports & Exercise, 2017, 49(8): 1631 - 1640.

[87] De Matos M A, Garcia B C C, Vieira D V, et al. High-intensity interval training reduces monocyte activation in obese adults[J]. Brain, Behavior, and Immunity, 2019, 80: 818 - 824.

[88] Goh J, Goh K P, Abbasi A. Exercise and adipose tissue macrophages: New frontiers in obesity research? [J]. Frontiers in Endocrinology, 2016, 7: 65.

[89] Simpson R J, Boßlau T K, Weyh C, et al. Exercise and adrenergic regulation of immunity[J]. Brain, Behavior, and Immunity, 2021, 97: 303 - 318.

[90] Soto-Heredero G, Gómez de las Heras M M, Gabandé-Rodríguez E, et al. Glycolysis-a key player in the inflammatory response[J]. The FEBS Journal, 2020, 287(16): 3350 - 3369.

[91] Della Guardia L, Codella R. Exercise restores hypothalamic health in obesity by reshaping the inflammatory network[J]. Antioxidants, 2023, 12(2): 297.

[92] Park B S, Tu T H, Lee H, et al. Beta-aminoisobutyric acid inhibits hypothalamic inflammation by reversing microglia activation[J]. Cells, 2019, 8(12): 1609.

[93] De Miguel Z, Khoury N, Betley M J, et al. Exercise plasma boosts memory and dampens brain inflammation via clusterin[J]. Nature, 2021, 600(7889): 494 - 499.

[94] Roberts L D, Boström P, O'Sullivan J F, et al. β-aminoisobutyric acid induces browning of white fat and hepatic β-oxidation and is inversely correlated with cardiometabolic risk factors[J]. Cell Metabolism, 2014, 19(1): 96 - 108.

[95] Lee H, Tu T H, Park B S, et al. Adiponectin reverses the hypothalamic microglial inflammation during short-term exposure to fat-rich diet [J]. International Journal of Molecular Sciences, 2019, 20 (22): 5738.

第四节　肠道菌群影响食欲和能量代谢

在我们生活的环境中,微生物几乎无处不在,时时刻刻都在影响着我们的健康,只因肉眼无法直接看见它们,我们有时候忽略了它们的存在。数以万亿计的微生物生活在我们体内和身上,在人体的几乎每个生态位中都有一个独特的微生物组。人类微生物定植的主要部位是皮肤、气道、泌尿生殖道、眼睛和胃肠道,其中大多数微生物居民都居住在肠道中。

据估计,人类肠道微生物组包含 500~1 000 种细菌。正常情况下,这些居住我们肠道的微生物多数为非致病菌,机体不针对它们产生有害免疫应答,它们被称为"共生菌"。肠道共生菌可辅助我们摄取日常膳食中的营养物质或降解毒素,它们可通过与致病菌竞争养料和定植空间,产生细菌代谢产物,调节肠黏膜免疫功能等途径维护肠道上皮组织屏障,阻止致病菌或细菌代谢物入侵,使得肠道微生态处于动态平衡[1]。肠道共生菌和细菌代谢物可通过调节机体免疫功能和内分泌激素,或直接作用于下丘脑食欲调控中心,以影响食欲和能量代谢[1]。不健康的饮食会导致肠道生态失调、肠道屏障功能受损和内毒素入血等一系列有害健康的后果,并与代谢性炎症、肥胖和慢性疾病关系密切[2]。健康的植物性食物使人与肠道菌群互利共生。

一、肥胖者可能肠道生态失调

微生物作为母亲的一份"礼物",在婴儿刚出生就开始定植于肠道。随着年龄、药物、食物、居住环境和生活方式等多种外因的变化,肠道菌群微生态系统也在不断变化之中。然而,由于不健康的饮食习惯和生活方式而肥胖的个体,其肠道微生物群组成结构可能出现了异常改变,被称为肠道生态失调[3]。

2005 年来自美国华盛顿大学的杰弗里·I. 戈登及其团队认为人类远端肠道代表了一个厌氧生物反应器,其中由大量共生菌组成的微生物组与我们共同进化,互利共生[4]。随后,他们在《美国科学院院刊》发表的研究报告称肥胖会改变肠道微生态,他们发现与瘦小鼠比较胖小鼠肠道拟杆菌门丰度减少了 50%[5]。2006 年他们在《自然》上发表的研究表明,人类肠道微生物群以两个主要细菌分支——厚壁菌门和拟杆菌门占主导地位(约占 95%以上),肥胖与拟杆菌门细菌和厚壁菌门细菌的相对丰度的变化有关[6]。与体重正常的人相比,肥胖人群中拟杆菌门细菌的相对比例降低,肥胖者微生物组从饮食中获取能量的能力有所增强[7]。重要的是,上述特征是可以传播的,即"肥胖微生物群"和"瘦微生物群"分别在无菌小鼠体内定植,前者导致的全身脂肪增加明显多于后者。这些研究结果表明,肠道微生物群是肥胖的另一个促成因素,这些因素与宿主基因型和生活方式(能量摄入和消耗)等多种因素一起促进肥胖的发展[7]。

目前的知识积累还不能支持我们通过特定肠道微生物存在或不存在来定义肠道菌群平衡或生态失调。肠道生态失调的主要特征是潜在致病菌群异常增殖,"有益菌群"减少,微生物多样性和丰富度减少[8-9]。潜在致病菌群通常以较低的相对丰度存在于肠道,充当人体免疫力的"训练者",但当肠道生态系统发生畸变时,它们会异常增殖,使需氧菌或兼性厌氧菌获得生态位竞争优势,增加产生内毒素——脂多糖(LPS)的微生物群的比例。例如,一项研究表明,产生内毒素的肠杆菌属占病态肥胖志愿者肠道细菌的35%,并且经饮食干预体重减轻后,在23周的试验结束时变得无法检测到[10]。"有益菌群"减少,可能涉及保护肠道屏障的菌群明显减少,例如,双歧杆菌等可利用未被消化的天然膳食纤维发酵产生短链脂肪酸的厌氧菌减少或失去竞争优势。有证据表明,肠道厌氧菌的茁壮生长维持了肠腔的缺氧环境,同时降低了肠腔 pH,从而抑制了潜在致病菌如肠杆菌科(埃希菌属和沙门菌属)细菌的生长和扩张,这可能是维持肠道微生态平衡的关键因素[11-12]。

肠道生态失调与肥胖者的全身慢性炎症有关[3,13]。肠道生态失调可能导致肠道菌群产生更多诱导炎症反应和胰岛素抵抗的菌群代谢物[如氧化三甲胺(TMAO)],同时产生更少抑制炎症的菌群代谢物(如短链脂肪酸)。不健康饮食导致肠道生态失调,可能导致肠道通透性增加和屏障功能受损,这促进了细菌脂多糖穿过肠道屏障。细菌脂多糖涌入血液,引发代谢性内毒素血症,激活免疫细胞分泌促炎细胞因子,并诱导全身慢性炎症的发生和发展[14]。

(一)不健康饮食是肠道生态失调的关键触发因素

"西式饮食"含有更多加工肉类和各种超加工食品,并且食物中缺少天然膳食纤维和植物化学物,可能是改变肠道微生物群的组成结构,导致肠道生态失调的关键触发因素[15-16]。众所周知,超加工食品中普遍存在反式脂肪酸,这是促发肥胖等多种慢性疾病的危险因素。在动物实验中,摄入反式脂肪酸会增加肠道"有害菌"丰度,并减少"有益菌"丰度,从而诱导肠道生态失调[17]。另外,超加工食品中的乳化剂、甜味剂等多种添加剂也能明显引发肠道生态失调,饮酒也会引发肠道生态失调[18]。

1. 食品添加剂引发肠道生态失调

超加工食品中的多种添加剂已被证明改变肠道菌群的组成和功能,并进一步损害肠道屏障功能。例如,乳化剂广泛存在于各种超加工食品中,其中两种常用的乳化剂——羧甲基纤维素（CMC，也用作增稠剂）和聚山梨醇酯-80（又名吐温-80），可能在一天内直接改变人体微生物群组成和炎症的基因表达，驱动肠道炎症发生[19-21]。请记住羧甲基纤维素，因为它的名字具有很强的误导性，并且经常出现在各种保健食品中。当然，其他很多食品添加剂也都被冠以容易让人误解的名字。目前研究表明，含前述两种常用乳化剂在内，卡拉胶、黄原胶、麦芽糊精等18种常用食品乳化剂[22]都可能影响人体肠道菌群组成并诱导炎症发生，甚至增加结肠癌发生风险[23]。

超加工食品中添加的果糖（如果葡糖浆）可显著改变肠道微生物组，引发肠道生态失调[24-25]。超加工食品中常见的人造甜味剂（如糖精、三氯蔗糖、阿斯巴甜等）诱导肠道微生物群的组成和功能改变，导致葡萄糖耐受不良[26]。在一项研究中，人造甜味剂增加了机会致病菌（大肠埃希菌和粪肠球菌）对肠上皮细胞进行黏附、侵袭和损害上皮细胞的能力[27]。另一项研究中，人造甜味剂促进一些机会致病菌（大肠埃希菌和肺炎克雷伯菌）进化出抗生素耐药性[28]。在另一项将甜味剂与肠道微生物群联系起来的研究中，作者报告，几种"有益菌"（如双歧杆菌、乳酸杆菌和拟杆菌）在暴露于甜味剂和麦芽糊精组合的动物肠道中明显减少，还使肠道 pH 升高[29]。

2. 缺乏天然膳食纤维导致肠道生态失调

超加工食品中缺乏天然膳食纤维和植物化学物，导致了肠道生态失调。正常情况下，人体肠道菌群中厌氧菌占 99.9%，大肠埃希菌等非厌氧性菌仅占 0.1%[30]。天然膳食纤维是这些厌氧菌的能量来源。厌氧菌利用未被消化吸收的天然膳食纤维，发酵产生大量短链脂肪酸（SCFA），包括乙酸、丙酸、丁酸等。在膳食纤维充足的情况下，产生丁酸的厌氧菌在缺氧的结肠中茁壮成长，结肠上皮细胞利用丁酸作为能量来源，结肠上皮细胞线粒体 β 氧化消耗大量氧进行能量代谢，限制了氧从肠上皮细胞扩散到肠腔内，这样维持了肠腔的缺氧环境[31]。同时，丁酸还抑制一氧化氮合酶的基因表达，从而减少一氧化氮（NO）的产生，并最终降低结肠腔内硝酸盐水平，这些硝酸盐被推定为致病性兼性厌氧菌（如肠杆菌科）增殖的特定能量源[31-32]。另外，高浓度的短链脂肪酸降低了肠腔内 pH[33]。因此，天然膳食纤维经发酵产生的短链脂肪酸创造了肠腔缺氧和酸性环境，连同减少肠腔内硝酸盐一起，削弱了大肠埃希菌、沙门菌等非厌氧菌（需氧菌或兼性厌氧菌）的竞争优势，可有效防止这些潜在致病性细菌扩张，将它们的数量控制在不足以作乱的极小的范围内。

相反，缺乏天然膳食纤维和植物化学物的超加工食品具有易于消化吸收的特性，这就意味着在摄入这些食物后，被输送到远端肠道的天然膳食纤维减少，专性厌氧菌面临"食物"短缺，从而抑制短链脂肪酸产生，促进了氧气向肠腔扩散。肠腔内氧的可用性增加、肠腔 pH 上升以及致病性兼性厌氧菌特定能量源的增加一起促进了潜在致病菌增殖扩张,使肠道生态失调。

二、肥胖者可能肠道屏障功能受损

大量研究表明,肥胖者肠道通透性增加,肠道屏障功能不同程度受损。肥胖者肠道通透性增加与肠道生态失调、代谢性炎症、肝脂肪变性、胰岛素抵抗、2 型糖尿病等密切相关[34-40]。不健康饮食引起肥胖的人,他们的膳食中往往缺少充足的天然膳食纤维,也可能长期摄入超加工食品使肠道生态失调,并破坏肠道黏液层和肠上皮细胞间紧密连接,最终导致肠道通透性增加和屏障功能受损。有研究表明,通过改变不健康的饮食和生活方式而减轻体重,可以恢复肠道微生态和改善肠道屏障功能[41]。

肠道屏障功能受损致使肠道病原体或细菌衍生物入侵,可能是全身慢性低度炎症的早期触发因素之一。特别是细菌脂多糖(LPS)进入循环血液所诱导的代谢性内毒素血症,被认为与不健康饮食诱导的肥胖和胰岛素抵抗具有因果关系[42-44]。

(一)肠道屏障

正常情况下,肠道屏障可将外部环境与内部环境分隔开。肠道屏障起双重作用:一方面,允许营养物质、水和电解质吸收;另一方面,限制有害的肠腔内抗原入侵。人体有多重防线参与维护肠道屏障功能的完整性,减少肠道病原体或细菌衍生物进入循环血液,其中至少包括肠腔内毒素降解、肠道黏液层、肠道共生菌及其代谢物、肠上皮细胞间紧密连接以及肠黏膜免疫系统[42-43,45]。

1. 肠上皮细胞间紧密连接

为了维持肠道完整性,上皮细胞经历程序性凋亡,不断脱落到肠腔内,并被干细胞增殖分化所取代,它们像皮肤一样不断再生,每隔几天就完全更新一次[45]。肠上皮细胞和细胞之间由紧密连接蛋白形成紧密连接,可阻止直径大于 12 nm 的肠腔内抗原物质进入,选择性地允许离子和水交换,紧密连接形成了一道与肠腔隔离的封闭结构,保证了肠上皮组织内环境稳态[45-47]。

然而,结合体外和体内研究,在肥胖者中发现肠道紧密连接蛋白减少,通过口服乳果糖和甘露醇,然后在尿液中测量果糖/甘露醇比值评估表明,志愿者的肠道通透性增加[36-40]。这种情况也可能部分归因于高血糖。大部分肥胖者可能处于胰岛素抵抗状态,如果血糖控制不佳则意味着可能血糖持续偏高,而高血糖是破坏肠上皮细胞间紧密连接的因素之一。高血糖可能通过肠上皮细胞重编程以及紧密连接完整性的改变来增加肠屏障通透性[48]。

2. 肠道黏液层对于维护肠道屏障功能至关重要

肠道上皮细胞分泌大量黏液,覆盖肠上皮表面形成肠道黏液层。肠道黏液层处于肠腔和肠上皮之间,形成动态屏障,保护肠道免受机械损伤、化学(如有毒物质、消化酶)和生物(如细菌及其衍生物)侵蚀,并有助于维持肠道黏膜免疫稳态[49]。在结肠(大肠)中,黏液组织分为内外两层。内黏液层细菌不能穿透,因为它的孔径小至 $0.5~\mu m$,而外黏液层处于相对"松散"状态,它具有较大的孔隙,可以被直径 $0.5~\mu m$ 以上的细菌或颗粒穿透[49]。因此,外黏液层是肠道共生细菌的栖息地。肠道共生细菌之中有一些会诱导杯状细胞分化并促进黏液分泌,"成熟"的黏液层需要这些细菌的长期定植[49-50]。

黏液层是肠道黏膜免疫的第一道防线,肠道上皮细胞连续分泌的黏液与抗菌肽(如溶菌酶、防御素)以及分泌型免疫球蛋白(SIgA)一起协同抵御病原体或潜在致病细菌入侵肠道上皮组织[49-51]。其中,防御素是肠上皮细胞(帕内特细胞)分泌的一种阳离子小分子肽,可穿透细菌胞膜使其裂解,还可通过与易感细胞的病毒受体结合来阻断病毒的吸附和感染。此外,分泌型免疫球蛋白充当"边防卫士",由肠道黏膜 B 细胞分化成的浆细胞分泌产生,经肠上皮细胞转运到肠腔黏液层,从而发挥抑制微生物黏附于上皮组织的作用,并可与微生物产生的酶和毒素中和,参与肠道黏膜防御病原体入侵,还可与"漏网之鱼"(脂多糖或病毒)形成 IgA -抗原复合物并转运到肠腔,排出体外[51]。

然而,缺乏膳食纤维会促使肠道菌群以黏液为食(菌群腐蚀结肠黏液层),导致肠道屏障功能下降[52]。

(二)粪毒入血,内毒素——细菌脂多糖(LPS)的故事

内毒素是革兰氏阴性菌细胞壁中的脂多糖(LPS)组分,在细菌死亡裂解后才被释放出来。据估计,肠道可储存高达 1 g 的脂多糖[53]。脂多糖分子结构中的脂质 A 是主要毒性组分,内毒素入血引起的主要病理生理反应包括发热反应、白细胞数量变化、内毒素血症和严重的内毒素休克。细菌脂多糖主要通过激活 Toll 样受体(Toll-like receptors,TLR)启动跨膜信号转导,其中通过核转录因子 κB(NF - κB)途径,调控下游基因的表达,产生炎症细胞因子、急性期蛋白、活性氧/氮分子,引起组织细胞和全身性多种生理病理反应。可识别脂多糖的 Toll 样受体主要表达于单核-巨噬细胞、中性粒细胞、树突状细胞、血管内皮细胞、肠上皮细胞等细胞膜上[30]。

1. 脂多糖入血产生代谢性内毒素血症

当前,肠道脂多糖穿过肠道上皮的确切机制尚未阐明,脂多糖一部分可能通过跨细胞途径入血,一部分也可能通过细胞旁途径进入血液[54-56]。可以明确的是,在

高脂肪(特别是富含饱和脂肪酸)饮食时,脂多糖可能与乳糜微粒结合,从而使脂多糖进入血液[55]。进入血液后,脂多糖主要由脂多糖结合蛋白(LBP)负责运输,并将脂多糖转移给血浆脂蛋白[57-58],包括乳糜微粒、高密度脂蛋白。血浆脂蛋白通过形成脂多糖-脂蛋白复合物,可阻止脂多糖与 Toll 样受体 4(TLR4)结合,从而增加循环中脂多糖的清除率,阻止脂多糖与肝巨噬细胞结合而激活炎症反应,其中高密度脂蛋白 3(HDL3)可能是主要贡献者[58]。血浆脂蛋白和脂多糖之间相互作用,可直接防止脂多糖发挥毒性作用,将脂多糖运输到肝脏。在那里它被特定的酶如酰基羧酸水解酶(AOAH)和碱性磷酸酶(ALP)降解,或随胆汁排泄。

不健康饮食导致肠道屏障功能下降和脂多糖过量入血,此时,肝细胞无法完全降解脂多糖或将脂多糖排泄到胆汁中,从而血浆内毒素水平升高,并产生低度内毒素血症,也被称为代谢性内毒素血症[44],这种情况下的血浆脂多糖浓度比脓毒症休克期间低 10 倍。代谢性内毒素血症会引发全身低度慢性炎症和胰岛素抵抗,以及随之而来的多种代谢疾病(如肥胖和心血管疾病)[44,53]。

2. 代谢性内毒素血症诱导全身慢性炎症和肥胖

由不健康饮食等因素诱导的肠道生态失调、肠道通透性增加、肠黏膜免疫失调引起肠腔内毒素脂多糖过量入血,导致全身慢性低度炎症、胰岛素抵抗和肥胖[44,59]。

当脂多糖浓度达到肝脏无法完全降解的程度,会造成不同程度的肝损伤,如改变葡萄糖的产生,加剧炎症反应,胰岛素抵抗和肝脂肪变性,进一步发展则导致肥胖者常见的非酒精性脂肪性肝病(NAFLD)。如果不及时改变不健康饮食和生活习惯,可能最终进展为非酒精性脂肪性肝炎(NASH)和纤维化[60-62]。脂多糖来到脂肪组织中,可能引发脂肪组织炎症和胰岛素敏抵抗,这反过来又促进了脂肪组织中游离脂肪酸(FFA)增加和促炎细胞因子(如肿瘤坏死因子)产生[63-64]。脂肪组织产生的游离脂肪酸和促炎细胞因子可能会进入肝脏和其他组织细胞,进一步促进全身慢性炎症、肥胖、2 型糖尿病和心血管疾病等发展[53,65-66]。很明显,这是一个恶性循环。

重要的是,脂多糖会增加血脑屏障的通透性[67],可能直接进入下丘脑,从而导致下丘脑炎症,在人类实验性内毒素血症研究中已经观察到这种变化[68]。下丘脑炎症以及由此诱导的中枢瘦素和胰岛素抵抗是导致食欲和能量代谢稳态失调的关键所在。由此看来,不健康饮食所诱导的肠道屏障功能下降和内毒素入血似乎是全身代谢性炎症和激素抵抗的源头事件,从而导致食欲和能量代谢稳态失调,并促进肥胖和其他慢性非传染性疾病的发展[44]。

"所有的疾病都始于肠道",这句话据说是被誉为"现代医学之父"的古希腊医生希波克拉底(约公元前 460 年—约公元前 370 年)的名言。"粪毒入血,百病蜂起"似乎更形象地描述了脂多糖的故事。

（三）肠道屏障功能受损和代谢性内毒血症的主要促发因素

过量摄入饱和脂肪、游离糖、酒精和超加工食品以及其他缺乏天然膳食纤维和植物化学物的不健康饮食，是肠道屏障功能受损和代谢性内毒血症的主要促发因素。过量摄入脂肪特别是饱和脂肪，会损害肠道屏障功能并增加内毒素入血。富含游离糖（特别是果糖）的食品可能导致肠道生态失调[24-25]，抑制肠道碱性磷酸酶的活性（肠道碱性磷酸酶具有降解脂多糖毒性作用）[69-70]，或导致血糖升高而破坏肠上皮细胞间紧密连接[48]，引起肠道炎症反应[71]，这些因素都会损害肠道屏障功能。饮酒会导致肠道生态失调，并影响肠上皮细胞间紧密连接，破坏肠道屏蔽功能[18,72]。膳食中缺乏天然膳食纤维可能导致肠道生态失调和损伤肠道黏液层，进而损害肠道屏障功能。最有害于肠道屏障功能的是超加工食品，因为它不仅包含了上述不健康饮食的相关成分，而且含有各种添加剂，让人欲罢不能。

1. 过量摄入饱和脂肪增加血浆内毒素

膳食脂肪是人体重要的营养来源。天然食物中通常都含有多种脂肪酸，适量摄入脂肪有益身体健康，并不会对肠道微生态造成不利影响。然而，得益于食品工业的发展，食用油脂成为相对廉价的商品，因此增加了人们膳食脂肪的摄入量。特别是在城市中，无处不在的超加工食品和现代快餐门店经营者为了赋予商品更浓郁的风味体验，大量使用棕榈油等富含长链饱和脂肪酸或反式脂肪酸的油脂，因此经常外出就餐或经常摄入超加工食品的人更容易摄入过多不健康脂肪。有大量的证据表明，摄入过多的长链饱和脂肪酸和反式脂肪酸会促进代谢内毒素血症、代谢性炎症、肥胖、癌症等非传染性疾病的发展[44,73-76]。

摄入富含脂肪饮食会促进肠道脂多糖吸收，可能是脂多糖嵌入新合成的乳糜微粒中，并随着乳糜微粒入血，导致高脂饮食餐后循环脂多糖水平升高[55,77-78]。在动物模型研究中，高脂肪饮食可能直接或间接改变肠道紧密连接的分布和表达，从而增加肠道通透性，高脂肪饮食也可能诱导胆汁酸数量和质量的变化，对肠道通透性产生负面影响，也可能会损害肠道屏障功能。高脂肪饮食还可能通过改变肠道黏液特性增加肠道通透性[73]。另外，膳食脂肪过量而缺乏天然膳食纤维的饮食可诱导肠道生态失调，从而改变肠道通透性。

然而，由于膳食中脂肪酸成分不同，对脂多糖吸收的影响可能有差异。例如，有研究表明：摄入橄榄油、紫苏油、亚麻籽油等，因为这类脂肪富含单不饱和脂肪酸或富含 $\omega-3$（omega-3）多不饱和脂肪酸，不会使循环内毒素浓度增加[79-80]；而摄入长链饱和脂肪酸（如快餐和食品工业中常用的棕榈油中富含的棕榈酸）导致循环内毒素浓度增加数倍[81-84]；特别是摄入乳化脂肪（如植脂末）后血液内毒素水平急剧升高[85-86]。乳化脂肪主要存在于速溶咖啡、早餐麦片、调制奶粉等各种固体饮料,以及巧克力、奶茶、饼干、面包、糕点、冰激凌、酸奶、调制乳等超加工食品中。但是,过量摄入所谓"好"脂肪酸,而没有同时增加天然膳食纤维摄入,也可能改变肠道菌群的能量来源结构,减少短链脂肪酸产生而不利于肠道微生态平衡。

生酮饮食不同于高脂肪同时高碳水化合物的饮食,是一种高脂肪同时低碳水化合物的饮食模式,一直被用于难治性癫痫的饮食治疗,如今被证明结合热量限制可短期内有效减轻体重,因此受到减肥者的欢迎。然而,因为脂肪、碳水化合物、蛋白质的来源(质量)和配比的差异可能对肠道菌群产生不同的影响,可能促进餐后内毒素入血。有些研究显示,生酮饮食导致肠道菌群结构显著变化,其显著特征是菌群 α 多样性和丰度降低,包括双歧杆菌减少,产生短链脂肪酸的微生物群减少,肠道短链脂肪酸产量减少[87]。

因此,从避免促进代谢性内毒素血症的角度考虑,在制订饮食计划时,人们应尽量减少摄入长链饱和脂肪酸和反式脂肪酸;而从肠道微生态平衡的角度考量,膳食脂肪摄入似乎要兼顾数量和质量。例如,采用生酮饮食时,需要在脂肪数量、脂肪质量、天然膳食纤维等多方面因素中找到平衡。

2. 缺乏天然膳食纤维会损害肠道屏障功能

肠道黏液层对于肠道屏障功能至关重要。如果肠道菌群"食物"短缺,就只好以肠道黏液为食。当我们的膳食中缺乏可以被输送到结肠的天然膳食纤维时,居住在结肠的厌氧菌(代表了结肠共生菌的 99.9%)将面临"食物"短缺,因为这些膳食纤维是它们的主要能量来源。此时,肠道黏液可能成为肠道微生物群的"食物"来源。黏液中存在的黏蛋白是一种糖基化蛋白(超过 80% 黏蛋白由 O-聚糖组成),当这些厌氧菌中的一些种群(善于降解黏液菌种)变得依赖以黏蛋白聚糖作为能量来源时,可能造成黏液层大量被降解和消耗[52,88-89]。黏液层被过度降解导致黏液层变得更薄,从而病原体或菌群衍生物(如脂多糖)更容易入侵肠道上皮[52,90]。因此,不健康饮食行为导致肠道菌群缺乏天然膳食纤维而"食物"短缺可能是损害肠道屏障功能的关键因素。

这里需要强调的是,有研究证明,工业纯化的膳食纤维不足以逆转肠道黏液层受损,而且在动物模型研究中引发炎症和癌症[91-92]。造成天然膳食纤维和工业膳食纤维间差别的具体机制尚不清楚,可能是由于纯化的膳食纤维摄入后,尚未被输送到远端结肠就已经被发酵利用,而远端结肠中居住着更多的共生菌,却得不到相应的"食物"补给[93]。

3. 超加工食品是肠道屏障功能受损和代谢性内毒素血症的罪魁祸首

如前所述,超加工食品包含了全部不健康饮食的相关成分,它们通常富含饱和脂肪酸、乳化脂肪和游离糖(例如果糖),同时缺乏肠道共生菌食物来源——天然膳食纤维。这些因素都可以通过损害肠道屏障功能,增加代谢性内毒素血症风险。

"西式饮食"可通过引起胃肠道屏障功能障碍或微生物群组成的变化而导致内毒素血症。在一项实验中,8 名健康受试者接受"西式饮食"一个月后,体内血浆内毒素活性水平增加了 71％,而谨慎饮食(更少饱和脂肪和更多膳食纤维的饮食)减少了 31％[94]。事实上,摄入精加工的食物就可能影响肠道通透性[95-97],而超加工食品的主要特征就包括精加工、提纯、产生高级糖化终产物(AGEs 美拉德反应产物),这是提高商品附加值的技术手段。人们更应该担心的是,超加工食品中普遍存在的各种食品添加剂使肠道生态失衡,同时也破坏肠道屏障功能[98-99]。

超加工食品中的添加剂对肠道屏障功能的损坏已经在大量动物和人类的研究中被证实[19-23]。例如,乳化剂在食品工业中占有重要地位,绝大多数超加工食品都涉及乳化剂的乳化作用。乳化剂可能通过改变肠道黏液层的厚度和诱导肠道生态失调从而破坏肠道屏障。当微生物和黏液层暴露于肠腔中的食品乳化剂中时,会导致微生物组多样性降低,促炎潜力增加以及黏液层受损。一些乳化剂能上调细菌鞭毛蛋白,从而增强了细菌运动性和细菌通过黏液层转移到上皮细胞的能力。乳化剂与微生物组的相互作用驱动黏液层受损,导致肠道屏障功能减弱且通透性增加。由于黏液层受损,肠道细菌由起先的受害者变成了侵略者[100]。

食品添加剂麦芽糊精(MDX)在食品加工中具有乳化作用和增稠效果,麦芽糊精和上文中提到的羧甲基纤维素(CMC)常出现在宣称具有减肥功效"代餐"和固体饮料中[19],它们在肠道中可能导致分泌黏液的杯状细胞数量减少,黏液层变薄,同时降低微生物组的多样性,改变微生物组成,从而损伤肠道屏障功能,诱导肠道炎症和内毒素入血[101-103]。另外,甜味剂是超加工食品中最常见的添加剂。例如果葡糖浆中因含有大量果糖,可诱导内毒素大量入血[104-106];又如三氯蔗糖、阿斯巴甜、糖精等可能导致肠道生态失调,并通过激活甜味受体 T1R3 破坏肠上皮的紧密连接和屏障功能,高浓度阿斯巴甜和糖精可诱导肠道细菌黏附、侵袭肠上皮细胞,导致肠上皮细胞死亡[107-110]。摄入糖油混合的超加工食品,表现出更高代谢性内毒素血症,且血清肿瘤坏死因子浓度增加,这是超加工食品中常见的"糖油混合物"负面作用之一[111]。

还有多种食品添加剂都被证明可以破坏肠道屏障功能,引发炎症反应。如微生物谷氨酰胺转氨酶(mTG)常出现在加工肉制品中,增加肠道通透性[112]。在果冻、冰激凌、软糖等许多超加工食品中存在的增稠剂如卡拉胶(也称角叉菜胶),可能通过减少细菌衍生的短链脂肪酸并降低黏液层的厚度来增加肠道通透性,引发炎症反应[113-115]。在奶茶、含糖饮料等各种甜味超加工食品中大量存在的果糖,通过诱导肠道生态失调,促进肠道屏障功能障碍,会明显提高血浆内毒素水平[104-106]，这对于肥胖的青少年来说是一个坏消息。

总之，超加工食品损害肠道屏障功能，并诱导代谢性内毒素血症，从而导致全身慢性低度炎症，进而促进了食欲和能量代谢失调。因此，在肥胖和非传染性慢性病全球大流行中，超加工食品可能是与饮食有关的因素中最关键的驱动者。对于肥胖人群，经常摄入超加工食品无异于火上浇油。它可能成为阻碍顺利减脂的拦路虎，也可能是减脂成功后推动体重反弹的关键饮食因素。

三、肠道菌群代谢物如何影响食欲和能量代谢？

肠道菌群通过细菌代谢产物时刻影响着人体健康。我们每天摄入的食物除了被消化吸收的一部分之外，还有一部分未被消化吸收的食物在肠道被细菌利用，成为细菌的"食物"，从而产生许多种细菌代谢物。例如：肠道菌群能够发酵难消化的碳水化合物（如天然膳食纤维），从而产生短链脂肪酸，被认为有益于代谢健康；未被消化吸收的肽和蛋白质主要在远端结肠被菌群降解，从而产生氨、胺类、苯酚、吲哚、丙酸咪唑、硫化物等，这些膳食蛋白质细菌腐败产物大部分可能对肠道和代谢健康有害。

（一）短链脂肪酸是调节食欲和能量代谢的关键细菌代谢物

未被消化吸收的微生物可利用碳水化合物（如膳食纤维）在肠道远端被细菌发酵的主要产物短链脂肪酸（SCFA），其中最主要的是乙酸、丙酸、丁酸。短链脂肪酸在肠道被吸收利用，其中：丁酸是结肠细胞的首选能量来源，因此，丁酸吸收后被结肠细胞部分消耗，剩余的丁酸和其他吸收的短链脂肪酸则流入肝门静脉；丙酸在肝脏中代谢，因此在外周循环血液中仅以低浓度存在；乙酸则成为外周循环血液中最丰富的短链脂肪酸。这些由肠道菌群的代谢产物——短链脂肪酸还充当信号分子，通过与内分泌系统、免疫系统和神经系统串扰，间接或直接调节食欲和能量代谢[116-118]。

1. 短链脂肪酸抑制食欲

短链脂肪酸通过增加胰高血糖素样肽-1（GLP-1）和酪酪肽（PYY）抑制食欲。短链脂肪酸可以通过刺激肠内分泌细胞分泌 GLP-1 和 PYY，从而抑制食欲，且已经在动物和人类中得到充分研究[119-124]。一项人体研究表明，静脉和直肠给予乙酸会提高血浆 GLP-1 和 PYY 水平，并减少肿瘤坏死因子[125]。丙酸和丁酸在人类细胞系和肠道原代培养模型中强烈促进了 PYY 释放[126]。在另一项实验中，丙酸在体外显著刺激人结肠细胞释放 PYY 和 GLP-1，并且摄入 10 g 丙酸混合物可显著增加餐后血浆 PYY 和 GLP-1，并减少能量摄入[127]。

短链脂肪酸通过提高瘦素和胰岛素敏感性来抑制食欲。短链脂肪酸可能主要通过消退下丘脑炎症来提高瘦素敏感性。一方面，短链脂肪酸可能促进肠道内分泌细胞释放 GLP‑1,升高的 GLP‑1 通过其受体(GLP‑1R)减轻饮食诱导的下丘脑炎症,并增强瘦素敏感性[128]。另一方面,菌群代谢产生的短链脂肪酸在时刻调节着中枢神经系统小胶质细胞的稳态,并可以在一定程度上逆转小胶质细胞损伤[129]。在能量过剩诱导的小胶质细胞活化和下丘脑炎症研究中,短链脂肪酸显著降低了高脂饮食诱导的小鼠下丘脑小胶质细胞增生、炎性细胞因子表达、内质网(ER)应激、神经元凋亡和神经肽 Y(NPY)表达[130]。丁酸可提高小鼠的胰岛素敏感性并增加能量消耗[131]。人类循环血液中的短链脂肪酸和 GLP‑1 浓度与外周胰岛素敏感性相关[119]。因此,短链脂肪酸可能通过促进 GLP‑1 分泌,改善全身和下丘脑炎症,改善肠道屏障功能,增加骨骼肌和棕色脂肪线粒体增生等多种途径提高中枢和外周胰岛素敏感性[132],从而减少能量摄入。

短链脂肪酸通过促进肠道糖异生延长餐后饱腹感。短链脂肪酸中的丙酸和丁酸促进肠道糖异生,其中丁酸通过 cAMP 依赖性机制激活了肠道糖异生(IGN)基因表达,丙酸本身就是肠道糖异生的原料[133]。因此,短链脂肪酸可通过促进肠道糖异生延长餐后饱腹感,使机体在下一餐开始前保持"不饿"状态(详见本书第二章第二节"肠道糖异生"相关内容)。

短链脂肪酸在下丘脑直接抑制食欲。短链脂肪酸可能通过激活迷走神经传入神经元来抑制食物摄入,或直接进入下丘脑抑制食欲[134]。乙酸被证明可随循环血液穿过血脑屏障并被大脑吸收,并在下丘脑抑制 AgRP 神经元活动,激活厌食的阿黑皮质素原(POMC)神经元,导致小鼠下丘脑中 POMC mRNA 的转录增加四倍,从而直接抑制食欲[135]。之后的研究表明,乙酸有可能促进人脑中的内源性阿片类药物(由 POMC 衍生)释放,为乙酸对人类食欲的中枢作用提供了合理的解释[136]。

此外,短链脂肪酸还可能通过减少享乐性食欲,来减少能量摄入。有研究表明,增加结肠丙酸产生可能通过纹状体途径减弱人体对于高能量食物的预期反应,抑制享乐性食欲,这种作用独立于血浆 PYY 和 GLP‑1 的变化[124]。

综上所述,通过摄入天然复杂膳食纤维,增加肠道细菌利用膳食纤维发酵产生短链脂肪酸,可通过多种途径在下丘脑抑制食欲,是减脂计划中应该重点关注的膳食因素。

2. 短链脂肪酸增加能量消耗

短链脂肪酸可能通过促进白色脂肪细胞"褐变",刺激棕色脂肪细胞产热来增加能量消耗。在人体研究中,通过结肠灌注短链脂肪酸混合物或口服短链脂肪酸促进了能量代谢,增加了脂肪氧化和静息能量消耗[122-123,137]。动物研究表明,短链脂肪酸促进了白色脂肪细胞"褐变",并通过交感神经激活棕色脂肪组织增加产热,可能与增加棕色脂肪细胞线粒体的生物发生有关[131,138-140]。

3. 短链脂肪酸有助于改善运动能力

现有证据表明,短链脂肪酸可增加骨骼肌对脂肪酸的摄取和氧化利用,同时防止骨骼肌中的脂质积累。短链脂肪酸促进骨骼肌摄取葡萄糖和合成糖原,增加骨骼肌胰岛素敏感性和促进线粒体增生[141]。骨骼肌糖原合成增加、糖酵解减少、脂肪酸氧化上调和线粒体增生,这些因素共同促进了运动能力的改善。

骨是人体运动系统的重要器官之一,短链脂肪酸可能是体内破骨细胞代谢和骨量的调节剂。用短链脂肪酸以及高纤维饮食喂养小鼠可显著增加其骨量,并可防止绝经后和炎症引起的骨质流失[142]。短链脂肪酸对骨量的保护作用可能与其抑制破骨细胞分化和骨吸收有关。

4. 短链脂肪酸抑制代谢性炎症

短链脂肪酸通过保护肠道屏障功能来减少慢性炎症。肠道黏膜上皮组织可分泌黏液,黏液中含有黏蛋白。黏液层是抵御微生物或病原体入侵的第一道防线。体外研究表明,丁酸可促进结肠黏蛋白合成和分泌,从而增强第一道防线以改善肠道屏障功能[143-145]。肠上皮细胞间通过紧密连接蛋白形成紧密的连接,可阻止肠腔内抗原物质入侵,丁酸通过维护这种紧密连接来增强肠道屏障功能[146-147]。

短链脂肪酸可能通过调节先天性和适应性免疫细胞的募集、分化、增殖和免疫应答来改善不健康饮食诱导的慢性炎症。在小鼠实验和人类细胞体外研究中,短链脂肪酸诱导肠道调节性 T 细胞的分化,并增强肠道调节性 T 细胞抑制肠道炎症反应的能力[148-150]。调节性 T 细胞在下调免疫应答、维持自身免疫耐受以及抑制自身免疫疾病发生等方面发挥重要的免疫调节作用。短链脂肪酸还可提高乙酰辅酶 A 和 ATP 水平,为 B 细胞生产分泌型免疫球蛋白(SIgA)提供能量支持,促进 SIgA 产生[151]。短链脂肪酸可促进效应性 T 细胞(Th1)分泌抗炎因子白介素-10,从而抑制炎症,维持肠道免疫的动态平衡[152]。

短链脂肪酸通过改善肠道微生态来减少炎症。短链脂肪酸可以为结肠上皮细胞提供能量,创造缺氧和酸性肠腔环境,减少潜在致病菌能量来源,以抑制致病性兼性厌氧菌增殖,从而减低肠道炎症的风险。另外,短链脂肪酸可能通过降低致病菌毒力来保护肠道。一项研究发现短链脂肪酸可对致病菌毒力因子进行酰化修饰,减弱了鼠伤寒沙门菌对肠上皮细胞的侵袭及其在体内的传播[153]。

总之,短链脂肪酸可通过保护肠道黏膜屏障,调节肠黏膜免疫系统,抵御致病性细菌和细菌衍生物(如脂多糖)入侵,维持肠道免疫稳态,进而改善下丘脑炎症和全身代谢性炎症。现有的证据似乎支持短链脂肪酸作为超重和肥胖的抗炎剂,因此,摄入富含膳食纤维的天然食物以增加肠道细菌发酵底物和短链脂肪酸的产生,可能是制定健康减脂计划需要考虑的重要因素之一。

需要注意,尽管当前的相关研究报告普遍认为短链脂肪酸会给身体带来诸多健康益处,但是,在不恰当的时间促进肠道细菌产生短链脂肪酸也可能存在一定风险。例如,处于胃肠道疾病(如溃疡性结肠炎)或致病菌感染急性期的人增加膳食纤维摄入以产生短链脂肪酸,可能给其带来不利影响。

(二) 其他可能影响食欲和能量代谢的肠道菌群衍生物

1. 丙酸咪唑(ImP)

丙酸咪唑是组氨酸微生物代谢产物,被认为损害胰岛素信号传导。患有糖尿病前期和糖尿病的受试者血清丙酸咪唑水平升高[154]。天然膳食纤维含量太少且富含饱和脂肪的不健康饮食可能导致肠道生态失调,最终导致更高的丙酸咪唑水平。丙酸咪唑水平升高与膳食组氨酸摄入量没有直接关系[155]。

2. 氧化三甲胺(TMAO)

氧化三甲胺被认为与胰岛素抵抗有关,循环中的氧化三甲胺水平与动脉粥样硬化密切相关。膳食肉碱(红肉中富含)和胆碱都可以通过微生物群代谢成三甲胺(TMA),然后,三甲胺进入肝脏通过黄素单加氧酶(FMO)进一步氧化形成氧化三甲胺[156-157]。膳食脂肪酸可通过调节肠道菌群和/或黄素单加氧酶活性影响氧化三甲胺产生。因此,富含红肉和脂肪的"西式饮食"不仅为肠道菌群产生三甲胺提供了充足的底物[158],还通过诱导肠道生态失调促进三甲胺产生,而摄入蔬菜、水果、全谷物、菌类等富含天然膳食纤维和植物化学物的食物可能减少肠道菌群产生三甲胺[159]。

3. 色氨酸肠道菌群代谢产物

色氨酸是一种人体必需氨基酸,富含蛋白质的食物通常同时富含色氨酸。膳食色氨酸在肠道由三条途径代谢:① 可能接近95%的膳食色氨酸经此途径代谢,通过犬尿氨酸途径代谢为犬尿氨酸(Kyn)和下游物,吲哚胺2,3-双加氧酶(IDO)是该代谢途径的限速酶;② 约5%的膳食色氨酸经此途径代谢,由肠道菌群代谢为吲哚及其衍生物;③ 1%~2%的膳食色氨酸经此途径代谢,通过色氨酸羟化酶(TPH)在肠嗜铬细胞中产生血清素,细菌促进了肠道血清素的产生[160-162]。

(1) 犬尿氨酸途径

膳食色氨酸绝大多数沿着犬尿氨酸途径代谢,犬尿氨酸代谢与炎症反应之间的密切关系,使犬尿氨酸及其下游产物成为肥胖、糖尿病和癌症等多种疾病中公认的参与者[163]。肥胖受试者中,脂肪组织和肝脏中的吲哚胺2,3-双加氧酶表达均增加,表明色氨酸犬尿氨酸途径在人类肥胖中被激活[164]。人体研究表明,犬尿氨酸代谢物可能会损害胰岛素的产生、释放和生物活性,因而与胰岛素抵抗有关[165]。

富含天然膳食纤维的饮食可减少色氨酸通过犬尿氨酸途径代谢为犬尿氨酸及

其下游产物,因为膳食纤维的肠道细菌发酵产物短链脂肪酸中的丁酸,被证明可抑制吲哚胺 2,3-双加氧酶活性[166-167]。另外,有氧运动训练可以降低循环和中枢神经系统中的犬尿氨酸水平[168]。

(2)吲哚及其衍生物

膳食中的色氨酸有约 5% 由肠道菌群代谢为吲哚及其衍生物,这些代谢物如吲哚、粪臭素、色胺、吲哚丙酸(IPA)、吲哚乙酸(IAA)、吲哚丙烯酸(IA)、吲哚醛(IAld)等,被认为有利于减轻炎症反应,通过刺激黏蛋白产生和增强紧密连接,从而改善肠道屏障功能[169-173]。吲哚还可能通过刺激肠道内分泌细胞产生胰高血糖素样肽-1,增加饱腹感[174]。

然而,吲哚通过结肠吸收后进入肝门静脉,在肝脏被转化为硫酸吲哚,硫酸吲哚在肾脏功能下降时会在血浆中蓄积,并有助于慢性肾脏疾病的发展,常被称为尿毒症毒素[175]。也有研究表明,硫酸吲哚损害小鼠的肠道屏障功能[176]。

色氨酸经肠道菌群代谢为吲哚及其衍生物,对于身体的影响是复杂的,其中对身体产生不利影响的情况可能在硫酸吲哚超生理浓度的条件下才能发生,但是,也对长期高蛋白饮食的健康人群提出了警告。有研究表明,天然膳食纤维和植物性食物含量较高的习惯性饮食可能对降低慢性肾病(CKD)成人的尿毒症毒素水平产生积极影响[177]。

因此,摄入可满足身体需求的蛋白质(足量但不超量),同时增加富含天然膳食纤维的食物,可能是健康减脂饮食计划的重要考量因素。

(3)血清素(5-HT)

膳食中的色氨酸有 1%～2% 在肠道中通过色氨酸羟化酶-1(TPH-1)在肠嗜铬细胞中产生血清素[即 5-羟色胺(5-HT)]。来自肠道的血清素可能在胃排空、肝糖异生、脂肪分解等方面发挥作用[178-179]。在中枢神经系统的血清素由色氨酸羟化酶-2(TPH-2)合成,作为一种神经递质,具有抑制食欲的功能。基于中枢血清素抑制食欲的作用而研制的减肥药,如芬氟拉明和西布曲明,因对心脏有副作用被撤出国际市场。氯卡色林是另一款减肥药,美国食品药品监督管理局(FDA)要求在 2020 年从美国市场撤出氯卡色林,因为在接受氯卡色林治疗的肥胖受试者中,癌症的发生率可能会增加[180]。

四、饮食和肠道菌群互利共生

2006 年杰里弗·I.戈登及其团队的研究表明肠道微生物群是肥胖的另一个促成因素,似乎从此激发了全球范围内相关研究团队对于肠道菌群的研究热情,并且催生了大量研究论文。虽然关于肠道菌群与宿主之间的故事还有很多未知的情节,等待进一步被揭晓,但是基于当前的相关知识,我们已经知道肠道菌群衍生的细菌脂多糖（LPS）和菌群代谢物（如短链脂肪酸）通过与人体的免疫系统、内分泌系统和神经系统相互串扰，深刻影响食欲和能量代谢。然而，影响肠道微生物组的主要因素是日常饮食。因此，如何通过饮食促进肠道微生态平衡，改善肠道屏障功能，减轻代谢性内毒素血症，减少细菌产生有毒代谢物，增加细菌产生短链脂肪酸，这些问题可能是制订饮食计划时应该着重考虑的因素。

（一）饮食可以迅速改变肠道微生物组

人体遗传因素在决定微生物组组成方面的作用很小，长期生活环境和饮食习惯在塑造人类肠道微生物群方面起主导作用[181]。家庭成员共同生活在一个环境中并直接频繁接触，可能会显著影响各自的微生物群落组成[182]。人类肠道菌群组成结构在改变膳食成分后可以迅速发生变化，这与细菌的生长繁殖特性有关。细菌的生长速度很快，一般细菌约 20 分钟分裂一次，10 个小时后可增殖 10 亿个以上[30]。因此，当日摄入不同的膳食成分，可能在次日，肠道菌群组成就因为适应"食物"环境的变化而改变，其种群组成发生结构性改变可能只需 48 小时[183]。人类的一次旅行或一两天"美食"体验就可能改变肠道菌群组成或丰度[184-185]。

饮食是人类肠道微生物组变异的关键决定因素，并且可快速改变人类肠道微生物组[186]。膳食宏量营养素组成（即碳水化合物、蛋白质、脂肪的比例）决定了微生物群可发酵底物的数量和来源，是肠道菌群组成结构变化的主要驱动因素。绝大部分肠道菌群主要利用未被消化吸收的碳水化合物（主要是膳食纤维）以及蛋白质作为能量来源，只有极少数的肠道细菌可以利用脂质[187]。人类肠道微生物组中那些丰富多样的编码碳水化合物活性酶（CAZymes）的基因代表了它们发酵膳食纤维的能力[188]。可见，肠道中细菌可利用的碳水化合物充足供应的重要性。

（二）高蛋白饮食与蛋白质腐败

我们每天膳食中的蛋白质，除了大部分在小肠被消耗吸收以外，据估计还有 5％～10％（或更多）逃脱小肠的消化吸收被输送到结肠，在那里被细菌降解或者随粪便排出体外。采用高蛋白饮食且膳食中缺少充足的天然膳食纤维时，细菌可利用的碳水化合物较少，产生短链脂肪酸较少，因而此时结肠 pH 较高，细菌蛋白酶活性较高，导致细菌利用蛋白质的腐败率升高，最终产生更多潜在有毒物质，如胺类、苯酚、吲哚、丙酸咪唑、硫化物等[189]。

在结肠中，缺乏细菌可利用的碳水化合物（如膳食纤维）会影响肠道菌群生态，导致近端结肠到远端结肠中从碳水化合物发酵转变为蛋白质腐败，这与细菌可利用能源的变化，即细菌可利用的碳水化合物逐渐减少有关。肠道中以碳水化合物为能量来源的细菌生态优势的降低，为分解蛋白质的细菌创造了生态位，可能导致这些"食肉者"侵蚀黏液层,增加炎症风险[190]。况且,蛋白质腐败的绝大部分最终产物对人类健康具有潜在的有害影响[191-192]。因此,如何通过增加摄入不易于消化但可被细菌发酵的碳水化合物(如膳食纤维),并将它们输送到远端结肠以减少蛋白质腐败,是制订饮食计划需要考虑的重要内容之一。

(三)健康的植物性食物与肠道菌群及其代谢物

健康的植物性食物是指,膳食中富含天然膳食纤维和植物化学物,不含精制碳水化合物和工业提纯膳食纤维。植物性饮食的主要食物来源于全谷物、豆类、蔬菜、水果、菌类、藻类等初级农产品。

植物性饮食中的绿色蔬菜富含叶绿体,叶绿体中含有的类囊体是由类囊体膜包裹的呈扁囊状叠加结构,这些类囊体膜可能与脂肪消化酶结合,抑制其活性,或黏附于肠黏膜表面,从而抑制膳食脂肪的消化吸收,并降低肠道通透性[193-195]。因此,摄入绿色蔬菜可减轻代谢性内毒素血症,而且因其减缓食物消化吸收,可促进胆囊收缩素(CCK)、胰高血糖素样肽-1(GLP-1)释放,增加餐后饱腹感[196-197]。

健康的植物性食物中富含的植物化学物促进肠道微生态平衡,减轻代谢性内毒素血症。植物酚类化合物可能选择性地抑制病原菌的生长,促进"有益菌"生长,降低肠道通透性,改善肠道屏障功能,减少内毒素入血。

健康的植物性食物中富含的天然膳食纤维,为肠道菌群提供了充足的能量来源,从而发酵产生更多短链脂肪酸,同时降低肠腔 pH 和氧含量,这为"有益菌"提供了竞争优势,减少了潜在致病菌能量来源,抑制了潜在致病菌的竞争优势,从而维护肠道微生态平衡。天然膳食纤维为肠道菌群提供"食物",同时也可避免这些细菌因"食物"短缺而侵蚀肠道黏液层,从而改善肠道屏障功能。天然膳食纤维还可能通过抑制消化酶活性,减少脂肪吸收,这也同时减少了细菌脂多糖随乳糜微粒进入循环血液。

总之,健康的植物性饮食在促进肠道微生态平衡,改善肠道屏障功能,减少代谢性内毒素血症,减少细菌产生有毒代谢物,增加细菌产生短链脂肪酸等方面发挥了不可替代的作用。对于肥胖者来说,采用健康的植物性饮食有利于逐步恢复食欲和能量代谢正常调节。

(四)细菌可利用碳水化合物在远端结肠发酵

膳食纤维在肠道的发酵位置似乎很重要。只有将膳食纤维输送到远端结肠(而不是近端结肠)或在远端结肠输注短链脂肪酸,才能促进脂肪酸氧化和饱腹激素(GLP-1、PYY)释放,抑制食欲,增加静息能量消耗,从而发挥有益代谢作用[122-123,127]。在远端结肠中输注(或发酵产生)的短链脂肪酸,部分通过直肠静脉丛绕过肝脏直接流入下腔静脉,从而使直接到达体循环中的短链脂肪酸浓度增加,或可部分解释膳食纤维在远端肠道发酵的重要性[198]。

膳食纤维的来源似乎决定了它在肠道的发酵位置和最终效果。摄入提纯精制膳食纤维，由于它易于被细菌发酵的特性，可能更多在近端结肠被发酵利用，而没有或很少被输送到远端结肠，因此是否产生有益代谢的作用存在不确定性。已经有证据表明摄入提纯精制膳食还可能带来负面作用[199]。赵立平团队 2018 年发表在《科学》的一项研究显示，摄入富含天然膳食纤维混合物饮食（含全谷物和豆类等）导致糖尿病患者产生短链脂肪酸的肠道菌群数量增加，并且胰高血糖素样肽–1 水平升高，糖化血红蛋白水平和血糖调节得到改善，减少了对代谢有害的化合物（如吲哚和硫化氢）的产生[200]。由此可见，饮食干预的重点是为远端结肠微生物群提供其首选的"食物"来源，这会促进产生短链脂肪酸的细菌增殖和增加短链脂肪酸产量，并减少远端结肠中蛋白质腐败产生潜在有害代谢物。

将细菌可利用碳水化合物（包括膳食纤维）送到远端结肠是植物性食物的重要作用之一。例如，全谷物的可食用皮层（麸皮）和细胞壁不能被小肠消化，它们似乎起到了运输"胶囊"的作用，将淀粉包裹起来，减缓了小肠的消化吸收，可能有一部分淀粉在"胶囊"的护送下顺利到达远端结肠。或者，煮熟的全谷物经过冷冻之后抗性淀粉含量会增加，而抗性淀粉也更容易被输送到远端结肠[201]。再如，食用菌中富含食用菌多糖，由甲壳素、半纤维素、β–葡聚糖、甘露聚糖、木聚糖和半乳聚糖等组成的膳食纤维可以被相对完整地输送到远端结肠[202]。

被输送到远端结肠的天然膳食纤维中可能存在一些不易被细菌发酵的低发酵性纤维，它们在被排出体外之前不会被充分利用[203-204]。但是，它们增加了肠道内容物并缩短了它们在肠道内的转运时间，即提高了排便频率和粪便总量，这对健康非常重要。有研究表明，排便频率降低伴随着结肠内容物运输时间增加，会导致肠道细菌从膳食纤维发酵转向蛋白质腐败，并且，不可发酵膳食纤维比可发酵膳食纤维能更有效地提高胰岛素敏感性[205]。

被输送到远端结肠的细菌可利用碳水化合物，为生活在那里的数以万亿计的共生菌提供了充足的"食物"来源，而这些共生菌在茁壮生长的同时为我们产生了短链脂肪酸，并且抑制了蛋白质在远端肠道腐败。就这样，似乎进入了一种可持续的良性循环，或许这才是人体和肠道共生菌之间本该有的长期互利共生的和谐状态。

在这种良性循环中，肠道屏障功能得以改善，内毒素入血减少，餐后饱腹感增加，全身慢性炎症逐渐消退，中枢瘦素和胰岛素敏感性逐渐增加，最后，食欲和能量代谢调节将逐步恢复正常。

参考文献

[1] Cryan J F, O'riordan K J, Cowan C S M, et al. The Microbiota-Gut-Brain Axis[J]. 2019, 99(4): 1877 – 2013.

[2] Fan Y, Pedersen O. Gut microbiota in human metabolic health and disease[J]. Nature Reviews Microbiology, 2021, 19(1): 55 – 71.

[3] Levy M, Kolodziejczyk A A, Thaiss C A, et al. Dysbiosis and the immune system[J]. Nature Reviews Immunology, 2017, 17(4): 219 – 232.

[4] Bäckhed F, Ley R E, Sonnenburg J L, et al. Host-bacterial mutualism in the human intestine[J]. Science, 2005, 307(5717): 1915 – 1920.

[5] Ley R E, Bäckhed F, Turnbaugh P, et al. Obesity alters gut microbial ecology[J]. Proceedings of the National Academy of Sciences of the United States of America, 2005, 102(31): 11070 – 11075.

[6] Ley R E, Turnbaugh P J, Klein S, et al. Microbial ecology: Human gut microbes associated with obesity [J]. Nature, 2006, 444(7122): 1022 – 1023.

[7] Jumpertz R, Le D S, Turnbaugh P J, et al. Energy-balance studies reveal associations between gut microbes, caloric load, and nutrient absorption in humans[J]. The American Journal of Clinical Nutrition, 2011, 94(1): 58 – 65.

[8] Turnbaugh P J, Hamady M, Yatsunenko T, et al. A core gut microbiome in obese and lean twins[J]. Nature, 2009, 457(7228): 480 – 484.

[9] Le Chatelier E, Nielsen T, Qin J J, et al. Richness of human gut microbiome correlates with metabolic markers[J]. Nature, 2013, 500(7464): 541 – 546.

[10] Fei N, Zhao L P. An opportunistic pathogen isolated from the gut of an obese human causes obesity in germfree mice[J]. The ISME Journal, 2013, 7(4): 880 – 884.

[11] Shelton C D, Byndloss M X. Gut epithelial metabolism as a key driver of intestinal dysbiosis associated with noncommunicable diseases[J]. Infection and Immunity, 2020, 88(7): 10.1128.

[12] Stecher B, Maier L S, Hardt W D. 'Blooming' in the gut: How dysbiosis might contribute to pathogen evolution[J]. Nature Reviews Microbiology, 2013, 11(4): 277 – 284.

[13] Verdam F J, Fuentes S, De Jonge C, et al. Human intestinal microbiota composition is associated with local and systemic inflammation in obesity[J]. Obesity, 2013, 21(12): E607 – E615.

[14] Tilg H, Zmora N, Adolph T E, et al. The intestinal microbiota fuelling metabolic inflammation[J]. Nature Reviews Immunology, 2020, 20(1): 40 – 54.

[15] Lee J Y, Tsolis R M, Bäumler A J. The microbiome and gut homeostasis[J]. Science, 2022, 377 (6601): eabp9960.

[16] Agus A, Denizot J, Thévenot J, et al. Western diet induces a shift in microbiota composition enhancing susceptibility to Adherent-Invasive E. coli infection and intestinal inflammation[J]. Scientific Reports, 2016, 6: 19032.

[17] Ge Y T, Liu W, Tao H T, et al. Effect of industrial *trans*-fatty acids-enriched diet on gut microbiota of C57BL/6 mice[J]. European Journal of Nutrition, 2019, 58(7): 2625 – 2638.

[18] Qamar N, Castano D, Patt C, et al. Meta-analysis of alcohol induced gut dysbiosis and the resulting behavioral impact[J]. Behavioural Brain Research, 2019, 376: 112196.

[19] Chassaing B, Compher C, Bonhomme B, et al. Randomized controlled-feeding study of dietary emulsifier carboxymethylcellulose reveals detrimental impacts on the gut microbiota and metabolome[J]. Gastroenterology, 2022, 162(3): 743 – 756.

[20] Chassaing B, Van De Wiele T, De Bodt J, et al. Dietary emulsifiers directly alter human microbiota composition and gene expression *ex vivo* potentiating intestinal inflammation[J]. Gut, 2017, 66(8): 1414 – 1427.

[21] Viennois E, Bretin A, Dubé P E, et al. Dietary emulsifiers directly impact adherent-invasive E. *coli* gene expression to drive chronic intestinal inflammation[J]. Cell Reports, 2020, 33(1): 108229.

[22] Naimi S, Viennois E, Gewirtz A T, et al. Direct impact of commonly used dietary emulsifiers on human gut microbiota[J]. Microbiome, 2021, 9(1): 66.

[23] Viennois E, Merlin D, Gewirtz A T, et al. Dietary emulsifier-induced low-grade inflammation promotes

colon carcinogenesis[J]. Cancer Research, 2017, 77(1): 27-40.

［46］ Suzuki T. Regulation of intestinal epithelial permeability by tight junctions［J］. Cellular and Molecular Life Sciences, 2013, 70(4): 631 – 659.

［47］ Paradis T, Bègue H, Basmaciyan L, et al. Tight junctions as a key for pathogens invasion in intestinal epithelial cells［J］. International Journal of Molecular Sciences, 2021, 22(5): 2506.

［48］ Thaiss C A, Levy M, Grosheva I, et al. Hyperglycemia drives intestinal barrier dysfunction and risk for enteric infection［J］. Science, 2018, 359(6382): 1376 – 1383.

［49］ Paone P, Cani P D. Mucus barrier, mucins and gut microbiota: The expected slimy partners? ［J］. Gut, 2020, 69(12): 2232 – 2243.

［50］ Martens E C, Neumann M, Desai M S. Interactions of commensal and pathogenic microorganisms with the intestinal mucosal barrier［J］. Nature Reviews Microbiology, 2018, 16(8): 457 – 470.

［51］ Johansson M E V, Hansson G C. Immunological aspects of intestinal mucus and mucins［J］. Nature Reviews Immunology, 2016, 16(10): 639 – 649.

［52］ Desai M S, Seekatz A M, Koropatkin N M, et al. A dietary fiber-deprived gut microbiota degrades the colonic mucus barrier and enhances pathogen susceptibility［J］. Cell, 2016, 167(5): 1339 – 1353. e21.

［53］ Violi F, Cammisotto V, Bartimoccia S, et al. Gut-derived low-grade endotoxemia, atherothrombosis and cardiovascular disease［J］. Nature Reviews Cardiology, 2023, 20(1): 24 – 37.

［54］ Neal M D, Leaphart C, Levy R, et al. Enterocyte TLR4 mediates phagocytosis and translocation of bacteria across the intestinal barrier［J］. The Journal of Immunology, 2006, 176(5): 3070 – 3079.

［55］ Ghoshal S, Witta J, Zhong J, et al. Chylomicrons promote intestinal absorption of lipopolysaccharides ［J］. Journal of Lipid Research, 2009, 50(1): 90 – 97.

［56］ Guerville M, Boudry G. Gastrointestinal and hepatic mechanisms limiting entry and dissemination of lipopolysaccharide into the systemic circulation［J］. American Journal of Physiology-Gastrointestinal and Liver Physiology, 2016, 311(1): G1 – G15.

［57］ Vreugdenhil A C E, Rousseau C H, Hartung T, et al. Lipopolysaccharide (LPS)-binding protein mediates LPS detoxification by chylomicrons［J］. The Journal of Immunology, 2003, 170(3): 1399 – 1405.

［58］ Han Y H, Onufer E J, Huang L H, et al. Enterically derived high-density lipoprotein restrains liver injury through the portal vein［J］. Science, 2021, 373(6553): eabe6729.

［59］ Sonnenburg J L, Bäckhed F. Diet-microbiota interactions as moderators of human metabolism［J］. Nature, 2016, 535(7610): 56 – 64.

［60］ Kessoku T, Kobayashi T, Imajo K, et al. Endotoxins and non-alcoholic fatty liver disease［J］. Frontiers in Endocrinology, 2021, 12: 770986.

［61］ Carpino G, Del Ben M, Pastori D, et al. Increased liver localization of lipopolysaccharides in human and experimental NAFLD［J］. Hepatology, 2020, 72(2): 470 – 485.

［62］ Verdam F J, Rensen S S, Driessen A, et al. Novel evidence for chronic exposure to endotoxin in human nonalcoholic steatohepatitis［J］. Journal of Clinical Gastroenterology, 2011, 45(2): 149 – 152.

［63］ Mehta N N, McGillicuddy F C, Anderson P D, et al. Experimental endotoxemia induces adipose inflammation and insulin resistance in humans［J］. Diabetes, 2010, 59(1): 172 – 181.

［64］ Clemente-Postigo M, Oliva-Olivera W, Coin-Aragüez L, et al. Metabolic endotoxemia promotes adipose dysfunction and inflammation in human obesity［J］. American Journal of Physiology-Endocrinology and Metabolism, 2019, 316(2): E319 – E332.

［65］ Manco M, Putignani L, Bottazzo G F. Gut microbiota, lipopolysaccharides, and innate immunity in the pathogenesis of obesity and cardiovascular risk［J］. Endocrine Reviews, 2010, 31(6):817 – 844.

［66］ Pussinen P J, Havulinna A S, Lehto M, et al. Endotoxemia is associated with an increased risk of incident diabetes［J］. Diabetes Care, 2011, 34(2): 392 – 397.

［67］ Bhattarai S M, Frampton G, Jhawer A, et al. LPS-induced endotoxemia promotes blood-brain barrier permeability via TSP1-dependent TGFβ1 activation［J］. The FASEB Journal, 2022, 36(S1):R6152.

［68］ Färber N, Manuel J, May M, et al. The central inflammatory network: A hypothalamic fMRI study of experimental endotoxemia in humans［J］. Neuroimmunomodulation, 2022, 29(3): 231 – 247.

［69］ Pereira M T, Malik M, Nostro J A, et al. Effect of dietary additives on intestinal permeability in both *Drosophila* and a human cell co-culture ［J］. Disease Models & Mechanisms, 2018, 11 (12): dmm034520.

[70] Goldberg R F, Austen W G Jr, Zhang X B, et al. Intestinal alkaline phosphatase is a gut mucosal defense factor maintained by enteral nutrition[J]. Proceedings of the National Academy of Sciences of the United States of America, 2008, 105(9): 3551-3556.

[71] Fajstova A, Galanova N, Coufal S, et al. Diet rich in simple sugars promotes pro-inflammatory response via gut microbiota alteration and TLR4 signaling[J]. Cells, 2020, 9(12): 2701.

[72] Elamin E, Masclee A, Troost F, et al. Ethanol impairs intestinal barrier function in humans through mitogen activated protein kinase signaling: A combined *in vivo* and *in vitro* approach[J]. PLoS One, 2014, 9(9): e107421.

[73] Rohr M W, Narasimhulu C A, Rudeski-Rohr T A, et al. Negative effects of a high-fat diet on intestinal permeability: A review[J]. Advances in Nutrition, 2020, 11(1): 77-91.

[74] Yoo W, Zieba J K, Foegeding N J, et al. High-fat diet-induced colonocyte dysfunction escalates microbiota-derived trimethylamine N-oxide[J]. Science, 2021, 373(6556): 813-818.

[75] Schulz M D, Atay Ç, Heringer J, et al. High-fat-diet-mediated dysbiosis promotes intestinal carcinogenesis independently of obesity[J]. Nature, 2014, 514(7523): 508-512.

[76] Yang J, Wei H, Zhou Y F, et al. High-fat diet promotes colorectal tumorigenesis through modulating gut microbiota and metabolites[J]. Gastroenterology, 2022, 162(1): 135-149.

[77] Erridge C, Attina T, Spickett C M, et al. A high-fat meal induces low-grade endotoxemia: Evidence of a novel mechanism of postprandial inflammation 2[J]. The American Journal of Clinical Nutrition, 2007, 86(5): 1286-1292.

[78] Vors C, Pineau G, Drai J, et al. Postprandial endotoxemia linked with chylomicrons and lipopolysaccharides handling in obese versus lean men: A lipid dose-effect trial[J]. The Journal of Clinical Endocrinology & Metabolism, 2015, 100(9): 3427-3435.

[79] Bartimoccia S, Cammisotto V, Nocella C, et al. Extra virgin olive oil reduces gut permeability and metabolic endotoxemia in diabetic patients[J]. Nutrients, 2022, 14(10): 2153.

[80] Watson H, Mitra S, Croden F C, et al. A randomised trial of the effect of omega-3 polyunsaturated fatty acid supplements on the human intestinal microbiota[J]. Gut, 2018, 67(11): 1974-1983.

[81] López-Moreno J, García-Carpintero S, Jimenez-Lucena R, et al. Effect of dietary lipids on endotoxemia influences postprandial inflammatory response[J]. Journal of Agricultural and Food Chemistry, 2017, 65(35): 7756-7763.

[82] Quintanilha B J, Pinto Ferreira L R, Ferreira F M, et al. Circulating plasma microRNAs dysregulation and metabolic endotoxemia induced by a high-fat high-saturated diet[J]. Clinical Nutrition, 2020, 39 (2): 554-562.

[83] Mani V, Hollis J H, Gabler N K. Dietary oil composition differentially modulates intestinal endotoxin transport and postprandial endotoxemia[J]. Nutrition & Metabolism, 2013, 10(1): 6.

[84] Lyte J M, Gabler N K, Hollis J H. Postprandial serum endotoxin in healthy humans is modulated by dietary fat in a randomized, controlled, cross-over study[J]. Lipids in Health and Disease, 2016, 15(1): 1-10.

[85] Vors C, Drai J, Pineau G, et al. Emulsifying dietary fat modulates postprandial endotoxemia associated with chylomicronemia in obese men: A pilot randomized crossover study[J]. Lipids in Health and Disease, 2017, 16(1): 97.

[86] Laugerette F, Vors C, Géloën A, et al. Emulsified lipids increase endotoxemia: Possible role in early postprandial low-grade inflammation[J]. The Journal of Nutritional Biochemistry, 2011, 22 (1): 53-59.

[87] Rondanelli M, Gasparri C, Peroni G, et al. The potential roles of very low calorie, very low calorie ketogenic diets and very low carbohydrate diets on the gut microbiota composition[J]. Frontiers in Endocrinology, 2021, 12: 662591.

[88] Sonnenburg J L, Xu J A, Leip D D, et al. Glycan foraging *in vivo* by an intestine-adapted bacterial symbiont[J]. Science, 2005, 307(5717): 1955-1959.

[89] Sugihara K, Kitamoto S, Saraithong P, et al. Mucolytic bacteria license pathobionts to acquire host-derived nutrients during dietary nutrient restriction[J]. Cell Reports, 2022, 40(3): 111093.

[90] Neumann M, Steimle A, Grant E T, et al. Deprivation of dietary fiber in specific-pathogen-free mice

promotes susceptibility to the intestinal mucosal pathogen *Citrobacter rodentium*[J]. Gut Microbes, 2021, 13(1): 1966263.

[91] Chen K Y, Man S L, Wang H B, et al. Dysregulation of intestinal flora: Excess prepackaged soluble fibers damage the mucus layer and induce intestinal inflammation[J]. Food & Function, 2022, 13(16): 8558 - 8571.

[92] Singh V, Yeoh B S, Chassaing B, et al. Dysregulated microbial fermentation of soluble fiber induces cholestatic liver cancer[J]. Cell, 2018, 175(3): 679 - 694. e22.

[93] Neis E P, Van Eijk H M, Lenaerts K, et al. Distal versus proximal intestinal short-chain fatty acid release in man[J]. Gut, 2019, 68(4): 764 - 765.

[94] Pendyala S, Walker J M, Holt P R. A high-fat diet is associated with endotoxemia that originates from the gut[J]. Gastroenterology, 2012, 142(5): 1100 - 1101.

[95] Price T R, Walzem R L. Degree of dietary refinement alters apparent gut permeability[J]. The FASEB Journal, 2018, 32: 762. 1.

[96] Snelson M, Tan S M, Clarke R E, et al. Processed foods drive intestinal barrier permeability and microvascular diseases[J]. Science Advances, 2021, 7(14): eabe4841.

[97] Qu W T, Yuan X J, Zhao J S, et al. Dietary advanced glycation end products modify gut microbial composition and partially increase colon permeability in rats[J]. Molecular Nutrition & Food Research, 2017, 61(10): 1700118.

[98] Laudisi F, Stolfi C, Monteleone G. Impact of food additives on gut homeostasis[J]. Nutrients, 2019, 11(10): 2334.

[99] Lerner A, Matthias T. Changes in intestinal tight junction permeability associated with industrial food additives explain the rising incidence of autoimmune disease[J]. Autoimmunity Reviews, 2015, 14(6): 479 - 489.

[100] Bancil A S, Sandall A M, Rossi M, et al. Food additive emulsifiers and their impact on gut microbiome, permeability, and inflammation: Mechanistic insights in inflammatory bowel disease[J]. Journal of Crohn's and Colitis, 2021, 15(6): 1068 - 1079.

[101] Zangara M T, Ponti A K, Miller N D, et al. Maltodextrin consumption impairs the intestinal mucus barrier and accelerates colitis through direct actions on the epithelium[J]. Frontiers in Immunology, 2022, 13: 841188.

[102] Laudisi F, Di Fusco D, Dinallo V, et al. The food additive maltodextrin promotes endoplasmic reticulum stress-driven mucus depletion and exacerbates intestinal inflammation[J]. Cellular and Molecular Gastroenterology and Hepatology, 2019, 7(2): 457 - 473.

[103] Almutairi R, Basson A R, Wearsh P, et al. Validity of food additive maltodextrin as placebo and effects on human gut physiology: Systematic review of placebo-controlled clinical trials[J]. European Journal of Nutrition, 2022, 61(6): 2853 - 2871.

[104] Kawabata K, Kanmura S, Morinaga Y, et al. A high-fructose diet induces epithelial barrier dysfunction and exacerbates the severity of dextran sulfate sodium-induced colitis[J]. International Journal of Molecular Medicine, 2018:1487 - 1496.

[105] Nier A, Brandt A, Rajcic D, et al. Short-term isocaloric intake of a fructose-but not glucose-rich diet affects bacterial endotoxin concentrations and markers of metabolic health in normal weight healthy subjects[J]. Molecular Nutrition & Food Research, 2019, 63(6): 1800868.

[106] Jin R, Willment A, Patel S S, et al. Fructose induced endotoxemia in pediatric nonalcoholic Fatty liver disease[J]. International Journal of Hepatology, 2014, 2014: 560620.

[107] Santos P S, Caria C R P, Gotardo E M F, et al. Artificial sweetener saccharin disrupts intestinal epithelial cells' barrier function *in vitro*[J]. Food & Function, 2018, 9(7): 3815 - 3822.

[108] Shil A, Olusanya O, Ghufoor Z, et al. Artificial sweeteners disrupt tight junctions and barrier function in the intestinal epithelium through activation of the sweet taste receptor, T1R3[J]. Nutrients, 2020, 12(6): 1862.

[109] Shil A, Chichger H. Artificial sweeteners negatively regulate pathogenic characteristics of two model gut bacteria, *E. coli* and *E. faecalis*[J]. International Journal of Molecular Sciences, 2021, 22(10): 5228.

［110］Méndez-García L A，Bueno-Hernández N，Cid-Soto M A，et al. Ten-week sucralose consumption induces gut dysbiosis and altered glucose and insulin levels in healthy young adults［J］. Microorganisms，2022，10(2)：434.

［111］Sánchez-Tapia M，Miller A W，Granados-Portillo O，et al. The development of metabolic endotoxemia is dependent on the type of sweetener and the presence of saturated fat in the diet［J］. Gut Microbes，2020，12(1)：1801301.

［112］Lerner A，Benzvi C. Microbial transglutaminase is a very frequently used food additive and is a potential inducer of autoimmune/neurodegenerative diseases［J］. Toxics，2021，9(10)：233.

［113］Wagner R，Buettner J，Heni M，et al. The common food additive carrageenan increases intestinal permeability without affecting whole-body insulin sensitivity in humans［J］. Diabetologia，2018，61 (Supplement 1)：S333.

［114］Borthakur A，Bhattacharyya S，Dudeja P K，et al. Carrageenan induces interleukin – 8 production through distinct Bcl10 pathway in normal human colonic epithelial cells［J］. American Journal of Physiology-Gastrointestinal and Liver Physiology，2007，292(3)：G829 – G838.

［115］Wu W，Zhou J W，Xuan R R，et al. Dietary κ-carrageenan facilitates gut microbiota-mediated intestinal inflammation［J］. Carbohydrate Polymers，2022，277：118830.

［116］Koh A，De Vadder F，Kovatcheva-Datchary P，et al. From dietary fiber to host physiology：Short-chain fatty acids as key bacterial metabolites［J］. Cell，2016，165(6)：1332 – 1345.

［117］Dalile B，Van Oudenhove L，Vervliet B，et al. The role of short-chain fatty acids in microbiota-gut-brain communication［J］. Nature Reviews Gastroenterology & Hepatology，2019，16(8)：461 – 478.

［118］Luo P，Lednovich K，Xu K，et al. Central and peripheral regulations mediated by short-chain fatty acids on energy homeostasis［J］. Translational Research：the Journal of Laboratory and Clinical Medicine，2022，248：128 – 150.

［119］Müller M，Hernández M A G，Goossens G H，et al. Circulating but not faecal short-chain fatty acids are related to insulin sensitivity，lipolysis and GLP – 1 concentrations in humans［J］. Scientific Reports，2019，9：12515.

［120］Psichas A，Sleeth M L，Murphy K G，et al. The short chain fatty acid propionate stimulates GLP – 1 and PYY secretion via free fatty acid receptor 2 in rodents［J］. International Journal of Obesity，2015，39(3)：424 – 429.

［121］Tolhurst G，Heffron H，Lam Y S，et al. Short-chain fatty acids stimulate glucagon-like peptide – 1 secretion via the G-protein-coupled receptor FFAR2［J］. Diabetes，2012，61(2)：364 – 371.

［122］Canfora E E，Van Der Beek C M，Jocken J W E，et al. Colonic infusions of short-chain fatty acid mixtures promote energy metabolism in overweight/obese men：A randomized crossover trial［J］. Scientific Reports，2017，7：2360.

［123］Van Der Beek C，Canfora E，Lenaerts K，et al. Distal，not proximal，colonic acetate infusions promote fat oxidation and improve metabolic markers in overweight/obese men［J］. Clinical Science，2016，130 (22)：2073 – 2082.

［124］Byrne C S，Chambers E S，Alhabeeb H，et al. Increased colonic propionate reduces anticipatory reward responses in the human striatum to high-energy foods1［J］. The American Journal of Clinical Nutrition，2016，104(1)：5 – 14.

［125］Freeland K R，Wolever T M S. Acute effects of intravenous and rectal acetate on glucagon-like peptide – 1， peptide YY，ghrelin，adiponectin and tumour necrosis factor-A［J］. British Journal of Nutrition，2010，103(3)：460 – 466.

［126］Larraufie P，Martin-Gallausiaux C，Lapaque N，et al. SCFAs strongly stimulate PYY production in human enteroendocrine cells［J］. Scientific Reports，2018，8：74.

［127］Chambers E S，Viardot A，Psichas A，et al. Effects of targeted delivery of propionate to the human colon on appetite regulation，body weight maintenance and adiposity in overweight adults［J］. Gut，2015，64(11)：1744 – 1754.

［128］Heiss C N，Mannerås-Holm L，Lee Y S，et al. The gut microbiota regulates hypothalamic inflammation and leptin sensitivity in Western diet-fed mice via a GLP – 1R-dependent mechanism［J］. Cell Reports，2021，35(8)：109163.

[129] Erny D, Hrabě De Angelis A L, Jaitin D, et al. Host microbiota constantly control maturation and function of microglia in the CNS[J]. Nature Neuroscience, 2015, 18(7): 965 – 977.

[130] Wang X Y, Duan C W, Li Y, et al. Sodium butyrate reduces overnutrition-induced microglial activation and hypothalamic inflammation [J]. International Immunopharmacology, 2022, 111: 109083.

[131] Gao Z G, Yin J, Zhang J, et al. Butyrate improves insulin sensitivity and increases energy expenditure in mice[J]. Diabetes, 2009, 58(7): 1509 – 1517.

[132] Canfora E E, Jocken J W, Blaak E E. Short-chain fatty acids in control of body weight and insulin sensitivity[J]. Nature Reviews Endocrinology, 2015, 11(10): 577 – 591.

[133] Soty M, Gautier-Stein A, Rajas F, et al. Gut-brain glucose signaling in energy homeostasis[J]. Cell Metabolism, 2017, 25(6): 1231 – 1242.

[134] Goswami C, Iwasaki Y, Yada T. Short-chain fatty acids suppress food intake by activating vagal afferent neurons[J]. The Journal of Nutritional Biochemistry, 2018, 57: 130 – 135.

[135] Frost G, Sleeth M L, Sahuri-Arisoylu M, et al. The short-chain fatty acid acetate reduces appetite via a central homeostatic mechanism[J]. Nature Communications, 2014, 5: 3611.

[136] Ashok A H, Myers J, Frost G, et al. Acute acetate administration increases endogenous opioid levels in the human brain: A[^{11}C]carfentanil molecular imaging study[J]. Journal of Psychopharmacology (Oxford, England), 2021, 35(5): 606 – 610.

[137] Chambers E S, Byrne C S, Aspey K, et al. Acute oral sodium propionate supplementation raises resting energy expenditure and lipid oxidation in fasted humans[J]. Diabetes, Obesity and Metabolism, 2018, 20(4): 1034 – 1039.

[138] Hu J M, Kyrou I, Tan B K, et al. Short-chain fatty acid acetate stimulates adipogenesis and mitochondrial biogenesis via GPR43 in brown adipocytes[J]. Endocrinology, 2016, 157(5): 1881 – 1894.

[139] Sahuri-Arisoylu M, Brody L P, Parkinson J R, et al. Reprogramming of hepatic fat accumulation and 'browning' of adipose tissue by the short-chain fatty acid acetate[J]. International Journal of Obesity, 2016, 40(6): 955 – 963.

[140] Li Z, Yi C X, Katiraei S, et al. Butyrate reduces appetite and activates brown adipose tissue via the gut-brain neural circuit[J]. Gut, 2018, 67(7): 1269 – 1279.

[141] Frampton J, Murphy K G, Frost G, et al. Short-chain fatty acids as potential regulators of skeletal muscle metabolism and function[J]. Nature Metabolism, 2020, 2(9): 840 – 848.

[142] Lucas S, Omata Y, Hofmann J, et al. Short-chain fatty acids regulate systemic bone mass and protect from pathological bone loss[J]. Nature Communications, 2018, 9: 55.

[143] Finnie I A, Dwarakanath A D, Taylor B A, et al. Colonic mucin synthesis is increased by sodium butyrate[J]. Gut, 1995, 36(1): 93 – 99.

[144] Nielsen D S G, Jensen B B, Theil P K, et al. Effect of butyrate and fermentation products on epithelial integrity in a mucus-secreting human colon cell line[J]. Journal of Functional Foods, 2018, 40: 9 – 17.

[145] Willemsen L E M, Koetsier M A, Van Deventer S J H, et al. Short chain fatty acids stimulate epithelial mucin 2 expression through differential effects on prostaglandin E(1) and E(2) production by intestinal myofibroblasts[J]. Gut, 2003, 52(10): 1442 – 1447.

[146] Peng L Y, Li Z R, Green R S, et al. Butyrate enhances the intestinal barrier by facilitating tight junction assembly via activation of AMP-activated protein kinase in Caco-2 cell monolayers[J]. The Journal of Nutrition, 2009, 139(9): 1619 – 1625.

[147] Wang H B, Wang P Y, Wang X, et al. Butyrate enhances intestinal epithelial barrier function via up-regulation of tight junction protein claudin – 1 transcription[J]. Digestive Diseases and Sciences, 2012, 57(12): 3126 – 3135.

[148] Hu M J, Alashkar Alhamwe B, Santner-Nanan B, et al. Short-chain fatty acids augment differentiation and function of human induced regulatory T cells[J]. International Journal of Molecular Sciences, 2022, 23(10): 5740.

[149] Furusawa Y, Obata Y, Fukuda S, et al. Commensal microbe-derived butyrate induces the differentiation of colonic regulatory T cells[J]. Nature, 2013, 504(7480): 446 – 450.

[150] Smith P M, Howitt M R, Panikov N, et al. The microbial metabolites, short-chain fatty acids,

regulate colonic Treg cell homeostasis[J]. Science, 2013, 341(6145): 569 - 573.

[151] Kim M, Qie Y Q, Park J, et al. Gut microbial metabolites fuel host antibody responses[J]. Cell Host & Microbe, 2016, 20(2): 202 - 214.

[152] Sun M M, Wu W, Chen L, et al. Microbiota-derived short-chain fatty acids promote Th1 cell IL - 10 production to maintain intestinal homeostasis[J]. Nature Communications, 2018, 9: 3555.

[153] Zhang Z J, Pedicord V A, Peng T, et al. Site-specific acylation of a bacterial virulence regulator attenuates infection[J]. Nature Chemical Biology, 2020, 16(1): 95 - 103.

[154] Koh A, Molinaro A, Ståhlman M, et al. Microbially produced imidazole propionate impairs insulin signaling through mTORC1[J]. Cell, 2018, 175(4): 947 - 961. e17.

[155] Molinaro A, Bel Lassen P, Henricsson M, et al. Imidazole propionate is increased in diabetes and associated with dietary patterns and altered microbial ecology[J]. Nature Communications, 2020, 11: 5881.

[156] Koeth R A, Wang Z N, Levison B S, et al. Intestinal microbiota metabolism of l-carnitine, a nutrient in red meat, promotes atherosclerosis[J]. Nature Medicine, 2013, 19(5): 576 - 585.

[157] Senthong V, Li X S, Hudec T, et al. Plasma trimethylamine N-oxide, a gut microbe-generated phosphatidylcholine metabolite, is associated with atherosclerotic burden[J]. Journal of the American College of Cardiology, 2016, 67(22): 2620 - 2628.

[158] Yoo W, Zieba J K, Foegeding N J, et al. High-fat diet-induced colonocyte dysfunction escalates microbiota-derived trimethylamine N-oxide[J]. Science, 2021, 373(6556): 813 - 818.

[159] Coutinho-Wolino K S, De F Cardozo L F M, De Oliveira Leal V, et al. Can diet modulate trimethylamine N-oxide (TMAO) production? What do we know so far? [J]. European Journal of Nutrition, 2021, 60(7): 3567 - 3584.

[160] Agus A, Planchais J, Sokol H. Gut microbiota regulation of tryptophan metabolism in health and disease[J]. Cell Host & Microbe, 2018, 23(6): 716 - 724.

[161] Taleb S. Tryptophan dietary impacts gut barrier and metabolic diseases[J]. Frontiers in Immunology, 2019, 10: 2113.

[162] Roager H M, Licht T R. Microbial tryptophan catabolites in health and disease[J]. Nature Communications, 2018, 9: 3294.

[163] Laurans L, Venteclef N, Haddad Y, et al. Genetic deficiency of indoleamine 2, 3 - dioxygenase promotes gut microbiota-mediated metabolic health[J]. Nature Medicine, 2018, 24(8): 1113 - 1120.

[164] Favennec M, Hennart B, Caiazzo R, et al. The kynurenine pathway is activated in human obesity and shifted toward kynurenine monooxygenase activation[J]. Obesity, 2015, 23(10): 2066 - 2074.

[165] Oxenkrug G. Insulin resistance and dysregulation of tryptophan-kynurenine and kynurenine-nicotinamide adenine dinucleotide metabolic pathways[J]. Molecular Neurobiology, 2013, 48(2): 294 - 301.

[166] Qi Q B, Li J, Yu B, et al. Host and gut microbial tryptophan metabolism and type 2 diabetes: An integrative analysis of host genetics, diet, gut microbiome and circulating metabolites in cohort studies [J]. Gut, 2022, 71(6): 1095 - 1105.

[167] Martin-Gallausiaux C, Larraufie P, Jarry A, et al. Butyrate produced by commensal bacteria down-regulates indolamine 2, 3 - dioxygenase 1 (IDO - 1) expression via a dual mechanism in human intestinal epithelial cells[J]. Frontiers in Immunology, 2018, 9: 2838.

[168] Cervenka I, Agudelo L Z, Ruas J L. Kynurenines: Tryptophan's metabolites in exercise, inflammation, and mental health[J]. Science, 2017, 357(6349): eaaf9794.

[169] Shimada Y, Kinoshita M, Harada K, et al. Commensal bacteria-dependent indole production enhances epithelial barrier function in the colon[J]. PLoS One, 2013, 8(11): e80604.

[170] Wlodarska M, Luo C W, Kolde R, et al. Indoleacrylic acid produced by commensal *Peptostreptococcus* species suppresses inflammation[J]. Cell Host & Microbe, 2017, 22(1): 25 - 37.

[171] Zelante T, Iannitti R G, Cunha C, et al. Tryptophan catabolites from microbiota engage aryl hydrocarbon receptor and balance mucosal reactivity via interleukin - 22[J]. Immunity, 2013, 39(2): 372 - 385.

[172] Alexeev E E, Lanis J M, Kao D J, et al. Microbiota-derived indole metabolites promote human and murine intestinal homeostasis through regulation of interleukin - 10 receptor[J]. The American Journal

of Pathology, 2018, 188(5): 1183 – 1194.

[173] Bansal T, Alaniz R C, Wood T K, et al. The bacterial signal indole increases epithelial-cell tight-junction resistance and attenuates indicators of inflammation[J]. Proceedings of the National Academy of Sciences of the United States of America, 2010, 107(1): 228 – 233.

[174] Chimerel C, Emery E, Summers D K, et al. Bacterial metabolite indole modulates incretin secretion from intestinal enteroendocrine L cells[J]. Cell Reports, 2014, 9(4): 1202 – 1208.

[175] Lano G, Burtey S, Sallée M. Indoxyl sulfate, a uremic endotheliotoxin[J]. Toxins, 2020, 12 (4): 229.

[176] Huang Y H, Zhou J, Wang S B, et al. Indoxyl sulfate induces intestinal barrier injury through IRF1 – DRP1 axis-mediated mitophagy impairment[J]. Theranostics, 2020, 10(16): 7384 – 7400.

[177] McFarlane C, Krishnasamy R, Stanton T, et al. Fc 082 diet quality, protein-bound uraemic toxins and gastrointestinal microbiome in chronic kidney disease[J]. Nephrology Dialysis Transplantation, 2021, 36(Supplement 1): gfab139.002.

[178] Sumara G, Sumara O, Kim J K, et al. Gut-derived serotonin is a multifunctional determinant to fasting adaptation[J]. Cell Metabolism, 2012, 16(5): 588 – 600.

[179] Wei L, Singh R, Ha S E, et al. Serotonin deficiency is associated with delayed gastric emptying[J]. Gastroenterology, 2021, 160(7): 2451 – 2466.

[180] Müller T D, Blüher M, Tschöp M H, et al. Anti-obesity drug discovery: Advances and challenges[J]. Nature Reviews Drug Discovery, 2022, 21(3): 201 – 223.

[181] Rothschild D, Weissbrod O, Barkan E, et al. Environment dominates over host genetics in shaping human gut microbiota[J]. Nature, 2018, 555(7695): 210 – 215.

[182] Song S J, Lauber C, Costello E K, et al. Cohabiting family members share microbiota with one another and with their dogs[J]. eLife, 2013, 2: e00458.

[183] Turnbaugh P J, Ridaura V K, Faith J J, et al. The effect of diet on the human gut microbiome: A metagenomic analysis in humanized gnotobiotic mice[J]. Science Translational Medicine, 2009, 1(6): 6ra14.

[184] Johnson A J, Vangay P, Al-Ghalith G A, et al. Daily sampling reveals personalized diet-microbiome associations in humans[J]. Cell Host & Microbe, 2019, 25(6): 789 – 802.

[185] David L A, Materna A C, Friedman J, et al. Erratum to: Host lifestyle affects human microbiota on daily timescales[J]. Genome Biology, 2016, 17(1): 117.

[186] David L A, Maurice C F, Carmody R N, et al. Diet rapidly and reproducibly alters the human gut microbiome[J]. Nature, 2014, 505(7484): 559 – 563.

[187] Vieira-Silva S, Falony G, Darzi Y, et al. Species-function relationships shape ecological properties of the human gut microbiome[J]. Nature Microbiology, 2016, 1: 16088.

[188] El Kaoutari A, Armougom F, Gordon J I, et al. The abundance and variety of carbohydrate-active enzymes in the human gut microbiota[J]. Nature Reviews Microbiology, 2013, 11(7): 497 – 504.

[189] Cai J, Chen Z X, Wu W, et al. High animal protein diet and gut microbiota in human health[J]. Critical Reviews in Food Science and Nutrition, 2022, 62(22): 6225 – 6237.

[190] Chen L L, Wang J Y, Yi J, et al. Increased mucin-degrading bacteria by high protein diet leads to thinner mucus layer and aggravates experimental colitis[J]. Journal of Gastroenterology and Hepatology, 2021, 36(10): 2864 – 2874.

[191] Russell W R, Gratz S W, Duncan S H, et al. High-protein, reduced-carbohydrate weight-loss diets promote metabolite profiles likely to be detrimental to colonic health[J]. The American Journal of Clinical Nutrition, 2011, 93(5): 1062 – 1072.

[192] Portune K J, Beaumont M, Davila A M, et al. Gut microbiota role in dietary protein metabolism and health-related outcomes: The two sides of the coin[J]. Trends in Food Science & Technology, 2016, 57: 213 – 232.

[193] Montelius C, Gustafsson K, Weström B, et al. Chloroplast thylakoids reduce glucose uptake and decrease intestinal macromolecular permeability[J]. British Journal of Nutrition, 2011, 106(6): 836 – 844.

[194] Albertsson P A, Köhnke R, Emek S C, et al. Chloroplast membranes retard fat digestion and induce

satiety: Effect of biological membranes on pancreatic lipase/co-lipase[J]. The Biochemical Journal, 2007, 401(3): 727 – 733.

[195] Emek S C, Åkerlund H E, Erlanson-Albertsson C, et al. Pancreatic lipase-colipase binds strongly to the thylakoid membrane surface[J]. Journal of the Science of Food and Agriculture, 2013, 93(9): 2254 – 2258.

[196] Köhnke R, Lindbo A, Larsson T, et al. Thylakoids promote release of the satiety hormone cholecystokinin while reducing insulin in healthy humans [J]. Scandinavian Journal of Gastroenterology, 2009, 44(6): 712 – 719.

[197] Montelius C, Erlandsson D, Vitija E, et al. Body weight loss, reduced urge for palatable food and increased release of GLP – 1 through daily supplementation with green-plant membranes for three months in overweight women[J]. Appetite, 2014, 81: 295 – 304.

[198] Canfora E E, Meex R C R, Venema K, et al. Gut microbial metabolites in obesity, NAFLD and T2DM[J]. Nature Reviews Endocrinology, 2019, 15(5): 261 – 273.

[199] Lancaster S M, Lee-McMullen B, Abbott C W, et al. Global, distinctive, and personal changes in molecular and microbial profiles by specific fibers in humans[J]. Cell Host & Microbe, 2022, 30(6): 848 – 862.

[200] Zhao L P, Zhang F, Ding X Y, et al. Gut bacteria selectively promoted by dietary fibers alleviate type 2 diabetes[J]. Science, 2018, 359(6380): 1151 – 1156.

[201] Birkett A, Muir J, Phillips J, et al. Resistant starch lowers fecal concentrations of ammonia and phenols in humans[J]. The American Journal of Clinical Nutrition, 1996, 63(5): 766 – 772.

[202] Ma G X, Du H J, Hu Q H, et al. Health benefits of edible mushroom polysaccharides and associated gut microbiota regulation [J]. Critical Reviews in Food Science and Nutrition, 2022, 62(24): 6646 – 6663.

[203] Mocanu V, Deehan E, Samarasinghe K K, et al. 202 fermentable vs non-fermentable dietary fibers differentially modulate responses to fecal microbial transplantation in bariatric patients with metabolic syndrome: A single-center, randomized, double-blind, placebo-controlled pilot trial [J]. Gastroenterology, 2020, 158(6): S – 36.

[204] De Vries J, Birkett A, Hulshof T, et al. Effects of cereal, fruit and vegetable fibers on human fecal weight and transit time: A comprehensive review of intervention trials[J]. Nutrients, 2016, 8(3): 130.

[205] Roager H M, Hansen L B S, Bahl M I, et al. Colonic transit time is related to bacterial metabolism and mucosal turnover in the gut[J]. Nature Microbiology, 2016, 1: 16093.

第五节 生物钟影响食欲和能量代谢

地球上绝大部分生物都进化出了内在生物节律,这种节律是遵循每天 24 小时、在白天和黑夜之间循环的昼夜节律,也被称为生物钟。生物钟系统由位于下丘脑视交叉上核(SCN)中的约由 2 万个神经元组成的"主时钟"控制,主时钟连接到视网膜,感知外部环境光线变化周期,使内部生物节律与每天昼夜循环同步。视交叉上核(SCN)通过神经和内分泌等各种通信途径,将白天和黑夜信息传递给脑内其他区域和外周组织细胞中的昼夜节律"子时钟",实现从中枢到外周生物钟的协调同步[1]。昼夜节律"子时钟"除了接收视交叉上核(SCN)的同步信号外,也可能被进食、禁食、应激、运动等因素影响[2]。

生物钟在我们身体的每一个细胞中"滴答作响",当饮食和睡眠与身体的生物钟不同步时,可能会扰乱生物节律导致代谢紊乱。昼夜节律生物时钟网络,对生命活动的几乎每个方面都施加了节律控制,细胞代谢、细胞修复、细胞生长和分裂,以及消化吸收、肠胃蠕动、解毒排泄、激素分泌及其信号传导、基础代谢、体温和食欲调节等都遵循生物钟的昼夜节律[1]。然而,现代生活中的人造光源、24 小时食物供应、轮班工作、社会时差、睡眠不足或睡眠质量下降等都促进人们违背昼夜节律。对于试图减脂的人来说,最需要关注的是生物节律调节食欲和能量代谢,生物钟紊乱与肥胖和代谢疾病发展密切相关[3-4]。

一、生物钟紊乱增加肥胖风险

轮班工作是促进生物钟紊乱的明显例子,大量的证据表明,轮班工作可能降低胰岛素敏感性,并与肥胖、2 型糖尿病等代谢疾病有关[5-6]。由于上学、工作、社交和其他社会义务迫使人们在自然就寝时间之后保持清醒,或使用闹钟在自然起床时间之前开始新的一天,这种社会时间和生理时间之间的错位被称为"社会时差",是更普遍存在、扰乱生物钟的因素[7]。都市里 7×24 小时便利店和"深夜食堂"提供了夜间饮食服务,而夜间进食(夜宵)也是扰乱生物钟的重要因素。另外,睡前使用手机等便携式电子设备可能是睡眠障碍的重要驱动因素。上述各种因素,以及睡眠不足或睡眠质量下降,都可能通过诱导生物钟紊乱,促进胰岛素抵抗,减少能量消耗或增加能量摄入,使肥胖和代谢疾病风险增加。

(一)睡眠不足会扰乱食欲和能量代谢,增加肥胖风险

睡眠不足或睡眠质量降低,可能会增加食欲,增加能量摄入,并且降低餐后饱腹感和能量消耗,从而导致能量正平衡和肥胖风险增加[8-9]。睡眠是代谢调控的"主开关",调节睡眠-觉醒周期是生物钟对身体进行代谢控制的最有力手段。要保持健康体重,无论是否在减脂期间,睡个好觉都很重要。

1. 睡眠不足或睡眠质量降低会增加食欲

两项有关睡眠限制干预的荟萃分析报告称,睡眠限制后和正常睡眠比较,对于瘦成人的影响是每天增加 253 kcal(约 1 059 kJ)能量摄入,而超重或肥胖成人每天能量摄入增加 385 kcal(约 1 611 kJ),这对于试图保持体重或正在减脂期的人们将产生重大负面影响[10-11]。利用功能性磁共振成像(fMRI)技术的研究表明,急性睡眠剥夺后人脑中调节食物奖励的相关区域更容易被激活,对高热量食物的渴望显著增加[12-13],这是享乐性食欲增加的典型特征。激素分泌及其信号传导的变化也可能与睡眠限制相关的食欲增加有关。一个晚上的睡眠剥夺,就会使正常体重的健康男性胃饥饿素水平提高,而胃饥饿素是已知会明显增加食欲的激素[14]。同

样,仅一个晚上的部分睡眠不足,就会在多种代谢途径中诱导胰岛素抵抗[15]。睡眠不足也会影响瘦素和胰高血糖素样肽-1正常分泌的昼夜节律[16-17]。因此,因睡眠不足而食欲增加,可能是扰乱生物钟之后导致中枢食物奖励机制和外周多种内分泌激素共同影响的结果。

2. 睡眠不足或睡眠质量降低可能降低能量消耗

长期睡眠不足可能会降低基础代谢率。在一项研究中,一整夜的睡眠剥夺后,第二天早晨评估的休息和餐后能量消耗与正常睡眠相比分别降低了约5%和20%[18]。模拟轮班工作实验中(白天睡觉和晚上吃饭),健康瘦成人的24小时能量消耗减少了约3%(每天约55 kcal,即230 kJ)[19]。另外,睡眠不足可能削弱骨骼肌最大力量,使次日运动能力下降。长期轻度睡眠不足可能是我们不愿参加体育运动的一个重要因素,而长期缺乏运动是导致肥胖和各种慢性病的重要原因之一[20]。睡眠不足还可能导致骨骼肌分解增加,同时增加脂肪储存,对于减脂者来说,这是一个坏消息[21]。因此,如何睡个好觉是计划减脂的人们必须重视的一个问题。

3. 户外运动有利于改善睡眠

参加户外运动可有效改善睡眠,特别是在阳光明媚的早晨参与运动。一项有关睡眠的研究表明[22],户外运动可以增加总睡眠时间。这项研究同时表明,下午(相对于早晨)户外活动时间增加预示着较低的睡眠质量,但对总睡眠时间没有影响,而早晨户外运动能更有效地提高睡眠质量。与早晨运动相比,晚上运动可能会延迟或抑制褪黑激素的分泌,而影响当天晚上的睡眠[23-24]。因此,一天中在户外度过的时间和户外体育活动时间可能是睡眠的重要调节剂。

在另一项研究中,5晚的睡眠限制导致线粒体呼吸功能降低,肌浆蛋白合成减少,同时葡萄糖耐量降低。然而,为睡眠限制者加入高强度间歇性运动时,没有观察到前述这些不利影响。这个研究结果表明,运动可以减轻睡眠不足所带来的有害生理影响[25]。

一些观察性研究表明,在晚间使用手机等电子屏幕阅读、工作或娱乐的人,会因暴露于蓝光延迟昼夜节律,抑制褪黑激素分泌而扰乱睡眠[26]。在夜晚暴露于蓝光中可能会加剧胰岛素抵抗,改变葡萄糖的代谢,主观嗜睡减轻[27]。一项超过100 000名妇女的横断面分析研究认为,夜间暴露在光照下会破坏睡眠和昼夜节律,并且与肥胖显著相关[28]。

因此,在适当的时间和地点适当增加运动可有效地提高睡眠质量[29-30]。另外,在卧室使用低色温照明灯具(蓝光危害和昼夜节律随着色温的升高而增加)[31],控制电子屏幕的使用时间,特别是临睡前避免使用手机等电子屏幕,可能有利于顺利入睡。

二、饮食时间影响食欲和能量代谢

人体的每个细胞可以预测每日从白天到黑夜有规律的营养供应,数以千计的基因以适当的时间顺序打开或关闭,使它们在正确的地点和时间使用正确的材料,以维持细胞的正常活力,蛋白质、脂肪、碳水化合物、激素、核酸和其他化合物在精确的时间窗口内被吸收、分解、代谢和/或产生[32]。因此,进食-禁食时间、食物成分和食物能量(即什么时间吃饭、吃什么和吃多少)可能成为"授时因子"影响人类昼夜节律系统。不合时宜的饮食有损食欲和能量代谢的正常调节,导致食欲增加和能量消耗减少,从而促进脂肪储存和肥胖发展[33]。

对于试图减脂的人来说,要么限制每日总能量摄入,要么增加每日能量消耗,必须在能量负平衡中分解脂肪供能以实现减脂。因此,有人建议少吃一餐,以减少每日能量摄入,至于省略早餐或晚餐,可能由于个体差异会有不同的代谢结果。近几年研究表明,每日限时进食,延长每日禁食时间似乎有益代谢健康。一些证据表明,三餐之外零食或晚餐时间之后夜间进食(夜宵)不利于减脂计划的顺利实施,并会促进肥胖和代谢疾病的发展[34]。

(一)零食是肥胖的重要贡献者

零食,在这里是指三餐之外零星地摄入含有能量的食物,包括饮料、坚果、水果等,但不包括饮用无任何添加剂的茶、咖啡和水。有些零食不仅富含能量,而且含有各种添加剂,并且绝大多数可归类于超加工食品。很明显,我们身边那些超重或肥胖的人通常也是喜欢吃零食的人[35]。零食不可避免地增加了能量摄入,并且可能因食物的成分不同,以不同的程度引起胰岛素反应[36]。三餐之外触发胰岛素反应,这对于计划减脂的人来说是大忌,因为肥胖者通常存在胰岛素抵抗,食用高糖、高能量零食可能会出现病理性高胰岛素血症,而胰岛素是促进全面合成代谢的激素,它抑制脂肪分解。更重要的是,零食导致的血糖波动会扰乱稳态食欲调节,增加餐前饥饿感,哪怕在两餐之间零食新鲜水果,也可能会导致在下一餐来临之前饥饿感增加。

世界上一些国家或地区已经对含糖饮料额外征税[37],而有良知的研究人员也进一步提出应该通过税收手段来提高含糖零食的价格,以减少零食消费[38],降低低收入家庭的肥胖率。这些都表明,包括含糖饮料在内的含糖零食已经成为推动肥胖和代谢综合征风险不断增加的关键因素,这已经是科学研究人员和社会管理者的共识。

(二)夜宵的害处,比零食有过之而无不及

夜宵是指夜间进食,也包括夜间零食。夜宵对于很多年轻人来说是常有的事,

这也成为他们将来有一天可能要加入减肥队伍的促进因素之一。夜宵具有零食的全部害处,包括增加能量摄入,促进胰岛素分泌,抑制脂肪分解,增加脂肪储存,重要的是夜宵破坏昼夜节律,导致生物钟紊乱,并由此带来一系列不良的代谢后果[39]。

人体在禁食时静息能量消耗(REE)特征是,在深夜燃烧的卡路里最少(凌晨0时最低),而在下午和傍晚燃烧的卡路里最多(下午6时最高),因此更多的夜间能量摄入通常不会被消耗而是被转化为脂肪储存起来[40]。人体脂肪组织中激素敏感性脂肪酶(HSL,动员脂肪的关键酶)活性也具有昼夜节律,它在午夜(约24时)活性最高,这表明生物钟能够预测随后几个小时不会有能量摄入,当睡觉而不进食时,就会增加激素敏感性脂肪酶活性,动员脂肪,为夜间提供足够的能量[41]。在夜间,与高水平的激素敏感性脂肪酶活性相反的是更低水平的胰岛素敏感性,因为胰岛素抑制脂肪分解,这也是生物钟的刻意安排。

夜间进食破了生物节律,与早晨的同等餐食相比,即使由低血糖生成指数成分组成的夜间食物也会导致更高的血糖波动和随之而来的更高的胰岛素水平。因此,夜间进食导致脂肪分解被抑制,本应动员脂肪氧化供能,却转变为利用葡萄糖供能,并增加脂肪储存[42]。可见,夜宵的害处比零食有过之而无不及,夜宵是名副其实的"增肥餐"。

(三)早餐

吃不吃早餐,在当日血糖控制和能量平衡中似乎起重要作用。大部分研究表明,吃早餐可能提高胰岛素敏感性,有利于当天的餐后血糖控制[43],并且摄入早餐后会让人在整个上午充满活力,增加活动性产热而消耗更多能量[44]。相反,肥胖或糖尿病患者不吃早餐可能不利于当天的血糖控制,导致餐后血糖增加和胰岛素敏感性受损[45-46]。健康的年轻人不吃早餐也会使当天血糖异常波动[43,47-48]。肥胖成年人不吃早餐,还可能在当天晚些时候通过零食补偿(即导致更多的能量摄入)[49]。

丰盛的早餐可能更有利于顺利减脂。在一项随机交叉实验中,30名肥胖/超重受试者,接受了两次为期4周的卡路里限制但等能量的减肥饮食,早上或晚上摄入卡路里不同(早餐45%、午餐35%、晚餐20%,或早餐20%、午餐35%、晚餐45%的卡路里)。这项实验表明,每日总能量消耗或静息代谢率没有因为卡路里分配时间不同而出现差异,体重减轻也没有差异,但是,早餐更高能量饮食的参与者报告饥饿感显著降低[50]。因此认为,丰盛的早餐可以更好地抑制当天的食欲,从而有利于减肥计划的顺利实施。最近的荟萃分析与前述报告结论一致,认为以早餐为重点的能量摄入分配方式可显著减轻体重,还观察到胰岛素抵抗指数、空腹血糖和低密度脂蛋白得到改善[51]。

然而,针对减脂期间是否吃早餐,有些研究者提出了不同的意见。他们认为对于减肥者来说,早晨食欲处于一天中的低谷,因此省略早餐更容易,而吃早餐只会增加能量摄入,不一定会提高胰岛素敏感性[52]。关于早餐的不同研究结果可能与研究的方法以及受试者的个体差异有关,因此,在减脂期间是否能跳过早餐可能因人而异。

总之,减脂者在选择是否吃早餐时,至少应该统筹考虑如下因素:① 省略早餐是否会受饥饿等各种原因影响,在午餐开始之前吃零食或影响工作;② 是否会给血糖控制带来负面影响;③ 是否影响整个早上的精神状态和运动能力;④ 是否会在午餐时补偿性摄入更多能量;⑤ 是否会因为不吃早餐导致推迟晚餐(如晚于晚上 8 时)或夜间进食。如果上述答案都是否定的,那么省略早餐的收益是减少了相应的能量摄入,延长了每日禁食时间,有利于动员更多脂肪氧化供能。否则,是否省略早餐需要再权衡利弊。

(四)晚餐

午餐是一天中重要的一餐,午餐的质量决定了人在整个下午的精神状态,也决定了在晚餐开始之前"饿"或"不饿",这将直接影响晚餐的摄入量。与午餐不同,对于减脂者来说晚餐显得可有可无,但是,人体饥饿也由昼夜节律调节,生物钟的早晨 8 时为饥饿低谷,晚上 8 时为饥饿高峰[53],因此省略晚餐,直至次日早餐前都不进食并不容易做到。单从"饿"或"不饿"的角度看,能否顺利省略晚餐可能与午餐的质量和下午的运动情况有关,也与何时熄灯休息有关。可是,晚餐的餐桌可能还充当了人类情感交流的平台,因此对于大多数人来说,考虑是否或如何省略晚餐时,可能更要关注晚餐的质量和时间。

推迟晚餐不利于减脂。有研究表明,夜间禁食 12 小时与仅禁食 9 小时比较,前者夜间脂肪组织中激素敏感性脂肪酶(HSL)的活性高出后者近两倍[41]。这意味着因晚餐时间提前而增加夜间禁食时长可能更有利于动员脂肪供能。相反,那些推迟晚餐时间的减脂者如同吃夜宵,可能导致夜间难以动员脂肪供能而利用碳水化合物供能,储存更多脂肪[54],所以推迟晚餐时间同样不利于减脂。一项随机对照研究表明,推迟晚餐会增加醒来时的饥饿感(胃饥饿素水平上升),并降低24 小时血清瘦素水平,会降低清醒时间的能量消耗和 24 小时核心体温,还会改变脂肪组织基因表达,导致脂质储存增加[55]。因此,推迟晚餐不利于减脂,还会带来更高的肥胖和代谢紊乱风险[56-57]。

晚餐减少碳水化合物和总能量摄入有利于晚间和次日血糖调节。胰岛素抵抗葡萄糖代谢受损的超重或肥胖者应避免晚餐摄入高能量密度的食物或富含碳水化合物的食物,特别要避免摄入高血糖生成指数的食物(如白米、白面),否则可能会影响当晚和次日的血糖控制,并减少动员脂肪燃烧供能[58-60]。晚餐大量摄入碳水化合物与早餐富含碳水化合物的膳食相比,核心体温和心率显著升高,夜间褪黑激素分泌减少[61]。因此,晚餐大量摄入碳水化合物可能对当晚睡眠质量产生负面影响,而早餐摄入碳水化合物则不然。

总之,晚餐时间宜早不宜迟。对于有条件独自用餐的人来说,将晚餐时间提前(至下午 6 时之前)既有利于顺利度过生物钟设定的晚上的饥饿高峰,又可延长每日禁食时间,有利于减脂。而对于大多数减脂者来说,与家人或朋友一起,共同或"单独"享用富含天然膳食纤维的低能量高质量的晚餐,减少碳水化合物和总能量摄入,并尽量将晚餐时间提前,早一些熄灯睡个好觉,可能是更容易执行的计划内容。

(五)限时饮食

限时饮食(TRE)是将每日能量摄入(一日三餐)限定在一定的时间窗口内,其余时间不限制饮水以及无添加剂的茶和咖啡,也不摄入含有能量的任何食物。例如,一天内,8 小时为进食窗口,16 小时为禁食时间,具体的进食和禁食时间分割可根据自身情况确定,但是当天的晚餐争取在晚上 8 时前吃完。现代都市的夜晚,人们忙碌于主动或被动的各种社交活动,这不但推迟了休息时间,而且不可避免地延长了进食时间窗口,而将摄食时间窗口压缩在 8 小时以内有利于纠正昼夜节律错位,因而带来多种代谢益处就不足为奇了。

已经有大量的研究表明,限时饮食可能带来诸多代谢益处,包括适度降低体重,改善空腹血糖,改善胰岛素敏感性,改善胰岛 B 细胞功能,改善炎症,降低血压等[62-63]。有的研究还表明,即使不是为了减肥,限时饮食也可以带来上述多种代谢指标的改善[64]。限时饮食通过延长每日禁食时间,使人体更多地利用脂肪供能,或者由于压缩进食时间窗口从而减少了总能量摄入,并且经过适应后,没有增加饥饿感[65]。有的研究表明,限时饮食降低了胃饥饿素水平,使饥饿感更加均匀,或者倾向于增加饱腹感并减少进食欲望,还增加了代谢灵活性[65]。还有研究表明,与非限时饮食比较,限时饮食导致通过粪便和尿液排泄的能量增加相当于当日总能量摄入的 2.6%,这个数字对于长期减脂计划非常重要[66]。

然而,采用限时饮食,由于禁食时间更长,同时进行能量限制,可能减少的体重中会包含更多瘦体重(即肌肉流失)[67-68],而在限时饮食期间同时进行运动锻炼有利于保持肌肉质量[69]。另外,有研究表明,将摄食时间窗口控制在早上至下午(如,8:00 至 16:00)比将摄食时间窗口控制在中午至晚上(如,12:00 至 20:00)可能带来更多代谢益处[70-71]。当然,也有研究显示,在每日总能量摄入限制的减肥实验中,限时饮食方案与单纯的能量限制比较,在降低体脂或代谢危险因素方面没有实质性差异,仅在 12 个月的实验中总共多减轻体重 1.8 kg,这可能是因限时进食而增加的"能量排泄"转化而来的结果[72]。

总之,无论选择在任何时间进食和任何食物成分的饮食,减脂必须通过能量负平衡来实现。对于希望通过限时饮食而达到减脂目标的人可选择在膳食中增加富含天然复杂膳食纤维的食物,这样既可以延长餐后"不饿"的时间,又可减少每日总能量摄入。如果在减脂计划中增加适当的体育运动,在减少脂肪的同时又有利于保持肌肉质量,可能会取得更好的效果。因为,骨骼肌质量是基础代谢率的主要贡献者,很大程度上决定了减脂成功后是否反弹。不仅如此,运动锻炼具有预防和治疗多种疾病的作用,而由骨骼肌、骨和骨连结组成的运动系统健康以及运动能力的提升决定了人的生存质量。

参考文献

[1] Reinke H, Asher G. Crosstalk between metabolism and circadian clocks[J]. Nature Reviews Molecular Cell Biology, 2019, 20(4): 227 – 241.

[2] Buijs F N, León-Mercado L, Guzmán-Ruiz M, et al. The circadian system: A regulatory feedback network of periphery and brain[J]. Physiology, 2016, 31(3): 170 – 181.

[3] Stenvers D J, Scheer F A J L, Schrauwen P, et al. Circadian clocks and insulin resistance[J]. Nature Reviews Endocrinology, 2019, 15(2): 75 – 89.

[4] Albrecht U. The circadian clock, metabolism and obesity[J]. Obesity Reviews, 2017, 18: 25 – 33.

[5] Bescos R, Boden M J, Jackson M L, et al. Four days of simulated shift work reduces insulin sensitivity in humans[J]. Acta Physiologica, 2018, 223(2): e13039.

[6] Khosravipour M, Khanlari P, Khazaie S, et al. A systematic review and meta-analysis of the association between shift work and metabolic syndrome: The roles of sleep, gender, and type of shift work[J]. Sleep Medicine Reviews, 2021, 57: 101427.

[7] Roenneberg T, Allebrandt K V, Merrow M, et al. Social jetlag and obesity[J]. Current Biology, 2012, 22(10): 939 – 943.

[8] Chaput J P, McHill A W, Cox R C, et al. The role of insufficient sleep and circadian misalignment in obesity[J]. Nature Reviews Endocrinology, 2023, 19(2): 82 – 97.

[9] Schmid S M, Hallschmid M, Schultes B. The metabolic burden of sleep loss[J]. The Lancet Diabetes & Endocrinology, 2015, 3(1): 52 – 62.

[10] Zhu B Q, Shi C G, Park C G, et al. Effects of sleep restriction on metabolism-related parameters in healthy adults: A comprehensive review and meta-analysis of randomized controlled trials[J]. Sleep Medicine Reviews, 2019, 45: 18 – 30.

[11] Al Khatib H K, Harding S V, Darzi J, et al. The effects of partial sleep deprivation on energy balance: A systematic review and meta-analysis[J]. European Journal of Clinical Nutrition, 2017, 71(5): 614 – 624.

[12] Benedict C, Brooks S J, O'Daly O G, et al. Acute sleep deprivation enhances the brain's response to hedonic food stimuli: An fMRI study[J]. The Journal of Clinical Endocrinology & Metabolism, 2012, 97(3): E443 – E447.

[13] Greer S M, Goldstein A N, Walker M P. The impact of sleep deprivation on food desire in the human brain[J]. Nature Communications, 2013, 4: 2259.

[14] Schmid S M, Hallschmid M, Jauch-chara K, et al. A single night of sleep deprivation increases ghrelin levels and feelings of hunger in normal-weight healthy men[J]. Journal of Sleep Research, 2008, 17(3): 331 – 334.

[15] Donga E, Van Dijk M, Van Dijk J G, et al. A single night of partial sleep deprivation induces insulin resistance in multiple metabolic pathways in healthy subjects[J]. The Journal of Clinical Endocrinology & Metabolism, 2010, 95(6): 2963 – 2968.

[16] Mullington J M, Chan J L, Van Dongen H P A, et al. Sleep loss reduces diurnal rhythm amplitude of leptin in healthy men[J]. Journal of Neuroendocrinology, 2003, 15(9): 851 – 854.

［17］Gil-Lozano M，Hunter P M，Behan L A，et al. Short-term sleep deprivation with nocturnal light exposure alters time-dependent glucagon-like peptide－1 and insulin secretion in male volunteers［J］. American Journal of Physiology-Endocrinology and Metabolism，2016，310(1)：E41－E50.

［18］Benedict C，Hallschmid M，Lassen A，et al. Acute sleep deprivation reduces energy expenditure in healthy men［J］. The American Journal of Clinical Nutrition，2011，93(6)：1229－1236.

［19］McHill A W，Melanson E L，Higgins J，et al. Impact of circadian misalignment on energy metabolism during simulated nightshift work［J］. Proceedings of the National Academy of Sciences of the United States of America，2014，111(48)：17302－17307.

［20］Zuraikat F M，Scaccia S，Diaz K，et al. Abstract 035：Chronic mild sleep restriction leads to increased sedentary time and reductions in physical activity［J］. Circulation，2021，143(Supplement 1)：A035.

［21］Cedernaes J，Schönke M，Westholm J O，et al. Acute sleep loss results in tissue-specific alterations in genome-wide DNA methylation state and metabolic fuel utilization in humans［J］. Science Advances，2018，4(8)：eaar8590.

［22］Murray K，Godbole S，Natarajan L，et al. The relations between sleep，time of physical activity，and time outdoors among adult women［J］. PLoS One，2017，12(9)：e0182013.

［23］Yamanaka Y，Hashimoto S，Takasu N N，et al. Morning and evening physical exercise differentially regulate the autonomic nervous system during nocturnal sleep in humans［J］. American Journal of Physiology Regulatory，Integrative and Comparative Physiology，2015，309(9)：R1112－R1121.

［24］Carlson L A，Pobocik K M，Lawrence M A，et al. Influence of exercise time of day on salivary melatonin responses［J］. International Journal of Sports Physiology and Performance，2019，14(3)：351－353.

［25］Saner N J，Lee M J C，Kuang J J，et al. Exercise mitigates sleep-loss-induced changes in glucose tolerance，mitochondrial function，sarcoplasmic protein synthesis，and diurnal rhythms［J］. Molecular Metabolism，2021，43：101110.

［26］Chang A M，Aeschbach D，Duffy J F，et al. Evening use of light-emitting eReaders negatively affects sleep，circadian timing，and next-morning alertness［J］. Proceedings of the National Academy of Sciences of the United States of America，2015，112(4)：1232－1237.

［27］Cheung I N，Zee P C，Shalman D，et al. Morning and evening blue-enriched light exposure alters metabolic function in normal weight adults［J］. PLoS One，2016，11(5)：e0155601.

［28］McFadden E，Jones M E，Schoemaker M J，et al. The relationship between obesity and exposure to light at night：Cross-sectional analyses of over 100 000 women in the breakthrough generations study ［J］. American Journal of Epidemiology，2014，180(3)：245－250.

［29］Amiri S，Hasani J，Satkin M. Effect of exercise training on improving sleep disturbances：A systematic review and meta-analysis of randomized control trials［J］. Sleep Medicine，2021，84：205－218.

［30］Yang P Y，Ho K H，Chen H C，et al. Exercise training improves sleep quality in middle-aged and older adults with sleep problems：A systematic review［J］. Journal of Physiotherapy，2012，58(3)：157－163.

［31］Yang C P，Fang W Q，Tang J C，et al. Change of blue light hazard and circadian effect of LED backlight displayer with color temperature and age［J］. Optics Express，2018，26(21)：27021－27032.

［32］Challet E. The circadian regulation of food intake［J］. Nature Reviews Endocrinology，2019，15(7)：393－405.

［33］Lewis P，Oster H，Korf H W，et al. Food as a circadian time cue：Evidence from human studies［J］. Nature Reviews Endocrinology，2020，16(4)：213－223.

［34］Wehrens S M T，Christou S，Isherwood C，et al. Meal timing regulates the human circadian system［J］. Current Biology，2017，27(12)：1768－1775.

［35］Wiśniewska K，Ślusarczyk K，Jabłonowska-Lietz B，et al. The frequency of snacking and night-time eating habits in the adult obese patients ［J］. Proceedings of The Nutrition Society，2020，79 (OCE2)：E472.

［36］Oettlé G J，Emmett P M，Heaton K W. Glucose and insulin responses to manufactured and whole-food snacks［J］. The American Journal of Clinical Nutrition，1987，45(1)：86－91.

[37] Thow A M, Rippin H L, Mulcahy G, et al. Sugar-sweetened beverage taxes in Europe: Learning for the future[J]. European Journal of Public Health, 2022, 32(2): 273 – 280.

[38] Mahase E. Obesity: Raising price of sugary snacks may be more effective than soft drink tax[J]. BMJ, 2019, 366: l5436.

[39] Carabuena T J, Boege H L, Bhatti M Z, et al. Abstract P208: The impact of circadian misalignment on energy metabolism and substrate oxidation in adults with adequate sleep[J]. Circulation, 2022, 145: AP208.

[40] Zitting K M, Vujovic N, Yuan R K, et al. Human resting energy expenditure varies with circadian phase[J]. Current Biology, 2018, 28(22): 3685 – 3690.

[41] Arredondo-Amador M, Zambrano C, Kulyté A, et al. Circadian rhythms in hormone-sensitive lipase in human adipose tissue: Relationship to meal timing and fasting duration[J]. The Journal of Clinical Endocrinology and Metabolism, 2020, 105(12): e4407 – e4416.

[42] Kelly K P, McGuinness O P, Buchowski M, et al. Eating breakfast and avoiding late-evening snacking sustains lipid oxidation[J]. PLoS Biology, 2020, 18(2): e3000622.

[43] Farshchi H R, Taylor M A, MacDonald I A. Deleterious effects of omitting breakfast on insulin sensitivity and fasting lipid profiles in healthy lean women 1~3[J]. The American Journal of Clinical Nutrition, 2005, 81(2): 388 – 396.

[44] Richter J, Herzog N, Janka S, et al. Twice as high diet-induced thermogenesis after breakfast vs dinner on high-calorie as well as low-calorie meals[J]. The Journal of Clinical Endocrinology and Metabolism, 2020, 105(3): dgz311.

[45] Jakubowicz D, Wainstein J, Ahren B, et al. Fasting until noon triggers increased postprandial hyperglycemia and impaired insulin response after lunch and dinner in individuals with type 2 diabetes: A randomized clinical trial[J]. Diabetes Care, 2015, 38(10): 1820 – 1826.

[46] Jakubowicz D, Wainstein J, Landau Z, et al. Influences of breakfast on clock gene expression and postprandial glycemia in healthy individuals and individuals with diabetes: A randomized clinical trial [J]. Diabetes Care, 2017, 40(11): 1573 – 1579.

[47] Ogata H, Kayaba M, Tanaka Y, et al. Effect of skipping breakfast for 6 days on energy metabolism and diurnal rhythm of blood glucose in young healthy Japanese males[J]. The American Journal of Clinical Nutrition, 2019, 110(1): 41 – 52.

[48] Ogata H, Hatamoto Y, Goto Y, et al. Association between breakfast skipping and postprandial hyperglycaemia after lunch in healthy young individuals[J]. British Journal of Nutrition, 2019, 122(4): 431 – 440.

[49] Chowdhury E A, Richardson J D, Holman G D, et al. The causal role of breakfast in energy balance and health: A randomized controlled trial in obese adults[J]. The American Journal of Clinical Nutrition, 2016, 103(3): 747 – 756.

[50] Ruddick-Collins L C, Morgan P J, Fyfe C L, et al. Timing of daily calorie loading affects appetite and hunger responses without changes in energy metabolism in healthy subjects with obesity[J]. Cell Metabolism, 2022, 34(10): 1472 – 1485.

[51] Young I E, Poobalan A, Steinbeck K, et al. Distribution of energy intake across the day and weight loss: A systematic review and meta-analysis[J]. Obesity Reviews: An Official Journal of the International Association for the Study of Obesity, 2023, 24(3): e13537.

[52] Sievert K, Hussain S M, Page M J, et al. Effect of breakfast on weight and energy intake: Systematic review and meta-analysis of randomised controlled trials[J]. BMJ, 2019, 364: l42.

[53] Scheer F A J L, Morris C J, Shea S A. The internal circadian clock increases hunger and appetite in the evening independent of food intake and other behaviors[J]. Obesity, 2013, 21(3): 421 – 423.

[54] Carabuena T J, Boege H L, Bhatti M Z, et al. Abstract P208: The impact of circadian misalignment on energy metabolism and substrate oxidation in adults with adequate sleep[J]. Circulation, 2022, 145: AP208.

[55] Vujović N, Piron M J, Qian J Y, et al. Late isocaloric eating increases hunger, decreases energy expenditure, and modifies metabolic pathways in adults with overweight and obesity[J]. Cell Metabolism, 2022, 34(10): 1486 – 1498.

［56］Wang J B, Patterson R E, Ang A, et al. Timing of energy intake during the day is associated with the risk of obesity in adults[J]. Journal of Human Nutrition and Dietetics, 2013, 27: 255 - 262.

［57］Maukonen M, Kanerva N, Partonen T, et al. Chronotype differences in timing of energy and macronutrient intakes: A population-based study in adults[J]. Obesity, 2017, 25(3): 608 - 615.

［58］Kessler K, Hornemann S, Petzke K J, et al. The effect of diurnal distribution of carbohydrates and fat on glycemic control in humans: A randomized controlled trial[J]. Scientific Reports, 2017, 7: 44170.

［59］Morgan L M, Shi J W, Hampton S M, et al. Effect of meal timing and glycemic index on glucose control and insulin secretion in healthy volunteers[J]. British Journal of Nutrition, 2012, 108(7): 1286 - 1291.

［60］Gibbs M, Harrington D, Starkey S, et al. Diurnal postprandial responses to low and high glycemic index mixed meals[J]. Clinical Nutrition, 2014, 33(5): 889 - 894.

［61］Kräuchi K, Cajochen C, Werth E, et al. Alteration of internal circadian phase relationships after morning versus evening carbohydrate-rich meals in humans[J]. Journal of Biological Rhythms, 2002, 17(4): 364 - 376.

［62］De Cabo R, Mattson M P. Effects of intermittent fasting on health, aging, and disease[J]. The New England Journal of Medicine, 2019, 381(26): 2541 - 2551.

［63］Chaix A, Manoogian E N C, Melkani G C, et al. Time-restricted eating to prevent and manage chronic metabolic diseases[J]. Annual Review of Nutrition, 2019, 39: 291 - 315.

［64］Sutton E F, Beyl R, Early K S, et al. Early time-restricted feeding improves insulin sensitivity, blood pressure, and oxidative stress even without weight loss in men with prediabetes[J]. Cell Metabolism, 2018, 27(6): 1212 - 1221.

［65］Ravussin E, Beyl R A, Poggiogalle E, et al. Early time-restricted feeding reduces appetite and increases fat oxidation but does not affect energy expenditure in humans[J]. Obesity, 2019, 27(8): 1244 - 1254.

［66］Bao R Q, Sun Y K, Jiang Y R, et al. Effects of time-restricted feeding on energy balance: A cross-over trial in healthy subjects[J]. Frontiers in Endocrinology, 2022, 13: 870054.

［67］Chow L, Manoogian E N C, Alvear A C, et al. Time restricted eating (TRE) promotes weight loss, alters body composition, and improves metabolic parameters in overweight humans[J]. Diabetes, 2019, 68(Supplement 1): 2076 - P.

［68］Chow Lisa S, Manoogian Emily N C, Alison A, et al. Time-restricted eating effects on body composition and metabolic measures in humans who are overweight: A feasibility study[J]. Obesity (Silver Spring, Md), 2020, 28(5): 860 - 869.

［69］Moro T, Tinsley G, Bianco A, et al. Effects of eight weeks of time-restricted feeding (16/8) on basal metabolism, maximal strength, body composition, inflammation, and cardiovascular risk factors in resistance-trained males[J]. Journal of Translational Medicine, 2016, 14(1): 290.

［70］Zhang L M, Liu Z, Wang J Q, et al. Randomized controlled trial for time-restricted eating in overweight and obese young adults[J]. iScience, 2022, 25(9): 104870.

［71］Liu J H, Yi P, Liu F. The effect of early time-restricted eating vs later time-restricted eating on weight loss and metabolic health[J]. The Journal of Clinical Endocrinology & Metabolism, 2023, 108(7): 1824 - 1834.

［72］Liu D Y, Huang Y, Huang C, et al. Calorie restriction with or without time-restricted eating in weight loss[J]. The New England Journal of Medicine, 2022, 386(16): 1495 - 1504.

第六节　运动影响食欲和能量代谢

在漫长的人类演化史中,体力活动始终对于生存和繁衍都至关重要。在如今这个后工业时代,虽然地球上还有数亿人口食不果腹,但是,更多人已经无须参加繁重的体力劳动也可以获得充足食物。许多生活在城市里的人仅通过电子屏幕就可以随心所欲地选择送货上门且廉价的美味食物。众所周知,这个时代正在提倡以"智能化"替代更多的体力活动,因此,很多人逐渐失去了奔跑、跳跃、攀爬等各种运动兴趣和运动能力。人类将要走向何方,我们不得而知,然而,生物进化的脚步显然跟不上科技发展的速度,由此带来显而易见的问题是肥胖和慢性非传染性疾病的全球大流行。

一、缺乏运动是肥胖等慢性病的重要诱因

有确凿的证据表明,缺乏运动是超过 35 种慢性疾病和症状的重要诱因。其中包括心肺功能低下、肌肉减少症、胰岛素抵抗、糖尿病前期、肥胖、代谢综合征、非酒精性脂肪肝病、2 型糖尿病、冠心病、高血压、充血性心力衰竭、内皮功能障碍、血脂异常、中风、认知功能障碍、抑郁和焦虑、骨质疏松症、骨折/跌倒、骨关节炎、类风湿性关节炎、结肠癌、乳腺癌、子宫内膜癌、妊娠糖尿病、先兆子痫、多囊卵巢综合征、勃起功能障碍、疼痛、憩室炎、便秘和胆囊疾病等,以及加速衰老或过早死亡[1-2]。

(一)缺乏运动导致心肺系统功能下降

缺乏运动导致心肺系统功能下降的速度和严重性令人震惊。1968 年达拉斯卧床休息研究证明了这一点:五名健康男性接受了 20 天的连续卧床休息实验,在 20 天的时间里,受试者最大摄氧量($V_{O_2 max}$)下降了 27%,心脏体积缩小 11%,最大心输出量减少 26%,最大每搏量减少 29%[3]。心肺系统包含心血管系统和呼吸系统,它负责为人体每个细胞输送氧气和营养,并清除人体细胞代谢"废物"。因此,心肺系统功能下降的直接后果是运动能力全面下降,这进一步导致了相关慢性病的发展。

(二)缺乏运动导致胰岛素抵抗、肥胖和代谢综合征同时发展

骨骼肌在血糖控制和代谢稳态中起着关键作用。骨骼肌负责约 80% 的餐后葡萄糖的摄取,然而,缺乏活动导致肌肉减少葡萄糖利用,从而促进胰岛素抵

抗[4-5]。骨骼肌减少摄取的葡萄糖将被转化为脂肪,必然将这些燃料转移到脂肪组织中储存,除非此时减少相应的能量摄入。然而,在超加工食品无处不在的食物环境中,"少吃"意味着"饥饿"(其中包含享乐性饥饿)将如影随形,大多数人不知道如何在"饥饿"的状态下减少能量摄入。

有研究表明,健康成年人习惯性体力活动从每天≥10 000 步减少至每天<5 000 步,仅 3 天后,餐后血糖在 30 分钟,60 分钟和 90 分钟时分别增加了 42%,97% 和 33%,而这些增加的血糖通常将被转化为脂肪储存起来[6]。另一项对 2 497 名年龄在 40~75 岁之间的受试者的研究表明,每天增加 1 小时久坐时间可能会导致 2 型糖尿病患病概率增加 22%,以及代谢综合征患病概率增加 39%[7]。这些数据表明,缺乏运动可能导致胰岛素抵抗、肥胖和代谢综合征同时发展。

（三）缺乏运动促进肌肉减少和骨质流失

肌肉减少和骨质流失是中老年人失去活力和生活质量下降的重要原因。人体肌肉量不断发生变化,在 30 岁以后肌肉质量就开始下降,而大约 50 岁以后,肌肉质量和力量以每年 1%～2% 的速度减少[8]。同样,人体 18 岁时已经获得至少 90% 的峰值骨量,一直到 30 岁,骨矿物质密度保持在最大值,此后,骨矿物质开始逐渐流失[9]。

缺乏运动会降低骨骼肌和全身蛋白质合成,加速肌肉流失。在一项研究中,14 天卧床休息导致肌肉蛋白质合成降低了 50%[10],腿部和全身的去脂体重减少。在另一项研究中,老年人仅减少每天运动步行步数(从大于 3 500 步减少至小于 1 500 步),两周后,腿部去脂体重减少了大约 3.9%[11]。

缺乏负重可能是导致骨质流失的主要因素。人类太空旅行提供了证据,宇航员在太空中的骨质流失量比在地球上的骨质流失量大 20 倍,每月骨质流失率为 1.8%～2.0%,4～6 个月内平均损失了 11%(范围为 0～24%)的总髋骨量[12]。

抗阻运动可以刺激蛋白质合成代谢,同时增加骨骼肌力量和骨密度,是防止肌肉和骨质流失的有效运动方式[13]。

二、运动是免费的"天赐良药"

遗憾的是直到近年,生物医学科学界才充分认识到运动在预防和治疗代谢疾病方面的强大作用。运动被证明比药剂更有益,并且没有副作用[14]。

2018 年《美国人运动指南》(第二版)建议应给予学龄前(3～5 岁)儿童尽量多的时间进行身体活动,以促进生长发育。其中建议:6～17 岁的儿童和青少年每天应进行 60 分钟或更长时间的中等至高强度运动;成人每周应进行 150～300 分钟的中等强度的运动,或每周进行 75～150 分钟的高强度有氧运动,或中等强度和高强度有氧运动的等效组合,另外成年人还应该每周进行 2 天或更多天的肌肉强化运动;老年人应该进行平衡训练以及有氧和肌肉强化运动;孕妇和产后妇女每周应至少进行 150 分钟中等强度的有氧运动;患有慢性病或残疾的成年人如果有能力,应该遵循成年人的主要指导方针,并进行有氧和肌肉强化活动。[15]

已经有研究提出,运动是"药"。它不仅是预防和治疗肥胖和代谢性疾病(高脂血症、代谢综合征、多囊卵巢综合征、2 型糖尿病)的基石[14],而且对于包括精神疾病(抑郁、焦虑、精神分裂症)、神经系统疾病(智力障碍、帕金森综合征、多发性硬化症)、心血管疾病(高血压、冠心病、心力衰竭、脑卒中和间歇性跛行)、肺部疾病(慢性阻塞性肺病、哮喘、囊性纤维化)、肌肉骨骼疾病(骨关节炎、骨质疏松症、背痛、类风湿性关节炎)、癌症等在内的多种疾病具有预防或治疗作用[16]。并且,适度运动可能还是一剂抗衰老良药[17]。

人们谈癌色变,殊不知运动可能通过减少肥胖和慢性炎症,调节免疫功能来预防癌症[18]。运动通过直接影响肿瘤细胞内因素来控制癌症进展,并通过与全身其他因素相互作用抑制肿瘤生长[19]。运动通过调节肿瘤微环境,减少肿瘤细胞营养可用性,从而减缓肿瘤生长。运动诱导的肿瘤微血管系统、供氧和代谢正常化,促进了细胞毒性免疫细胞(如 NK 细胞、细胞毒性 T 细胞)对肿瘤的渗透,从而杀死肿瘤细胞[20]。运动还可以减轻与癌症及其治疗相关的不良事件,提高癌症治疗效果[19]。2020 年《美国癌症协会关于预防癌症的饮食和运动指南》建议遵循 2018 年《美国人运动指南》坚持运动,将体重保持在健康范围内,避免超重或肥胖,限制久坐少动的行为,如坐着和躺着看电视,以及其他形式的基于屏幕的娱乐[21]。

对许多慢性病患者来说,哪怕进行少量运动也能使人从中获益,如果能将少量低强度运动适度增加至中等强度或更高强度的运动,会带来更多的好处。奔跑、跳跃、攀爬似乎是每个健康人与生俱来的运动能力,因此可以说,健身运动(非竞技运动)是预防或治疗肥胖等多种慢性病的免费的"天赐良药"。

三、运动诱导产生多种细胞因子参与代谢调节

在运动特别是剧烈运动过程中,人体的新陈代谢会急剧加快,此时机体从骨骼肌、肝脏、脂肪组织以及中枢神经系统中适应性地释放了多种细胞因子,对于能量的感应、摄取、输送、利用进行综合协调,以维持细胞、组织和全身的内环境动态平衡。不仅如此,在运动结束后的恢复期,人体内这些细胞因子仍然持续升高,并且这些细胞因子被证明在预防和治疗肥胖和慢性疾病中发挥了积极的作用[22-24]。

(一)骨骼肌来源的"肌因子"

随着研究的不断深入,骨骼肌已经被确定为内分泌器官,并且将肌肉纤维表达

和释放并发挥自分泌、旁分泌或内分泌作用的细胞因子归类为"肌因子"。肌肉可分泌数百种"肌因子"，其中包括被研究最多的白介素-6(IL-6)等[22]。

1. 骨骼肌来源的白介素-6

白介素-6在运动过程中从骨骼肌释放到循环血液中来，在急性运动后血浆中其浓度增加。例如，以75%的最大摄氧量($V_{O_2 max}$)跑步，基础血浆白介素-6浓度可能在30分钟后增加5倍，在马拉松运动后增加100倍[25-26]。在运动结束时或之后不久，血浆白介素-6水平达到峰值，然后迅速下降到运动前水平。运动对血浆白介素-6的反应取决于运动的持续时间和强度、运动期间的肌肉质量、肌肉糖原水平以及运动前和运动期间是否摄入碳水化合物。低强度的步行不能升高白介素-6水平，运动期间摄入含糖饮料也会抑制肌肉分泌白介素-6[26-27]。

肥胖者体内，白色脂肪细胞分泌的白介素-6浓度在血浆中慢性升高被认为与慢性炎症有关，然而，人体运动时骨骼肌释放的白介素-6已经被证明具有抗炎作用。运动中产生的白介素-6可独立于胰岛素促进骨骼肌摄取葡萄糖，提高胰岛素敏感性[28-29]，并且促进脂肪组织(内脏脂肪)分解，促进骨骼肌利用脂肪酸氧化供能[30-31]。通过运动可以有效减少内脏脂肪，这个过程受到骨骼肌分泌的白介素-6的调节，白介素-6似乎在运动过程起到了"能量分配器"的作用[32]。

单就减脂来说，运动引起白介素-6升高后，更直接的作用是会刺激肠道L细胞分泌胰高血糖素样肽-1，从而改善胰岛素分泌和血糖控制[33-34]，并且，白介素-6浓度升高被证实独立于胰高血糖素样肽-1对胃排空有抑制作用，胃排空抑制和胰高血糖素样肽-1分泌都可以有效在下丘脑抑制食欲，因此减少能量摄入[35]。

2. 鸢尾素和其他"肌因子"

运动过程中肌肉分泌鸢尾素增加[36]。鸢尾素在骨骼肌中调节葡萄糖代谢和胰岛素敏感性，改善胰岛B细胞功能和胰岛素分泌[37]。在动物实验中，运动中产生的鸢尾素可促进蛋白质合成，诱导骨骼肌肥大，还可防止肌肉流失和骨质疏松症[38-39]。鸢尾素可促进脂肪组织脂肪分解，将前脂肪细胞分化为产热的棕色脂肪细胞，促进白色脂肪细胞"褐变"，这可能是运动后能量消耗持续增加的原因之一[40]。还有研究表明，鸢尾素还在调节中枢神经系统的神经可塑性、食欲控制以及抑制炎症等方面发挥重要作用[41]。

运动导致骨骼肌产生的白介素-15(IL-15)，能够改善脂质和葡萄糖代谢，减轻白色脂肪组织炎症，增强线粒体功能，减轻内质网应激甚至改变肠道菌群的组成[42]。运动过程中由骨骼肌分泌的生长分化因子15(GDF-15)可促进人体脂肪分解[43]。β-氨基异丁酸(BAIBA)也被鉴定为小分子肌因子，BAIBA在运动后从肌肉中释放出来，随着血浆BAIBA浓度增加，促进白色脂肪细胞"褐变"和肝脏细胞中的脂肪氧化，还可能有助于改善外周和下丘脑炎症[44-45]。

（二）来自脂肪组织的"脂因子"

在运动过程中，脂肪组织分泌多种"脂因子"，参与代谢调节。

运动可显著增加血浆中的脂联素浓度[46]。脂联素是被广泛研究的由白色脂肪分泌的脂肪因子之一。脂联素的作用范围包括增加胰岛细胞再生活力和减少细胞凋亡，增加脂肪细胞胰岛素敏感性，减轻脂肪储存和脂肪组织炎症，增加骨骼肌脂肪酸氧化，减少肝脏脂肪并增加肝胰岛素敏感性等[47]。然而，尽管脂联素由脂肪组织分泌，但肥胖受试者的血浆脂联素浓度显著低于非肥胖受试者[48]。

陨石样蛋白（Metrnl）是一种在白色脂肪组织中表达的分泌蛋白，已被鉴定为一种新型脂肪因子。运动提升循环陨石样蛋白水平，会刺激能量消耗并改善葡萄糖耐量，上调米色脂肪产热和抗炎细胞因子相关的基因表达[49]。这又一次将运动和抗炎联系起来。

最新的一些研究发现，转化生长因子-β2（TGF-β2）响应运动从脂肪组织中分泌出来，因此被鉴定为运动诱导的脂肪因子，它可以改善糖耐量[50]。还发现12,13-diHOME是一种运动诱导的脂肪因子，可增加骨骼肌摄取利用脂肪酸[51]。

四、运动导致各组织器官适应性重塑

在运动过程中，肌肉对能量和氧气需求激增，对身体内环境稳态发起了挑战。为了应对这一挑战，身体采取了综合应对措施，此时神经、激素、呼吸、心血管主要服务于肌肉，以满足肌肉收缩过程中的各种需求。同时，肌肉收缩期间的电信号、机械信号和化学信号形成服务于运动的高效内部通信网络，从而保障急性和适应性生理反应。

为应对急性运动，肌肉首先分解肌糖原和肌内脂肪酸，同时从血浆中摄取葡萄糖和脂肪酸以匹配能量需求。在持续运动期间，肝脏通过糖异生增加葡萄糖供给，脂肪组织中贮存的脂肪被动员分解后产生游离脂肪酸释放入血，一起为肌肉提供充足的能量。长期有计划的运动，使机体的各个组织器官逐渐发生了适应性重塑，这些重塑发生在大脑、骨骼肌、骨、肝脏、胰腺、心血管、脂肪组织等组织器官中[52-54]。

（一）骨和骨骼肌重塑

人体运动系统包括骨、骨连结和骨骼肌。运动是以骨为杠杆，以关节为固定点，在肌纤维拉力的作用下，克服阻力做功。因此，为了适应运动中不同机械负荷下的阻力，骨和骨骼肌必须变得足够坚硬和强壮。"要么失去它，要么使用它"是用于形容骨骼适应性的沃尔夫定律，似乎也适用于骨骼肌，这可以由太空旅行和长期卧床后骨质和肌肉同时流失的案例证明。

运动直接负责增加骨骼和肌肉质量,同时减少脂肪的积累。运动机械信号对骨组织和肌肉具有合成代谢作用,并减缓过度的骨吸收(骨密度逐渐下降),增强骨矿物质密度和调节骨骼稳态[55]。因此,适当增加冲击运动和抗阻运动有利于骨骼和骨骼肌健康。例如,跳跃和跑步时地面反作用力作用于下肢骨骼,使骨骼产生适应性改变,刺激骨形成,是预防骨质疏松的理想运动方式[56-57]。

每一个步入中年的人都应该了解,扛起生活重担的不仅是经济支付能力,骨和骨骼肌也是高品质生活的重要物质基础。

1. 肥胖者运动能力下降,脂肪氧化功能受损

骨骼肌是体内最丰富的肌群,骨骼肌是基础代谢率的主要贡献者,也是全身能量消耗的决定因素。骨骼肌严重依赖线粒体氧化代谢将能量底物转化为 ATP,然而,在肥胖的情况下,骨骼肌线粒体含量下降且功能受损,这可能是肥胖者有氧运动能力下降的重要机制[58]。肥胖者骨骼肌对脂肪酸的吸收和储存增加,相反,脂肪酸氧化减少,表明脂质周转率下降,这可能与骨骼肌线粒体生物发生受损有关[59]。另外,慢性高血糖是适应有氧运动的潜在负调节因子,这可能也是肥胖且血糖控制不佳的人有氧运动能力下降原因之一[60-61]。

胰岛素抵抗是肥胖者的普遍特征,而骨骼肌胰岛素抵抗使骨骼肌葡萄糖摄取和肌肉糖原合成减少,导致运动能力下降,因此摄入的葡萄糖和果糖更多在肝脏中被转化生成脂肪,进一步促进代谢紊乱[62]。随着肥胖的发展,脂肪组织过度膨胀,导致多余的脂质被异位储存在骨骼肌等非脂肪组织中。

肥胖者体内异位储存于骨骼肌中的脂肪,一部分存于肌肉纤维和肌肉群之间的脂肪细胞内,被称为肌内脂肪组织(IMAT),另一部分存于肌纤维(肌细胞)内,被称为肌细胞内甘油三酯(IMTG)[63]。肥胖者肌内脂肪组织与胰岛素抵抗之间呈正相关,其释放促炎性细胞因子和趋化因子,可引发局部和全身性慢性低度炎症[64]。肌细胞内甘油三酯储存在脂滴中,在肥胖和 2 型糖尿病人群中发现肌细胞内甘油三酯含量增加,他们动员和氧化细胞内甘油三酯的能力大大受损[65]。

总之,肥胖者运动能力下降与骨骼肌脂肪氧化功能受损有关。肥胖导致骨骼肌中总脂质含量增加,这可能诱导骨骼肌脂质毒性、胰岛素抵抗、炎症和代谢功能障碍[64,66]。

2. 运动重塑骨骼肌,增加代谢灵活性

保持必要骨骼肌质量是提高生存质量的重要基础。减肥过程中,仅通过控制饮食或药物干预,虽然可以减轻体重,但可能导致同时失去肌肉,这是优质减脂计划中不该出现的失误[67]。显而易见,有计划的运动训练,无论是有氧运动还是抗阻运动,都可以有效增加防止肌肉流失,而抗阻运动更有效促进骨骼肌肥大和增加力量,有氧运动则更有效提高骨骼肌的有氧代谢能力。有氧运动和抗阻运动相结

合的运动计划不仅有利于提高骨骼肌有氧代谢能力,而且能促进骨骼肌肥大并增加力量[68]。

运动可以诱导骨骼肌中的线粒体生物发生,增加线粒体密度,改善脂肪酸氧化能力,从而提高骨骼的代谢灵活性[69-70]。葡萄糖和脂肪酸通过线粒体氧化产生ATP,因此,骨骼肌中的线粒体功能是全身代谢稳态的关键决定因素。线粒体是适应性很强的细胞器,它不断经历裂变和融合,以适应能量代谢的变化[71]。适度运动可以明显改善肥胖人群的骨骼肌线粒体健康[72]。例如,在耐力训练运动员中也发现肌细胞内脂肪含量升高,但耐力训练运动员的骨骼肌对胰岛素具有高度敏感性[73]。运动员肌细胞内的单个脂滴的体积比肥胖者更小,但是线粒体数量更多,可以灵活利用脂肪作为燃料。运动员的肌内脂肪更像一个"前置仓库",为骨骼肌提供了高效周转的能量供应池。

值得注意的是,健康受试者在四周高强度间歇性运动(HIIT)后,线粒体功能受损,主要表现为线粒体呼吸减少,线粒体密度代偿性增加,并且降低了葡萄糖耐量[74],尽管如此,这也不应成为我们不愿运动的托词,毕竟非竞技性健身运动很难达到如此之高的运动强度。因此,适度运动的要义在于根据个体差异制订个性化的运动计划,并监测机体对不同强度训练的反应。

运动增加骨骼肌毛细血管密度,改善代谢灵活性。毛细血管将动脉和静脉末梢之间相互连通,吻合成网,是血液与组织液进行物质交换的场所。因此,骨骼肌毛细血管密度决定了骨骼肌与血液进行营养、氧和激素等物质交换的效率。有研究表明,骨骼肌纤维毛细血管化程度是胰岛素敏感性的决定因素[75],而运动可以促进骨骼肌的毛细血管增生。骨骼肌毛细血管密度增加有利于适应运动过程中的物质和能量代谢需求[76-77]。

总之,有计划的运动训练促进骨骼肌肥大和增加力量,并通过促进骨骼肌的线粒体增生和毛细血管增生,提高了骨骼肌脂肪酸氧化能力及其在不同燃料(如葡萄糖和脂肪酸)之间切换的代谢灵活性。

(二)运动重塑呼吸系统和心血管系统

在运动过程中,机体对氧气和能量的需求量明显增加,心血管系统和呼吸系统的反应是提高富氧血液供应量,通过动脉输送充足燃料和氧气,同时从静脉带走代谢"废物"和二氧化碳。

长期有计划的健身运动,对呼吸系统产生良好影响。肥胖的主要呼吸系统后果是阻塞性睡眠呼吸暂停和肥胖症换气不足综合征,有时是合并症,最常见于严重肥胖个体中[78]。经常运动的人,骨性胸廓和呼吸肌得到良好发展,呼吸深度增加,肺活量增加,安静时呼吸频率下降,从而保证呼吸系统与运动代谢协调配合,并适应平时、运动或应急情况下保持良好的工作机能。

肥胖给心血管系统带来了沉重的负担。大量的临床和流行病学证据表明,肥胖与多种心血管疾病相关,包括冠心病、心力衰竭、高血压、中风、心房颤动和心源性猝死[79]。随着体重的增加,脂肪组织过度膨胀,特别是内脏脂肪过度积累,包括脂肪组织炎症在内的全身慢性炎症是导致心血管疾病的重要影响因素。另外,肥胖者普遍伴有胰岛素抵抗、葡萄糖和/或脂质代谢异常、高血压和血管内皮功能障碍等,这些都为肥胖与心血管疾病之间提供了联系机制[80]。

长期有计划的健身运动可促进心血管系统功能改善。运动可使心脏体积增大、重量增加,表现为心肌纤维增粗,心肌细胞内线粒体增多,心肌细胞核增大,心肌内毛细血管大量吻合。因此,长期适度运动导致心脏功能显著改善,包括提高心肌再生能力、心脏收缩力更强、静息心率减缓、每博输出量增加,这些都是与运动能力提升有关的良好适应,也可提高机体氧利用率,提高血液循环效率,增加心率储备[81]。中等强度运动可促进血管内皮功能改善,这可能与血流剪切应力增加有关,也可能是通过减少慢性炎症来改善内皮功能[82]。定期运动可诱导血管功能和结构的抗动脉粥样硬化适应,还可以通过改善心脏自主神经平衡来预防危及生命的心律失常。重要的是,运动能力的提升以及随后运动导致的内脏脂肪的减少,对于降低心血管疾病风险可能具有釜底抽薪式效应。

跑步运动对于改善呼吸系统和心血管系统的作用效果最优。然而需要注意的是,2020年美国心脏协会的科学声明称,长期参加竞技性剧烈运动(如超级马拉松的训练和比赛)并不能提供额外的心血管益处,或对心血管有不利影响[83]。

(三)运动重塑脂肪组织,有利于脂肪动员

肥胖者脂肪组织的白色脂肪细胞肥大、毛细血管稀疏和慢性炎症导致脂肪动员能力和产热活性下降,并与全身慢性炎症有关[84]。脂肪组织慢性炎症与肾上腺素和去甲肾上腺素诱导的脂肪动员的相关信号传导受损有关。运动有利于减少脂肪组织炎症,从而使脂肪动员信号传导更加敏感[85]。运动还可以增加心房钠尿肽(ANP)和生长激素(GH)分泌量,它们都可以有效促进脂肪动员[86-87]。

众所周知,运动增加能量消耗,有助于实现能量负平衡,从而促进减少脂肪细胞脂质含量[88]。然而,更重要的是,即使没有减肥,运动也可以通过重塑脂肪组织,提高它的代谢灵活性[89-90]。运动可能会增加脂肪组织的血管生成能力,增加毛细血管密度,增加调节脂质代谢相关蛋白质(酶)丰度(如激素敏感性脂肪酶)或上调它们的敏感性,减弱胰岛素等抗脂解激素的活性,从而更有利于在运动过程中进行脂肪动员[91-94]。脂肪组织毛细血管增加有利于营养和激素等物质交换,特别是利于接收脂肪动员信号,并将动员分解后的脂肪酸和甘油及时输送出去[95-96]。这些都有助于提高脂肪组织代谢灵活性,提高脂肪周转率。

另外,运动被证明可促进白色脂肪组织"褐变",即白色脂肪细胞转变为米色脂

肪细胞,而米色脂肪细胞因其高水平表达解偶联蛋白-1并含有更多线粒体,因此"褐变"与更高产热性能量消耗有关[97-98]。

总之,长期有计划的运动通过增加脂肪组织毛细血管密度,减少炎症,改善动员脂肪的激素信号转导,促进白色脂肪细胞"褐变"等途径导致脂肪组织重塑,有利于脂肪动员。

(四)运动对其他组织器官影响

耐力运动后,人脑中神经营养因子(BDNF)释放的增强可促进大脑健康[99]。BDNF是大脑神经回路发育、突触和神经元网络可塑性以及神经保护和再生的重要调节剂。人类血液和组织中的BDNF水平与神经退行性疾病、神经系统疾病有关。

运动可能对胰岛B细胞质量和功能产生积极影响,包括促进B细胞增殖和增加其活力,增加胰岛素含量和分泌量,这对于葡萄糖代谢稳态至关重要[100]。非酒精性脂肪性肝病(NAFLD)也是肥胖者的普遍特征,运动显然可以通过多种途径影响NAFLD。运动导致骨骼肌胰岛素抵抗改善,减少了游离脂肪酸和葡萄糖流向肝脏,运动还会增加肝脏中脂肪酸的氧化,减少脂肪酸的合成,并防止线粒体和肝细胞的损伤[101],这些都有助于缓解非酒精性脂肪性肝病。

五、运动是长期食欲调节的增敏剂,不会增加能量摄入

曾经有一种普遍误解,认为运动会增加食欲,即在运动之后补偿性增加能量摄入,从而很大程度抵消运动过程中的能量消耗。然而,目前的证据似乎可以改变人们的看法,即运动不影响能量摄入,但餐后饱腹感增加,而长期运动导致食欲调节系统各种信号敏感性增加[102]。

运动后,当日的主观食欲感受与个体差异、运动项目、环境温度、食物内容等多种因素有关。首先,运动参与者的胰岛素、瘦素等激素敏感程度不同,可能会影响运动后当日的主观食欲感受;其次,运动项目不同,与运动后的主观食欲感受也有关系,如游泳之后可能会感觉饿[103];再次,在温度较高(如30℃以上)的环境中,运动后的主观食欲感受通常为不饿;最后,在运动后提供的食物成分才是影响主观食欲感受和决定能量摄入的主要因素,例如,运动后提供高糖高脂肪的食物会导致食欲大增,而提供富含膳食纤维的健康食物则不然。总之,运动后当日的主观食欲感受因多种因素影响可能有所不同,但是,与不运动比较,不会因运动而增加能量摄入。

事实上,比较当日的总能量摄入,不运动者通常显著高于运动者,前者处于能量正平衡,而后者处于能量负平衡。从机制上讲,运动导致刺激食欲的胃饥饿素水平降低或没有升高[104-105],而运动过程中胃排空减缓,并促进多种抑制食欲的肠道

激素和细胞因子释放。例如,胰高血糖素样肽-1、酪酪肽、白介素-6、N-乳酰基-苯丙氨酸(Lac-Phe)等在运动后血浆浓度升高,因此运动没有增加刺激食欲的因素,反而增加抑制食欲的因素[105-109]。另外,运动导致核心体温升高,升高的体温通过下丘脑弓状核(ARC)中 POMC 神经元中的 TRPV1 样受体减少食物摄入量[110]。

长期有计划的运动之后,食欲调节系统各种信号敏感性增加,使食欲灵活可控,有利于长期能量代谢处于动态平衡。有计划的运动可能通过改善下丘脑炎症,减少全身慢性炎症,增加全身胰岛素敏感性,增加中枢瘦素敏感性等,起到食欲调节系统各种信号转导增敏剂的作用。有研究称,12 个月的有氧运动,发现血液中厌食因子 α-促黑素(α-MSH)增加,表明长时间运动也可能直接影响下丘脑食欲控制[111]。

运动也可能影响食物奖励系统来调节食欲。经过一段时间的运动之后,人们对食物的奖励变得更敏感,更容易得到满足,哪怕是"粗茶淡饭"也吃得津津有味。有研究表明,有计划的运动训练后,会渐渐对于高脂肪食物和高糖食物失去兴趣,这对于顺利减脂并在成功减脂后长期保持体重非常重要[112-113]。在动物研究中,已经发现了运动对多巴胺系统产生的影响,这可能构成了运动抗肥胖的重要神经生物学机制[114]。在人体中带来这种变化的背后原因,可能还涉及实践者有意识地关注生物学知识和由此带来的对食物与健康的认知提升,从而导致最高级中枢对多巴胺食物奖励系统的重塑。

需要特别注意的是,运动前后如果摄入不健康食物,如奶茶、含糖饮料、甜点等超加工食品,可能会很大程度上抵消运动带来的多种益处。享用这些不健康食物,不仅会增加能量摄入而相应抵消运动时的能量消化,而且会增加肠道生态失调、内毒素入血、全身慢性炎症和激素抵抗的风险。有研究表明,尽管长期运动有利于肠道微生态平衡并保护肠道屏障功能,但是可能会引起暂时性肠道通透性标志物升高[115-116]。所以,在运动之后的恢复期,摄食超加工食物可能会给身体带来更大伤害。

六、运动训练免疫系统

运动不仅在训练骨骼肌,似乎还在训练免疫系统。

运动(中等至高强度,短于 60 分钟)现在被视为一种重要的免疫系统佐剂,可刺激循环和组织之间不同且高度活跃的免疫细胞亚型的持续交换[117]。特别是,每次运动都会提高组织巨噬细胞的抗病原体活性,同时增强免疫球蛋白、抗炎细胞因子、中性粒细胞、NK 细胞(自然杀伤细胞)、细胞毒性 T 细胞和未成熟 B 细胞的再循环。因此,每一次运动就像是对人体防御系统进行大规模实战化演练,从而提高整体协同防御能力。

NK 细胞和细胞毒性 T 细胞可选择性杀伤病原体感染的细胞或肿瘤细胞[118-119]，它们也在运动中得到训练。运动会引起 NK 细胞数量和细胞毒性增加，运动也会引起细胞毒性 T 细胞数量增加，这有利于它们发挥更强大的抗癌作用[120-122]。

  长期有计划的健身运动可提高人体免疫力，相反，过度运动和竞赛可能导致运动性免疫功能下降。相较于健身运动，高强度大量训练比赛活动时相关的生理、心理和代谢压力，与短暂的免疫功能下降、炎症、氧化应激、肌肉损伤和疾病风险增加有关[117]。当运动员参加比赛、经历反复异常剧烈循环训练以及经历免疫系统的其他压力源（例如，抑郁或焦虑、参加异常密集的训练期、跨多个时区的国际旅行、参加竞争性赛事、睡眠不足等），都可能导致疾病风险增加。

参考文献

[1] Booth F W, Roberts C K, Thyfault J P, et al. Role of inactivity in chronic diseases: Evolutionary insight and pathophysiological mechanisms[J]. Physiological Reviews, 2017, 97(4): 1351 - 1402.

[2] Booth F W, Roberts C K, Laye M J. Lack of exercise is a major cause of chronic diseases[J]. Comprehensive Physiology, 2012, 2(2): 1143 - 1211.

[3] Mitchell J H, Levine B D, McGuire D K. The Dallas bed rest and training study: Revisited after 50 years [J]. Circulation, 2019, 140(16): 1293 - 1295.

[4] Sylow L, Tokarz V L, Richter E A, et al. The many actions of insulin in skeletal muscle, the paramount tissue determining glycemia[J]. Cell Metabolism, 2021, 33(4): 758 - 780.

[5] Alibegovic A C, Sonne M P, Højbjerre L, et al. Insulin resistance induced by physical inactivity is associated with multiple transcriptional changes in skeletal muscle in young men[J]. American Journal of Physiology-Endocrinology and Metabolism, 2010, 299(5): E752 - E763.

[6] Mikus C R, Oberlin D J, Libla J L, et al. Lowering physical activity impairs glycemic control in healthy volunteers[J]. Medicine and Science in Sports and Exercise, 2012, 44(2): 225 - 231.

[7] Van Der Berg J D, Stehouwer C D A, Bosma H, et al. Associations of total amount and patterns of sedentary behaviour with type 2 diabetes and the metabolic syndrome: The Maastricht Study[J]. Diabetologia, 2016, 59(4): 709 - 718.

[8] Von Haehling S, Morley J E, Anker S D. An overview of sarcopenia: Facts and numbers on prevalence and clinical impact[J]. Journal of Cachexia, Sarcopenia and Muscle, 2010, 1(2): 129 - 133.

[9] Baxter-Jones A D, Faulkner R A, Forwood M R, et al. Bone mineral accrual from 8 to 30 years of age: An estimation of peak bone mass[J]. Journal of Bone and Mineral Research, 2011, 26(8): 1729 - 1739.

[10] Ferrando A A, Lane H W, Stuart C A, et al. Prolonged bed rest decreases skeletal muscle and whole body protein synthesis[J]. American Journal of Physiology-Endocrinology and Metabolism, 1996, 270 (4): E627 - E633.

[11] Breen L, Stokes K A, Churchward-Venne T A, et al. Two weeks of reduced activity decreases leg lean mass and induces "anabolic resistance" of myofibrillar protein synthesis in healthy elderly[J]. The Journal of Clinical Endocrinology & Metabolism, 2013, 98(6): 2604 - 2612.

[12] Vernikos J, Schneider V S. Space, gravity and the physiology of aging: Parallel or convergent disciplines? A mini-review[J]. Gerontology, 2009, 56(2): 157 - 166.

[13] O'Bryan S J, Giuliano C, Woessner M N, et al. Progressive resistance training for concomitant increases in muscle strength and bone mineral density in older adults: A systematic review and meta-analysis[J]. Sports Medicine, 2022, 52(8): 1939 - 1960.

[14] Vina J, Sanchis-Gomar F, Martinez-Bello V, et al. Exercise acts as a drug; the pharmacological benefits

of exercise[J]. British Journal of Pharmacology, 2012, 167(1): 1 – 12.

[15] Piercy K L, Troiano R P, Ballard R M, et al. The physical activity guidelines for Americans[J]. JAMA, 2018, 320(19): 2020 – 2028.

[16] Pedersen B K, Saltin B. Exercise as medicine-evidence for prescribing exercise as therapy in 26 different chronic diseases[J]. Scandinavian Journal of Medicine & Science in Sports, 2015, 25: 1 – 72.

[17] Chen X K, Yi Z N, Wong G T C, et al. Is exercise a senolytic medicine? A systematic review[J]. Aging Cell, 2021, 20(1): e13294.

[18] Hojman P. Exercise protects from cancer through regulation of immune function and inflammation[J]. Biochemical Society Transactions, 2017, 45(4): 905 – 911.

[19] Hojman P, Gehl J, Christensen J F, et al. Molecular mechanisms linking exercise to cancer prevention and treatment[J]. Cell Metabolism, 2018, 27(1): 10 – 21.

[20] Zhang X J, Ashcraft K A, Betof Warner A, et al. Can exercise-induced modulation of the tumor physiologic microenvironment improve antitumor immunity? [J]. Cancer Research, 2019, 79(10): 2447 – 2456.

[21] Rock C L, Thomson C, Gansler T, et al. American Cancer Society guideline for diet and physical activity for cancer prevention[J]. CA: A Cancer Journal for Clinicians, 2020, 70(4): 245 – 271.

[22] Pedersen B K, Febbraio M A. Muscles, exercise and obesity: Skeletal muscle as a secretory organ[J]. Nature Reviews Endocrinology, 2012, 8(8): 457 – 465.

[23] Whitham M, Febbraio M A. The ever-expanding myokinome: Discovery challenges and therapeutic implications[J]. Nature Reviews Drug Discovery, 2016, 15(10): 719 – 729.

[24] Murphy R M, Watt M J, Febbraio M A. Metabolic communication during exercise[J]. Nature Metabolism, 2020, 2(9): 805 – 816.

[25] Lyngsø D, Simonsen L, Bülow J. Interleukin-6 production in human subcutaneous abdominal adipose tissue: The effect of exercise[J]. The Journal of Physiology, 2002, 543(1): 373 – 378.

[26] Ostrowski K, Schjerling P, Pedersen B K. Physical activity and plasma interleukin – 6 in humans-effect of intensity of exercise[J]. European Journal of Applied Physiology, 2000, 83(6): 512 – 515.

[27] Febbraio M A, Steensberg A, Keller C, et al. Glucose ingestion attenuates interleukin – 6 release from contracting skeletal muscle in humans[J]. The Journal of Physiology, 2003, 549(2): 607 – 612.

[28] Carey A L, Steinberg G R, MacAulay S L, et al. Interleukin – 6 increases insulin-stimulated glucose disposal in humans and glucose uptake and fatty acid oxidation *in vitro* via AMP-activated protein kinase [J]. Diabetes, 2006, 55(10): 2688 – 2697.

[29] Saini A, Faulkner S H, Moir H, et al. Interleukin – 6 in combination with the interleukin – 6 receptor stimulates glucose uptake in resting human skeletal muscle independently of insulin action[J]. Diabetes, Obesity and Metabolism, 2014, 16(10): 931 – 936.

[30] Van Hall G, Steensberg A, Sacchetti M, et al. Interleukin – 6 stimulates lipolysis and fat oxidation in humans[J]. The Journal of Clinical Endocrinology & Metabolism, 2003, 88(7): 3005 – 3010.

[31] Wedell-Neergaard A S, Lang Lehrskov L, Christensen R H, et al. Exercise-induced changes in visceral adipose tissue mass are regulated by IL – 6 signaling: A randomized controlled trial [J]. Cell Metabolism, 2019, 29(4): 844 – 855. e3.

[32] Kistner T M, Pedersen B K, Lieberman D E. Interleukin 6 as an energy allocator in muscle tissue[J]. Nature Metabolism, 2022, 4(2): 170 – 179.

[33] Ellingsgaard H, Hauselmann I, Schuler B, et al. Interleukin – 6 enhances insulin secretion by increasing glucagon-like peptide – 1 secretion from L cells and alpha cells[J]. Nature Medicine, 2011, 17(11): 1481 – 1489.

[34] Ellingsgaard H, Seelig E, Timper K, et al. GLP – 1 secretion is regulated by IL – 6 signalling: A randomised, placebo-controlled study[J]. Diabetologia, 2020, 63(2): 362 – 373.

[35] Lang Lehrskov L, Lyngbaek M P, Soederlund L, et al. Interleukin – 6 delays gastric emptying in humans with direct effects on glycemic control[J]. Cell Metabolism, 2018, 27(6): 1201 – 1211.

[36] Boström P, Wu J, Jedrychowski M P, et al. A PGC1-α-dependent myokine that drives brown-fat-like development of white fat and thermogenesis[J]. Nature, 2012, 481(7382): 463 – 468.

[37] Natalicchio A, Marrano N, Biondi G, et al. The myokine irisin is released in response to saturated fatty acids and promotes pancreatic β-cell survival and insulin secretion [J]. Diabetes, 2017, 66 (11):

2849 - 2856.

[38] Reza M M, Subramaniyam N, Sim C M, et al. Irisin is a pro-myogenic factor that induces skeletal muscle hypertrophy and rescues denervation-induced atrophy[J]. Nature Communications, 2017, 8: 1104.

[39] Colaianni G, Cinti S, Colucci S, et al. Irisin and musculoskeletal health[J]. Annals of the New York Academy of Sciences, 2017, 1402(1): 5 - 9.

[40] Vliora M, Grillo E, Corsini M, et al. Irisin regulates thermogenesis and lipolysis in 3T3 - L1 adipocytes [J]. Biochimica et Biophysica Acta (BBA)-General Subjects, 2022, 1866(4): 130085.

[41] Shen S N, Liao Q W, Chen X P, et al. The role of irisin in metabolic flexibility: Beyond adipose tissue browning[J]. Drug Discovery Today, 2022, 27(8): 2261 - 2267.

[42] Duan Y, Li F, Wang W, et al. Interleukin - 15 in obesity and metabolic dysfunction: Current understanding and future perspectives[J]. Obesity Reviews, 2017, 18(10): 1147 - 1158.

[43] Laurens C, Parmar A, Murphy E, et al. Growth and differentiation factor 15 is secreted by skeletal muscle during exercise and promotes lipolysis in humans[J]. JCI Insight, 2020, 5(6): e131870.

[44] Kammoun H L, Febbraio M A. Come on BAIBA light my fire[J]. Cell Metabolism, 2014, 19(1): 1 - 2.

[45] Park B S, Tu T H, Lee H, et al. Beta-aminoisobutyric acid inhibits hypothalamic inflammation by reversing microglia activation[J]. Cells, 2019, 8(12): 1609.

[46] Atashak S, Mohammad G, Faeze S. Effect of 10 week progressive resistance training on serum leptin and adiponectin concentration in obese men[J]. British Journal of Sports Medicine, 2010, 44(Supplement 1): i29.

[47] Straub L G, Scherer P E. Metabolic messengers: Adiponectin[J]. Nature Metabolism, 2019, 1(3): 334 - 339.

[48] Arita Y, Kihara S, Ouchi N, et al. Paradoxical decrease of an adipose-specific protein, adiponectin, in obesity[J]. Biochemical and Biophysical Research Communications, 1999, 257(1): 79 - 83.

[49] Rao R R, Long J Z, White J P, et al. Meteorin-like is a hormone that regulates immune-adipose interactions to increase beige fat thermogenesis[J]. Cell, 2014, 157(6): 1279 - 1291.

[50] Takahashi H, Alves C R R, Stanford K I, et al. TGF-β2 is an exercise-induced adipokine that regulates glucose and fatty acid metabolism[J]. Nature Metabolism, 2019, 1(2): 291 - 303.

[51] Stanford K I, Lynes M D, Takahashi H, et al. 12, 13 - diHOME: An exercise-induced lipokine that increases skeletal muscle fatty acid uptake[J]. Cell Metabolism, 2018, 27(5): 1111 - 1120.

[52] Hawley J A, Hargreaves M, Joyner M J, et al. Integrative biology of exercise[J]. Cell, 2014, 159(4): 738 - 749.

[53] McGee S L, Hargreaves M. Exercise adaptations: Molecular mechanisms and potential targets for therapeutic benefit[J]. Nature Reviews Endocrinology, 2020, 16(9): 495 - 505.

[54] Thyfault J P, Bergouignan A. Exercise and metabolic health: Beyond skeletal muscle[J]. Diabetologia, 2020, 63(8): 1464 - 1474.

[55] Pagnotti G M, Styner M, Uzer G, et al. Combating osteoporosis and obesity with exercise: Leveraging cell mechanosensitivity[J]. Nature Reviews Endocrinology, 2019, 15(6): 339 - 355.

[56] Hinton P S, Nigh P, Thyfault J. Effectiveness of resistance training or jumping-exercise to increase bone mineral density in men with low bone mass: A 12 - month randomized, clinical trial[J]. Bone, 2015, 79: 203 - 212.

[57] Gonzalo-Encabo P, McNeil J, Boyne D J, et al. Dose-response effects of exercise on bone mineral density and content in post-menopausal women[J]. Scandinavian Journal of Medicine &. Science in Sports, 2019, 29(8): 1121 - 1129.

[58] Kim J Y, Hickner R C, Cortright R L, et al. Lipid oxidation is reduced in obese human skeletal muscle [J]. American Journal of Physiology-Endocrinology and Metabolism, 2000, 279(5): E1039 - E1044.

[59] Pileggi C A, Parmar G, Harper M E. The lifecycle of skeletal muscle mitochondria in obesity[J]. Obesity Reviews, 2021, 22(5): e13164.

[60] MacDonald T L, Pathak P, Fernandez N, et al. Hyperglycemia impairs aerobic adaptation to exercise [J]. Diabetes, 2020, 69(1):692.

[61] MacDonald T L, Pattamaprapanont P, Pathak P, et al. Hyperglycaemia is associated with impaired muscle signalling and aerobic adaptation to exercise[J]. Nature Metabolism, 2020, 2(9): 902 - 917.

[62] Petersen K F, Dufour S, Savage D B, et al. The role of skeletal muscle insulin resistance in the pathogenesis of the metabolic syndrome[J]. Proceedings of the National Academy of Sciences of the

United States of America, 2007, 104(31): 12587 – 12594.

[63] Laurens C, Moro C. Intramyocellular fat storage in metabolic diseases[J]. Hormone Molecular Biology and Clinical Investigation, 2016, 26(1): 43 – 52.

[64] Kahn D, Macias E, Zarini S, et al. Quantifying the inflammatory secretome of human intermuscular adipose tissue[J]. Physiological Reports, 2022, 10(16): e15424.

[65] Jia G H, Sowers J R. Increased fibro-adipogenic progenitors and intramyocellular lipid accumulation in obesity-related skeletal muscle dysfunction[J]. Diabetes, 2019, 68(1): 18 – 20.

[66] Wu H Z, Ballantyne C M. Skeletal muscle inflammation and insulin resistance in obesity[J]. Journal of Clinical Investigation, 2017, 127(1): 43 – 54.

[67] Cava E, Yeat N C, Mittendorfer B. Preserving healthy muscle during weight loss[J]. Advances in Nutrition, 2017, 8(3): 511 – 519.

[68] Colleluori G, Aguirre L, Phadnis U, et al. Aerobic plus resistance exercise in obese older adults improves muscle protein synthesis and preserves myocellular quality despite weight loss[J]. Cell Metabolism, 2019, 30(2): 261 – 273.

[69] Philp A M, Saner N J, Lazarou M, et al. The influence of aerobic exercise on mitochondrial quality control in skeletal muscle[J]. The Journal of Physiology, 2021, 599(14): 3463 – 3476.

[70] Groennebaek T, Vissing K. Impact of resistance training on skeletal muscle mitochondrial biogenesis, content, and function[J]. Frontiers in Physiology, 2017, 8: 713.

[71] Gan Z J, Fu T T, Kelly D P, et al. Skeletal muscle mitochondrial remodeling in exercise and diseases [J]. Cell Research, 2018, 28(10): 969 – 980.

[72] Oliveira A N, Richards B J, Slavin M, et al. Exercise is muscle mitochondrial medicine[J]. Exercise and Sport Sciences Reviews, 2021, 49(2): 67 – 76.

[73] Li X H, Li Z M, Zhao M H, et al. Skeletal muscle lipid droplets and the athlete's paradox[J]. Cells, 2019, 8(3): 249.

[74] Flockhart M, Nilsson L C, Tais S, et al. Excessive exercise training causes mitochondrial functional impairment and decreases glucose tolerance in healthy volunteers[J]. Cell Metabolism, 2021, 33(5): 957 – 970.

[75] Snijders T, Nederveen J P, Verdijk L B, et al. Muscle fiber capillarization as determining factor on indices of insulin sensitivity in humans[J]. Physiological Reports, 2017, 5(10): e13278.

[76] Haga S, Mizuno M, Hamaoka T, et al. The effects of endurance exercise training on peripheral skeletal muscle oxygenation and capillary proliferation in human[J]. Medicine & Science in Sports & Exercise, 2001, 33(5): S327.

[77] Verdijk L B, Snijders T, Holloway T M, et al. Resistance training increases skeletal muscle capillarization in healthy older men[J]. Medicine & Science in Sports & Exercise, 2016, 48(11): 2157 – 2164.

[78] Egea-Santaolalla C, Javaheri S. Obesity hypoventilation syndrome[J]. Current Sleep Medicine Reports, 2016, 2(1): 12 – 19.

[79] Koliaki C, Liatis S, Kokkinos A. Obesity and cardiovascular disease: Revisiting an old relationship[J]. Metabolism, 2019, 92: 98 – 107.

[80] Powell-Wiley T M, Poirier P, Burke L E, et al. Obesity and cardiovascular disease: A scientific statement from the American heart association[J]. Circulation, 2021, 143(21): e984 – e1010.

[81] Wilson M G, Ellison G M, Cable N T. Basic science behind the cardiovascular benefits of exercise[J]. Heart (British Cardiac Society), 2015, 101(10): 758 – 765.

[82] Green D J, Hopman M T E, Padilla J, et al. Vascular adaptation to exercise in humans: Role of hemodynamic stimuli[J]. Physiological Reviews, 2017, 97(2): 495 – 528.

[83] Franklin B A, Thompson P D, Al-Zaiti S S, et al. Exercise-related acute cardiovascular events and potential deleterious adaptations following long-term exercise training: Placing the risks into perspective-an update: A scientific statement from the American heart association[J]. Circulation, 2020, 141(13): e705 – e736.

[84] Crewe C, An Y A, Scherer P E. The ominous triad of adipose tissue dysfunction: Inflammation, fibrosis, and impaired angiogenesis[J]. The Journal of Clinical Investigation, 2017, 127(1): 74 – 82.

[85] Larabee C M, Neely O C, Domingos A I. Obesity: A neuroimmunometabolic perspective[J]. Nature Reviews Endocrinology, 2020, 16(1): 30 – 43.

[86] Moro C, Pillard F, De Glisezinski I, et al. Training enhances ANP lipid-mobilizing action in adipose tissue of overweight men[J]. Medicine & Science in Sports & Exercise, 2005, 37(7): 1126 – 1132.

[87] Thomas G A, Kraemer W J, Comstock B A, et al. Obesity, growth hormone and exercise[J]. Sports Medicine, 2013, 43(9): 839 – 849.

[88] Laurens C, De Glisezinski I, Larrouy D, et al. Influence of acute and chronic exercise on abdominal fat lipolysis: An update[J]. Frontiers in Physiology, 2020, 11: 575363.

[89] Ahn C, Ryan B J, Schleh M W, et al. Exercise training remodels subcutaneous adipose tissue in adults with obesity even without weight loss[J]. The Journal of Physiology, 2022, 600(9): 2127 – 2146.

[90] Ahn C, Ryan B, Gillen J, et al. Exercise training alters subcutaneous adipose tissue morphology in obese adults even without weight loss[J]. Diabetes,2019, 68(1):721.

[91] Thompson D, Karpe F, Lafontan M, et al. Physical activity and exercise in the regulation of human adipose tissue physiology[J]. Physiological Reviews, 2012, 92(1): 157 – 191.

[92] You T J, Wang X W, Yang R Z, et al. Effect of exercise training intensity on adipose tissue hormone sensitive lipase gene expression in obese women under weight loss[J]. Journal of Sport and Health Science, 2012, 1(3): 184 – 190.

[93] De Glisezinski I, Crampes F, Harant I, et al. Endurance training changes in lipolytic responsiveness of obese adipose tissue[J]. American Journal of Physiology-Endocrinology and Metabolism, 1998, 275(6): E951 – E956.

[94] Petridou A, Chatzinikolaou A, Avloniti A, et al. Increased triacylglycerol lipase activity in adipose tissue of lean and obese men during endurance exercise[J]. The Journal of Clinical Endocrinology & Metabolism, 2017, 102(11): 3945 – 3952.

[95] Lee H J. Exercise training regulates angiogenic gene expression in white adipose tissue[J]. Journal of Exercise Rehabilitation, 2018, 14(1): 16 – 23.

[96] Heinonen I, Bucci M, Kemppainen J, et al. Regulation of subcutaneous adipose tissue blood flow during exercise in humans[J]. Journal of Applied Physiology, 2012, 112(6): 1059 – 1063.

[97] Otero-Díaz B, Rodríguez-Flores M, Sánchez-Muñoz V, et al. Exercise induces white adipose tissue browning across the weight spectrum in humans[J]. Frontiers in Physiology, 2018, 9: 1781.

[98] Aldiss P, Betts J, Sale C, et al. Exercise-induced 'browning' of adipose tissues[J]. Metabolism, 2018, 81: 63 – 70.

[99] Seifert T, Brassard P, Wissenberg M, et al. Endurance training enhances BDNF release from the human brain[J]. American Journal of Physiology-Regulatory, Integrative and Comparative Physiology, 2010, 298(2): R372 – R377.

[100] Curran M, Drayson M T, Andrews R C, et al. The benefits of physical exercise for the health of the pancreatic β-cell: A review of the evidence[J]. Experimental Physiology, 2020, 105(4): 579 – 589.

[101] Van Der Windt D J, Sud V, Zhang H J, et al. The effects of physical exercise on fatty liver disease [J]. Gene Expression, 2018, 18(2): 89 – 101.

[102] Beaulieu K, Blundell J E, Van Baak M A, et al. Effect of exercise training interventions on energy intake and appetite control in adults with overweight or obesity: A systematic review and meta-analysis [J]. Obesity Reviews, 2021, 22: e13251.

[103] King J A, Wasse L K, Stensel D J. The acute effects of swimming on appetite, food intake, and plasma acylated ghrelin[J]. Journal of Obesity, 2011, 2011: 351628.

[104] Ouerghi N, Feki M, Bragazzi N L, et al. Ghrelin response to acute and chronic exercise: Insights and implications from a systematic review of the literature[J]. Sports Medicine (Auckland, N Z), 2021, 51(11): 2389 – 2410.

[105] Halliday T M, White M H, Hild A K, et al. Decreased ghrelin and increased PYY and GLP – 1 following acute aerobic vs resistance exercise[J]. Medicine & Science in Sports & Exercise, 2020, 52(7S): 344.

[106] Gibbons C, Blundell J E, Caudwell P, et al. The role of episodic postprandial peptides in exercise-induced compensatory eating[J]. The Journal of Clinical Endocrinology & Metabolism, 2017, 102(11): 4051 – 4059.

[107] Guelfi K J, Donges C E, Duffield R. Beneficial effects of 12 weeks of aerobic compared with resistance exercise training on perceived appetite in previously sedentary overweight and obese men [J].

Metabolism, 2013, 62(2): 235 - 243.

[108] Li V L, He Y, Contrepois K, et al. An exercise-inducible metabolite that suppresses feeding and obesity[J]. Nature, 2022, 606(7915): 785 - 790.

[109] Pedersen B K. Physical activity and muscle-brain crosstalk[J]. Nature Reviews Endocrinology, 2019, 15(7): 383 - 392.

[110] Jeong J H, Lee D K, Liu S M, et al. Activation of temperature-sensitive TRPV1 - like receptors in ARC POMC neurons reduces food intake[J]. PLoS Biology, 2018, 16(4): e2004399.

[111] Carnier J, De Mello M T, Ackel-D' Elia C, et al. Aerobic training (AT) is more effective than aerobic plus resistance training (AT + RT) to improve anorexigenic/orexigenic factors in obese adolescents [J]. Appetite, 2013, 69: 168 - 173.

[112] Beaulieu K, Hopkins M, Gibbons C, et al. Exercise training reduces reward for high-fat food in adults with overweight/obesity[J]. Medicine and Science in Sports and Exercise, 2020, 52(4): 900 - 908.

[113] Beaulieu K, Oustric P, Finlayson G. The impact of physical activity on food reward: Review and conceptual synthesis of evidence from observational, acute, and chronic exercise training studies[J]. Current Obesity Reports, 2020, 9(2): 63 - 80.

[114] Chen W, Li J, Liu J, et al. Aerobic exercise improves food reward systems in obese rats via insulin signaling regulation of dopamine levels in the nucleus accumbens[J]. ACS Chemical Neuroscience, 2019, 10(6): 2801 - 2808.

[115] Pugh J N, Impey S G, Doran D A, et al. Acute high-intensity interval running increases markers of gastrointestinal damage and permeability but not gastrointestinal symptoms[J]. Applied Physiology, Nutrition, and Metabolism, 2017, 42(9): 941 - 947.

[116] Motiani K K, Collado M C, Eskelinen J J, et al. Exercise training modulates gut microbiota profile and improves endotoxemia[J]. Medicine and Science in Sports and Exercise, 2020, 52(1): 94 - 104.

[117] Nieman D C, Wentz L M. The compelling link between physical activity and the body's defense system [J]. Journal of Sport and Health Science, 2019, 8(3): 201 - 217.

[118] Di Vito C, Mikulak J, Zaghi E, et al. NK cells to cure cancer[J]. Seminars in Immunology, 2019, 41: 101272.

[119] Phimister E G, Rubin E J. Targeting cytotoxic T cells to tumor[J]. The New England Journal of Medicine, 2022, 386(22): 2145 - 2148.

[120] Pedersen L, Idorn M, Olofsson G H, et al. Voluntary running suppresses tumor growth through epinephrine-and IL - 6 - dependent NK cell mobilization and redistribution[J]. Cell Metabolism, 2016, 23(3): 554 - 562.

[121] Gupta P, Bigley A B, Markofski M, et al. Autologous serum collected 1 h post-exercise enhances natural killer cell cytotoxicity[J]. Brain, Behavior, and Immunity, 2018, 71: 81 - 92.

[122] LaVoy E C, Blaney J, Hanley P, et al. 111. A single bout of exercise improves the expansion of cytotoxic T-cells specific to melanoma antigens in healthy humans: Implications for adoptive transfer immunotherapy[J]. Brain, Behavior, and Immunity, 2014, 40: e32 - e33.

第四章 肥胖的机制和成因

肥胖是长期能量正平衡的结果。不健康的饮食习惯和生活方式是推动能量正平衡的决定性因素。

第一节　肥胖的生物学机制

能量摄入过多和能量消耗太少之间长期失衡(即能量正平衡：能量摄入＞能量消耗)是导致肥胖的根本原因。体重增加是从每一天不知不觉能量正平衡开始的，哪怕只是微小的能量富余，也必然导致机体将多余能量以脂肪形式储存起来。脂肪主要储存于脂肪组织，表现为脂肪细胞肥大或增生。如果脂肪组织过度膨胀，脂肪还会被异位储存于肝脏、骨骼肌等其他组织器官，日复一日，超重或肥胖就成为外在表型的主要特征之一。因此，肥胖是长期能量正平衡的结果[1-4]。

人体中枢神经系统通过调控食欲和能量代谢来调节能量平衡。然而，食欲和能量代谢的调控受到遗传、生理、心理、肠道菌群以及大脑中正在发生的认知水平改变等个体因素的影响，同时也受到食物供应体系、经济收入、文化传统、科教普及和食品广告等致胖环境因素的影响。上述各种个体和环境因素相互交错，共同影响着人们的饮食习惯和生活方式，进而影响食欲和能量代谢调节。不健康的饮食习惯和生活方式是推动每日能量动态平衡的决定性因素。

随着体重增加,人体神经-体液-免疫调节网络也正在(或已经)发生不同程度损伤,其中可能包括多巴胺食物奖励系统功能受损、肠道生态失调、肠道屏障功能受损、全身慢性低度炎症、中枢瘦素和胰岛素抵抗、嗅觉和味觉功能下降、胃肠迷走神经传入网络功能受损,心理活动也随之发生了微妙变化。超重或肥胖者体内上述一系列变化可能导致食欲和能量代谢失调,主要表现为对特定食物的渴望、食欲亢进、吃得更多、吃得更不健康,再加上运动能力下降而疏于运动,又进一步推动了能量正平衡和肥胖的发展。

参考文献

[1] Blüher M. Obesity:Global epidemiology and pathogenesis[J]. Nature Reviews Endocrinology,2019,15(5):288 - 298.

[2] Pan X F,Wang L M,Pan A. Epidemiology and determinants of obesity in China[J]. The Lancet Diabetes & Endocrinology,2021,9(6):373 - 392.

[3] Heymsfield S B,Wadden T A. Mechanisms,pathophysiology,and management of obesity[J]. The New England Journal of Medicine,2017,376(3):254 - 266.

[4] Schwartz M W,Seeley R J,Zeltser L M,et al. Obesity pathogenesis:An endocrine society scientific statement[J]. Endocrine Reviews,2017,38(4):267 - 296.

第二节　促进肥胖的各种因素

在日常生活中,任何一种增加食欲和减少能量消耗的行为都可能促进肥胖。食物认知是影响一个人胖瘦的关键因素。

一、肥胖是命中注定的吗?

基因缺陷可能导致肥胖,但是基因与基因、基因与基因表达产物、基因与环境之间存在着复杂相互作用,日常生活中的饮食和运动也会影响基因表达,因此,遗传肥胖易感性不足以阻挡成功的体重管理[1]。

(一)单基因突变导致肥胖极少见

大多数单基因肥胖突变已在严重和早发型(小于 10 岁)肥胖患者队列中发现。目前,被全基因组关联研究(GWAS)鉴定为与严重和早发性肥胖有关的基因包括:瘦素及其受体(LEP、LEPR)基因、黑皮质素 4 受体(MC4R)基因、黑皮质素受体辅助蛋白 2(MRAP2)基因、阿黑皮素原(POMC)基因、刺鼠相关肽(AgRP)基因等

14种[2]。然而,单基因突变导致肥胖极少见,例如,先天性瘦素缺乏症迄今为止仅报告了数十例[2]。基因型知情治疗可以帮助单基因突变肥胖患者,如瘦素替代疗法可大幅减少食物摄入量,对这些患者有益。

(二)多基因变异导致肥胖

多基因肥胖是数百种基因多态性和致胖环境因素交互作用的结果,每种基因多态性都有很小的影响,因此很难破译与体重调节直接相关的确切机制。全基因组关联研究(GWAS)已经确定了1 100多个与肥胖特征相关的独立位点[2]。对于绝大多数GWAS鉴定的位点,我们不知道哪些基因与肥胖特征具有因果关系,它们作用于哪些细胞、组织和器官以影响体重,也不知道潜在的机制。

(三)基因缺陷通过影响食欲导致肥胖

控制"稳态食欲"和"享乐食欲"的中枢神经系统和神经元通路已成为单基因和多基因肥胖者体重增加的主要驱动因素。有证据表明,肥胖基因(FTO基因)点位变异通过调节人类的胃饥饿素水平、奖励处理和激励动机的大脑区域影响食欲。瘦素-黑皮质素轴是一个关键的食欲调控回路,导致人类严重早发性肥胖的绝大多数单基因缺陷都属于这一途径,包括LEPR、POMC、AgRP、MC4R等,特别是MC4R突变是导致暴饮暴食和肥胖的最常见单基因缺陷,它们可能导致人体更偏好高脂肪含量的食物[3-4]。

(四)健康饮食和体育运动减轻肥胖遗传风险

有研究表明,电视食品广告导致FTO基因型儿童在不饥饿的情况下消费过量食物。消费油炸食品可能与肥胖相关的遗传因素相互作用,表明具有肥胖遗传倾向的人更要远离电视食品广告和油炸食品[5-6]。健康饮食和身体活动可以将FTO基因变异对肥胖风险的影响大幅降低[7-10]。

虽然基因缺陷通过增加食欲或减少能量消耗诱导体重增加,但不能因此认为肥胖是命中注定的而失去减肥信心。环境和生活方式相互作用的基因分析表明,我们身处的致肥胖环境(超加工食品泛滥和久坐少动)可能会加剧肥胖遗传风险的负面影响,而处于遗传高致肥胖风险的人则可以通过增加体育锻炼和改变不健康的饮食习惯来减轻这种风险[11]。因此,改变不健康的饮食习惯和生活方式,有计划地参加运动,并将运动视为幸福生活的重要组成部分,是长期体重管理的有效方法。

二、表观遗传与肥胖

家庭是健康的摇篮。家庭对于儿童健康的影响从父母备孕期就开始,并且这种影响有可能将伴随终生。

（一）肥胖通过表观遗传影响后代

人体基因碱基序列保持不变，但基因表达和表型发生可遗传变化的现象，称为表观遗传。在怀孕之前，父亲或母亲不健康的饮食行为（如经常食用高脂、高糖、高能量密度的超加工食品）或缺乏运动导致肥胖表型可能致使他们与能量代谢有关的基因发生表观遗传修饰，并可以遗传给下一代，进而影响后代健康，包括肥胖和发生代谢疾病。例如，表观遗传变化可能影响白色、米色和棕色脂肪细胞的发育和细胞能量代谢速率，导致身体肥胖和代谢疾病风险增加[12-13]。

（二）家庭环境与表观遗传机制

肥胖父母也可以养育出健康的下一代，因为可以通过健康饮食和运动来减轻遗传肥胖风险的影响。来自英国伦敦大学的研究人员报告，在一项基因-环境相互作用双胞胎（925 对）研究中发现，生活在高风险致肥胖家庭环境（家庭食品环境、家庭运动环境和家庭媒体环境）中的人，4 年身体质量指数的遗传率为 86％，是生活在低风险肥胖家庭环境中的人（39％）的两倍多，表明儿童身体质量指数与家庭环境关系密切[14]。因此，创造更健康的家庭食品环境、运动环境和媒体环境以防止体重过度增加，对于遗传上有肥胖风险的儿童可能特别重要。

三、剖宫产、母乳喂养与儿童肥胖

（一）剖宫产不利于有益菌在婴儿体内定植

婴儿出生后立即经历来自母亲和周围环境的微生物快速定植，早期婴儿肠道微生物组改变与儿童肥胖症和自身免疫性疾病的发展相关。儿童期和今后生活中的疾病可能部分是由婴儿肠道微生物群定植扰动所介导的。在剖宫产婴儿中，母体拟杆菌菌株传播中断，但与医院环境相关的机会性致病菌［肠球菌属（*Enterococcus*）、肠杆菌属（*Enterobacter*）、克雷伯菌属 *Klebsiella*］却高水平定植[15]。因此，通过剖宫产分娩，孕产妇抗生素预防和医院环境相关的机会性致病菌定植会影响儿童从出生到婴儿时期肠道微生物群的组成，分娩方式可能是影响整个新生儿期和婴儿期肠道微生物群组成的重要因素。

（二）母乳喂养可降低儿童肥胖风险

有研究表明，母乳喂养可降低儿童今后超重或肥胖的概率[16]，对于孩子的智力有帮助[17]，还可降低婴儿和儿童死亡率[18]，减少孕产妇 2 型糖尿病、乳腺癌和卵巢癌的风险[19]。

母乳喂养可降低儿童肥胖风险，而且与母亲的糖尿病状态或体重状态无关[20-21]。也就是说，无论哺乳期妇女是否处于患糖尿病、超重或肥胖状态，都不影响母乳喂养对于预防婴儿肥胖的健康益处。

母乳防止儿童肥胖的具体机制尚未被阐明，其中一种解释是，母乳中存在特殊成分，可能会以某种方式防止儿童将米色脂肪组织（BeAT）过早转变为白色脂肪组织，从而防止婴儿肥胖[22]。母乳与婴儿的微生物群相互作用，也可能是影响婴儿代谢健康的关键因素。有证据表明，母乳中的人乳低聚糖（HMO）有利于婴儿肠道中的有益菌（如双歧杆菌）定植，肠道有益菌产生代谢物（如短链脂肪酸）可增强婴儿的肠道屏障和免疫系统，并与促进大脑发育和认知功能提高有关[23]。母乳含有许多结构不同的 HMO（目前已鉴定出 200 多种结构不同的 HMO），它们是母乳中仅次于乳糖和脂肪的第三大营养成分，但至今只有 5 种非人乳低聚糖添加到婴儿配方奶粉中[23]。

母乳喂养还有助于产后减轻母亲的体重，并且对母亲和婴儿来说是一种特殊的联系体验。然而，配方奶粉已经剥夺了很大一部分婴儿获得母乳喂养的权利，因此，每个哺乳期母亲都应站在孩子长期健康的角度慎重抉择。

1981 年，世界卫生组织和联合国儿童基金会发布了《国际母乳代用品销售守则》（以下简称《守则》），明确禁止向公众宣传这些产品的广告和其他形式的促销活动，旨在阻止商业利益损害母乳喂养率而危及世界上最年轻居民的健康和营养[24]。2021 年，在《守则》发布 40 周年之际，世界卫生组织和联合国儿童基金会重申它的重要性，呼吁各国政府、卫生工作者和婴儿食品行业全面实施并遵守《守则》的要求，其中包括呼吁各国政府颁布和执行立法，以防止商业利益损害母乳喂养以及儿童和妇女的健康[25]。

世界著名医学期刊《英国医学杂志》在向其读者宣传母乳替代品（配方奶粉）数十年之后，于 2019 年宣布《英国医学杂志》和它们的姊妹期刊将不再刊登有关母乳代用品的广告，这是因为婴儿配方奶粉生产商以多种方式阻碍了世界各地的婴儿获得母乳喂养[26]。

四、孕前、孕期、哺乳期和产后肥胖

（一）孕前和怀孕期间与母子肥胖

孕前和怀孕期间肥胖对母子都有短期和长期的不利影响。怀孕前期的生活方式（包括是否健康饮食和参加运动）与母婴健康结局之间有着密切的联系，其后果可能会代际相传。母亲孕前肥胖导致先天性胎儿畸形的风险增加，难产、早产和死产的风险增加，并且产后出血的风险增加。而且，孕妇肥胖是儿童肥胖的最强预测因子[27]。肥胖妇女的新生儿出生时体内脂肪增加，这增加了儿童肥胖的风险，孕妇胰岛素抵抗以及随之而来的高胰岛素血症、炎症和氧化应激可能是影响胎儿健康的负面因素。预防育龄妇女肥胖可以避免出现上述这些问题[28]。

（二）孕期和哺乳期的体重增加导致产后肥胖

女性在孕期和哺乳期的体重增加是导致产后肥胖的主要原因。由于担心胎儿风险,过去建议孕妇不要运动,同时建议她们在怀孕期间大幅增加热量摄入,然而这些误导性的建议通常会导致怀孕期间体重增加。《中国居民膳食营养素参考摄入量(2013 版)》中建议孕期哺乳期女性的能量需要量是,怀孕早期 1 800 kcal/d(约 7 531 kJ/d),中期 2 100 kcal/d(约 8 786 kJ/d),晚期 2 250 kcal/d(约 9 414 kJ/d),哺乳期 2 300 kcal/d(约 9 623 kJ/d),而推荐的 18～49 岁非孕妇能量摄入量为 1 800 kcal/d(约 7 531 kJ/d)。英国和美国国家卫生与护理研究院和美国妇产科学院建议,所有孕妇都应遵循健康饮食,并在怀孕期间每天至少考虑半小时的中等体力活动[29-30]。

据《新英格兰医学期刊》报道,对纯母乳喂养婴儿的哺乳期超重妇女进行饮食和运动干预[每天减少 500 kcal(约 2 092 kJ)能量摄入,并且每天运动 45 分钟,每周运动 4 天],导致她们在产后 4 至 14 周每周体重减轻约 0.5 kg,这不但不会影响婴儿的生长,而且婴儿的体重和身长比对照组增加更多[31]。总之,热量过剩、营养失衡、运动不足是女性孕期、哺乳期肥胖和产后肥胖的主要危险因素。

五、家庭环境与肥胖

如果没有采取预防和干预措施,儿童肥胖十有八九都会延续到成人阶段。在原生家庭养成的饮食习惯可能伴随孩子一生,并且成为影响孩子健康的重要因素。家庭就像社会的细胞。为人父母者都应该思考如何构建一个家庭环境,以保障家庭成员的健康饮食和快乐运动。

（一）不良食物偏好与肥胖

家庭成员的饮食认知是保障健康饮食的关键。父母的饮食认知决定了家庭里的一日三餐,食物如何烹饪、食物如何搭配、热量如何控制等饮食行为,都在潜移默化地影响儿童饮食习惯和食物偏好的养成,孩子们的饮食认知也在家里慢慢形成,并且可能伴随终生[32-34]。除非将来他们发现从原生家庭带来的饮食认知严重影响健康才会寻求做出调整,到那时他们可能已经超重、肥胖或者患上某种更严重的慢性疾病。

有些人用餐时配以果汁甜饮,有些人餐后必吃甜点,有些人特别喜欢喝粥,有些人喜欢吃油炸食品……不良食物偏好各式各样,但它们都有一个共同作用,即损害人体食欲和能量代谢的正常调节。这些不良的饮食偏好不仅会增加肥胖风险,而且是将来减脂计划的重要障碍。

不
饿

（二）不良口味偏好与肥胖

不同的烹饪方式成就不同的食物风味和营养结果,大多数人对于口味的偏好也在从小生活的家庭环境中逐步养成。然而,不良的口味偏好不但助长儿童肥胖,而且是减脂的主要障碍之一。例如,偏好甜味、脂肪味和鲜味。偏好甜味会导致有意无意间摄入更多的糖分,如经常喝含糖饮料吃甜点。偏好脂肪味表现为更喜欢很香的"垃圾食品",比如油炸薯条等油炸食品。摄入这些高糖高脂食物会造成食物成瘾,表现为不吃很难受,吃更多才过瘾,这样的恶性循环是导致肥胖的主要原因。食物成瘾成为一部分人减脂过程中必须克服的"戒断性反应"障碍,是他们减脂失败的原因之一。他们有时会感叹"减脂人生索然无味"[35]。鲜味是各种美味佳肴的共同特征,然而,过量摄入鲜味物质(比如味精)可能在体内通过产生大量的尿酸诱导食欲亢进、下丘脑炎症和中枢瘦素抵抗,表现为吃得更多,导致能量过剩,久而久之发展为肥胖[36]。

（三）不良饮食嗜好与肥胖

一些不良饮食嗜好通常在家庭中养成,也是导致家庭成员肥胖的重要影响因素。例如,一个家庭里的长辈长期饮酒,在这样的环境中成长的儿童成年后大概率也会饮酒。酒精成瘾对自身健康和家庭幸福的危害很严重。众所周知,女人和孩子苦酒精久矣,一些家庭暴力事件的起因通常与施暴者饮酒有关。适度饮酒有益健康的宣传是利益相关者无耻的谎言! 任何剂量的酒精对人体都有害。多数人都知道饮酒与多种癌症有因果关系,无奈染上酒瘾后戒酒不易,"何以解忧,唯有杜康",饮酒似乎是解压的好借口[37]。酒精富含能量,且会增加食欲,因此,酒精与肥胖正在划拳喊着"哥俩好"[38]。

家庭里教育孩子远离酒精饮料最好的办法就是长辈不喝酒,并列举有说服力的证据告诉孩子"酒精就是毒品"[39],告诉他们遇到什么烦心事就去运动吧,运动解千愁。

（四）零食、夜宵与肥胖

肥胖者通常喜欢吃零食[40]。有一些家庭闲暇时吃零食享乐,儿童在此环境里也养成了吃零食的坏习惯。吃零食对于肥胖的影响可能主要因为在不知不觉中摄入过多的能量。零食通常美味可口而且具有高能量密度特性。许多零食富含糖和脂肪,它们导致血糖波动,扰乱稳态食欲调节,增加餐前饥饿感,并且高糖高脂的零食具有成瘾特性,它们还会扰乱享乐食欲正常调节。因此,有些人计划减脂,并声称控制饮食,可是正餐时吃得不多,餐后不知不觉吃了很多零食,如此减脂很难成功!

吃夜宵比白天吃零食危害更大。吃夜宵可能导致生物钟紊乱,并且食物大多转化为脂肪储存,是肥胖的最大帮凶[41]。有些人没有意识到夜宵的危害,在夜间准备精致昂贵的夜宵(如冰糖燕窝)犒劳家人,这种行为除了增加家人肥胖和其他慢性病风险,几乎不会有其他健康收益。特别是在炎炎夏日,许多年轻人在夜间大吃大喝,这是导致他们将来加入肥胖大军的重要原因。

(五)自助式餐饮文化与肥胖

餐桌中间摆着几菜一汤,每人各有碗、碟、筷、勺,自行取食,这是平日里家庭用餐的普遍场景。儿童通常挑食,不喜欢吃蔬菜,少食蔬菜致使膳食纤维、植物化学物、维生素等营养物质摄入太少,导致儿童营养失衡。再者,无论大人小孩,遇到可口食物(如果没有定量)通常摄入量太多,导致能量失衡。因此,自助式餐饮文化可能助长营养和能量双失衡,导致家庭成员肥胖。如果家庭中长辈具备必要的营养知识,提前估算食物热量,提前做好食物搭配,采用分餐制(食物上桌时已经分配妥当),用餐时每人都只吃自己的一份,就可有效避免能量失衡和营养失衡导致肥胖和其他健康问题。

(六)囤积超加工食品与肥胖

有些家庭厨房里囤积了许多即食超加工食品,包括方便面、蜜饯、水果、100%果汁、含糖饮料、饼干、糕点、含糖酸奶、果冻、冰激凌、火腿肠、巧克力、啤酒、月饼、花生、坚果等零食和酒水饮料,这样容易导致家庭成员肥胖[42]。一方面,食用这些食品可能直接导致营养失衡、能量过剩、脂肪堆积和代谢紊乱,促进食欲和能量代谢失调;另一方面,囤积这些即食超加工食品为养成吃零食、吃夜宵、饮酒等不良饮食习惯提供了便利条件。想象一下,在炎炎夏日,如果冰箱里装满了啤酒、饮料和零食,你是否也想喝一杯或吃一些呢?孩子们一天喝了几瓶"快乐水"呢?

(七)过量食用高糖分水果与肥胖

适量摄入水果有益健康,这似乎是大家的共识,然而,许多家庭购买大量高糖分水果,把水果当作零食无限量供应,可能导致肥胖。零食行为是超重和肥胖者中常见的不健康饮食习惯,高糖分水果很美味,很难控制食用量,以至于通常过量食用这些水果,而水果中的糖分可能大都转化为脂肪储存起来,这是导致肥胖的原因之一。经常过量食用高糖分水果容易导致甜食偏好,增加含糖饮料和甜食消费,这也可能是诱导肥胖的原因之一。

(八)缺乏运动氛围与肥胖

有很多家庭缺乏运动氛围,究其原因,可能包括缺乏运动知识和技能,缺乏运动设施条件,缺乏运动时间,缺乏运动快乐体验。其中,缺乏运动的关键原因可能是从来没有体验过运动所带来的快乐。事实上,只需要一双跑鞋或一辆自行车以及一本关于运动知识的图书,就可以开始运动了。以正确的方式开始尝试运动,慢

不
饿

慢地就会体验到运动快乐。一旦体验到运动快乐,其他所有问题都会轻松解决。把快乐分享给家人,并带上家人一起运动,就会发现运动时间有了,运动场地和设施也就在身边。

(九)外出就餐与肥胖

随着经济收入的提高,以及越来越快的生活节奏,很多家庭经常外出就餐,这也是导致家庭成员肥胖的推动因素之一。目前,还没有出现可以很好平衡便捷、经济和健康三者之间关系的餐饮企业,绝大部分餐厅的主要服务内容,是提供各种各样的"美食",而无暇关心顾客的长期健康问题,因为顾客更关心食物的风味,关心长期健康的顾客很少。与早期传统美食相比,这些"美食"已经变性(问题主要出在食品添加剂上),经营者希望顾客觉得好吃,吃了还想吃,客观上是在利用神经生物学机制来争取回头客。因此,我们在找到以维护顾客长期健康为主要服务内容的餐厅之前,每一次外出品尝不同"美食"就如同进行一次风味独特的"增肥实验",如此日积月累,也可能导致肥胖。

六、老年人更容易肥胖

无论性别,老年人都更容易发胖。随着年龄的增长,人体运动能力下降,如果不加强运动,会导致体重在增加,肌肉却在流失。特别是在 60 岁以后,基础代谢率逐年下降,体重主要以脂肪而不是瘦体重的形式增加,这种身体成分的变化可导致老年肌肉减少性肥胖[43-44]。睾酮和雌激素水平的变化也会对衰老过程中的肌肉质量和脂肪分布产生负面影响[43,45]。运动能力下降—运动不足—肌肉减少性肥胖—全身轻度慢性炎症,如此恶性循环,进一步导致脂肪沉积和瘦体重流失。运动可以影响激素水平,诱导线粒体增生,提高免疫力,无论有氧运动还是抗阻运动都可促进老年人的骨骼肌蛋白质合成,从而增加肌肉量[46]。

七、缺乏运动导致肥胖

运动是增加消耗能量的重要方式。相比在办公室久坐时,在进行体育运动时能量代谢率增加 10 倍以上,加快了机体能量周转率。人体的瘦体重是代谢活跃组织,包括骨骼肌、心脏等都是能量消耗大户,运动会使骨骼肌增加,进而提高基础代谢能量消耗[47]。

缺乏运动导致更多脂肪被储存起来。运动过程中骨骼肌大量消耗能量,葡萄糖是运动初期的主要供能物质,然而人体必须维持相对恒定的血糖水平(3.9～6.0 mmol/L),所以在运动中后期通常动员脂肪酸作为供能物质。运动时交感神经兴奋,肾上腺素、去甲肾上腺素分泌增加,作用于白色脂肪细胞受体促进脂肪动员,而不运动引起葡萄糖和脂肪酸利用率降低,并可能会将这些供能物质转移到脂肪组织中储存起来。

缺乏运动导致胰岛素敏感性下降。胰岛素是介导细胞能量摄取的主要激素，骨骼肌不活动，ATP 需求低，对葡萄糖的需求低，因此胰岛素敏感性降低。不运动不仅通过减少肌肉中葡萄糖的利用来促进胰岛素抵抗，而且促进葡萄糖和游离脂肪酸在脂肪组织中储存。因此，肥胖和胰岛素抵抗可能通过这些过程同时发展[48]。

总之，长期不运动导致能量消耗减少，没有经常动员利用脂肪供能，导致骨骼肌、脂肪组织、心血管系统、呼吸系统等发生生理性和病理性变化，进一步促进肥胖的发展。

八、轮班工作和睡眠不足与肥胖

生物钟在身体的每个细胞中滴答作响，破坏生物节律可能导致肥胖。

（一）轮班工作与肥胖

轮班工作从业者肥胖的概率更高，如果加上不健康的饮食习惯和生活方式（零食、喝酒、运动量少），他们罹患 2 型糖尿病的风险也显著增加。因为轮班工作扰乱生物钟，会损害人体胰岛素敏感性，导致胰岛素抵抗，这可能是其诱导肥胖的主要机制[49-52]。大量研究证实，轮班工作可能在护士肥胖的发展中发挥重要作用，而且特别容易造成腹部肥胖，这是女性最不愿意接受的结果[52]。

（二）睡眠不足与肥胖

睡眠时间短、睡眠质量差和上床时间晚都会导致神经内分泌系统活动的变化，对食物刺激的敏感性增强，食欲增加，从而促进能量正平衡[53]。哪怕仅一夜睡眠不足，会导致脂肪和骨骼肌组织中的 DNA 甲基化，骨骼肌分解代谢增加，而促进肌肉流失，脂肪生成增加[54]。睡个好觉不仅与健康饮食同等重要，而且会增加次日的运动活力，相反，睡眠不足会降低次日的运动活力。如果因加班导致睡眠不足，就算给你补睡时间也很难挽回睡眠不足造成的健康损失[55]。因此，睡眠不足可能会增加能量摄入，并且减少能量消耗，从而导致能量正平衡和肥胖风险增加。

九、心理压力与肥胖

在远古时期，逃跑或战斗是维持生存的本能反应，压力系统因此迅速调节神经、内分泌激素，为下一秒的行动提供充足能量，这之后则会吃更多食物，以应对下一次压力来临[56]。现代生活在都市的人们似乎也处于高度紧张的状态。面临房贷压力和失业压力的年轻人在一顿丰盛"美食"之后压力可能暂时缓解，但当慢性压力与高热量饮食相结合时，却激活了增加食欲的脑神经回路。我们遇到的大多数压力源都是心理上的负面情绪,同时伴随着生理学和生物化学以及认知行为的变化。

(一)高压力导致食欲增加

高压力导致吃得更多,吃得更不健康,这是压力导致肥胖的主要原因。慢性压力下,血浆胃饥饿素水平会升高,使人们容易受到食物的诱惑,这些食物通过神经奖励机制激励个人过度消费。例如,压力导致人们倾向消费高糖、高脂肪和高热量的食物,吃高度可口的食物会刺激多巴胺释放,多巴胺带来的快乐反过来进一步促进消费更多可口食物,压力、奖励机制和高度的可口食物形成了一个恶性循环,导致能量摄入过多和随之而来的肥胖[57-59]。

(二)高压力导致运动减少

压力导致人们不愿运动或没时间参加运动,却花费更多的时间久坐不动。压力是已知的睡眠干扰因素。缺乏良好的睡眠,特别是较短的睡眠时间致使次日精神状态欠佳,运动能力下降,就更不愿意运动了。压力导致下丘脑-垂体-肾上腺轴慢性激活。首先,肾上腺分泌皮质醇,可独立促进食欲,皮质醇还通过降低大脑对瘦素的敏感性来促进食欲;其次,皮质醇可直接促进脂肪在腹部、面部和颈部沉积,形成"向心性肥胖"[60]。

(三)高压力与肠道生态失调有关

肠道菌群也会受到压力的影响,反过来它们通过肠-脑轴的信号传导来增加食物摄入和减少能量消耗。压力导致食欲失调,而不健康饮食破坏肠道微生态平衡,并增加肠道通透性和血脑屏障缺陷,肠道细菌衍生物进入血液并可能进入大脑摄食中枢进一步损害食欲调节,例如,高脂高糖饮食会增加血浆脂多糖(LPS)水平,并导致全身低度慢性炎症(包括下丘脑炎症),最终导致胰岛素抵抗和肥胖[61-62]。

十、社会环境与肥胖

(一)超加工食品与肥胖

饮食是影响能量摄入的决定因素。超加工食品高度可口且能量密集,特别容易导致能量摄入过多而肥胖。此外,超加工食品还通过破坏稳态食欲和享乐食欲调节系统,最终导致食欲和能量代谢失调。问题是,超加工食品已经无孔不入,大型超市、电商平台、社区便利店、校园超市、24小时便利店、农村杂货店、连锁快餐厅、面包店、蛋糕店、奶茶店、中西式糕点店等,到处都充斥着超加工食品,使我们无处可逃,它们似乎正在不知不觉中剥夺我们的选择权。超加工食品的消费量在逐年上升,它是导致肥胖在全球大流行的罪魁祸首。

（二）学校与儿童青少年肥胖

儿童和青少年的营养知识积累和饮食习惯养成不仅与家庭环境有关,还与学校的营养知识教学、校园食物环境和校园周边食物环境有关。

目前,世界上很多国家和地区的中小学课程中缺少"食育"内容,这与儿童青少年肥胖有关[63]。中小学校管理者和教师缺乏系统性的营养知识教学培训,他们可能在不经意间向学生传递错误的营养知识,导致学生不能正确辨别哪些是有害健康的食品。例如,有些小学组织小学生参加课外活动的内容竟然是参观可乐工厂!在整个活动过程中,孩子们可免费无限量享用"快乐水"并且接受了可乐工厂营销人员的企业文化和"健康食品"教育。开展这样的活动,老师的初衷可能是希望孩子们增长见识,本质上却是引导学生从小接受超加工食品的洗礼,最终导致孩子们落入跨国公司的营销圈套。学校营销是食品公司多样化营销工具箱中的一种工具,用于鼓励儿童和青少年消费其品牌的产品,并招募终身忠诚的客户[64]。

校园内和学校周边的超市或自动售货机也是导致青少年含糖饮料消费量增加和引发青少年肥胖的重要因素,因此,有些国家已经禁止在校园内和学校周边开设快餐店和售卖含糖饮料[65]。

十一、原因

享乐消费需求是不健康饮食习惯和生活方式的"构建者",而饮食认知水平决定一个人是否成为其"拥护者"。很大程度上,每个人的饮食习惯和生活方式是自身认知水平选择性表达的结果。

（一）被创造的享乐消费需求

人们对于特定食物的享乐性消费需求是被商业活动创造出来的,并不是人体新陈代谢的稳态需求[66]。相关跨国食品公司为了自身的发展,在产品研发、生产、定价和营销等方面充分考量了目标消费者的认知、饮食习惯、购买力、文化认同以及食品进入体内的神经生物学效应。在此基础上,他们创造了以时尚文化为粉饰的"享乐性食品"。这些产品通常包含高能量、高糖、高盐、高脂肪并添加多种化学成分,美味可口且包装精美,它们不仅旨在唤起消费者的兴趣和食欲,甚至希望消费者食用后产生成瘾性效果。这些产品的营销战略常常融合了当地文化特点,以便占领消费者的心智,从而增加产品的凝聚力和吸引力。这种被商业活动创造出来的享乐性食品消费需求使人们(特别是年轻人)忽略了对健康的考虑,过量食用此类食品增加了罹患肥胖、糖尿病和心血管疾病等慢性疾病的风险。

享乐消费需求常常和缺乏运动相互关联。许多人更倾向于花费时间和金钱在休闲娱乐和相关消费活动上,而忽视了身体活动对健康的重要性。例如,许多人更喜欢以吃零食、喝饮料、看电视、玩游戏或饮酒聚餐等方式来满足享乐需求,而不是积极地参与体育运动等有益健康的活动。长期缺乏运动会导致肥胖和其他各种健康问题,这又进一步促进了享乐消费需求。享乐消费需求和缺乏运动之间的这种相互关系导致很多人的生活方式变得更不健康,并使能量过剩和肥胖风险增加。

(二)饮食认知是关键因素

饮食认知,是指人们对于食物种类、食物营养成分、食物烹饪方式、食品加工、饮食与健康、饮食文化等相关饮食知识的理解,以及将这些知识灵活应用到日常饮食生活中的能力。饮食认知同时也涉及一个人的偏好、情绪、决策等方面的心理活动过程,影响人们如何选择食物和养成健康的饮食习惯。提高饮食认知水平可以指导人们的饮食行为,帮助人们制订合理的饮食计划,避免摄入不健康的食品,免受肥胖的困扰。

一个人想要健康地活着,吃饭永远是最重要的事情。然而,许多人面对充满诱惑的食物环境,常常不知所措,不知道如何辨认哪些是有害健康的食品,也不知道如何正确选择有益健康的食物,仅凭感官直觉(色、香、味、形)选择食物,养成了不健康的饮食习惯,这可能是导致肥胖的重要原因。如果我们可以清楚地分辨哪些食品有害健康,哪些食品有益健康,并且理解其中的机制、原理,就可能帮助我们做出更明智的选择,免受不健康食品的伤害。

以营养学、生物化学等为基础的科学饮食知识可以帮助我们从科学的角度考虑日常饮食问题,这似乎是每一个人的"食育"必修课。例如,当一个家庭彻底拒绝超加工食品并且彻底拒绝精制碳水化合物,家庭成员很难变得肥胖;当一个有意减脂的肥胖者做到前述"两个彻底拒绝",则会给他的减脂计划带来重大帮助,并可防止体重反弹。总之,一个人的饮食决策由其饮食认知水平决定,是影响胖瘦的关键因素。

参考文献

[1] Ells L J, Demaio A, Farpour-Lambert N. Diet, genes, and obesity[J]. BMJ, 2018: k7.

[2] Loos R J F, Yeo G S H. The genetics of obesity: From discovery to biology[J]. Nature Reviews Genetics, 2022, 23(2): 120-133.

[3] Van Der Klaauw A, Keogh J, Henning E, et al. Role of melanocortin signalling in the preference for dietary macronutrients in human beings[J]. The Lancet, 2015, 385: S12.

[4] Branson R, Potoczna N, Kral J G, et al. Binge eating as a major phenotype of melanocortin 4 receptor gene mutations[J]. New England Journal of Medicine, 2003, 348(12): 1096-1103.

[5] Gilbert-Diamond D, Emond J A, Lansigan R K, et al. Television food advertisement exposure and FTO rs9939609 genotype in relation to excess consumption in children[J]. International Journal of Obesity, 2017, 41(1): 23-29.

[6] Qi Q, Chu A Y, Kang J H, et al. Fried food consumption, genetic risk, and body mass index: Gene-diet

interaction analysis in three US cohort studies[J]. BMJ, 2014, 348: g1610.

[7] Wang T G, Heianza Y, Sun D, et al. Improving adherence to healthy dietary patterns, genetic risk, and long term weight gain: Gene-diet interaction analysis in two prospective cohort studies[J]. BMJ, 2018, 360: j5644.

[8] Kilpeläinen T O, Qi L, Brage S, et al. Physical activity attenuates the influence of FTO variants on obesity risk: A meta-analysis of 218, 166 adults and 19, 268 children[J]. PLoS Medicine, 2011, 8(11): e1001116.

[9] Holton J, Graham C, Mavrommatis Y. Physical activity attenuates increased obesity risk associated with the high-risk genotype of the FTO gene in a UK adult population[J]. Proceedings of the Nutrition Society, 2020, 79(OCE2): E187.

[10] Cho H W, Jin H S, Eom Y B. The interaction between FTO rs9939609 and physical activity is associated with a 2-fold reduction in the risk of obesity in Korean population[J]. American Journal of Human Biology, 2021, 33(3): e23489.

[11] Goodarzi M O. Genetics of obesity: What genetic association studies have taught us about the biology of obesity and its complications[J]. The Lancet Diabetes & Endocrinology, 2018, 6(3): 223-236.

[12] Ling C, Rönn T. Epigenetics in human obesity and type 2 diabetes[J]. Cell Metabolism, 2019, 29(5): 1028-1044.

[13] Dhasarathy A, Roemmich J N, Claycombe K J. Influence of maternal obesity, diet and exercise on epigenetic regulation of adipocytes[J]. Molecular Aspects of Medicine, 2017, 54: 37-49.

[14] Schrempft S, Van Jaarsveld C H M, Fisher A, et al. Variation in the heritability of child body mass index by obesogenic home environment[J]. JAMA Pediatrics, 2018, 172(12): 1153.

[15] Shao Y, Forster S C, Tsaliki E, et al. Stunted microbiota and opportunistic pathogen colonization in caesarean-section birth[J]. Nature, 2019, 574(7776): 117-121.

[16] Horta B L, Rollins N, Dias M S, et al. Systematic review and meta-analysis of breastfeeding and later overweight or obesity expands on previous study for World Health Organization[J]. Acta Paediatrica, 2023, 112(1): 34-41.

[17] Horta B L, Loret De Mola C, Victora C G. Breastfeeding and intelligence: A systematic review and meta-analysis[J]. Acta Paediatrica, 2015, 104(467): 14-19.

[18] Sankar M J, Sinha B, Chowdhury R, et al. Optimal breastfeeding practices and infant and child mortality: A systematic review and meta-analysis[J]. Acta Paediatrica, 2015, 104(467): 3-13.

[19] Chowdhury R, Sinha B, Sankar M J, et al. Breastfeeding and maternal health outcomes: A systematic review and meta-analysis[J]. Acta Paediatrica, 2015, 104(467): 96-113.

[20] Armstrong J, Reilly J J. Breastfeeding and lowering the risk of childhood obesity[J]. The Lancet, 2002, 359(9322): 2003-2004.

[21] Mayer-Davis E J, Rifas-Shiman S L, Zhou L, et al. Breast-feeding and risk for childhood obesity[J]. Diabetes Care, 2007, 30(2): 452.

[22] Yu H D, Dilbaz S, Coßmann J, et al. Breast milk alkylglycerols sustain beige adipocytes through adipose tissue macrophages[J]. Journal of Clinical Investigation, 2019, 129(6): 2485-2499.

[23] Dinleyici M, Barbieur J, Dinleyici E C, et al. Functional effects of human milk oligosaccharides (HMOs)[J]. Gut Microbes, 2023, 15(1): 2186115.

[24] 联合国儿童基金会英国委员会. 国际母乳代用品销售守则[R/OL]. [2023-06-06]. https://www.unicef.org.uk/babyfriendly/baby-friendly-resources/international-code-marketing-breastmilk-substitutes-resources/the-code/.

[25] 世卫组织,联合国儿童基金会. 世卫组织/联合国儿童基金会关于国际母乳代用品销售守则40周年的声明[R/OL]. (2021-05-21)[2023-06-05]. https://www.who.int/news/item/21-05-2021-WHO-UNICEF-statement-on-the-40th-anniversary-of-the-international-code-of-marketing-breastmilk-substitutes.

[26] Godlee F, Cook S, Coombes R, et al. Calling time on formula milk adverts[J]. BMJ, 2019, 364: l1200.

[27] Poston L, Caleyachetty R, Cnattingius S, et al. Preconceptional and maternal obesity: Epidemiology and health consequences[J]. The Lancet Diabetes & Endocrinology, 2016, 4(12): 1025-1036.

[28] Catalano P M, Shankar K. Obesity and pregnancy: Mechanisms of short term and long term adverse

consequences for mother and child[J]. BMJ, 2017, 356: j1.

[29] Perales M, Artal R, Lucia A. Exercise during pregnancy[J]. JAMA, 2017, 317(11): 1113.

[30] Ma R C W, Schmidt M I, Tam W H, et al. Clinical management of pregnancy in the obese mother: Before conception, during pregnancy, and post partum[J]. The Lancet Diabetes & Endocrinology, 2016, 4(12): 1037 – 1049.

[31] Lovelady C A, Garner K E, Moreno K L, et al. The effect of weight loss in overweight, lactating women on the growth of their infants[J]. New England Journal of Medicine, 2000, 342(7): 449 – 453.

[32] Mahmood L, Flores-Barrantes P, Moreno L A, et al. The influence of parental dietary behaviors and practices on children's eating habits[J]. Nutrients, 2021, 13(4): 1138.

[33] Moore E S. Intergenerational influences on children's food preferences, and eating styles: A review and call for research[J]. European Journal of Marketing, 2018,52(12): 2532 – 2543.

[34] Kakinami L, Houle-Johnson S, McGrath J J. Parental nutrition knowledge rather than nutrition label use is associated with adiposity in children[J]. Journal of Nutrition Education and Behavior, 2016, 48 (7): 461 – 467.

[35] Schulte E M, Chao A M, Allison K C. Advances in the neurobiology of food addiction[J]. Current Behavioral Neuroscience Reports, 2021, 8(4): 103 – 112.

[36] Andres-Hernando A, Cicerchi C, Kuwabara M, et al. Umami-induced obesity and metabolic syndrome is mediated by nucleotide degradation and uric acid generation[J]. Nature Metabolism, 2021, 3(9): 1189 – 1201.

[37] Collaborators G A. Alcohol use and burden for 195 countries and territories, 1996—2016: A systematic analysis for the Global Burden of Disease Study 2016[J]. The Lancet, 2018, 392(10152): 1015 – 1035.

[38] Åberg F, Färkkilä M. Drinking and obesity: Alcoholic liver disease/nonalcoholic fatty liver disease interactions[J]. Seminars in Liver Disease, 2020, 40(2): 154 – 162.

[39] Kypri K, McCambridge J. Alcohol must be recognised as a drug[J]. BMJ, 2018, 362: k3944.

[40] Wiśniewska K, Ślusarczyk K, Jabłonowska-Lietz B, et al. The frequency of snacking and night-time eating habits in the adult obese patients [J]. Proceedings of The Nutrition Society, 2020, 79 (OCE2):E472.

[41] Kelly K P, McGuinness O P, Buchowski M, et al. Eating breakfast and avoiding late-evening snacking sustains lipid oxidation[J]. PLoS Biology, 2020, 18(2): e3000622.

[42] Hall K D, Ayuketah A, Brychta R, et al. Ultra-processed diets cause excess calorie intake and weight gain: An inpatient randomized controlled trial of *ad libitum* food intake[J]. Cell Metabolism, 2019, 30 (1): 67 – 77.

[43] Batsis J A, Villareal D T. Sarcopenic obesity in older adults: Aetiology, epidemiology and treatment strategies[J]. Nature Reviews Endocrinology, 2018, 14(9): 513 – 537.

[44] Pontzer H, Yamada Y, Sagayama H, et al. Daily energy expenditure through the human life course[J]. Science, 2021, 373(6556): 808 – 812.

[45] Leeners B, Geary N, Tobler P N, et al. Ovarian hormones and obesity[J]. Human Reproduction Update, 2017, 23(3): 300 – 321.

[46] Villareal D T, Aguirre L, Gurney A B, et al. Aerobic or resistance exercise, or both, in dieting obese older adults[J]. The New England Journal of Medicine, 2017, 376(20): 1943 – 1955.

[47] 运动生物化学编写组. 运动生物化学[M]. 北京:北京体育大学出版社,2020:67 – 80.

[48] Booth F W, Roberts C K, Thyfault J P, et al. Role of inactivity in chronic diseases: Evolutionary insight and pathophysiological mechanisms[J]. Physiological Reviews, 2017, 97(4): 1351 – 1402.

[49] Leong I. Shift work causes insulin resistance[J]. Nature Reviews Endocrinology, 2018, 14(9): 503.

[50] Kim M J, Son K H, Park H Y, et al. Association between shift work and obesity among female nurses: Korean Nurses' Survey[J]. BMC Public Health, 2013, 13: 1204.

[51] Shan Z L, Li Y P, Zong G, et al. Rotating night shift work and adherence to unhealthy lifestyle in predicting risk of type 2 diabetes: Results from two large US cohorts of female nurses[J]. BMJ, 2018, 363: k4641.

[52] Lee G J, Kim K, Kim S Y, et al. Effects of shift work on abdominal obesity among 20-39 – year-old

female nurses: A 5 - year retrospective longitudinal study [J]. Annals of Occupational and Environmental Medicine, 2016, 28: 69.

[53] Schmid S M, Hallschmid M, Schultes B. The metabolic burden of sleep loss[J]. The Lancet Diabetes & Endocrinology, 2015, 3(1): 52 - 62.

[54] Cedernaes J, Schönke M, Westholm J O, et al. Acute sleep loss results in tissue-specific alterations in genome-wide DNA methylation state and metabolic fuel utilization in humans[J]. Science Advances, 2018, 4(8): eaar8590.

[55] Rubin R T. Sleeping in doesn't mitigate metabolic changes linked to sleep deficit[J]. JAMA, 2019, 321 (21): 2062.

[56] Tomiyama A J. Stress and obesity[J]. Annual Review of Psychology, 2019, 70: 703 - 718.

[57] Chao A M, Jastreboff A M, White M A, et al. Stress, cortisol, and other appetite-related hormones: Prospective prediction of 6-month changes in food cravings and weight[J]. Obesity, 2017, 25(4): 713 - 720.

[58] Diz-Chaves Y. Ghrelin, appetite regulation, and food reward: Interaction with chronic stress[J]. International Journal of Peptides, 2011, 2011: 898450.

[59] Schellekens H, Finger B C, Dinan T G, et al. Ghrelin signalling and obesity: At the interface of stress, mood and food reward[J]. Pharmacology & Therapeutics, 2012, 135(3): 316 - 326.

[60] Aschbacher K, Kornfeld S, Picard M, et al. Chronic stress increases vulnerability to diet-related abdominal fat, oxidative stress, and metabolic risk[J]. Psychoneuroendocrinology, 2014, 46: 14 - 22.

[61] Geng S H, Yang L P, Cheng F, et al. Gut microbiota are associated with psychological stress-induced defections in intestinal and blood-brain barriers[J]. Frontiers in Microbiology, 2020, 10: 3067.

[62] Du L Y, Lei X, Wang J E, et al. Lipopolysaccharides derived from gram-negative bacterial pool of human gut microbiota promote inflammation and obesity development[J]. International Reviews of Immunology, 2022, 41(1): 45 - 56.

[63] Nayga R M. Schooling, health knowledge and obesity[J]. Applied Economics, 2000, 32(7): 815 - 822.

[64] Harris J L, Fox T. Food and beverage marketing in schools: Putting student health at the head of the class[J]. JAMA Pediatrics, 2014, 168(3): 206 - 208.

[65] Pillay D, Ali A, Wham C A. Examining the New Zealand school food environment: What needs to change? [J]. Nutrition Research Reviews, 2022: 1 - 14.

[66] 世界卫生组织. 健康的商业决定因素[R/OL]. (2021 - 03 - 21)[2023 - 06 - 05]. https://www.who. int/news-room/fact-sheets/detail/commercial-determinants-of-health.

正确认识超重和肥胖

在过去物资匮乏的年代,肥胖是一种"美",是物质富足的象征。直到今天,依然还有许多人对超重和肥胖的潜在危害认识不足。有些人认为胖一点无所谓,只要健康就好,以至于对孩子的超重和肥胖问题漠不关心,任其发展。许多人需要重新认识超重和肥胖的潜在危害,了解减脂的重要性和紧迫性,才会知道为什么要减脂,才会开始制订和执行减脂计划。超重或肥胖者想要健康长寿,首先要减脂。"养生"的关键就是身材管理。

第一节　超重和肥胖的判断标准

《中国居民营养与慢性病状况报告(2020 年)》的数据[1]显示,中国成年居民超重或肥胖率超过 50%,6 岁以下儿童达到 10%,6～17 岁儿童青少年接近 20%,18 岁及以上成年居民超重率为 34.3%、肥胖率为 16.4%[1]。

身体质量指数(BMI)是指体重除以身高平方得出的数值,公式为 BMI=体重(kg)/身高(m)^2。《中国成人超重和肥胖预防控制指南 2021》对于成年人超重和肥胖状况判断的标准是:18.5 kg/m^2≤BMI<24 kg/m^2 为正常体重,24 kg/m^2≤BMI<28 kg/m^2 为超重,BMI≥28 kg/m^2 为肥胖。其中 85 cm≤男性腰围<90 cm 或 80 cm≤女性腰围<85 cm 为向心性肥胖前期;男性腰围≥90 cm 或女性腰围≥

85 cm 被称为向心性肥胖,代表腹腔内或脏器周围脂肪蓄积过多,这是诱导代谢功能异常和多种慢性病的重要危险因素。

亚太地区糖尿病政策小组 2005 年提出的判定代谢综合征标准是,华人男性腰围≥90 cm,女性≥80 cm(如果 BMI≥30 kg/m² ,则无须再测量腰围),以及满足以下任意两个条件即可判定为代谢综合征:① 空腹血糖≥5.6 mmol/L,或以往诊断有糖尿病;② 收缩压/舒张压≥130 mmHg/85 mmHg,或正在接受降压治疗;③ 空腹血清甘油三酯(TG)≥1.7 mmol/L,或正在接受调脂治疗;④ 空腹血清高密度脂蛋白胆固醇(HDL-C),男<1.03 mmol/L,女<1.29 mmol/L,或正在接受调脂治疗[2]。

参考文献

[1] 国务院新闻办.国务院新闻办就《中国居民营养与慢性病状况报告(2020 年)》有关情况举行发布会[R/OL].(2020 - 12 - 24)[2023 - 06 - 06].http://www.gov.cn/xinwen/2020 - 12/24/content_5572983.htm.
[2] 陈家伦.临床内分泌学[M].上海:上海科学技术出版社,2011.

第二节　超重和肥胖的危害

"胖一点无所谓,只要健康就好",这是一种有害健康的错误认知。世界上没有健康的胖子,超重和肥胖正不知不觉地将我们推向慢性疾病(包括癌症)的深渊。

仅仅基于身体质量指数(BMI)对一个特定个体做出是否超重或肥胖的判断,显然是不准确的。例如,有计划地参加健身运动的人可能由于总体重中骨骼肌质量比例较高,BMI 也较高,但体脂率较低,这可称之为健壮,并不是肥胖。然而,更普遍存在的情况是,许多人 BMI 较高,虽然相较于正常体重但不经常锻炼的人,他们对抗阻力的身体力量较大,但是体脂率很高,有氧运动能力明显下降。这样的人通常被自我评价的"健壮"假象所蒙蔽,不知危险正在步步逼近。

超重或肥胖在初期可能只表现为运动能力不同程度地下降,不痛不痒没有其他身体不适。这时,他们可能处于"代谢健康"状态,即暂时没有出现高血压,血糖血脂参数正常,并未达到代谢综合征的判定标准。然而,有大量的研究证据表明,这只是一种短暂过渡状态,且通常存在于年轻人和超重持续时间较短的个体中。随着时间的推移,大部分"代谢健康"的超重或肥胖者转化为不健康,即使极少数的终身"代谢健康"的超重或肥胖人群也会有更高的心血管疾病和全因死亡风险[1-4]。事实上,大部分看似健康的超重或肥胖者通常伴有不同程度的非酒精性脂肪肝[5]、全身慢性低度炎症[6],以及胰岛素抵抗、瘦素抵抗等内分泌激素信号传导异常,从而导致食欲和能量代谢失调,在不知不觉中被推向各种慢性非传染性疾病(包括癌症)的深渊。超重或肥胖是心脑血管疾病、2 型糖尿病和多种癌症等慢性病的重要危险因素。

超重和肥胖与高血压、血脂异常、脂肪肝、痛风等密切相关。冠心病事件(指急性心肌梗死、冠心病猝死和其他冠心病死亡)的发生率伴随着 BMI 增加而升高[7-9]。MBI 和腰围与脑卒中发病风险呈正相关[10]。超重和肥胖是 2 型糖尿病发病的关键危险因素[8],但令人叹息的是,我们的孩子正生活在超加工食品泛滥的食物环境中,2 型糖尿病正在向他们蔓延[11]。目前世界上没有任何药物可以完全逆转糖尿病[12],因此,2 型糖尿病患者的生存质量可能受到长期影响。较大幅度减脂并长期保持健康体重已经成为 2 型糖尿病治疗的主要手段[13]。

癌症会严重降低生存质量并增加死亡风险,因此人们谈癌色变。已经有证据表明,超重和肥胖与许多类型癌症发病的风险增加有关。国际癌症研究中心(IARC)工作组在回顾了流行病学数据、动物研究结果以及机制研究数据后得出结论:过量身体脂肪会增加结直肠癌、肝癌、胆囊癌、胰腺癌、肾脏癌、甲状腺癌、乳腺癌(绝经后)、子宫内膜癌、卵巢癌、食管癌(腺癌)、胃贲门癌发生的风险,还会导致神经瘤以及多发性骨髓瘤发生的风险增加。有强有力的证据支持 9 种癌症与肥胖相关,包括食管腺癌、结肠癌和直肠癌(男性)、胆管癌、胰腺癌、肾癌、子宫内膜癌(绝经前妇女)、乳腺癌(绝经后)和多发性骨髓瘤。[14]

超重和肥胖增加癌症发病风险,确切的机制目前尚不清楚。目前认为,可能与内分泌激素代谢异常(如高胰岛素血症等)[15],以及全身慢性炎症期间释放的细胞因子增加有关[6]。炎症是肥胖和癌症的共同特征[16],其中消化系统癌症,如肝癌、胰腺癌和结直肠癌,可能与肥胖状态下肠道菌群所引起的慢性炎症有密切关系[17]。此外,有令人信服的证据表明,有意减肥会对这些机制产生积极影响[18]。

参考文献

[1] Eckel N, Li Y P, Kuxhaus O, et al. Transition from metabolic healthy to unhealthy phenotypes and association with cardiovascular disease risk across BMI categories in 90～257 women (the Nurses' Health Study): 30 year follow-up from a prospective cohort study[J]. The Lancet Diabetes & Endocrinology, 2018, 6(9): 714 - 724.

[2] Caleyachetty R, Thomas G N, Toulis K A, et al. Metabolically healthy obese and incident cardiovascular disease events among 3.5 million men and women[J]. Journal of the American College of Cardiology, 2017, 70(12): 1429 - 1437.

［3］ Fauchier G，Bisson A，Semaan C，et al．Cardiovascular events in metabolically healthy obese．A nationwide cohort study［J］．European Heart Journal，2021，42(Supplement 1)：2614．

［4］ Collaboration G B M，Di Angelantonio E，Bhupathiraju S，et al．Body-mass index and all-cause mortality：Individual-participant-data meta-analysis of 239 prospective studies in four continents［J］．Lancet，2016，388(10046)：776－786．

［5］ Chang Y，Jung H S，Cho J，et al．Metabolically healthy obesity and the development of nonalcoholic fatty liver disease［J］．American Journal of Gastroenterology，2016，111(8)：1133－1140．

［6］ Deng T，Lyon C J，Bergin S，et al．Obesity，inflammation，and cancer［J］．Annual Review of Pathology，2016，11：421－449．

［7］ Lassale C，Tzoulaki I，Moons K G M，et al．Separate and combined associations of obesity and metabolic health with coronary heart disease：A pan-European case-cohort analysis［J］．European Heart Journal，2018，39(5)：397－406．

［8］ Dale C E，Fatemifar G，Palmer T M，et al．Causal associations of adiposity and body fat distribution with coronary heart disease，stroke subtypes，and type 2 diabetes mellitus：A Mendelian randomization analysis［J］．Circulation，2017，135(24)：2373－2388．

［9］ Choi S，Kim K，Kim S M，et al．Association of obesity or weight change with coronary heart disease among young adults in South Korea［J］．JAMA Internal Medicine，2018，178(8)：1060．

［10］ Lian H，Xie X，Zhou R，et al．Association between metabolically healthy obesity and incident risk of stroke in adult aged over 40 from rural Henan Province［J］．Chinese journal of preventive medicine，2022,56(3):295－301．

［11］ Abbasi A，Juszczyk D，Van Jaarsveld C H M，et al．Body-mass index and incidence of type 1 and type 2 diabetes in children and young adults in the UK：An observational cohort study［J］．The Lancet，2016，388：S16．

［12］ Roden M，Shulman G I．The integrative biology of type 2 diabetes［J］．Nature，2019，576(7785)：51－60．

［13］ Lingvay I，Sumithran P，Cohen R V，et al．Obesity management as a primary treatment goal for type 2 diabetes：Time to reframe the conversation［J］．The Lancet，2022，399(10322)：394－405．

［14］ Park Y，Colditz G A．Fresh evidence links adiposity with multiple cancers［J］．BMJ，2017：j908．

［15］ Perry R J，Shulman G I．Mechanistic links between obesity，insulin，and cancer［J］．Trends in Cancer，2020，6(2)：75－78．

［16］ Iyengar N M，Gucalp A，Dannenberg A J，et al．Obesity and cancer mechanisms：Tumor microenvironment and inflammation［J］．Journal of Clinical Oncology，2016，34(35)：4270－4276．

［17］ Cani P D，Jordan B F．Gut microbiota-mediated inflammation in obesity：A link with gastrointestinal cancer［J］．Nature Reviews Gastroenterology & Hepatology，2018，15(11)：671－682．

［18］ Lauby-Secretan B，Scoccianti C，Loomis D，et al．Body fatness and cancer：Viewpoint of the IARC working group［J］．The New England Journal of Medicine，2016，375(8)：794－798．

第三节　肥胖者食欲和能量代谢失调

人们已经认识到超重和肥胖的危害,很多人试图减脂,可是都遇到了许多困难。其中不容忽视的是,在肥胖发展过程中体内的神经-体液-免疫调节网络发生了不同程度的损伤,这可能是我们减脂路上最难逾越的障碍。具体来说,肥胖者可能存在多巴胺食物奖励系统功能受损、嗅觉和味觉功能受损、胃肠迷走神经传入网络功能受损、肠道生态失调和屏障功能下降、全身慢性低度炎症、中枢瘦素和胰岛素抵抗等问题,这些问题一起导致肥胖者食欲和能量代谢失调,尽管这些情况的严重程度在不同个体之间有所差异。肥胖者食欲和能量代谢失调的直接后果是,餐后的大脑饱腹感反应变得非常迟钝,在减脂过程中总是觉得"饿",就算经历千辛万苦减轻体重,也特别容易反弹[1-2]。

一、肥胖者通常多巴胺食物奖励系统功能受损

以多巴胺为主要介质的食物奖励系统是强化食物价值和食物认知的必要机制,本质上服务于物质和能量代谢稳态,对于人类生存至关重要。多巴胺食物奖励系统功能受损会导致渴望更多高能量和高度可口的食物,哪怕我们已经吃饱了。这显然会促进能量摄入,阻碍减脂计划实施。重要的是,长期对于某些高能量密度超加工食品的偏爱(如甜点等)会导致"享乐食欲"调节机制凌驾于"稳态食欲"调节机制之上,促进食物成瘾,这可能是减脂计划实施初期的第一个重要障碍。超加工食品通常富含不健康糖、盐、脂质和添加剂等成分,并且它们具有高能量密度和高适口性的特性。因此,泛滥的超加工食品是食物奖励系统稳态的破坏者。

二、肥胖者可能嗅觉和味觉功能受损

许多研究表明,肥胖者可能嗅觉和味觉功能受损。长期不健康的饮食导致肥胖者肠道生态失调、代谢性内毒素血症,以及进一步的全身慢性炎症,可能是嗅觉和味觉功能下降的重要促进因素。嗅觉和味觉功能受损可能导致对于食物的初步营养价值判断偏差,可能会喜好味道更浓郁的食物。肥胖者偏爱甜味和高脂肪的食物,餐后饱腹感降低,这也可能是减脂初期的一个障碍。因为,改变一个人长期形成的口味偏好并不容易。

三、肥胖者可能胃肠迷走神经传入网络功能受损

健康人在一顿饭中,肠道神经足细胞将肠腔内的营养信息在数毫秒间传给大脑,同时由胃肠道机械感受器上报食物体积,这些是大脑感知摄入食物的营养和总量的关键信号。肥胖者可能胃肠迷走神经传入网络功能受损,主要表现为胃肠迷走神经传入网络感知营养、激素和机械刺激的敏感性下降,这导致餐后饱腹感和满足感下降,促进暴饮暴食。重要的是,这种现象可能在体重减轻后的一段时间内持续存在,这也可能是导致体重反弹的重要因素之一。

四、肥胖者通常肠道生态失调和屏障功能下降

肠道生态失调和屏障功能下降在肥胖者中很常见。肠道生态失调导致肠道菌群中"有益菌"和"有害菌"的比例失衡,肠道屏障功能下降会增加细菌内毒素脂多

糖入血,它们促进代谢性内毒素血症,诱发全身慢性低度炎症,促进中枢瘦素和胰岛素抵抗,最终导致食欲和能量代谢失调。超加工食品由于富含不健康的糖、脂肪和添加剂,并且缺乏天然膳食纤维和植物化学物,是导致肠道生态失调和屏障功能下降的主要饮食因素。摄入富含天然膳食纤维和植物化学物的植物性食物,并远离超加工食品,可以改善肠道微生态和肠道屏障功能。

五、肥胖者通常全身慢性低度炎症

肥胖者通常处于全身慢性低度炎症状态,包括下丘脑、脂肪组织、骨骼肌、肠道等组织器官炎症。下丘脑是食欲和能量代谢调控中枢,下丘脑炎症会导致中枢瘦素和胰岛素抵抗,直接损害食欲和能量代谢调节。脂肪组织慢性炎症导致脂肪动员障碍和产热减少,并产生促炎细胞因子,进一步推动全身慢性炎症发展。骨骼肌慢性炎症可能导致骨骼肌血流量减少,骨骼肌氧化能力下降,并且促进骨骼肌胰岛素抵抗,最明显的感受是有氧运动能力下降。肠道慢性炎症与肠道生态失调有关,除了影响餐后饱腹感,还可能促发全身慢性炎症。因此,任何有效的减脂方案都必须考虑如何消退全身慢性低度炎症,这样才能保障减脂计划顺利开展,才能有效防止体重反弹。富含不健康的糖、脂肪和添加剂且缺乏天然膳食纤维和植物化学物的超加工食品是促发全身慢性炎症的主要饮食因素。

六、肥胖者普遍中枢瘦素和胰岛素抵抗

瘦素和胰岛素不仅是大脑感知长期能量储存和短期能量摄入状态的重要外周信号,还参与多巴胺食物奖励机制的调节。因此,肥胖者普遍存在的中枢神经系统瘦素和胰岛素抵抗是食欲和能量代谢失调的直接触发因素。如何有效提高中枢瘦素和胰岛素敏感性,从而恢复食欲和能量代谢正常调节,可能是减脂计划实施过程中要面对的关键挑战。

参考文献

[1] Van Galen K A，Schrantee A，ter Horst K W，et al. Brain responses to nutrients are severely impaired and not reversed by weight loss in humans with obesity：A randomized crossover study[J]. Nature Metabolism，2023，5(6)：1059 - 1072.
[2] Cl R，Melhorn S J，Mrb D L，et al. Impaired brain satiety responses after weight loss in children with obesity[J]. Yearbook of Paediatric Endocrinology，2022；2254 - 2266.

第四节　"养生"的关键是身材管理

有一些人热衷于"养生",并将保持健康或延长寿命的希望寄托于某种"灵丹妙药"。通常他们会落入保健品的营销圈套,故事发展到最后也通常以人间悲情落幕。关于养生之道,《黄帝内经》中早有描述,如"食饮有节,起居有常,不妄作劳,故能形与神俱,而尽终其天年,度百岁乃去",这段文字可通俗地理解为,饮食有节制,睡眠有规律,适度身体活动(运动),才能肉体与精神协调统一,尽享自然寿命,活过一百岁。由此看来,对于大部分生活在都市的现代人来说,遵从古人所谓养生之道的关键是改变不健康的饮食习惯和生活方式,而不是消费各种保健品。对于已然超重或肥胖的人来说,古人所谓养生之道本质上就是一个科学减脂计划的总结性陈述,并非寻医问药。

死亡是每一个人都要面对的共同生命终点,然而,超重和肥胖就像豪华列车,它载着人们加速驶向终点。世上没有健康的胖子,每一个超重或肥胖的人都应该及时改变观念了。身材管理,包括保持骨骼健康、适当的体脂和骨骼肌,不仅仅是为了体型"健美",更是人体健康管理的基石。事实上,"养生"的关键就是身材管理,有大量研究证据表明"一胖毁所有"。正如前文所述,当我们超重或肥胖时,2 型糖尿病、心血管疾病、肝病、癌症等都可能陆续来敲门。相反,人体保持适当的体脂和骨骼肌可避免全身慢性炎症,有利于神经-体液-免疫调节网络正常运行,使人体内环境始终处于动态平衡之中,从而保持健康活力。因此,除了超重或肥胖者要尽快开始减脂,其他人都要好好吃饭,好好睡觉,享受运动,保持健康的饮食习惯和生活方式,终生保持健康的身材,这样才能在人生旅途的每一天都充满活力。

"不饿"是减脂的关键

减脂必须通过能量负平衡来实现,即每日能量摄入量小于每日能量消耗量。在此期间,人体动员脂肪来弥补每日能量短缺。在减脂过程中,普遍遇到的主要困难是挥之不去的饥饿感和对特定食物的渴望,因此,在能量负平衡中保持"不饿"是减脂成功的关键。要知道,任何人在持续"饥饿"的状态下,都可能失去优雅和梦想。

第一节 减脂只能通过能量负平衡来实现

能量正平衡(即能量摄入多于能量消耗)是导致肥胖的根本原因,肥胖是长期能量正平衡的结果,相反,减脂则只能通过能量负平衡来实现。想要实现净能量负平衡,要么减少能量摄入,要么增加能量消耗,或两者兼而有之。任何一种有效的减肥方案,包括饮食减肥、运动减肥、药物减肥、减肥手术,无论采用什么技术手段和方法,本质上都是通过能量负平衡来实现减脂目标的。

减肥药中,备受关注的司美格鲁肽是由诺和诺德公司研发的胰高血糖素样肽-1受体激动剂(GLP-1R),它是通过抑制食欲减少能量摄入来减轻体重的[1]。然而,减肥药在帮助我们减少能量摄入的同时都有副作用,有的减肥药因为有严重副作用,食品药品监管部门认为使用这些药物减肥的风险大于收益,要求其停止生产和销售[2]。例如：氯卡色林（lorcaserin）可能会增加患癌症的风险，2020年被美国食品药品监督管理局（FDA）要求撤出市场[3]；西布曲明（sibutramine）可能导致非致命性心肌梗死和卒中，2010年被FDA要求撤出市场；芬氟拉明（fenfluramine）和右芬氟拉明（dexfenfluramine）可能导致心瓣膜功能不全和肺动脉高压，早在1997年就被FDA要求撤出市场[2]。司美格鲁肽将来是否会面临同样退市下场，目前不得而知。已知的是，任何药物都不可能长期使用。如果没有改变不健康饮食习惯和生活方式，减肥药的效用会大打折扣（或无效），就算暂时减轻体重，停药后也可能快速反弹。

减肥（减重）手术也被称为肥胖与代谢外科手术，是帮助患有严重肥胖症的人减轻体重的有效方法[4]。常用减肥手术有袖状胃切除术（SG）、胃旁路术（RYGB）和可调节胃束带术（AGB）等。减肥手术通过改变患者正常的消化道解剖结构，影响营养物质的消化吸收，减少摄食量，增加餐后饱腹感，减少食欲，从而减少总能量摄入，来实现减脂和改善代谢的目标[5]。成功的减肥手术治疗后，发现饱腹激素胰高血糖素样肽-1和酪酪肽升高，而胃饥饿素降低，它们都可能会通过肠-脑轴调节食欲[6-8]。因此，成功的减肥手术治疗会实现的客观结果是让人吃得更少又保持不饿，即在能量负平衡中保持不饿。

减肥手术的长期治疗效果与术后是否改变不健康饮食习惯和生活方式关系密切。减肥手术给接受治疗的肥胖者创造了一个改变的机会（时间窗口），同时也是一次终生难忘的健康教育。大部分人会因此遵从医嘱（主要内容是健康饮食和运动），彻底改变过往的不健康饮食习惯，并且参加有计划的体育运动。手术成功后，如果依旧食用含糖饮料、蛋糕、奶茶、面包、巧克力、饼干等超加工食品，往往达不到预期的减肥和改善代谢效果，甚至会减肥失败[9]。如果缺乏有计划的体育运动，可能导致肌肉和骨过度流失，使体重反弹风险和其他代谢疾病风险增加。需要注意的是，在过去的二十多年中，减肥手术的安全性得到了改善，但毕竟还是有风险，其中包括死亡、再手术、严重并发症[10-11]。有报道称，减肥手术后还出现了长期并发症，包括复发性草酸钙尿路结石和骨质疏松症[12]。因此，在准备进行肥胖手术之前，需要与医生充分沟通，权衡风险和收益之后再下决心。

参考文献

[1] Wilding J P H, Batterham R L, Calanna S, et al. Once-weekly semaglutide in adults with overweight or obesity[J]. The New England Journal of Medicine, 2021,384(11):989-1002.

[2] Müller T D, Blüher M, Tschöp M H, et al. Anti-obesity drug discovery: Advances and challenges[J]. Nature Reviews Drug Discovery, 2022, 21(3): 201-223.

[3] FDA. FDA requests the withdrawal of the weight-loss drug Belviq, Belviq XR (lorcaserin) from the market[R/OL]. (2022-01-14)[2023-06-06]. https://www.fda.gov/drugs/fda-drug-safety-

podcasts/fda-requests-withdrawal-weight-loss-drug-belviq-belviq-xr-lorcaserin-market.

[4] Shubeck S, Dimick J B, Telem D A. Long-term outcomes following bariatric surgery[J]. JAMA, 2018, 319(3):302-303.

[5] Akalestou E, Miras A D, Rutter G A, et al. Mechanisms of weight loss after obesity surgery[J]. Endocrine Reviews, 2022,43(1):19-34.

[6] Hutch C R, Sandoval D. The Role of GLP-1 in the metabolic success of bariatric surgery[J]. Endocrinology, 2017,158(12):4139-4151.

[7] Guida C, Stephen S D, Watson M, et al. PYY plays a key role in the resolution of diabetes following bariatric surgery in humans[J]. EBioMedicine, 2019,40:67-76.

[8] Li G Y, Ji G, Hu Y, et al. Reduced plasma ghrelin concentrations are associated with decreased brain reactivity to food cues after laparoscopic sleeve gastrectomy[J]. Psychoneuroendocrinology, 2019, 100: 229-236.

[9] Hawkins R B, Mehaffey J H, McMurry T L, et al. Clinical significance of failure to lose weight 10 years after roux-en-y gastric bypass [J]. Surgery for Obesity and Related Diseases, 2017, 13 (10): 1710-1716.

[10] Nguyen N T, Wilson S E. Complications of antiobesity surgery [J]. Nature Clinical Practice Gastroenterology & Hepatology, 2007, 4(3): 138-147.

[11] Iacobellis F, Dell'Aversano Orabona G, Brillantino A, et al. Common, less common, and unexpected complications after bariatric surgery: A pictorial essay[J]. Diagnostics, 2022, 12(11): 2637.

[12] Weiss D. Long-term complications of bariatric surgery[J]. JAMA, 2021, 325(2): 186.

第二节　减脂的关键是在能量负平衡中保持"不饿"

虽然"少吃多动"是正确的减脂方法,但是在实践过程中通常难以实现预期的减脂效果。超重或肥胖者通常食欲和能量代谢失调,如果减脂过程中仅仅是简单地减少能量摄入和/或增加能量消耗,而没有彻底改变不健康的饮食习惯和生活方式,则需要具备无比坚强的意志力与强大的生物力量长期斗争,其中最明显的感受是常常"饥饿"难耐。减脂过程中总是觉得"饿"(其中包括对特定食物的渴望)是导致许多人难以顺利达成减脂目标的主要原因,也是将来体重反弹的重要推动力。

"饿"包括由"稳态食欲"驱动的饥饿感,也包括由"享乐食欲"驱动的对特定食物的渴望。"不饿"不是没有食欲,而是食欲处于灵活可控状态。从短期来看,"不饿"是在减脂期间适度减少能量摄入(保持每日能量负平衡),餐后仍然保持更长时间满足感,且在下一餐开始前没有明显饥饿感,也没有对特定食物的渴望,可避免零食或其他计划外能量摄入,从而保障减脂计划顺利实施;从长期来看,"不饿"是全身慢性炎症逐步消退,食欲和能量代谢逐步恢复正常调节,使得食欲长期灵活可控,且能量代谢长期处于动态平衡,有利于减脂成功后长期保持健康体重。

此外,"不饿"还有另一层含义,就是减脂者需要摆脱由他人所定义的"快乐"和"幸福"的禁锢,在新生活中找到乐趣和意义。具体而言,至少包括:不再将因减脂计划而新建立的饮食习惯和生活方式视为一种临时的、不自然的行为;重新定义美食,认清不健康食物的丑陋本质,正确分辨它们,并将它们视为"慢性毒物";将体重管理视为新生活方式不可或缺的一部分,将体育运动视为新身份不可或缺的一部分;在健康饮食和体育运动中寻找新的生活乐趣;认清并原谅自己过往的"无知"和"无聊",持续学习,不断提高自己的认知水平;重新定义幸福生活和人生意义,与家人一起享受新生活方式。

总之,减脂计划的核心内容是,如何在减脂期间的能量负平衡中保持"不饿",以保障减脂计划顺利进行,同时还要有利于改善食欲和能量代谢调节功能,并防止减脂成功后体重反弹。

第三节　减脂过程中为什么总是觉得"饿"？ 如何"不饿"？

在减脂过程中,为什么总是觉得"饿"? 答案是,减脂过程中未能彻底改变不健康饮食习惯和生活方式,以至于食欲和能量代谢调节功能尚未得到有效改善。具体而言,减脂过程中总是觉得"饿",可能与没有彻底拒绝摄食超加工食品和精制碳水化合物有关,或者与膳食中缺乏蛋白质、天然膳食纤维和植物化学物有关,还可能与睡眠不足和缺乏运动有关。

如何在减脂过程中保持"不饿"? 答案是,彻底拒绝超加工食品和精制碳水化合物,要食用富含膳食纤维和植物化学物的天然食物,要保证食物中有充足的蛋白质,要保证有充足的睡眠时间,还有,在减脂计划中加入个性化的可长期执行的运动计划,并要学会享受运动。其中做到"两个彻底拒绝"至关重要。如此,不仅可以在减脂过程中保持不饿,保障减脂计划顺利实施,同时还有利于逐步改善食欲和能量代谢调节功能,从而长期保持健康体重。

一、彻底拒绝超加工食品

减脂过程中没有彻底拒绝超加工食品是导致整个减脂期总是感觉"饿"的重要原因。一方面,一些人可能已经处于食物成瘾状态,例如,有些人长期喜欢吃零食(如糕点等),有些人经常喜欢小酌几杯,殊不知零食和酒精一样都会成瘾,促发"享乐性饥饿",这是他们减脂路上的一只拦路虎[1];另一方面,有一些人没有充分理解和重视超加工食品的危害,错误地认为偶尔"享用"并无大碍,这是他们减脂路上另一只拦路虎。摄入超加工食品的危害包括扰乱肠道生态平衡,损害肠道屏障功能,增加内毒素入血,从而导致代谢性内毒素血症和全身慢性低度炎症;超加工食品也可能直接诱导下丘脑炎症,导致中枢瘦素和胰岛素抵抗,损害"稳态食欲"调节;许多类型的超加工食品还会破坏多巴胺食物奖励系统稳态,导致食物成瘾。因此,每一位正在减脂的人,都有必要清楚地理解,超加工食品是导致食欲和能量代谢失调的罪魁祸首,如果不彻底拒绝超加工食品,就无法在减脂过程中真正摆脱"饥饿"的困扰,即使历经艰苦努力,体重有所减轻,也会在不知不觉中反弹。

要彻底拒绝超加工食品并不是一件容易的事。首先,我们要充分了解摄食超加工食品导致食欲和能量代谢失调的相关机制,认真阅读本书第三章有助于加深理解超加工食品的种种"罪行"。如有必要,可以找到书中引证的相关文献进一步考证。当我们了解超加工食品致病机制,并发自内心将其视为"慢性毒物"时,拒绝它可能会更加坚定彻底。其次,我们要正确地分辨什么是超加工食品,这个问题的答案在本书第一章第九节中有详细描述。例如,在各种大小超市和网络平台,除了生鲜区售卖的粮油和初级农产品之外,其他预包装食品大部分可归类于超加工食品。不仅如此,在一些家庭的厨房和餐厅也可发现超加工食品及其原料,如家庭自制的各种加糖糕点和饮料,许多家庭常用的味精、鸡精等调味料属于可能引发下丘脑炎症的鲜味添加剂。

二、彻底拒绝减肥保健品

减肥保健品不可能有效解决肥胖问题。一款药物被批准上市前需要经历研发、临床前试验、临床试验(药物临床试验分为Ⅰ期、Ⅱ期、Ⅲ期、Ⅳ期临床试验以及生物等效性试验),被确认安全有效后才可能被批准上市销售,整个过程可能历时5~10年,需要耗费大量人力和投入巨额资金。减肥保健品与减肥药的不同之处在于,减肥保健品上市前不需要药品监督管理部门的审查或批准,因此宣称具有减肥功效的保健食品通常是"王婆卖瓜",很多时候它们处于监管的盲区。很明显,如果减肥保健品可以有效解决肥胖问题,世界上将不太可能还有制药公司投入巨资研发减肥药。事实上,针对全球20亿~30亿超重或肥胖人群催生的无比巨大的减肥市场,目前包括辉瑞、诺和诺德、礼来等在内的世界大型制药公司都在参与研发新的减肥药,约40款减肥药正在进行临床试验[2]。

美国超过50%的成年人至少服用一种膳食补充剂,这些膳食补充剂的年销售额已经接近500亿美元,其中可能每年有数十亿美元花费于购买各种形式的减肥保健品[3]。然而,根据世界卫生组织的数据,2016年美国成年人的超重率高达67.9%,其中36.2%的人肥胖,在发达国家中遥遥领先[4]。至今,美国超重和肥胖率还在持续上升,来自美国国家卫生统计中心的数据,2017—2018年美国20岁及以上成人超重率为30.7%,肥胖率为42.4%(其中严重肥胖率为9.2%);2~19岁儿童和青少年超重率为 16.1%，肥胖率为 19.3%（其中严重肥胖率为 6.1%）[5-6]。这些触目惊心的数据似乎可以说明，如果不改变不健康的饮食习惯和生活方式，依靠减肥保健品和减肥药是不可能有效彻底地解决肥胖问题的，至少在现在的美国是如此。

像其他保健品一样，减肥保健品有副作用，并可能与处方药和非处方药相互作用，即使轻微的不良影响，如果长期累积也可能带来严重的后果。例如，在各种销售渠道热卖的减脂补剂左旋肉碱（*L-carnitine*）。从理论上讲，补充肉碱可能增加肉碱肌肉含量，从而改善健康人脂肪酸氧化和运动功能。然而，到目前为止，还没有科学依据支持健康个体或运动员在补充肉碱后运动表现得到改善[7]。问题是，补充肉碱可能会提高血浆氧化三甲胺（TMAO）水平，这与心血管疾病风险增加密切相关[8-9]，一项来自美国的多种族队列（6 785 名成年人）研究表明，较高的血浆 TMAO 水平与更高的全因死亡率风险（特别是心血管和肾脏疾病导致的死亡风险）呈正相关[10]。需要特别提醒的是，宣称有利于减肥的各种减肥代餐（奶昔），它们的作用原理无异于"极低热量减肥法"，是以极低热量的"代餐"为安慰剂，让消费者在其指导的减脂期内通过"忍饥挨饿"来减轻体重，一旦恢复正常饮食，体重就会迅速反弹。更严重的问题是，这些产品本质上是由食品工业原料（或普通农产品）添加工业纯化的膳食纤维（如菊粉）、乳化剂（如羧甲基纤维素）和各种添加剂（如甜味剂）混合而成的超加工食品。超加工食品与减肥代餐的主要区别在于，后者采用营销手段进行全方位包装，使得善良的老百姓误以为它们是具有减肥功效的"高科技产品"。这些添加了"坏膳食纤维"和添加剂的减肥代餐对身体的长期潜在危害与超加工食品有异曲同工之妙，待到危害显现的一天或已追悔莫及。

欺诈和掺假在减肥保健品中很常见，会损害身体健康。有些减肥保健品宣称"不节食，不运动，就轻松减肥"和"要减肥，你所要做的就是服用这些产品"，这样的信息听起来似乎在侮辱人们的智商，悲哀的是它们却很有市场。事实可能是，这些减肥保健品有时掺假或掺杂处方药成分、受控物质或未经测试/未经研究的可能有害的药物活性成分。在美国，2004 年 1 月—2012 年 12 月期间，FDA 对 237 种膳食补剂进行了 I 类召回，其中 27% 为减肥保健品，这表明使用这些产品可能会导致严重的不良健康后果[11]。在大多数情况下，召回是由于存在未申报的药物成分。2013 年 1 月 8 日—2022 年 7 月 22 日，FDA 针对超过 195 种"受污染"减肥保健品发出通告，以告诫消费者它们中含有隐性药物（如氯卡色林、西布曲明等）成分，会对身体健康产生不良影响[12]。2019 年在美国，一女子因更名、销售来自中国的含有西布曲明违禁减肥药而被判刑。同年，一人因从中国走私假冒和贴错标签的产品而被逮捕和起诉，被告从中国进口的减肥保健品中含有未申报的西布曲明等原料药[13-14]。因此,可以推测从各种渠道购买的(国产或进口)减肥保健品可能含有违禁成分。

总之,减肥没有捷径可走,任何人都只能通过改变不健康的饮食习惯和生活方式,在能量负平衡中始终保持"不饿",从而促进顺利减脂,并避免体重反弹。彻底拒绝减肥保健品可避免不必要的金钱损失,也可避免身体和精神损伤。肥胖的生物学机制决定了对于减肥,世界上没有灵丹妙药,可能永远也找不到灵丹妙药!

三、彻底拒绝精制碳水化合物

在减脂过程中没有彻底拒绝精制碳水化合物,也是导致下一餐来临之前饥饿感增加的重要原因之一。果汁、含糖饮料、蛋糕、甜点、饼干、面包、巧克力等富含糖或淀粉的超加工食品是典型的富含精制碳水化合物的食品。除此以外,精米、白面和淀粉以及由它们加工而成的各种食物是精制碳水化合物的主要来源。这些生活中最常见的食物的主要问题是极易消化吸收和高血糖生成指数,促进胰岛素大量分泌,可能造成胰岛素"过载",从而使食用者在餐后 2~3 小时就开始感觉饥饿。由于各种原因,有的人在减脂过程中还以精米和白面作为"主食",他们通常将面临一种尴尬局面,即多吃一点长胖,少吃一点就饥饿。例如,在减脂过程中,减少了白米饭、白馒头等淀粉类食物的摄入量,可能会由于饥饿常常发生餐后零食(如吃水果、坚果等)行为,从而导致当日能量正平衡,阻碍减脂计划的开展。除了精米、白面和淀粉制品之外,很多看似健康,实则刺激食欲的食物也会增加餐后饥饿感,例如,100%鲜榨果汁、含糖酸奶、蜂蜜、各种粥或糊、各种加糖自制饮料、各种自制果脯、各种自制糕点等。前述食物虽不属于超加工食品,但是它们通常富含淀粉、葡萄糖和果糖,且容易消化吸收,都可以归类于精制碳水化合物。在两餐之间食用这些食物,可能使人在下一餐来临前饥饿感增加,并渴望下一餐提前开始。因此,在减脂过程中要特别强调彻底拒绝精制碳水化合物。

要彻底拒绝精制碳水化合物同样不是一件容易的事。对于拒绝精制米面之外的其他精制碳水化合物,大部分人可能比较容易理解。然而,精制大米和白面目前还是全球大部分人口一日三餐的主要食物。在我国,绝大部分人从小到大也一直把精米或白面作为主食。因此,许多人并不认为这些精制的大米和白面是导致现代人肥胖或阻碍减脂的主要食物因素。至少人们心中可能有两个困惑。第一个困惑是,以前一直以精米或白面为主食,每餐摄入量比今天更多,为什么以前肥胖率很低?原因可能是以前我们吃饭时除了米饭、面条之外,肉、蛋、奶和油脂摄入很少,同时配菜更多是以蔬菜、藻类、豆类为主,因此每日总能量摄入可能并不高;也可能是以前大部分人参加体力劳动的时间更长,每天能量消耗更多。因此,以前每日能量摄入不高,而能量消耗更多,所以肥胖率更低。第二个困惑是,不吃精米或白面,吃什么? 答案是,吃全谷物。很多人可能没有尝试过采用全谷物(如糙米、全麦等)完全替代精制米面作为每餐主食,或许他们心中还有各种顾虑。事实上,已经有足够的证据支持,全谷物代替精制米面不仅有利于在减脂期的能量负平衡中保持不饿,而且会带来更多长期健康益处,其中包括减少 2 型糖尿病、心血管疾病、癌症等慢性病风险[15-21]。因此,当我们的知识足以清楚地判断全谷物和精制米面之间的优劣差别时,彻底拒绝精制碳水化合物也就没有什么顾虑了。

四、食用富含膳食纤维和植物化学物的天然食物

膳食中缺少天然膳食纤维和植物化学物可能是大部分人在减脂过程中总是感觉饥饿的主要原因。有的人在减脂过程中只是大幅度减少精米、白面做成的米饭、馒头和面条等"主食"摄入,其他食物摄入量没有明显调整,并且在餐后严格控制含糖食物摄入。采用这种简单的"少吃"来减少能量摄入,可能在餐后 2～3 小时就会有非常明显的饥饿感。有的人为了增加餐后饱腹感,通过大量摄食肉类等富含蛋白质的食物以缓解饥饿,这样一来,就不可避免地要担心高蛋白饮食的潜在风险。其实,简单而有效的做法是,采用全谷物、豆类等作为"主食"替代原来精米白面,并且适当增加菌类、藻类和蔬菜摄入量,这些食物中富含天然膳食纤维和植物化学物,可以有效增加饱腹感,并在餐后保持长时间不饿。

人们对于富含膳食纤维和植物化学物的天然食物如何改善食欲和能量代谢调节并带来长期健康益处缺乏充分了解,也可能这类食物适口性较差等多种因素导致了各种减脂饮食方案都没有特别强调它们的重要性。然而,任何一种减脂饮食方案如果缺少富含膳食纤维和植物化学物的天然食物,可能都不利于逐步恢复食欲和能量代谢的正常调节。这些最低限度加工的富含天然膳食纤维和植物化学物的天然食物(如全谷物、豆类、菌类、藻类、蔬菜等),在胃肠道中消化吸收缓慢,可通过增大食物体积,增加肠道饱腹激素分泌,增加肠道糖异生,增加肠道菌群发酵产生短链脂肪酸等途径使得一顿饭之后保持更长时间不饿。不仅如此,这些富含天然膳食纤维和植物化学物的天然食物还可以通过改善肠道微生态,改善肠道屏障功能,减少全身慢性炎症,提高瘦素和胰岛素敏感性等途径使食欲和能量代谢逐步恢复正常调节。

五、保证适量蛋白质摄入

有小部分人可能因为膳食中蛋白质含量太少,减脂过程中饥饿感增加。虽然蛋白质杠杆假说的具体机制尚待进一步阐明,但是膳食中蛋白质的含量明显减少

已经被证明会导致食物摄入量补偿性增加，以维持蛋白质绝对量的摄入[22]。因此，为了避免减脂期膳食中的蛋白质含量太少而导致饥饿感增加，在减脂过程中要保证充足的蛋白质摄入，不应低于推荐摄入量，同时也要避免高蛋白饮食。

六、保证充足睡眠时间

睡眠不足导致食欲增加也是一部分人在减脂过程中总是饿的原因之一。由于学业、工作、社交等多种因素，睡眠不足的人在现代社会普遍存在。然而，睡眠不足会引发明显的享乐性饥饿，对高热量食物的渴望显著增加。睡眠不足导致食欲增加可能是多种内分泌激素和食物奖励机制共同影响的结果。因此，在减脂过程中要保证充足的睡眠时间，尽量避免夜间社交活动。

七、运动是减脂计划中不可或缺的内容

缺乏运动也是减脂过程中总是觉得饿的原因之一。肥胖者通常全身存在慢性低度炎症，例如，肥胖者下丘脑炎症导致中枢瘦素和胰岛素抵抗，这与其食欲和能量代谢失调密切相关。肥胖者脂肪动员能力下降，在不同供能物质间切换的代谢灵活性下降，以致于在减脂期间能量负平衡时主要利用葡萄糖提供能量，不能及时有效动员脂肪提供能量，这可能也是总感觉饿的原因之一。肥胖者运动过程中体内各种"肌因子"等细胞因子分泌增加，参与代谢调节和发挥抗炎作用，可能通过重塑骨骼肌、脂肪组织、心血管系统，有利于消退全身慢性炎症（包括下丘脑炎症），提高全身组织细胞代谢灵活性，从根本上改善食欲和能量代谢调节。总有些人提问"减肥能不能不要运动?"，答案显然是否定的。因此，运动是整个减脂计划中不可或缺的内容，否则不利于消退全身慢性炎症，不利于从根本上改善食欲和能量代谢调节。

参考文献

[1] Chmurzynska A，Mlodzik-Czyzewska M A，Radziejewska A，et al．Hedonic hunger is associated with intake of certain high-fat food types and BMI in 20 - to 40 - year-old adults[J]．The Journal of Nutrition，2021，151(4)：820 - 825．

[2] Müller T D，Blüher M，Tschöp M H，et al．Anti-obesity drug discovery：Advances and challenges[J]．Nature Reviews Drug Discovery，2022，21(3)：201 - 223．

[3] NIH．Dietary supplements for weight loss[R/OL]．(2022 - 05 - 18)[2023 - 06 - 06]．https://ods. od. nih. gov/factsheets/WeightLoss-HealthProfessional/．

[4] WHO．Noncommunicable diseases：Risk factors[R/OL]．[2023 - 06 - 06]．http://www. who. int/gho/ncd/risk_factors/overweight_text/en/．

[5] NCHS Health E-Stats．Prevalence of overweight，obesity，and severe obesity among children and adolescents aged 2-19 years：United States，1963—1965 through 2017—2018[R/OL]．(2021 - 02 - 08)

[2023 - 06 - 06]. https://www.cdc.gov/nchs/data/hestat/obesity-child - 17 - 18/obesity-child.htm.

[6] NCHS Health E-Stats. Prevalence of overweight, obesity, and severe obesity among adults aged 20 and over: United States, 1960—1962 through 2017—2018[R/OL]. (2021 - 02 - 08)[2023 - 06 - 06]. https://www.cdc.gov/nchs/data/hestat/obesity-adult - 17 - 18/obesity-adult.htm.

[7] Gnoni A, Longo S, Gnoni G V, et al. Carnitine in human muscle bioenergetics: Can carnitine supplementation improve physical exercise? [J]. Molecules, 2020,25(1):182.

[8] Koeth R A, Wang Z N, Levison B S, et al. Intestinal microbiota metabolism of l-carnitine, a nutrient in red meat, promotes atherosclerosis[J]. Nature Medicine, 2013, 19(5): 576 - 585.

[9] Sawicka A K, Renzi G, Olek R A. The bright and the dark sides of L-carnitine supplementation: A systematic review[J]. Journal of the International Society of Sports Nutrition, 2020, 17(1): 49.

[10] Wang M, Li X S, Wang Z N, et al. Trimethylamine N-oxide is associated with long-term mortality risk: The multi-ethnic study of atherosclerosis[J]. European Heart Journal, 2023, 44(18): 1608 - 1618.

[11] Harel Z, Harel S, Wald R, et al. The frequency and characteristics of dietary supplement recalls in the United States[J]. JAMA Internal Medicine, 2013, 173(10): 929.

[12] FDA. Tainted weight loss products[R/OL]. (2023 - 01 - 08)[2023 - 06 - 06]. https://www.fda.gov/drugs/medication-health-fraud/tainted-weight-loss-products.

[13] FDA. Woman sentenced for rebranding, selling prohibited weight loss drugs from China[R/OL]. (2019 - 10 - 22) [2023 - 06 - 06]. https://www.fda.gov/inspections-compliance-enforcement-and-criminal-investigations/press-releases/woman-sentenced-rebranding-selling-prohibited-weight-loss-drugs-china.

[14] FDA. Individual indicted and arrested for smuggling counterfeit and misbranded products from China[R/OL]. (2019 - 12 - 23)[2023 - 06 - 06]. https://www.fda.gov/inspections-compliance-enforcement-and-criminal-investigations/press-releases/individual-indicted-and-arrested-smuggling-counterfeit-and-misbranded-products-china.

[15] Guo H B, Ding J, Liang J Y, et al. Associations of whole grain and refined grain consumption with metabolic syndrome. A meta-analysis of observational studies [J]. Frontiers in Nutrition, 2021, 8:695620.

[16] Xu Y J, Yang J E, Du L A, et al. Association of whole grain, refined grain, and cereal consumption with gastric cancer risk: A meta-analysis of observational studies[J]. Food Science & Nutrition, 2019, 7(1): 256 - 265.

[17] Chen J G, Huang Q F, Shi W, et al. Meta-analysis of the association between whole and refined grain consumption and stroke risk based on prospective cohort studies[J]. Asia Pacific Journal of Public Health, 2016, 28(7): 563 - 575.

[18] Yang W S, Ma Y N, Liu Y E, et al. Association of intake of whole grains and dietary fiber with risk of hepatocellular carcinoma in US adults[J]. JAMA Oncology, 2019, 5(6): 879.

[19] Hu Y, Ding M, Sampson L, et al. Intake of whole grain foods and risk of type 2 diabetes: Results from three prospective cohort studies[J]. BMJ, 2020, 370: m2206.

[20] Aune D, Keum N, Giovannucci E, et al. Whole grain consumption and risk of cardiovascular disease, cancer, and all cause and cause specific mortality: Systematic review and dose-response meta-analysis of prospective studies[J]. BMJ, 2016, 353: i2716.

[21] Reynolds A, Mann J, Cummings J, et al. Carbohydrate quality and human health: A series of systematic reviews and meta-analyses[J]. Lancet, 2019, 393(10170): 434 - 445.

[22] Raubenheimer D, Simpson S J. Protein leverage: Theoretical foundations and ten points of clarification [J]. Obesity, 2019, 27(8): 1225 - 1238.

不饿饮食（NH-diet）

第七章

不饿饮食，是本书首次提出的减脂饮食方案。不饿饮食主要适用于超重或肥胖者，也适用于体重正常健康人群的长期体重管理，不适用于身体消瘦、体重过轻者。

不饿饮食是从人体食欲和能量代谢的角度提出的有助于顺利减脂并长期保持健康体重的减脂饮食方案。不饿饮食可能通过改善肠道微生态，增加肠道短链脂肪酸产生，增加肠道饱腹激素释放等途径，使得在减脂期间能量负平衡中始终保持不饿，从而有利于减脂计划顺利开展。不饿饮食和适度运动一起，可能通过逐步消退全身慢性炎症逐步提高瘦素和胰岛素敏感性，最终恢复食欲和能量代谢的正常调节，从而有助于长期保持健康体重。

不饿饮食虽然是基于当前证据和健康考虑提出的减脂饮食方案，并且与许多国家的传统饮食模式很相似，但是因其明确强调了饮食禁忌，对于某些个体或人群来说，这种饮食模式可能看起来很极端或不可行。任何一种减脂饮食方案都有它的局限性，不饿饮食也不例外，因此，任何人采用不饿饮食，都需要根据自身的实际情况另行制订个性化的饮食计划。请读者认真阅读本书全部章节，必要时可通过相关文献进一步阅读和考证，这样更有利于理解肥胖和减脂的底层逻辑并形成系统性认知，进而才能结合自身实际情况制订个性化的饮食方案。

另外，我们的减脂计划需要得到家人的支持，并告知同事朋友。对于大部分个人和家庭来说，改变饮食习惯和生活方式都是重大事件，对于改变的必要性和紧迫性，需要在家庭内部形成共识。只有在家人的支持下，减脂计划才能更顺利开展。将减脂计划告知同事朋友，是希望他们知晓，我们正在进行的减脂计划涉及饮食行为根本性改变不仅有明确的食物禁忌,而且用餐时间也可能与他们不同,希望得到同事和朋友的谅解。

第一节　不饿饮食的主要特征

不饿饮食主要特征:自然、不饿、可持续、多样性、终身享用、零额外成本。

(1)自然,是指仅选择最低限度加工的天然食物,彻底拒绝超加工食品,彻底拒绝精制碳水化合物。

(2)不饿,是指食用富含膳食纤维和植物化学物的天然食物,餐后满足感很高,并保持长时间不饿。

(3)可持续,是指选择生产过程更有利于保护自然环境,并且随着人口增加仍然可以满足需求的天然食物。

(4)多样性,是指除了明确拒绝超加工食品和精制碳水化合物之外,对常见的天然食物几乎没有禁忌,并建议保持食物品种多样性。

(5)终身享用,是指这种饮食模式有利于长期健康,可一辈子采用,不仅仅局限于减脂期。

(6)零额外成本,是指人人都能负担得起食物成本,也包括更低的自然生态成本,并且不会因此额外增加食物成本。

不饿饮食的上述六大特征,是我们在制订个性化饮食计划时必须恪守的六大原则。背离上述任何一条原则的饮食计划都不应被称为不饿饮食。违背上述原则的饮食计划可能不利于顺利减脂和长期保持健康体重,或不具有普惠性,不利于自然生态和可持续的食物供应,不利于人类的长期健康和幸福。

第二节　彻底拒绝的食物(什么不能吃?)

在减脂计划制订过程中,明确不吃什么,比吃什么更重要!明确强调彻底拒绝超加工食品,彻底拒绝精制碳水化合物是不饿饮食区别于其他各种饮食模式的关键特征。事实上,不能做到前述"两个彻底拒绝"是大多数人减脂失败或体重反弹的关键原因。

首先,不再购买超加工食品和精制碳水化合物。请将原本用于购买超加工食品和精制碳水化合物的相关开支转而用于购买全谷物、豆类、奶类、蛋类、菌类、海藻类、新鲜肉类、蔬菜和水果等仅经过最低限度加工的健康天然食材。如何辨认超加工食品和精制碳水化合物在之前相关章节中已经详细描述,如有必要请再次翻阅相关章节。

其次,清理冰箱和厨房,清除全部超加工食品。冰箱里的各种即食或加热即食的超加工食品需要全部清除。例如丸子、饺子、包子、馒头、馄饨、手抓饼、馅饼、比萨饼、意大利面、重组肉块、冰激凌、雪糕、各种预制小吃美食等。厨房或餐厅里的超加工食品和精制碳水化合物也要全部清除。例如,含糖饮料(包括100%果汁)、固体饮料、预包装面包、糖果、果冻、蜜饯、糕点、巧克力、月饼、膨化食品、方便米面制品、即食谷物、即食燕麦片、火腿肠、调制乳(如甜味奶、早餐奶、果味奶、含糖酸奶等)、各种保健食品(如减肥代餐)、精制大米、白面粉、面条或米粉、各种零食点心(包括超加工坚果、干制水果)、蔗糖(如白糖、冰糖、红糖等)、糖浆、蜂蜜等,请全部清除。

接着,清除不健康烹饪调味料。味精、鸡精、蚝油,以及各种超加工酱油、甜面酱、辣椒酱、黄豆酱等,请全部清除。特别注意,不饿饮食的调味料清单中没有糖和蜂蜜等甜味剂,任何菜肴和饮料都不应添加甜味剂,只有这样,我们才会更快适应"无糖食物",渐渐就会对糖失去兴趣,摆脱对糖的依赖。如果留下这些甜味剂,最有可能的风险是继续在菜肴和饮料中添加它们,这样不仅会在不知不觉中摄入更多能量,而且糖(特别是果糖)的成瘾特性导致我们在减脂过程中总是觉得饿,始终无法彻底挣脱它们的纠缠,阻碍整个减脂计划的顺利开展。

再次,即使清理出来的"食品"含有某些"珍贵"的天然成分并且价格昂贵,也不要因此而犹豫,请务必彻底清除。例如,减肥保健品可能曾经花费了大量金钱购买,但事实上它们不仅营养远不如由全谷物、豆类、菌藻类、蔬菜、水果等天然食物的组合,还可能给身体带来潜在危害,因此请果断清除它们。再如,精米、白面、蔗糖,它们是人类曾经不易获得的"优质食物",虽然都不是超加工食品,但是归类于精制碳水化合物,不利于减脂计划的顺利开展,是要坚决拒绝的食物。天然蜂蜜的主要营养成分是糖(主要是果糖和葡萄糖),它很甜,常被充当甜味剂使用,会使食物变得更可口从而增加食欲,因此,在食物中添加天然蜂蜜和其他甜味剂一样,对于体重管理非常不利,也是我们要彻底改变的不良饮食习惯。

最后,我们的冰箱、厨房和餐厅只留下全谷物、杂豆、坚果、菌类(新鲜或干制)、海藻类(干制)、蔬菜(新鲜或干制)、新鲜水果、蛋类、纯牛奶及其制品、大豆及其制品以及新鲜或冷冻的鱼肉、禽肉和畜肉等天然食物或最低限度加工的天然食物,以及烹饪这些食物的食用油、花椒、辣椒、胡椒、食盐等必要的烹饪用油和调味品。茶叶或咖啡不仅是我们生活和文化的重要组成部分,适量饮用也有利于减脂,请保存好它们。含酒精饮料(无论价格多么昂贵的果酒、啤酒、红酒、黄酒、白酒)都不在我们的食物清单中,请务必清除它们。

请注意,要采用环保的方法处理这些超加工食品和精制碳水化合物。清除一切阻碍减脂计划的不健康食品是保障成功减脂和通向健康生活的第一步,也是最重要的一步。通常情况下,如果能做到彻底拒绝超加工食品和精制碳水化合物,并在日常生活中视其为"慢性毒物",我们的减脂计划就已经成功了一半。

第三节　重新定义美食

在不饿饮食中,拒绝超加工食品和精制碳水化合物并不等于拒绝美食,而是对美食进行重新定义。

美食是美好生活的重要组成部分。人们的生活因为美食而变得更加丰富多彩,人们一生中的许多美好时刻可能都伴随着独自享用或与他人分享美食。然而,人们面对美食通常食欲大增,从而增加能量摄入,促进了肥胖和慢性疾病的发生发展,这样就与对美好生活的向往背道而驰了,这就是美食的悖论。

蜂蜜和水果是自然界赐予人类的美食。在物资匮乏的年代,蜂蜜和水果经常被作为珍贵礼物馈赠亲友。果糖是蜂蜜和水果中的主要甜味成分之一,然而,果糖在人体内遵从特殊途径代谢,过量摄入果糖被证明有害健康。在漫长的人类演化史中,蜂蜜和水果似乎对于绝大部分人来说都是不可多得的食物,可是,随着食品工业的发展,果糖(如果葡糖浆)变成廉价的食品工业原料,已经被证明是诱导肥胖和多种慢性病的重要贡献者。例如,利用工业果糖作为甜味剂,再加上着色剂、香精、咖啡因等原料,就可以调制出色泽诱人、香气芬芳、味道甘甜的美食(饮料),这些美食(饮料)似乎比天然蜂蜜和水果更受欢迎。尽管每个人都知道这些美食(饮料)有害健康,有些人却"就好这一口",深陷其中不能自拔。

超加工食品已经成为最受欢迎的美食。如今,利用食品添加剂调制出色、香、味俱全的美食比在之前的任何时代都更加容易。食品添加剂无孔不入,它们会出现在街边美食摊铺、特色美食餐厅、连锁美食餐厅、星级美食餐厅,以及隐身于各种饮料、糕点、零食、面包、冷冻饮品等超加工食品中。因此,城市的大街小巷、商场、酒店以及各种网络平台,或是弥漫着美食的香气,或是充斥着琳琅满目的美食广告。很明显,我们正身处于"超加工美食"泛滥的时代。更糟糕的是,添加剂还堂而皇之地出现在家庭厨房,以至于我们每一天在菜肴中都要加入它们(如糖和味精)。久而久之,我们的神经系统对于这些添加剂产生了依赖,我们烹调食物已经离不开这些添加剂。无处不在的超加工食品通过多种途径损害食欲和能量代谢正常调节功能,导致能量正平衡,随之而来的是超重、肥胖和慢性非传染性疾病。

美好的生活需要美食,更需要健康,健康才是一切美好生活的基础。在这个物资不断丰富的时代,人们似乎更需要以健康为主要衡量标准来重新定义美食,特别是已经超重和肥胖的人。有些人离开了特定的美食(如甜食),觉得生活会变得索然无味,可能是食物成瘾的缘故,正如有些人酒精成瘾难以戒除一般。从这个角度来说,我们要像远离尼古丁、酒精和毒品一样远离超加工食品。我们要学会从仅经过最低限度加工烹饪的健康天然食物中品味食物本来的味道。这些来自大自然的食物不仅营养丰富,有助于我们顺利减脂,而且蕴含着"山的味道,海的味道",还有草原的味道、田野的味道和家乡的味道。渐渐地,每一个人都可能在自己心中重新定义美食。事实上,酒瘾可以戒除,糖瘾亦可戒除,只要给身体一段适应时间,嗅觉、味觉、多巴胺食物奖励系统乃至最高级中枢神经系统都可能会重塑。届时,我们的饮食认知将被更新升级,美食必然被重新定义。

第四节　食物清单和烹饪(吃什么?)

不饿饮食的食物清单中有全谷物、杂豆、菌类、海藻类、蔬菜、水果;清单中有适量鱼肉、禽肉、蛋类、奶类、大豆或其制品,有少量未加工红肉,没有加工肉类;清单中有适量坚果、富含不饱和脂肪酸的食用油,没有富含棕榈酸的植物油和动物油脂;清单中没有添加糖(游离糖)和精制谷物等精制碳水化合物,没有超加工食品,没有保健食品。

不饿饮食首选以"有机""自然"等可持续的种养殖模式生产的食材,这不仅是我们对更健康食材的需求,更是为了保护子孙后代赖以生存的地球生态系统。不饿饮食倡议将曾经用于购买超加工食品(包括减肥保健食品)的相关开支大部分作为未加工健康食材的采购预算,转移支付给从事农业、林业、牧业和渔业的生产者,以支持他们通过可持续的方法生产经营,这不仅是有利于摆脱肥胖和慢性疾病困扰的有效方法,可能对于人类可持续食物供应也至关重要。不饿饮食参考食物清单如表 7-1 所示。

表 7-1　不饿饮食参考食物清单

序号	吃什么?（天然食物）		什么不吃?（超加工食品和精制碳水化合物）
1	全谷物	黑米、红米、黑麦、玉米、小麦、荞麦、燕麦;全麦粉,即由整颗麦粒经最低加工精度碾磨(保留全部麸皮和胚芽)而成的粗粒面粉	精加工或超加工谷物及其制品	精制谷物及其制品:白米、白面粉、淀粉、白米饭、白馒头、面包、面条、米粉、糕点等。超加工谷物制品:即食谷物、即食麦片、全谷物棒、饼干、全谷物饼干、超加工面包、全谷物糕点、全谷物方便面、方便米面制品、调味米面制品、膨化食品、谷物和淀粉甜品、油炸米面制品、粉圆(珍珠粉圆)等,各种添加盐、糖、脂肪和添加剂的谷物淀粉制品
2	豆类	绿豆、红豆(赤小豆)、豌豆、芸豆、蚕豆、鹰嘴豆、大豆(黄豆和黑豆),请勿将豆类去皮	精加工或超加工豆类及其制品	豆类淀粉、粉条、粉丝、豆馅、"豆饼"、"豆糕"、香酥豆、调味豆类零食等,各种添加盐、糖、脂肪和添加剂豆类制品
3	大豆制品	豆腐、腐竹、千张(百叶)、豆腐丝、豆腐卷、豆腐皮、豆腐干,仅选购传统凝固剂(石膏和卤水)制作的豆腐	超加工大豆制品	卤制、油炸、熏干豆制品,豆奶粉,含糖豆浆,即食豆腐干,调味豆制品零食,超加工豆酱等;各种添加盐、糖、脂肪和添加剂(传统凝固剂除外)的大豆制品
4	菌类	香菇、白木耳、黑木耳、平菇、金针菇、杏鲍菇、滑菇、猴头菇、灰树花、鸡腿菇、松茸、羊肚菌、牛肝菌、双孢菇、鸡枞菇、竹荪、虫草菇等,新鲜或干货	超加工食用菌制品	"香酥蘑菇"、"脆蘑菇"、各种蘑菇零食、腌渍食用菌、菌类罐头、蘑菇酱等,各种添加盐、糖、脂肪和添加剂的菌类制品
5	海藻	海带、紫菜、裙带菜,新鲜或干货	超加工海藻制品	各种开袋即食海藻、各种海藻零食等,各种添加盐、糖、脂肪和添加剂的海藻制品
6	蔬菜	大白菜、卷心菜、冬寒菜、西蓝花、辣椒、萝卜、苦瓜等各种新鲜蔬菜,深绿色、黄橙色和其他颜色各占三分之一为宜;笋干、萝卜干、苦瓜干等各种原味脱水干制蔬菜	超加工蔬菜制品	油炸蔬菜、蔬菜零食、蔬菜脆片、咸菜、咸萝卜干、腌渍蔬菜、蔬菜泥(酱)、蔬菜汁饮料、蔬菜罐头等,各种添加盐、糖、脂肪和添加剂的蔬菜制品

序号		吃什么？（天然食物）		什么不吃？（超加工食品和精制碳水化合物）
7	水果	低含糖新鲜水果：番茄、黄瓜、番石榴、杏子、木瓜、柠檬、红树莓等	精加工或超加工水果及其制品	100%果汁、糖果、果酱、水果罐头、蜜饯凉果、果冻、果干、果泥、盐渍水果、果脯、话梅等，各种添加盐、糖、脂肪和添加剂的水果制品
8	坚果	核桃、杏仁、榛子、松子、花生、芝麻等；新鲜或干制，入饭入菜食用，不可零食	精加工或超加工坚果及其制品	炒制坚果、调味坚果、油炸坚果与籽类、坚果与籽类酱（如花生酱等）、巧克力和巧克力制品等，各种添加盐、糖、脂肪和添加剂的坚果制品
9	肉类	新鲜鱼肉、禽肉、畜肉（瘦肉）；更多白肉，更少红肉	精加工或超加工肉类及其制品	预制肉制品、即食熟肉制品、腌腊肉制品、酱卤肉制品、熏烧烤肉类、油炸肉类、西式火腿、肉灌肠类、肉松、肉罐头等，即食熟制水产品、预制水产品、冷冻鱼糜制品、腌制水产品、熏烤水产品、鱼肉灌肠类、水产品罐头等，各种添加盐、糖、脂肪和添加剂的肉类制品
10	奶类	无糖原味酸奶、纯牛奶、奶酪（干酪）等	超加工奶类制品	调制乳（甜味牛奶、早餐奶、风味奶、谷物奶、咖啡牛奶等）、风味发酵乳（含糖酸奶等）、奶油、稀奶油（淡奶油）、淡炼乳（淡奶）、加糖奶、再制干酪（仿干酪、类干酪、芝士、奶酪棒）、植脂奶等，各种添加糖和添加剂的奶类制品
11	蛋类	新鲜鸡蛋、鸭蛋、鹅蛋、鹌鹑蛋等	精加工或超加工蛋类及其制品	蛋制品、热凝固蛋制品（如蛋黄酪、松花蛋肠、鸡蛋干等）、蛋卷、再制蛋、卤蛋、糟蛋、咸蛋、皮蛋等，各种添加盐、糖、脂肪和添加剂的蛋类制品
12	食用油	山茶油、低芥酸菜籽油、橄榄油、亚麻籽油（胡麻籽油）、紫苏油等；选择物理压榨，富含油酸和 α-亚麻酸的食用油	高饱和脂肪酸或反式脂肪酸	棕榈液油、棕榈硬脂、氢化植物油、猪油、牛油、黄油和浓缩黄油、人造黄油（人造奶油）、植物奶油、植脂末、起酥油、植物黄油等
13	调味料	食盐、酿造醋、酿造酱油、酿造酱、豆豉、辣椒、蒜头、生姜、孜然、花椒、胡椒等	糖和超加工调味料	糖和糖浆（白糖、红糖、冰糖、蜂蜜等）、蛋黄酱、沙拉酱、配制酱料、味精、鸡精、鸡粉、固体汤料、复合调味料、浓缩汤等，各种含添加剂（食盐除外）的调味料

第七章 不饿饮食（NH-diet）

序号	吃什么?（天然食物）		什么不吃?（超加工食品和精制碳水化合物）
14	饮用水	白开水、茶水和咖啡（适量）	冷冻饮品（冰激凌、雪糕、雪泥、冰棍等）、果蔬汁（浆）饮料、酒（红酒、黄酒、白酒、果酒等）、含糖饮料、碳酸饮料、运动饮料、固体饮料（速溶奶茶、速溶咖啡、奶昔、代餐等）、茶饮料、咖啡饮料、奶茶、风味饮料、坚果饮料、可乐、植物饮料（凉茶等），各种添加盐、糖、脂肪和添加剂的饮料

注：1. 一些根茎类蔬菜，如山药、芋头、槟榔芋等因碳水化合物含量很高不宜过量食用，在减脂期请避免食用。

2. 薯类，如马铃薯、甘薯、木薯因容易消化吸收，不在推荐食物之列。

3. 各种淀粉及其制品均为精制碳水化合物。

4. 彻底拒绝超加工食品和精制碳水化合物（很多在表中未列出）。

一、全谷物和杂豆

全谷物和杂豆作为膳食碳水化合物的主要来源，也是蛋白质、天然膳食纤维、植物化学物、维生素和矿物质的重要来源。常见的全谷物和杂豆包括黑米、红米、糙米、玉米、小麦、荞麦、绿豆、赤小豆、芸豆、豌豆、鹰嘴豆等，在全国各大城市的粮油批发市场，一般情况下常年品类丰富，货源充足且价格相宜，一次采购30~60天的家庭用量可有效降低成本。小麦、黑麦、荞麦等全谷物面粉，请选购由整颗麦粒经最低加工精度碾磨（保留全部麸皮和胚芽）而成的粗粒面粉。请注意，市售商品名为"全麦粉"，可能并非由整粒全麦研磨而成。更好的办法是直接购买黑麦等全谷物，在自家厨房加工成粉，现磨现用，更有利于控制食材的品质。

食用最低限度加工烹饪的全谷物和杂豆，才能有效发挥它们的减脂功效。例如，全谷物和杂豆分别经过浸泡后混合蒸煮，做成软硬适中的"全谷物杂豆饭"；或者，经过浸泡的全谷物和杂豆各自单独蒸煮，最后将它们混合即成"全谷物杂豆饭"。"全谷物杂豆饭"中各种全谷物和杂豆的比例以4∶1为宜，并以不同颜色搭配，不仅有益营养均衡，还可因此减缓淀粉的消化吸收[1-2]。"全谷物杂豆饭"可每餐现做现食，条件方便者也可一次蒸煮多日用量，分装在小盒子中，入冰箱冷冻储存，每次食用时解冻加热即可。富含淀粉的食物经冷冻后再加热食用，可能增加食物中的抗性淀粉含量，从而进一步提升"全谷物杂豆饭"的减脂作用[3]。"全谷物杂豆饭"香气浓郁，口感筋道，滋味丰富，需要细嚼慢咽方能感知其中美妙。在细嚼慢咽中，我们仿佛能看到谷子和豆子们从丰收的田野中款款走来，带着自然的芬芳和农人的祝福；在细嚼慢咽中，我们抑或心怀感恩，感恩自然的馈赠，感恩辛勤劳作的人们。经过适应，我们会渐渐地爱上"全谷物杂豆饭"。

不良的烹饪方式不利于全谷物和杂豆发挥减脂效用。全谷物和杂豆常见的不良烹饪方式,如去除可食表皮、熬制成粥、制成糕点等,会导致关键营养成分丧失,甚至产生不利于有效减脂和长期健康的副作用。例如,黑米杂豆饭(黑米＋糙米＋绿豆＋芸豆)因其口感与白米饭大有不同,初次食用者甚至有"难以下咽"的感觉,以至于总摄入量相较于白米饭可能要减少一半以上,然而餐后饱腹感却不降反升,这是黑米杂豆饭发挥减脂作用的关键所在。如果将这些全谷物和杂豆更进一步加工,研磨成粉,然后制成面条(粉条)或窝窝头,这样的食物口感更细腻顺滑,进入胃肠道后也更快被消化吸收,导致被输送到远端结肠的碳水化合物更少,虽然因为适口性提升而总摄入量增加,但是餐后饱腹感反而有所下降,也因此削弱了它们的减脂效用。如果将这些全谷物和杂豆熬制成粥,进一步破坏了这些食物的物理结构,导致其中淀粉更容易被消化吸收,特别是在熬制过程中添加糖,无异于为自己熬制了一碗超加工食品。更有甚者,将这些全谷物和杂豆添加糖、脂肪、盐等加工成各种糕点,导致它们完全失去了减脂效用,尽管最终成品富含天然膳食纤维,也应被归类于超加工食品,要彻底拒绝这样的食品从我们的厨房产出。

烹饪过程中去除杂豆表皮也是一种过度加工的烹饪方法,这样会导致这些食物的减脂效果大打折扣。绿豆、赤小豆、芸豆、黑豆、鹰嘴豆等豆类,它们的表皮(豆皮)不仅富含膳食纤维,而且含有植物化学物、维生素等多种营养素,例如,黑豆皮中含有丰富的花青素和其他植物化学物,绿豆皮中含有槲皮素、儿茶素等多种酚类化合物,它们不仅是餐后饱腹感的重要贡献者,还可能发挥抗炎、抗氧化、调节肠道微生态等诸多有益健康的作用。

总之,全谷物和杂豆作为不饿饮食的碳水化合物主要来源,也是天然膳食纤维和植物化学物的重要来源,而加工程度决定了这些食物的最终质量。加工程度越低(仅进行必要的烹饪蒸煮),最终呈现的食物质量就越高,也更有利于它们发挥减脂效用。

二、食用菌类和海藻类

菌类统称为食用菌,是指大型可食用真菌。常见的食用菌有香菇、银耳(白木耳)、黑木耳、平菇、杏鲍菇、金针菇、松茸等。食用菌营养丰富,含有碳水化合物、蛋白质、脂肪、膳食纤维、酚类化合物、萜类化合物、多种维生素和矿物质等。特别是食用菌富含膳食纤维(干货中高达 30%),可显著增加餐后饱腹感,是特别有助于减脂的"超级食物",而且食用菌被认为具有抗氧化、抗炎、调节免疫力等作用[4-5]。

食用菌中富含的膳食纤维中包括真菌多糖、几丁质、海藻糖等。在膳食中增加食用菌摄入量,可改善餐后血糖控制,还可通过改变餐后参与调节食欲的胃肠道激素水平,从而显著抑制食欲,使餐后保持长时间不饿。例如,下调餐后胃饥饿素水平,并上调餐后胰高血糖素样肽-1水平。食用菌中含有生物活性多糖,可抑制碳水化合物水解酶的活性,导致胃排空和葡萄糖吸收延迟,可能也是食用菌抑制食欲的重要因素之一。食用菌中的大量膳食纤维不被小肠消化,可被顺利输送到远端肠道,成为生活在那里的肠道菌群的食物来源,从而改善肠道微生态,改善肠道屏障功能,提高粪便总量和排便频率,减少内毒素入血和全身慢性炎症;肠道菌群利用这些膳食纤维发酵产生的短链脂肪酸可能充当信号分子,促进胃肠道饱腹激素(如胰高血糖素样肽-1)分泌,或者直接在下丘脑抑制食欲,并可能增加能量消耗和发挥抗炎作用[6-8]。

在减脂过程中,宜适当增加黑木耳、白木耳(银耳)、香菇等各种菌类摄入量,它们是餐后持续满足感的重要贡献者,是我们每天的菜单中不应缺少的食物。例如,2015年日本发布的《日本食品标准(营养)成分表》(第七版)数据显示,干制银耳中的总膳食纤维占比高达68.7%,其中不溶性膳食纤维占比为49.4%,水溶性膳食纤维占比为19.3%;干制香菇中的总膳食纤维占比高达41%,其中不溶性膳食纤维占比为38%,水溶性膳食纤维占比为3%。食用菌烹饪得当即成美味佳肴。食用菌可与鱼肉、禽肉、畜肉、蛋类搭配烹饪,亦可单独烹饪。需要注意的是,切忌将白木耳加糖熬制成羹,如冰糖银耳羹,这样的烹饪方式不仅耗费时间,而且添加不健康的游离糖(冰糖),极不利减脂。银耳羹的做法可能与野生银耳不可多得有关,其实,白木耳与黑木耳的烹饪方式一样,可炒菜,亦可凉拌,例如银耳炒蛋就是一道美味。

海藻类富含膳食纤维、蛋白质、维生素和矿物质,如海带、紫菜、裙带菜是来自大海的优质减脂食材。膳食中加入适量海带或裙带菜可改善餐后血糖控制,调节肠道微生态,增加餐后饱腹感[9]。特别值得一提的是,海藻中含有生物活性多糖和多肽,被证明具有抗癌活性[10-11]。海藻中含(特别是紫菜中富含)维生素 B_{12}、维生素 K,这是蔬菜和水果等植物性食物中所稀缺的维生素。但是,紫菜和裙带菜中维生素 A 含量非常高,长期过量食用或与富含胡萝卜素的水果蔬菜同食,可能引起维生素 A 摄入过量而中毒。有报道称,一名20岁的日本女性担心肥胖,过量摄入富含 β-胡萝卜素的蔬菜和紫菜大约2年,最终被诊断为维生素 A 中毒和继发于饮食失调的肝损伤[12]。

三、蔬菜

蔬菜是天然膳食纤维、植物化学物、维生素和矿物质的重要膳食来源,也是减脂过程中每餐不可缺少的食物,它们也是餐后持续满足感的重要贡献者。蔬菜的选择原则是尽量多种颜色蔬菜混合搭配(例如,深绿色、红橙色和其他颜色各占1/3),力求品种多样,这样更有利于各种植物化学物、维生素等营养物均衡摄入。在不方便大量获得新鲜蔬菜的季节和地区,脱水蔬菜是很好的替代品。富有地方特色的各种脱水蔬菜如萝卜干、豆角干、芋梗干、白菜干、笋干等,它们都较好地保留了蔬菜的营养成分(水溶性维生素会有较大程度损失)[13],与肉类搭配,烹饪得当,也是有利于减脂的美味佳肴。

尽量减少(或避免)食用富含淀粉的根茎类蔬菜,如莲藕、山药、芋头等,如果一餐中食用这些食物,则要相应减少其他富含碳水化合物的食物摄入。我们食物清单中的蔬菜不包含薯类,如马铃薯、木薯、红薯等,它们也经常被加工成淀粉制品和超加工食品,这些食物富含淀粉,并且容易消化吸收,不利于顺利减脂。有研究表明,大量摄入烤、煮熟或捣碎的马铃薯和炸薯条与高血压发生的风险独立相关,尤其是炸薯条的消费量增加,与 2 型糖尿病风险较高相关[14-15]。

四、水果

水果也是天然膳食纤维、植物化学物、维生素和矿物质的膳食来源,但是多数水果含糖量高(主要含有葡萄糖、果糖和蔗糖),特别是有些水果的果糖含量较高,这对于减脂者并不是好事。因此,要避免选择高糖分水果,例如葡萄、荔枝等,要尽量选择含糖量低的水果。一种简单的选择方法是,挑选口感不那么甜的瓜果,如番茄、黄瓜、番石榴等。新鲜水果尽量在用餐时和其他食物一起食用,例如:可尝试将水果加入凉拌菜中,制成风味多样的果蔬拌菜;或将水果加入无糖酸奶中,制成水果酸奶。

食用水果有一些需要注意的问题。首先,应尽量避免在两餐之间食用水果,避免因此而增加餐前饥饿感;其次,在减脂期,应减少水果摄入量和摄食频次,减脂平台期可暂停水果摄入,种类丰富的蔬菜足量摄入亦可替代水果中的各种营养素;最后,水果的加工制品,如果酱、果脯(果干)、水果罐头和 100% 果汁等都不利于减脂,不在我们的食物清单中。请切记,任何时候都不要将水果榨汁后饮用,在用餐时食用未加工的新鲜水果可能直接减少当餐食物摄入量,相反,在餐前饮用果汁可能会导致食欲大增,得不偿失[16]。

五、肉类

肉类是优质蛋白质的食物来源。不饿饮食提倡肉类摄入以各种鱼肉和鸡、鸭等禽肉为主,尽量减少猪、牛、羊红肉消费,拒绝加工肉制品。之所以提倡减少红肉消费,主要出于两个方面考虑:首先,减少红肉可减少长链饱和脂肪酸以及血红素摄入,从而降低红肉潜在的心血管和癌症风险;其次,大量消费红肉给自然环境将带来巨大压力,这是不可持续的,预计到 2050 年地球需要养活约 100 亿人类,因此可持续食物供应是每一个人都要思考的问题[17-19]。

肉类的烹饪应尽量避免煎、炸、烧、烤。肉类可与菌类、豆类、蔬菜等一起搭配烹饪,这样可增加菜肴风味并增加前述"素菜"的摄入量。前瞻性队列研究的结果表明,经常食用煎炸烧烤的肉类食物与成年人的 2 型糖尿病风险增加有关[20]。

加工肉制品是通过腌制、风干、发酵、烟熏等方式制成的各种肉类,如培根、热狗(香肠)、火腿、腌牛肉、牛肉干、罐头肉和用肉制成的调味汁、酱等。早在 2015 年,国际癌症研究中心(IARC)已经将加工肉制品列为 1 类致癌物,对人类具有致癌性[21]。因此,加工肉制品不在我们的食物清单之中。

六、蛋类

蛋类是优质蛋白质的食物来源,同时也富含多种维生素和矿物质。蛋类通常整个水煮以更好地保留其营养,或与菌类、蔬菜等富含膳食纤维的食物一起搭配,不仅能烹饪出营养又美味的食物,还可减少胆固醇吸收。蛋类最不应该的去处是与淀粉、脂肪、糖等一起混合后制成各种甜点,这是对健康食材的糟蹋浪费。例如,奶油蛋糕、蛋挞等是极不健康的超加工食品,要防止它们从厨房产出,坚决拒绝这一类"蛋制品"潜入我们的食物清单。

七、奶类

奶类富含容易被人体吸收利用的蛋白质和钙,它在我们的食物清单中,其中包括天然纯牛奶及其未加糖发酵制品(如奶酪、原味酸奶等)。选择脱脂纯牛奶或脱脂酸奶(原味不加糖)有利于减少能量摄入。超重或肥胖者可能肠道菌群失调,因此在减脂期建议选择脱脂原味酸奶,这样可能有利于调节肠道菌群结构,增加菌群多样性和减少炎症[22-23]。原味酸奶与水果搭配混合食用可改善口味。奶酪营养丰富,能量密度也较高,25 g 奶酪(干酪)的能量相当于 250 mL 纯牛奶,因此奶酪只能在用餐时食用,不可作为零食。特别要注意的是,其他各种加工和超加工乳制品,例如,调制乳和复原乳制品,在加工过程中加入了甜味剂等多种添加剂,应归类于超加工食品。常见的超加工乳制品有乳饮料、甜味牛奶、早餐奶、谷物奶、坚果奶、学生奶、水果奶、奶糖、奶酪棒、奶片、各种口味的市售含糖酸奶等,都是我们要坚决拒绝的不健康食品。

八、大豆或其制品

大豆或其制品富含人体所需的各种氨基酸,是优质蛋白质的食物来源。大豆富含天然膳食纤维和蛋白质,可通过多种途径在餐后保持满足感,使人持续保持不饿状态,这可能是大豆或豆制品在减脂过程中的关键作用[24]。适当增加大豆蛋白摄入量,同时相应减少动物性蛋白(如红肉)摄入量,有利于避免动物性蛋白摄入所带来的潜在风险。观察性研究荟萃分析表明,豆制品摄入量与乳腺癌风险之间存在反向剂量反应关联,大豆异黄酮可能在其中发挥作用[25]。

大豆(黄豆和黑豆)可单独或与肉类一起通过蒸、煮、炖等方法,根据个人口味将其烹制成软硬适口的美味菜肴。大豆制品如鲜豆腐、干豆腐、千张、腐竹等自古以来就是中国美食,是我们食物清单中的重要组成部分。

九、坚果

坚果含有脂肪、蛋白质、碳水化合物、膳食纤维、植物化学物、维生素和矿物质等营养素,是我们食物清单中的组成部分。一颗被坚硬或坚韧外壳包裹的种子可称为坚果,如核桃、杏仁、榛子、松子、花生、板栗、莲子、芝麻等。适量食用坚果有利于增加食物多样性和促进营养均衡,然而,坚果通常富含脂肪,是高能量食物。《中国食物成分表标准版》(第6版)显示,每100 g核桃中含有约58 g脂肪,每100 g花生、核桃、杏仁等坚果能量≥600 kcal(约2 510 kJ),过量食用这些坚果会增加能量摄入,不利于减脂计划实施。

坚果的加工和食用方式很重要,可能最终决定摄食的坚果如何影响体重。首先,特别要警惕各种添加糖、脂肪、盐和添加剂加工而成的坚果。它们很香,尝一个就可能停不下来了。这类坚果是超加工食品,是减脂计划的重要障碍,我们要坚决拒绝食用。其次,不要将坚果作为零食。哪怕这些坚果焙烤过程中"零添加",零食坚果也只会徒增能量摄入,对减脂有百害而无一利。最后,将坚果粉碎研磨加工成的各种"糊"或涂抹酱因过度破坏了坚果的物理结构,导致坚果中的脂肪和碳水化合物更容易被消化吸收,从而增加能量摄入,不利于减脂。例如,芝麻糊、花生酱、腰果酱等,如果在生产过程中被加入盐、糖和其他添加剂,它们则变成了超加工食品,是我们要彻底拒绝的食品。

坚果最佳食用方式是,将它们加入全谷物杂豆中一起蒸煮成饭食用(如全谷物+杂豆+花生蒸煮成饭),或者将坚果入菜,在用餐时食用(如水煮花生仁),或者与全谷物混合制成坚果馒头食用(如在全麦粉中加入核桃、花生、芝麻等坚果)。有的坚果中富含蛋白质和膳食纤维。《中国食物成分表标准版》(第6版)显示,每100 g花生仁中含有约23 g蛋白质和5.5 g膳食纤维,每100 g核桃中含有约15 g蛋白质和9.5 g膳食纤维。此外,整粒的坚果如花生仁,如果仅经过"口腔粗加工",通常还会在次日的粪便中看到它们的身影,因为有一部分并未被消化。因此,在正餐食物中加入坚果会相应减少其他食物摄入,并且,因其富含天然膳食纤维以及一部分未被消化的坚果颗粒,显著增加餐后饱腹感,这可能是坚果发挥有益作用的关键所在。

十、食用油

选择富含油酸(单不饱和脂肪酸)和α-亚麻酸(多不饱和脂肪酸)的食用油作为烹饪用油,避免采用富含棕榈酸(饱和脂肪酸)和反式脂肪酸的油脂作为烹饪用油。橄榄油、山茶油和高油酸低芥酸菜籽油都是富含油酸的可选食用油,亚麻籽油(或胡麻籽油)是富含α-亚麻酸的可选食用油。棕榈油和动物油脂是富含棕榈酸的油脂,人造黄油、人造奶油、起酥油等是富含反式脂肪酸的油脂,这些油脂都不在我们的食物清单中。不同食用油中不同脂肪酸的含量有很明显差异,因此,不同品种食用油之间混合搭配使用,作为烹饪用油,可能更有利于营养均衡性。例如,橄榄油富含油酸而α-亚麻酸含量很低,可适当用亚麻籽油得以补充。植物油因生产工艺不同而质量有较大差别,宜选择"冷压榨工艺"生产的食用油,例如,橄榄油宜选择初级压榨橄榄油,包括特级初榨橄榄油和优质初榨橄榄油。

食用油用于煎炸食物,可能产生对身体有害的物质(如反式脂肪酸),因此无论采用何种食用油,都要尽量避免用于煎炸。各种食物如果采用烧烤或煎炸的烹饪方式,都可能在烹饪过程中产生危及健康的物质,例如,杂环芳香胺(HAAs)和晚期糖基化终产物(AGEs),它们会破坏肠道屏障功能,引发炎症,增加癌症风险。

烹饪用油量以满足将菌类、藻类和蔬菜烹饪出美味可口菜肴为宜,不宜过多,也不宜过少。例如,本身就富含脂肪酸的肉类和豆制品,烹饪用油过多不仅会增加能量摄入,还会造成浪费和污染环境。相反,食材本身脂肪含量很低的菌类和蔬菜,烹饪用油过少会降低口感,导致这类食物摄入减少,不利于餐后长时间保持不饿。

十一、调味料

不饿饮食中,可用的调味料有:食盐;各种天然植物调味料,如辣椒、花椒、胡椒、孜然等;各种无添加发酵调味品,如酿造酱油、酿造黄豆酱、豆豉等;还有各种调味蔬菜(香草),如香菜、葱、姜、蒜等。各种甜味剂(如糖类和人造甜味剂)、鲜味剂(味精、鸡精等)、复合调味剂、固体汤料、浓缩汤、配制酱料等添加了各种添加剂的调味料,都是我们要拒绝的超加工调味料。

参考文献

[1] Basim H F, Dhuha J M, Mohammed M, et al. The effect of mixing rice with mung bean in different food meals on postprandial blood glucose level in healthy adults[J]. IOP Conference Series: Earth and Environmental Science, 2021, 779(1): 012002.

[2] Takahama U, Hirota S, Yanase E. Slow starch digestion in the rice cooked with adzuki bean: Contribution of procyanidins and the oxidation products[J]. Food Research International, 2019, 119: 187-195.

[3] Alzaabi A, Fielding B, Robertson D. An *in-vitro* investigation on the effect of chilling and reheating different starchy meals on resistant starch content[J]. Proceedings of the Nutrition Society, 2020, 79 (OCE2): E549.

[4] Muszyńska B, Grzywacz-Kisielewska A, Kała K, et al. Anti-inflammatory properties of edible mushrooms: A review[J]. Food Chemistry, 2018, 243: 373-381.

[5] Motta F, Gershwin M E, Selmi C. Mushrooms and immunity[J]. Journal of Autoimmunity, 2021, 117: 102576.

[6] Dicks L, Jakobs L, Sari M, et al. Fortifying a meal with oyster mushroom powder beneficially affects postprandial glucagon-like peptide-1, non-esterified free fatty acids and hunger sensation in adults with impaired glucose tolerance: A double-blind randomized controlled crossover trial[J]. European Journal of Nutrition, 2022, 61(2): 687-701.

[7] Kleftaki S A, Simati S, Amerikanou C, et al. Pleurotus eryngii improves postprandial glycemia, hunger and fullness perception, and enhances ghrelin suppression in people with metabolically unhealthy obesity [J]. Pharmacological Research, 2022, 175: 105979.

[8] Liang J J, Zhang M N, Wang X N, et al. Edible fungal polysaccharides, the gut microbiota, and host health[J]. Carbohydrate Polymers, 2021, 273: 118558.

[9] Chu W L, Phang S M. Marine algae as a potential source for anti-obesity agents[J]. Marine Drugs, 2016, 14(12): 222.

[10] Chen H, Wu Y, Chen Y, et al. P-268 Seaweed laminaria japonica peptides possess strong anti-liver cancer effects[J]. Annals of Oncology, 2021, 32: S189.

[11] Jin J O, Chauhan P S, Arukha A P, et al. The therapeutic potential of the anticancer activity of fucoidan: Current advances and hurdles[J]. Marine Drugs, 2021, 19(5): 265.

[12] Nagai K, Hosaka H, Kubo S C, et al. Vitamin A toxicity secondary to excessive intake of yellow-green vegetables, liver and laver[J]. Journal of Hepatology, 1999, 31(1): 142-148.

[13] Xu Y Y, Xiao Y D, Lagnika C, et al. A comparative study of drying methods on physical characteristics, nutritional properties and antioxidant capacity of broccoli[J]. Drying Technology, 2020, 38(10): 1378-1388.

[14] Borgi L, Rimm E B, Willett W C, et al. Potato intake and incidence of hypertension: Results from three prospective US cohort studies[J]. BMJ, 2016, 353: i2351.

[15] Muraki I, Rimm E B, Willett W C, et al. Potato consumption and risk of type 2 diabetes: Results from three prospective cohort studies[J]. Diabetes Care, 2016, 39(3): 376-384.

[16] Krishnasamy S, Lomer M C E, Marciani L, et al. Processing apples to puree or juice speeds gastric emptying and reduces postprandial intestinal volumes and satiety in healthy adults[J]. The Journal of Nutrition, 2020, 150(11): 2890-2899.

[17] Woolston C. Healthy people, healthy planet: The search for a sustainable global diet[J]. Nature, 2020, 588(7837): S54-S56.

[18] Godfray H C T, Aveyard P, Garnett T, et al. Meat consumption, health, and the environment[J]. Science, 2018, 361(6399): 243.

[19] Einarsson R, McCrory G, Persson U M. Healthy diets and sustainable food systems[J]. Lancet, 2019, 394(10194): 215.

[20] Liu G, Zong G, Wu K N, et al. Meat cooking methods and risk of type 2 diabetes: Results from three prospective cohort studies[J]. Diabetes Care, 2018, 41(5): 1049-1060.

[21] Bouvard V, Loomis D, Guyton K Z, et al. Carcinogenicity of consumption of red and processed meat [J]. The Lancet Oncology, 2015, 16(16): 1599-1600.

[22] Le Roy C I, Kurilshikov A, Leeming E R, et al. Yoghurt consumption is associated with changes in the composition of the human gut microbiome and metabolome[J]. BMC Microbiology, 2022, 22(1): 39.

[23] Wastyk H C, Fragiadakis G K, Perelman D, et al. Gut-microbiota-targeted diets modulate human immune status[J]. Cell, 2021, 184(16): 4137-4153.

[24] Mu, Kou, Wei, et al. Soy products ameliorate obesity-related anthropometric indicators in overweight

or obese Asian and non-menopausal women: A meta-analysis of randomized controlled trials[J]. Nutrients, 2019, 11(11): 2790.

[25] Wang Q H, Liu X M, Ren S Q. Tofu intake is inversely associated with risk of breast cancer: A meta-analysis of observational studies[J]. PLoS One, 2020, 15(1): e0226745.

第五节　用餐时间(什么时候吃?)

在整个减脂计划中的非平台期,早、中、晚都正常用餐;在减脂平台期,可选择省略晚餐或早餐,任何时候都要避免零食,并且杜绝夜宵。

一、早餐

早餐宜是一天中最丰盛的一餐[1]。早餐的菜单中应尽量包含蛋类、奶类、豆制品、肉类、蔬菜、菌类、水果、"全谷物杂豆饭",同时兼顾食物多样性(如不同颜色蔬菜搭配)和充足的蛋白质供应。丰盛的早餐可保证整个早上的学习和工作都精力充沛,在午餐来临之前没有明显饥饿感,而且没有零食行为。可能有一些人要为准备早餐而适当调整作息时间,这是很有必要的,早睡早起本应是减脂计划中的重要内容。当然,为了节省准备早餐的时间,可在晚餐后为次日早餐做些准备工作。不是每天早晨都有明媚的阳光,然而,一顿"丰富多彩"的早餐中所蕴含的能量和营养物质可以承载我们的勇气、信心和希望,让我们内心充满阳光,去迎接每一天的开始。

二、午餐

午餐是一天中重要的一餐。与早餐一样,午餐也要尽量保持食物的多样性、充足的膳食纤维和植物化学物摄入以及足量的蛋白质摄入,从而保证整个下午的学习、工作和运动都精力充沛,直至晚餐来临始终保持不饿,并且整个下午没有零食行为。许多人早餐通常有条件在家用餐,而午餐与早餐不同,有的人可能回家用餐,有的人可能在食堂用餐,有的人可能需要外出用餐,也有的人可能携带便当。如果条件允许,回家用餐是首选方案,其次是携带便当或食堂用餐。外出用餐是无奈之选,因为至今还没有出现一家餐饮企业所提供的午餐服务足以恰当平衡时间成本、经济成本和健康食物三者之间的关系。无论在何处享用午餐,请务必做到"两个彻底拒绝",特别是外出用餐时,各种诱人的甜点、奶茶、含糖饮料、含糖果蔬沙拉,我们必须视其为"糖衣毒物"。

三、晚餐

晚餐相较于早餐和午餐，显得可有可无。晚餐以菌类、豆类、豆制品、蔬菜为主，可适当减少全谷物和减少肉类摄入。晚餐的用餐时间要尽量提前，例如，在18:00前用餐可能更有利于人体在夜间动员脂肪供能，而有助于顺利减脂。无论是单独享用晚餐，还是与家人或朋友一起共进晚餐，都应适当减少碳水化合物（包括全谷物和水果）摄入。但是，富含蛋白质和膳食纤维的天然食物（如菌类、蔬菜、豆类）不可减少。在减脂期，晚餐的总能量摄入应适度减少，以利于帮助我们顺利度过生物钟设定的晚间"饥饿高峰"为宜。如果偶尔错过晚餐时间，请不要在20:00以后进食，喝点水并告诉自己，体内"燃脂"正在进行中，明天一早便会有丰盛的早餐，早一点睡觉是更好的选择。

四、没有零食和夜宵

零食和夜宵是有害健康的饮食陋习，它们都是必须戒除的减脂障碍。在正餐时间保证必要的能量补充和丰富的营养摄入，在两餐之间始终保持不饿是戒除零食的有效方法。而夜宵则通常与夜间社交活动有关，因此避免夜间社交活动是戒除夜宵的有效方法。

参考文献

［1］Young I E，Poobalan A，Steinbeck K，et al. Distribution of energy intake across the day and weight loss：A systematic review and meta-analysis［J］. Obesity Reviews：An Official Journal of the International Association for the Study of Obesity，2023，24(3)：e13537.

第七章 不饿饮食（NH-diet）

第六节 食物和能量摄入控制（吃多少？）

一、控制总能量摄入

减脂期保持能量负平衡，或者在非减脂期保持能量动态平衡，都要通过控制每日膳食总能量摄入来实现。因此，了解每日膳食中各种食物的能量和营养素含量，有利于我们控制每日能量摄入和调节各种营养素摄入量。各种天然食物所含的能量和各种营养素含量可参考各国的食物成分数据库。以下是几种常用查询途径：

（1）国际食物成分数据系统网络（INFOODS），网址：https://www.fao.org/infoods。

（2）中国疾病预防控制中心营养与健康所的食物营养成分查询平台，网址：https://nlc.chinanutri.cn/fq。

（3）除了提供在线查询之外，《中国食物成分表标准版》（第6版）已于2018年出版，可用于查阅更详细数据。

在制订减脂计划时，不同个体以身高、体重、年龄、参考基础代谢率和运动情况来估算自身每日总能量消耗（计算方式详见能量代谢相关章节），并根据天然食物获得的便利性确定食物的种类和摄入量。

以某男性为例，他的身高 175 cm，体重 92 kg，BMI 30.04 kg/m²，年龄 45 岁，每日基础代谢能量消耗约 1 848 kcal（约 7 732 kJ）；以某女性为例，她的身高 160 cm，体重 72 kg，BMI 28.13 kg/m²，年龄 40 岁，每日基础代谢能量消耗约 1 470 kcal（约 6 150 kJ）。如果他们每日工作仅限于看书、写字、静坐、讨论等，久坐少动，并且坐车上下班，仅有少量家务活动，估计他们保持每日能量平衡的日总能量需求分别为 1 850 kcal（约 7 740 kJ）（女）和 2 280 kcal（约 9 540 kJ）（男）。具体见表 7-2。

表 7-2　超重或肥胖者每日能量平衡估算参考表

性别	年龄/岁	身高/cm	体重/kg	BMI/(kg/m²)	每日基础代谢能耗/kcal	每日身体活动能耗/kcal	每日食物热效应能耗/kcal	每日总能量需求/kcal
女	40	160	72	28.13	1 470	200	180	1 850
男	45	175	92	30.04	1 848	212	220	2 280

注：1. 表中每日身体活动能量消耗为轻身体活动估计值，食物热效应能量消耗以混合食物的 10% 计算。

2. 1 kcal＝4.184 kJ。

很明显，上述两个人都已经肥胖。要么减少食物摄入（减少能量摄入），要么增加身体活动（增加能量消耗），最好两者同时进行，使得机体处于能量负平衡状态，才能逐步减轻体重。

二、减脂期食物和能量摄入

不同食物摄入量决定了每日不同营养素配比，也决定了每日总能量摄入，因此，在减脂期控制食物和能量摄入是减脂计划的重要内容。"不饿"是食物搭配的总原则，其中应兼顾的内容包括餐后饱腹感、总能量摄入量、蛋白质摄入量、脂肪摄入量、碳水化合物摄入量、膳食纤维摄入量以及其他营养物质摄入量的控制。

（一）减脂期食物摄入量

全谷物杂豆饭作为减脂期的主食，完全代替白米饭、面条、米粉等精制米面制成的食物。根据个体实际情况，每日食用量在 100～200 g 为宜。全谷物杂豆饭可现做现食，亦可一次蒸煮多日用量，装在小盒子中放入冰箱冷冻，每餐解冻加热后食用。

菌类能量密度低且富含膳食纤维，是餐后长时间饱腹感的重要贡献者。在每餐食物中增加菌类比例，可明显增加餐后饱腹感并减少能量摄入。因此，菌类可作为平衡餐后饱腹感和总能量摄入的主要调节性食物，每餐不可缺少，每日总摄入量以保证餐后不饿为原则。经过脱水干制的香菇、白木耳、黑木耳等菌类易于保存，价格亲民且营养丰富，是减脂过程中必备食材。

蔬菜也是每餐必不可少的食物，总摄入量以保证餐后不饿为原则，通常不低于 600 g/d。选择更多品种不同颜色的蔬菜搭配食用，营养更全面。碳水化合物含量高的根茎类蔬菜如山药、芋头、槟榔芋等，在减脂期应避免食用。

水果应选择低糖分的品种，减脂期摄入量通常不宜超过 150 g/d。运动后享用自制的水果酸奶可能有利于恢复糖原和促进蛋白质合成代谢。

奶类，在减脂期应选择脱脂不加糖原味酸奶，摄入量通常不宜超过 200 g/d，可自制酸奶，也可从市场上选购不加糖和其他添加剂的原味酸奶。原味酸奶的最佳食用方式是与新鲜水果搭配，可得到酸甜适中的自制水果酸奶（与市售的超加工果味酸奶有天壤之别）。

蛋类每天以相当于一个整鸡蛋的蛋类摄入量为宜。如果需要通过食用更多蛋类来增加蛋白质摄入量，即每日蛋类摄入总量超过一个鸡蛋，但是又非常担心鸡蛋中胆固醇太高可能对身体造成负面影响，也可以选择仅食用蛋清而不吃蛋黄。

肉类每日摄入量不宜超过 100 g（以瘦肉计），并以禽肉、鱼肉为主，畜肉为辅。

豆制品以北豆腐为例，每日摄入量以 150～200 g 为宜。如食用含水量更低的豆制品（如千张），则需要根据它的成分数据相应减少食用量。

坚果每日摄入量应控制在 20 g 以内，并与饭菜同时食用。

食用油选用物理压榨的橄榄油、低芥酸菜籽油等，每日摄入量为 40～50 g，以足够将菌类、藻类和蔬菜烹饪出美味可口菜肴为宜。

调味料可适量使用天然调味料。盐每日摄入量应小于 5 g。

饮水，通常情况下每日饮水量不宜少于 2 000 mL，在此基础上还应视气温和出汗情况适当增加饮水量。

减脂期食物中主要产能营养素的比例，建议分别为蛋白质占约 20%（其中植物性蛋白质占比一半以上）、脂肪占约 40%、碳水化合物占约 32%（不包括膳食纤维）、膳食纤维占约 8%。在制订个性化减脂计划时，如需调整总能量摄入，可参考上述比例调整食物摄入量。全谷物和杂豆、菌藻类、蔬菜和水果中因富含膳食纤维、植物化学物、胰蛋白酶抑制剂等,会影响植物性蛋白质消化吸收率,因此,实际总蛋白质消化吸收率可能低于参照食物成分表计算所得出的数据。

刚开始制订减脂计划时,需要了解每日可能食用的每一种食物的成分(至少包括能量、蛋白质、脂肪、碳水化合物、膳食纤维),可通过《中国食物成分表标准版》(第6版)和前文推荐的食物成分数据库查询。在减脂计划实施初期,需要利用以克为计量单位的家用小型电子秤作为辅助工具。一段时间后,往往不需要对每天的食物进行准确称重,此时常用的食物质量及其所含能量通过经验评估即可。例如,一个鸡蛋60～70 g(约90 kcal,即377 kJ),一个中等大小的苹果约230 g(约120 kcal,即502 kJ),一杯全谷物或豆类约150 g(约520 kcal,即2 176 kJ),一块鸡蛋大小的纯瘦肉约60 g等。渐渐地,我们通常可以做到"心中有能量,无须克克计较",甚至对于每日摄入食物中主要产能营养素的比例也会心中有数。

(二)减脂期食物和能量摄入参考表

减脂期每日总能量摄入因不同个体的基础代谢和身体活动能量消耗而有所差异,每位减脂者都要自行计算确定。建议减脂期每日总能量摄入≈基础代谢＋食物热效应,主要通过身体活动(运动)增加每日净能量消耗,产生能量缺口,使得机体处于能量负平衡,从而逐渐减轻体重。以每日初始基础代谢能量消耗约1 470 kcal(约6 150 kJ)的女性和约1 848 kcal(约7 732 kJ)的男性为例,可参考表7-3。

表7-3　不饿饮食(NH-diet)减脂期每日食物和能量摄入参考表

序号	食物	食物说明	女性每日食物摄入量/g	男性每日食物摄入量/g	女性每日能量摄入/kcal	男性每日能量摄入/kcal
1	全谷物和杂豆	男性以黑米50 g、糙米50 g、绿豆20 g、赤小豆20 g、豌豆20 g为例计算,均为干货(生的),女性按比例相应减少	128	160	451	564
2	菌藻类	男性以鲜平菇220 g、干香菇30 g、干白木耳30 g、干海带20 g为例计算,女性按比例相应减少	240	300	140	175
3	蔬菜	男性以卷心菜320 g、大白菜320 g、西蓝花120 g为例计算,配以少量葱、蒜、姜、香菜等40 g作为调味蔬菜,女性按比例相应减少	640	800	144	180

序号	食物	食物说明	女性每日食物摄入量/g	男性每日食物摄入量/g	女性每日能量摄入/kcal	男性每日能量摄入/kcal
4	水果	低含糖水果,以番石榴为例计算	100	150	38	57
5	奶类	脱脂原味酸奶(与水果同食)	160	200	67	84
6	蛋类	鸡蛋(1个)	60	60	91	91
7	肉类	男性以马鲛鱼 40 g、鸡胸肉 40 g、瘦猪肉 20 g 为例计算,女性按比例相应减少	80	100	101	127
8	豆制品	豆腐、千张、腐竹等,以豆腐为例计算	160	200	134	168
9	坚果	核桃、花生、杏仁等,以花生仁为例计算	16	20	92	115
10	食用油	橄榄油、山茶油、低芥酸菜籽油、亚麻籽油等	40	50	360	450
11	调味料	辣椒、花椒、胡椒等适量,盐每日少于 5 g	适量	适量		
12	饮用水	分多次饮用,每日共计不少于 2 000 mL(其中含茶和咖啡),根据气温和排汗量适当调整	2 000	2 000		
		每日能量摄入合计/kcal			1 619	2 010
		每日食物热效应能量消耗/kcal			162	201
		每日初始基础代谢能量消耗/kcal			1 470	1 848
		未计身体活动能量消耗的每日能量平衡值/kcal D＝A－B－C			－13	－39

注:1. 本表分别以每日初始基础代谢能量消耗 1 470 kcal(约 6 150 kJ)(女性)和 1 848 kcal(约 7 732 kJ)(男性)为例,实际每日基础代谢能量消耗随着体重减轻逐步降低。

2. 不同个体需要根据自身的基础代谢和身体活动(运动)情况,另行计算减脂期每日总能量摄入量。

3. 本表中食物主要产能营养素供能比例分别为:蛋白质约 20%、脂肪约 40%、碳水化合物约 32%、膳食纤维约 8%。如需调整总能量摄入,可参考此比例调整食物摄入量。

4. 本表中食物可为男性提供蛋白质约 98 g,脂肪约 88 g,碳水化合物约 162 g,膳食纤维约 85 g,可为女性提供蛋白质约 80 g,脂肪约 71 g,碳水化合物约 129 g,膳食纤维约 67 g。

5. 全谷物和杂豆、菌藻类、蔬菜和水果中因富含膳食纤维和植物化学物,会影响植物性蛋白质消化吸收率,因此这一部分蛋白质实际消化吸收量会有所降低。

6. 表中所列的食材仅供参考,相同品类的食材可以相互替换,在实践中可根据获取食材的方便性(成本)另行选择各类食材的品种。

7. 1 kcal＝4.184 kJ。

表7-3中的食材通过合理搭配烹饪后,分配在一日三餐之中。例如,将表7-3中食材烹制成全谷物杂豆饭2份、银耳炒蛋1份、平菇炒肉1份、清炒蔬菜2.5份、海带香菇花生豆腐煲1份、水果酸奶1份。早餐包含全谷物杂豆饭1份、白木耳炒蛋1份、清炒蔬菜1份,午餐包含全谷物杂豆饭1份、平菇炒肉1份、清炒蔬菜1份,晚餐包含清炒蔬菜0.5份、海带香菇豆腐花生煲1份。脱脂原味酸奶和水果可在运动后食用。

表7-3中所列的食材仅供参考,在实践中可根据获取食材的方便性(成本)另行选择各类食材的品种。黑米与红米可相互替换,各种杂豆可相互替换;各种食用菌可相互替换;各种海藻可相互替换;各种蔬菜以不同颜色搭配为原则相互替换;肉类中的鱼肉、禽肉、畜肉比例以2∶2∶1为原则相互替换;各种低糖分水果可相互替换;各种豆制品可相互替换;各种坚果可相互替换;各种蛋类可相互替换。由此可见,我们的一日三餐通过各种食物的互换搭配,可以变得更加丰富多彩。

需要注意的是,相同品类但不同品种的食材相互替换之前需了解不同品种食材的能量和营养素含量,然后再参照表7-3中主要产能营养素的比例另行确定不同食物每日摄入量。例如,豆制品因含水量不同(干或鲜),能量、蛋白质等营养素比例有较大差别;肉类因肥瘦不同,能量比例差别很大。另外,原味酸奶可能有利于改善肠道菌群结构,不宜与纯牛奶互换,特别是在减脂初期。

三、减脂平台期食物和能量摄入

在减脂过程中,许多人会经历一个或数个减脂平台期。减脂过程中随着体重下降,可能触发机体保护机制(代谢适应),导致每日总能量消耗也逐步减少。据估计,每减轻1 kg体重,每日总能量消耗下降可能大于20 kcal(约84 kJ)(个体差异较大),以致于实际每日能量缺口越来越小,体重下降减缓或停止下降。此时,每日总能量消耗减少是正常生理反应,不必紧张,反而应该高兴,因为减脂计划已经取得阶段性的胜利,只要适当调整饮食和运动计划,顺利突破减脂平台后体重还会进一步下降。减脂期体重下降幅度如图7-1所示。

以男性(年龄45岁,身高175 cm,体重92 kg)和女性(年龄40岁,身高160 cm,体重72 kg)为例,如果通过身体活动(运动)增加每日净能量消耗,产生能量缺口分别为400 kcal/d(约1 674 kJ/d)和350 kcal/d(约1 464 kJ/d),一年内减轻体重可能多于5.5 kg,更年轻的人通常减轻的体重更多。减脂初期体重下降较快,随着体重下降,每日总能量消耗也逐步减少,大约在12个月后(因人而异)逐渐进入减脂平台期,届时每日总能量消耗下降可能大于100 kcal(约418 kJ),此时如果没有调整饮食来进一步减少能量摄入,随后在18至24个月内体重可能停止下降或小幅反弹。因此需要调整饮食方案,以便于顺利突破减脂平台。

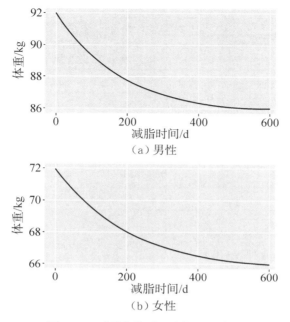

（a）男性

（b）女性

图 7 - 1　减脂期体重下降幅度示意图

注：本示意图以男性（年龄 45 岁，身高 175 cm，体重 92 kg）和女性（年龄 40 岁，身高 160 cm，体重 72 kg）为例，能量缺口分别为男性 400 kcal/d（约 1 674 kJ/d）和女性 350 kcal/d（约 1 464 kJ/d）。本图由美国彭宁顿生物医学中心减脂预测计算器自动生成，实际体重下降幅度可能大于本图所示。

（一）限时饮食，助力突破减脂平台

延长每日禁食时间可能有利于突破减脂平台。例如，采用 18∶6 限时饮食，即将每日禁食期延长至 18 小时，含有能量的食物仅在 6 小时内摄入。通常是每日仅进食两餐，不吃晚餐或早餐，目前的证据支持不吃晚餐效果更佳，如有不便亦可选择跳过早餐。因每日仅进食两餐，此时每日总能量摄入相较于之前通常会进一步减少。在每日膳食中，全谷物和杂豆适当减少，可将坚果（如花生）加入全谷物杂豆饭中一起食用；菌类不必减少；蔬菜由于只准备两餐的用量，因此总量也会适当减少，但需要以餐后不饿为原则；水果也可以适当减少；酸奶、蛋类、肉类、豆制品都不必减少，以保证充足的蛋白质摄入。

以每日初始基础代谢能量消耗约 1 470 kcal（约 6 150 kJ）的女性和约 1 848 kcal（约 7 732 kJ）的男性为例，当体重减轻 5 kg 后，此时利用公式测算所得每日基础代谢能量消耗分别为：女性 1 416 kcal（约 5 925 kJ），男性 1 791 kcal（约 7 494 kJ），估计因代谢适应导致每日总能量消耗分别减少 100 kcal（约 418 kJ）和 125 kcal（约 523 kJ）（实际因人而异）。此时如果采用 18∶6 限时饮食，可参考表 7 - 4。

表 7 - 4　不饿饮食(NH-diet)减脂平台期每日食物和能量摄入参考表(限时版)

序号	食物	食物说明	女性每日食物摄入量/g	男性每日食物摄入量/g	女性每日能量摄入/kcal	男性每日能量摄入/kcal
1	全谷物和杂豆	男性以黑米 50 g、糙米 50 g、绿豆 10 g、赤小豆 10 g、豌豆 10 g 为例计算,女性按比例减少	103	130	363	459
2	菌藻类	男性以鲜平菇 220 g、干香菇 30 g、干白木耳 30 g、干海带 20 g 为例计算,女性按比例减少	240	300	140	175
3	蔬菜	男性以卷心菜 300 g、大白菜 300 g、配菜(洋葱、大蒜、胡萝卜、青椒等)30 g 为例计算,女性按比例减少	500	630	104	132
4	水果	低含糖量水果,以番石榴为例计算	80	100	30	38
5	奶类	脱脂原味酸奶(与水果同食)	160	200	67	84
6	蛋类	鸡蛋(1 个)	60	60	91	91
7	肉类	男性以马鲛鱼 40 g、鸡胸肉 40 g、瘦猪肉 20 g 为例计算,女性按比例减少	80	100	101	127
8	豆制品	豆腐、千张、腐竹等,以豆腐为例计算	160	200	134	168
9	坚果	核桃、花生、杏仁等,以花生为例计算	24	30	138	172
10	食用油	橄榄油、山茶油、低芥酸菜籽油、亚麻籽油等	32	40	284	360
11	调味料	辣椒、花椒、胡椒等适量,其中盐每日少于 5 g	适量	适量		
12	饮用水	分多次饮用,每日总计不少于 2 000 mL(其中含茶和咖啡),根据气温和排汗量适当调整	2 000	2 000		
A		每日能量摄入合计/kcal			1 452	1 806
B		每日食物热效应能量消耗/kcal			145	181

序号	食物	食物说明	女性每日食物摄入量/g	男性每日食物摄入量/g	女性每日能量摄入/kcal	男性每日能量摄入/kcal
C		公式测算所得每日基础代谢能量消耗/kcal			1 416	1 791
D		估计因代谢适应导致每日总能量消耗减少/kcal			100	125
E		估计每日能量平衡值[E＝A－B－(C－D)]/kcal			－9	－41

说明:1. 本表供减脂平台期参考,每日两餐。

2. 本表中食物主要产能营养素供能比例分别为:蛋白质约 20%、脂肪约 40%、碳水化合物约 32%、膳食纤维约 8%。如需调整总能量摄入,可参考此比例调整食物摄入量。

3. 本表中食物可为男性提供蛋白质约 90 g,脂肪约 77 g,碳水化合物约 143 g,膳食纤维约 72 g,可为女性提供蛋白质约 73 g,脂肪约 62 g,碳水化合物约 114 g,膳食纤维约 57 g。其中蛋白质实际消化吸收量会有所降低。

4. 本表以每日初始基础代谢能量消耗约 1 470 kcal(约 6 150 kJ)的女性和 1 848 kcal(约 7 732 kJ)的男性为例计算,当他们体重减轻 5 kg 后,此时利用公式测算所得每日基础代谢能量消耗分别为:女性 1 416 kcal(约 5 925 kJ),男性 1 791 kcal(约 7 494 kJ),估计因代谢适应导致每日总能量消耗分别减少 100 kcal(约 418 kJ)和 125 kcal(约 523 kJ),未计算每日身体活动(运动)能量消耗。

5. 不同个体减脂平台期的每日总能量摄入量需要根据自身的基础代谢和身体活动(运动)情况另行计算。

6. 表中所列的食材仅供参考,相同品类的食材可以相互替换,在实践中可根据获取食材的方便性(成本)另行选择各类食材的品种。

7. 1 kcal＝4.184 kJ。

表 7－4 中的食材,主要产能营养素供能比例分别为蛋白质约 20%(其中植物性蛋白质占一半以上)、脂肪约 40%、碳水化合物约 32%(不含膳食纤维)、膳食纤维约 8%。如需调整总能量摄入,可参考此比例调整食物摄入量。

表 7－4 中的食材经过合理可搭配烹饪后分配到两餐中,例如烹制成全谷物杂豆坚果饭 2 份、香菇蔬菜 2 份、银耳炒蛋 1 份、平菇炒肉 1 份、海带豆腐煲 1 份、水果酸奶 1 份。早餐包含全谷物杂豆坚果饭 1 份、香菇蔬菜 1 份、银耳炒蛋 1 份,午餐包含全谷物杂豆坚果饭 1 份、香菇蔬菜 1 份、平菇炒肉 1 份、海带豆腐煲 1 份。脱脂原味酸奶和水果可在运动后食用。表 7－4 中所列的食材仅供参考,在实践中可根据获取食材的方便性(成本)另行选择各类食材的品种。如前文所述,相同品类的食材可以相互替换。

限时饮食初期,到了晚餐时刻,减脂者心中若有所失,这可能与此时胃饥饿素分泌增加有关,因为它也参与摄食预期管理。此时,减脂者只要暗暗告诉自己"无须担忧,脂肪仓库里能源储备充足,尽情燃烧吧! 明天就会有新的补充",并且尽量保持学习或工作处于"正在进行时",渐渐地"晚餐时刻"会在意识中淡去。

（二）低碳饮食，助力突破减脂平台

改变膳食营养素配比也可能有利于突破减脂平台。例如，采用低碳水化合物饮食，即大幅度减少膳食中碳水化合物比例，并增加脂肪比例，几乎不增加蛋白质比例。

需要特别注意的是，低碳水化合物饮食期间，因大幅减少碳水化合物摄入，可能会导致血浆酮体水平明显升高，因此，每位减脂者都需要了解自身条件是否适宜采用低碳饮食，如妊娠期和哺乳期女性、许多罕见病和有些常见病的患者可能对采用低碳饮食有禁忌，请务必在咨询医生后（或在医生指导下）再尝试。采用低碳饮食早期，身体通常可能会有一些不良反应，如流感样症状（头疼、疲惫、昏沉、恶心等），具体症状情况可能因人而异，通过补充淡盐水或适当增加碳水化合物摄入量可能有助于缓解症状，症状通常也会在几天内自行缓解。

低碳化合物饮食，食物中主要产能营养素的比例建议分别为：蛋白质约 20%（其中植物性蛋白质占一半以上）、脂肪不高于 60%、碳水化合物低于 15%（不含膳食纤维）、膳食纤维不低于 8%。如果每日碳水化合物的摄入量≤20 g，机体可能会进入"营养性"生酮状态，这样严格的极低碳水化合物饮食也被称为生酮饮食。在践行低碳化合物饮食时，每日食物中通常没有富含碳水化合物的食材，如全谷物和豆类、水果；菌藻类和蔬菜的摄入量可适当增加（请记住，菌类是餐后饱腹感的重要调节剂，增加菌类摄入量有利于保持餐后长时间不饿）；肉类、蛋类、奶类和豆制品不必增加或减少（注意不要大量增加膳食中蛋白质比例）；可以通过增加食用油用量（建议采用山茶油和特级初榨橄榄油）来增加膳食中脂肪的比例，不建议采用动物脂肪来增加膳食中脂肪的比例。在低碳化合物饮食期间，每日总能量摄入也需要严格控制，以约等于除身体活动外的总能量消耗为宜。同样通过身体活动（运动）能量消耗来维持每日能量负平衡，使得体重进一步下降。

以每日初始基础代谢能量消耗约 1 470 kcal（约 6 150 kJ）的女性和约 1 848 kcal（约 7 732 kJ）的男性为例，当体重减轻 5 kg 后，此时利用公式测算所得每日基础代谢能量消耗分别为：女性 1 416 kcal（约 5 925 kJ），男性 1 791 kcal（约 7 494 kJ），估计因代谢适应导致每日总能量消耗分别减少 100 kcal（约 418 kJ）和 125 kcal（约 523 kJ）（实际因人而异）。如采用低碳水化合物饮食，可参考表 7－5。

表 7－5　不饿饮食（NH-diet）减脂平台期每日食物和能量摄入参考表（低碳版）

序号	食物	食物说明	女性每日食物摄入量/g	男性每日食物摄入量/g	女性每日能量摄入/kcal	男性每日能量摄入/kcal
1	全谷物和豆类	黑米、红米、糙米、绿豆、赤小豆、豌豆等	0	0	0	0

序号	食物	食物说明	女性每日食物摄入量/g	男性每日食物摄入量/g	女性每日能量摄入/kcal	男性每日能量摄入/kcal
2	菌藻类	男性以鲜平菇 220 g、干香菇 30 g、干白木耳 30 g、干海带 20 g 为例计算，女性按比例减少	240	300	140	175
3	蔬菜	男性以卷心菜 250 g、大白菜 250 g、西蓝花 250 g、油菜 80 g、配菜（洋葱、大蒜、胡萝卜、青椒等）70 g 为例计算，女性按比例减少	720	900	191	239
4	水果	低含糖量水果	0	0	0	0
5	奶类	脱脂原味酸奶	160	200	67	84
6	蛋类	鸡蛋（1 个）	60	60	91	91
7	肉类	男性以马鲛鱼 40 g、鸡胸肉 40 g、瘦猪肉 20 g 为例计算，女性按比例减少	80	100	101	127
8	豆制品	豆腐、千张、腐竹等，以豆腐为例计算	160	200	134	168
9	坚果	核桃、花生、杏仁等，以花生为例计算	75	100	431	574
10	食用油	橄榄油、山茶油、低芥酸菜籽油、亚麻籽油等	40	50	360	450
11	调味料	辣椒、花椒、胡椒等适量，盐每日少于 5 g	适量	适量		
12	饮用水	分多次饮用，每日总计约 2 500 mL（其中含茶和咖啡），根据气温和排汗量适当调整	2 500	2 500		
A		每日能量摄入合计/kcal			1 515	1 908
B		每日食物热效应能量消耗/kcal			152	191
C		公式测算所得每日基础代谢能量消耗/kcal			1 416	1 791
D		估计因代谢适应导致每日总能量消耗减少/kcal			100	125
E		估计每日能量平衡值[E＝A－B－（C－D）]/kcal			47	51

注:1. 本表仅供减脂平台期参考，其中碳水化合物含量很少，可能导致血浆酮体水平明显升高，建议在医生指导下方可尝试。

2. 本表中食物主要产能营养素供能比例分别为:蛋白质约 21%、脂肪约 56%、碳水化合物约 15%、膳食纤维约 8%。如需调整总能量摄入,可参考此比例调整食物摄入量。

3. 本表中食物可为男性提供蛋白质约 102 g、脂肪约 120 g、碳水化合物约 75 g、膳食纤维约 74 g,可为女性提供蛋白质约 82 g、脂肪约 95 g、碳水化合物约 59 g、膳食纤维约 59 g。其中蛋白质实际消化吸收量会有所降低。

4. 本表以每日初始基础代谢能量消耗约 1 470 kcal(约 6 150 kJ)的女性和约 1 848 kcal(约 7 732 kJ)的男性为例计算,当他们体重减轻 5 kg 后,此时利用公式测算所得每日基础代谢能量消耗分别为:女性 1 416 kcal(约 5 925 kJ),男性 1 791 kcal(约 7 494 kJ),估计因代谢适应导致每日总能量消耗分别减少 100 kcal(约 418 kJ)和 125 kcal(约 523 kJ),未计算每日身体活动(运动)能量消耗。

5. 不同个体减脂平台期每日总能量摄入量需要根据自身的基础代谢和身体活动(运动)情况另行计算。

6. 表中所列的食材仅供参考,相同品类的食材可以相互替换,在实践中可根据获取食材的方便性(成本)另行选择各类食材的品种。

7. 1 kcal=4.184 kJ。

表 7-5 中的食材,主要产能营养素供能比例分别为蛋白质约 21%(其中植物性蛋白质占一半以上)、脂肪约 56%、碳水化合物约 15%(不含膳食纤维)、膳食纤维约 8%。如需调整总能量摄入,可参考此比例调整食物摄入量。

表 7-5 中的食材经过合理可搭配烹饪后分配到三餐中,例如烹制成水煮花生仁 2 份、香菇蔬菜 3 份、银耳炒蛋 1 份、平菇炒肉 1 份、海带豆腐煲 1 份、酸奶 1 份。早餐包含水煮花生仁 1 份、香菇蔬菜 1 份、银耳炒蛋 1 份,午餐包含水煮花生仁 1 份、香菇蔬菜 1 份、平菇炒肉 1 份,晚餐包含香菇蔬菜 1 份、海带豆腐煲 1 份。脱脂原味酸奶可在运动后食用。如需增加膳食中的脂肪比例,可通过减少花生摄入量,同时增加山茶油或橄榄油摄入量,实行更严格的低碳水化合物饮食。表 7-5 中所列的食材仅供参考,相同品类的食材可以相互替换,在实践中可根据获取食材的方便性(成本)另行选择各类食材的品种。

无论是限时饮食,还是低碳饮食,首次尝试尽量选择在假期进行,这样可避免学习或工作环境因素的影响,更有利于计划顺利开展。进入减脂平台期后也要调整运动计划,适当增加抗阻运动,这样可能更有利于避免骨骼肌流失,特别是在执行低碳饮食的过程中。

四、非减脂期食物和能量摄入

非减脂期,主要是指减脂成功(即减脂达到理想体重)后,需要长期保持健康体重的漫长岁月;也包括减脂过程中的短暂的"休息期"。

非减脂期,膳食中主要产能营养素供能比例建议分别为:蛋白质约 17%(其中植物性蛋白质占一半以上)、脂肪约 35%、碳水化合物约 40%(不含膳食纤维)、膳食纤维约 8%。前述食物营养素搭配比例适用于健康人群或减脂成功的人。如需调整总能量摄入,可参考此比例调整食物摄入量。

新近减脂成功的人由于代谢适应导致每日总能量消耗下降,可能需要在减脂成功后较长的一段时间内适当减少每日总能量摄入,并且保持与减脂期一样的每日运动量,方才有利于长期保持健康体重。

例如,身高 175 cm,体重 72 kg,BMI 23.51 kg/m²,年龄 45 岁,每日基础代谢能量消耗约 1 622 kcal(约 6 786 kJ)的男性以及身高 160 cm,体重 60 kg,BMI 23.44 kg/m²,年龄 40 岁,每日基础代谢能量消耗约 1 341 kcal(约 5 611 kJ)的女性,他们在非减脂期的每日食物和能量摄入,可参考表 7 - 6。

表 7 - 6　不饿饮食(NH-diet)非减脂期每日食物和能量摄入参考表

序号	食物	食物说明	女性每日食物摄入量/g	男性每日食物摄入量/g	女性每日能量摄入/kcal	男性每日能量摄入/kcal
1	全谷物和杂豆	男性以黑米 20 g、糙米 160 g、绿豆 10 g、赤小豆 10 g、豌豆 10 g 为例计算,女性按比例减少	173	210	612	741
2	菌藻类	男性以干香菇 30 g、干白木耳 30 g、鲜平菇 220 g、干海带 20 g 为例计算,女性按比例减少	248	300	145	175
3	蔬菜	男性以卷心菜 320 g、大白菜 320 g、西蓝花 120 g、配菜 50 g(洋葱、大蒜、胡萝卜、青椒等)为例计算,女性按比例减少	660	800	151	183
4	水果	低含糖量水果,以番石榴为例计算	125	150	48	57
5	奶类	脱脂原味酸奶	165	200	69	84
6	蛋类	鸡蛋(1 个)	60	60	91	91
7	肉类	男性以马鲛鱼 20 g、鸡胸肉 40 g、瘦猪肉 20 g 为例计算,女性按比例相应减少	60	100	101	127
8	豆制品	豆腐、千张、腐竹等,以豆腐为例计算	123	150	103	126
9	坚果	核桃、花生、杏仁等,以花生为例计算	8	10	46	57
10	食用油	橄榄油、山茶油、低芥酸菜籽油、亚麻籽油等	40	50	360	450

序号	食物	食物说明	女性每日食物摄入量/g	男性每日食物摄入量/g	女性每日能量摄入/kcal	男性每日能量摄入/kcal
11	调味料	辣椒、花椒、胡椒等适量,盐每日少于 5 g	适量	适量		
12	饮用水	分多次饮用,每日共计约 2 000 mL(其中含茶和咖啡),根据气温和排汗量适当调整	2 000	2 000		
每日能量摄入合计/kcal					1 726	2 091
每日食物热效应能量消耗/kcal					173	209
每日基础代谢能量消耗/kcal					1 341	1 622
每日身体活动(运动)能量消耗应大于/kcal					212	260

注:1. 本表所示食物搭配适合健康人群和减脂成功者作为非减脂期(长期体重管理)参考。

2. 本表以每日基础代谢能量消耗约 1 341 kcal(约 5 611 kJ)的女性和 1 622 kcal(约 6 786 kJ)的男性为例计算能量平衡,未计算因代谢适应而减少的每日总能量消耗量。

3. 不同个体日常非减脂期总能量摄入量需要根据自身的基础代谢和身体活动(运动)情况另行计算。

4. 本表中食物主要产能营养素供能比例分别为:蛋白质约 17%、脂肪约 35%、碳水化合物约 40%、膳食纤维约 8%。如需调整总能量摄入,可参考此比例调整食物摄入量。

5. 本表中食物可为男性提供蛋白质约 91 g、脂肪约 82 g、碳水化合物约 210 g、膳食纤维约 81 g,可为女性提供蛋白质约 76 g、脂肪约 68 g、碳水化合物约 173 g、膳食纤维约 67 g。

6. 全谷物和杂豆、菌藻类、蔬菜和水果中因富含膳食纤维和植物化学物,会影响植物性蛋白质消耗吸收率,因此这一部分蛋白质实际消化吸收量有所降低。

7. 表中所列的食材仅供参考,相同品类的食材可以相互替换,在实践中可根据获取食材的方便性(成本)另行选择各类食材的品种。

第七节　新餐桌文化（怎么吃？）

一、分餐而食

分餐可以有效控制食物摄入总量，减少食物浪费，避免少年儿童挑食，是一种值得提倡的新餐桌文化。

在多人用餐的家庭里，分餐是控制每人每餐食物总摄入量的有效方法。分餐需借助于餐具完成，吃什么、吃多少、如何吃基本上都可以利用一套餐具得以调控和规范。选择一套固定的碗碟作为分餐容器，例如，口径约 100 mm 饭碗刚好可盛 70～80 g（以生米计算）全谷物杂豆饭。每一餐利用固定容器可以相对准确地控制全谷物和杂豆、菌藻类、蔬菜等食物的摄入量，可进一步估算每种营养素摄入量，从而对于每日的能量和营养素摄入量了然于心。需要注意的是，在准备餐食的过程中应遵从"宁少勿多"的原则，即宁愿不够吃，也不要太多。在一段时间的适应后，我们能够熟练、准确地预估每餐的食材用量。

在家庭实行分餐的另一好处是可避免食物浪费。无论在家还是外出用餐，浪费食物都是不道德的行为。避免浪费食物，家长们应以身作则，给孩子们做示范。家庭用餐，食物准备超量可能是比较常见的情况，如果又没有分餐，可能导致用餐的人吃得更多，这也可能是导致家庭成员肥胖的因素之一。实行分餐则可能避免这种情况发生。

分餐还有利于避免少年儿童挑食。少年儿童挑食很常见，这与我们习惯性地将未分配的饭菜直接端上桌有因果关系。细心观察就能发现，儿童用餐时通常多吃"好吃"的肉类和香甜食物，少吃或不吃"难吃"的蔬菜。特别是当有过量的肉食或其他美食在餐桌上时，此时成年人也会情不自禁地多食或挑食，何况儿童。如果实行分餐，每个人碗中的食物分量已经固定，"你的"和"我的"已经明确界定之后，可能会发生一些有趣的事，例如：有的孩子会选择先吃"难吃"的蔬菜，而最后享用好吃的食物，似乎学会了"先苦后甜"；有的孩子在用餐完毕会收拾自己的餐具，因为"你的"和"我的"很清楚，很方便执行。

总之，借助适宜的餐具实行分餐，解决了吃什么、吃多少、如何吃的问题，避免了挑食，保证了营养均衡，而且每餐能量和营养摄入尽在掌控。此外，分餐似乎还重新建立了一种餐桌文化，这种餐桌文化明确"你的"和"我的"之间的界限，规范有序。

二、细嚼慢咽

进食速度也会影响体重。吃饭太快可能会增加肥胖、代谢综合征和糖尿病风险，而缓慢进食可能是一种预防肥胖的良好饮食习惯[1-3]。吃饭快慢影响身体成分的具体机制尚不完全明确，可能与餐后饱腹感和食物热效应有关。有研究表明，细嚼慢咽，餐后表现出胃饥饿素更大程度被抑制，更生动、准确地回忆起之前的膳食内容，这些都可能导致餐后饱腹感增加和之后食物摄入减少[4]。此外，有证据表明，细嚼慢咽延长了食物对口腔的刺激（即在口中品尝食物的持续时间和咀嚼的持续时间），会增加餐后能量消耗[5]。细嚼慢咽会刺激交感神经活动和增加内脏（肝脏、胃、脾脏、十二指肠和胰腺）血流量，这可能与餐后的能量消耗增加有关[6-8]。

因此，在减脂过程中要改变之前狼吞虎咽的坏习惯，学会从细嚼慢咽中品味天然食物。

三、先吃菜，后吃饭

食物摄取顺序也会影响餐后血糖控制和餐后饱腹感。对于超重、肥胖和 2 型糖尿病者，改变用餐时的食物摄取顺序，"先吃菜，后吃饭"（即先吃蔬菜、菌类、肉类等各种菜肴，后吃富含碳水化合物的主食）可能是一种能够快速、可行、经济和安全地帮助控制食欲和体重的策略，特别是有利于优化餐后血糖控制。目前的许多研究证据一致表明，在吃富含碳水化合物的主食之前先吃富含膳食纤维、蛋白质和脂肪的菜肴，有助于减少餐后血糖波动，延缓胃排空，增加餐后饱腹感，从而预防肥胖或减轻体重，特别有利于 2 型糖尿病者改善糖化血红蛋白水平[9-13]。

食物摄取顺序对身体健康影响的确切机制在很大程度上仍然未知。有研究表明，先吃富含蛋白质和天然膳食纤维的食物可促进餐后肠道饱腹激素分泌，如使胰高血糖素样肽 - 1 和胆囊收缩素分泌增加，这可能导致餐后胃排空延缓和饱腹感显著增加[11-12]。还有研究表明：用餐时先"先吃菜，后吃饭"，餐后 3 小时胃饥饿素水平仍然受到抑制；相反，先吃主食（碳水化合物），胃饥饿素在餐后 3 小时回升至餐前水平，这可能导致零食行为或下一餐食物摄入量增加[14]。

需要注意的是，"先吃菜，后吃饭"仅仅是调整膳食先后顺序，并不是要改变不同食物的摄入比例。如果在吃主食（碳水化合物）之前食用大量富含饱和脂肪酸的肉类（如肥肉），导致能量摄入过剩，多余的能量依然会以脂肪形式储存起来。

参考文献

[1] Okubo H, Murakami K, Masayasu S, et al. The relationship of eating rate and degree of chewing to body weight status among preschool children in Japan：A nationwide cross-sectional study[J]. Nutrients, 2018, 11(1)：64.

[2] Yamazaki T, Yamori M, Asai K, et al. Mastication and risk for diabetes in a Japanese population：A cross-sectional study[J]. PLoS One, 2013, 8(6)：e64113.

[3] Yamaji T, Mikami S, Kobatake H, et al. Does eating fast cause obesity and metabolic syndrome? [J]. Journal of the American College of Cardiology, 2018, 71(11)：A1846.

[4] Parent M B, Higgs S, Cheke L G, et al. Memory and eating：A bidirectional relationship implicated in obesity[J]. Neuroscience & Biobehavioral Reviews, 2022, 132：110 - 129.

[5] Hawton K, Ferriday D, Rogers P, et al. Slow down：Behavioural and physiological effects of reducing eating rate[J]. Nutrients, 2018, 11(1)：50.

[6] Hamada Y, Hayashi N. Chewing increases postprandial diet-induced thermogenesis[J]. Scientific Reports, 2021, 11：23714.

[7] Hamada Y, Kashima H, Hayashi N. The number of chews and meal duration affect diet-induced thermogenesis and splanchnic circulation[J]. Obesity, 2014, 22(5)：E62 - E69.

[8] Toyama K, Zhao X F, Kuranuki S, et al. The effect of fast eating on the thermic effect of food in young Japanese women[J]. International Journal of Food Sciences and Nutrition, 2015, 66(2)：140 - 147.

[9] Yabe D, Kuwata H, Fujiwara Y, et al. Dietary instructions focusing on meal-sequence and nutritional balance for prediabetes subjects：An exploratory, cluster-randomized, prospective, open-label, clinical trial[J]. Journal of Diabetes and Its Complications, 2019, 33(12)：107450.

[10] Imai S, Fukui M, Kajiyama S. Effect of eating vegetables before carbohydrates on glucose excursions in patients with type 2 diabetes[J]. Journal of Clinical Biochemistry and Nutrition, 2014, 54(1)：7 - 11.

[11] Ma J, Stevens J E, Cukier K, et al. Effects of a protein preload on gastric emptying, glycemia, and gut hormones after a carbohydrate meal in diet-controlled type 2 diabetes[J]. Diabetes Care, 2009, 32(9)：1600 - 1602.

[12] Bae J H, Kim L K, Min S H, et al. Postprandial glucose-lowering effect of premeal consumption of protein-enriched, dietary fiber-fortified bar in individuals with type 2 diabetes mellitus or normal glucose tolerance[J]. Journal of Diabetes Investigation, 2018, 9(5)：1110 - 1118.

[13] Kubota S, Liu Y Y, Iizuka K, et al. A review of recent findings on meal sequence：An attractive dietary approach to prevention and management of type 2 diabetes[J]. Nutrients, 2020, 12(9)：2502.

[14] Shukla A P, Mauer E, Igel L I, et al. Effect of food order on ghrelin suppression[J]. Diabetes Care, 2018, 41(5)：e76 - e77.

第八节 饮料选择（喝什么？）

一、白开水、茶水或咖啡

白开水是每日饮用水的主要来源。适量饮用未添加糖和甜味剂的茶水和咖啡,可能因其富含植物化学物,有助于顺利减脂。饮用各种含糖或含酒精饮料会促进肥胖和慢性疾病发生发展。

两餐之间可以喝白开水，或未加糖的茶水和咖啡。需要注意的是，有研究表明，未过滤的咖啡(例如法式压滤咖啡)中含有可使血液低密度胆固醇水平升高的化学物质，但这些物质容易被咖啡滤纸过滤掉，因此饮用过滤后的咖啡可能更有益于健康[1]。

日常生活中要拒绝任何甜味饮料，包括 100% 果汁、碳酸饮料、运动饮料、含糖饮料、无糖饮料、植物饮料、含酒精饮料、奶茶、调制奶等，无论这些饮料是否宣称"零糖零卡"。

餐前饮水有利于用餐时减少食物摄入，从而减少能量摄入[2]。少量多次地适度增加每日总饮水量可能有助于降低血压，提高体温，稀释血液中的废物，保护肾脏功能[3]。

二、拒绝任何甜味饮料

任何含糖或不含糖(含人工甜味剂)的甜味饮料都是我们要拒绝的超加工食品。

前瞻性队列研究和临床试验为研究含糖饮料与体重增加以及相关慢性疾病风险之间的因果关系提供了强有力的证据。大量证据表明，习惯性摄入含糖饮料与体重增加和 2 型糖尿病、心血管疾病及某些癌症等慢性疾病的更高风险密切相关。这些饮料致病的潜在生物学机制包括提供额外的能量摄入，葡萄糖迅速吸收引发高胰岛素血症，果糖大量涌入肝脏带来的不良代谢后果，破坏多巴胺食物奖励系统功能等，造成了肥胖和各种慢性疾病的全球大流行[4]。

三、拒绝饮酒

酒不能再喝了。无论白酒、红酒、黄酒、果酒、啤酒，任何酒精饮料都要戒除。

世界卫生组织在 30 多年前就认为酒精是致癌物。国际癌症研究中心(IARC)发布的一项新研究表明，2020 年全球估计有 74.1 万例新发癌症病例与饮酒有关[5]。在美国，据估计约有 5.6% 的癌症事件[每年约 87 000 例，包括口腔癌、咽癌、喉癌、肝癌、食管癌(鳞状细胞癌)、女性乳腺癌、结直肠癌]与酒精有关[5]。酒精饮料的种类似乎无关紧要，所有含酒精的饮料都包含乙醇，乙醇会增加乙醛的含量，进而造成 DNA 损伤。即使适度饮酒，似乎也伴有某些癌症(包括女性乳腺癌)的较高风险，然而酒精行业采用巧妙的公共关系活动来掩饰这个事关公众健康的议题，使其处于近乎隐身的状态[6]。对小鼠脑组织的分析表明，酒精会促进 AgRP 神经元(增加食欲)活动，并且会引发强烈的饥饿感[7]。因此，含酒精的饮料不仅富含能量(每克乙醇约产生 7 kcal 能量)，还可能刺激食欲，从而导致更多的能量摄入，这也是有些经常饮酒者(或酒精成瘾者)减脂的重要障碍之一。

参考文献

［1］Urgert R，Katan M B. The cholesterol-raising factor from coffee beans［J］. J R Soc Med，1996，89(11)：618 - 623.

［2］Corney R A，Sunderland C，James L J. Immediate pre-meal water ingestion decreases voluntary food intake in lean young males［J］. European Journal of Nutrition，2016，55(2)：815 - 819.

［3］Nakamura Y，Watanabe H，Tanaka A，et al. Effect of increased daily water intake and hydration on health in Japanese adults［J］. Nutrients，2020，12(4)：1191.

［4］Malik V S，Hu F B. The role of sugar-sweetened beverages in the global epidemics of obesity and chronic diseases［J］. Nature Reviews Endocrinology，2022，18(4)：205 - 218.

［5］Rumgay H，Shield K，Charvat H，et al. Global burden of cancer in 2020 attributable to alcohol consumption：A population-based study［J］. The Lancet Oncology，2021，22(8)：1071 - 1080.

［6］Marten R，Amul G G H，Casswell S. Alcohol：Global health's blind spot［J］. The Lancet Global Health，2020，8(3)：e329 - e330.

［7］Cains S，Blomeley C，Kollo M，et al. Agrp neuron activity is required for alcohol-induced overeating［J］. Nature Communications，2017，8：14014.

第八章 享受运动

健身运动是一个人自我修养的关键途径。

健身运动过程是重塑运动系统、心血管系统、脂肪组织等全身组织功能系统的过程，也是重塑"自我"的过程。

健身运动是一种行为艺术，表达的是活力和快乐。在健身运动过程中找到快乐并学会享受运动，会使人达到一个美妙的境界。

第一节　健身运动——开始最难

"蜉蝣，朝生暮死，始终衣裳楚楚。"爱美之心，人皆有之。可是无论多么华丽的服饰，都无法掩盖臃肿的身躯，而参加健身运动是减脂塑形、保持健美身材的必要途径。然而万事开头难，在开始制订和执行健身运动计划时，很多人可能会有一些担心、顾虑，也会遇到许多实际"困难"。

一、不必要的担心

由于各种原因，人们可能会担心运动会引起疼痛、受伤或使健康状况恶化。例如，有一些长期久坐办公或肥胖的人患有腰痛，他们担心运动会加重症状。尽管在疼痛急性期最好避免运动以防止症状加重，但处于亚急性期、慢性腰痛的个体，参加适度运动是被鼓励的。事实上,通过科学的针对性运动训练,增加相关关节灵活性和稳定性,增加相关骨骼肌的伸展性和收缩力,或伴随着体重减轻,可有效改善疼痛症状。例如步行、慢跑、普拉提等有氧运动和核心训练被证明是慢性腰痛的有效运动疗法[1-2]。

跑步是在全世界都受欢迎的体育运动,包括生物学家在内的各界人士乐在其中。尽管如此,许多人因为担心经常跑步会造成"膝关节磨损"而不愿参加跑步运动。事实上,软骨细胞外基质中的蛋白聚糖复合体和胶原蛋白赋予了软骨良好的弹性、抗压性和韧性。关节软骨覆盖在关节表面,几乎可以无摩擦地运动。运动过程中的机械负荷对于关节软骨健康至关重要,因为机械负荷促进关节液更新,促进软骨细胞外基质(ECM)与关节液进行物质交换[3-4]。当前的大部分证据支持中等强度运动产生的在关节软骨耐受范围内的负荷可诱导软骨细胞外基质中蛋白聚糖和胶原蛋白合成,有利于保持软骨完整性及其功能;超负荷运动会导致胶原蛋白网络损伤和蛋白聚糖损失,软骨由于缺乏再生能力而受到不可逆的破坏;而长期缺乏运动会导致软骨细胞外基质减少更新,软骨应变能力下降和功能退化[4-6]。因此,绝大部分人(特殊个体除外)以正确的跑步姿势进行的中等强度的跑步运动不会导致膝关节磨损,长期适度参加跑步运动有利于膝关节健康。

随着年龄的增加,人们的运动能力也逐步下降,加上不健康的饮食习惯和生活方式的影响,很多老年人患有一些慢性疾病(如肥胖、2 型糖尿病等)。有些老年人认为该"享清福"了,家人也可能在日常生活代劳了许多本该由老年人自行完成的体力活动。就这样,有一些老年人渐渐地减少各种体力活动,导致运动能力不断下降,加速了机体衰老进程,使慢性疾病进一步恶化。事实上,对于大多数老年人来说,运动带来的健康收益可能大于风险。适度的体力活动和健身运动(包括家务活动、步行、慢跑和抗阻运动等)都可能有效改善老年人的健康状况[7-8]。

健身运动与竞技运动有所不同。健身运动是为了获得快乐,增加身体活力,改善健康状况,提高生存质量,防止过早衰老和死亡,整个运动过程中不会有过度的心理和生理压力。相反,竞技运动更多是为了取得比赛成绩,运动员必须为比赛而艰苦训练,就好像为了参加考试而艰苦学习的学生可能需要承受较大的心理和生理压力,过度运动和比赛可能导致运动性免疫功能下降,增加疾病风险。健身运动通常选择可由参与者独自进行的运动项目,例如,步行、骑行、跑步等有氧运动和哑铃、杠铃、固定器械等抗阻运动。因此,健身运动相较于肢体对抗性竞技运动,面临的运动损伤和风险大大降低。

二、一定会有时间参加运动

"没时间参加运动"可能是固定时间上下班的人普遍会遇到的"困难",具体情况因人而异,因此不可能有一种适合所有人的运动时间解决方案。如果我们已经下定决心要改变不健康的生活方式,总是可以"挤出"运动的时间。例如,利用上下班途中、午间休息、工作间隙、晚餐前后、出差、假期的时间进行适宜的运动。

从住处到工作地点的往返路途,如果天气、路程、沿途环境等条件都允许,就选择步行、跑步或骑行上下班,这是时间成本最低的运动方式。如果办公室不具备冲洗、更衣和化妆的条件,就选择下班后换上运动鞋服,从办公室快走、跑步或骑行回家。

午间休息时间也是可以充分利用的运动时间。可在午餐之前进行 20～30 分钟运动,跑步机跑步、原地跑步、原地健身操等运动方式都是不错的选择。

工作间隙,通过短时间的运动,打断上班时间久坐少动的状态,有益健康且容易做到。久坐少动会增加慢性病风险。即使训练有素的人,白天上班时长时间久坐少动,也是有害健康的[9]。对于正在执行减脂计划的人,利用工作间隙短时间运动,打断上班时间久坐少动的状态,更是整个减脂计划中的一个不可忽视的重要细节。利用高度可调节办公桌站立式和坐式交替的办公方式,可打断久坐少动的状态;坐着工作 1 小时后,利用起身泡茶或去洗手间的机会散步几分钟,也是很好的选择[10]。如果条件允许,每工作 1 小时就进行原地踏步、原地跑步、原地健身操是更好地打断久坐少动状态的活动方式。

不便在下班途中运动的人也可选择在下班回家后、晚餐之前进行有氧运动或抗阻运动,而晚餐之后建议选择步行等中低强度运动。

出差时可在旅行箱中装上运动服和运动鞋,并且尽量选择住在便于运动的酒店,如配有健身房、靠近公园绿道或运动场馆的酒店,以便于按计划运动。

周末可将运动的优先级设置为最高,届时可取消不必要的应酬,适度增加运动量。采用"周末勇士"式运动,即平常不运动而仅在周末安排 1～2 次运动量特别大的运动,尽管也可以获得健康收益,但是运动损伤风险也可能因此增加[11]。例如,一些未接受过训练的超重或肥胖者试图通过周末进行 1～2 次篮球、足球、网球、登山、游泳等激烈运动来实现减脂,这类"周末勇士"运动损伤的概率可能会增加,影响之后的运动计划的开展[12]。因此,在周末安排适量运动,并将运动融入每天的生活中,可能是更明智的选择。

除周末以外的假期是执行运动计划的最佳时期。如果条件允许,建议选择在可为运动提供更多便利条件的地方度过假期。例如,选择那些配备了健身房,拥有户外运动条件,空气质量优良,并且可提供优质天然食物的地方。

参考文献

［1］ Pocovi N C，De Campos T F，Lin C W C，et al. Walking, cycling, and swimming for nonspecific low back pain：A systematic review with meta-analysis［J］. The Journal of Orthopaedic and Sports Physical Therapy，2022，52(2)：85 - 99.

［2］ Fernández-Rodríguez R，Álvarez-Bueno C，Cavero-Redondo I，et al. Best exercise options for reducing pain and disability in adults with chronic low back pain：Pilates, strength, core-based, and mind-body. A network meta-analysis［J］. The Journal of Orthopaedic and Sports Physical Therapy，2022，52(8)：505 - 521.

［3］ Dong X P，Li C F，Liu J Y，et al. The effect of running on knee joint cartilage：A systematic review and meta-analysis［J］. Physical Therapy in Sport：Official Journal of the Association of Chartered Physiotherapists in Sports Medicine，2021，47：147 - 155.

［4］ Jorgensen A，Kjær M，Heinemeier K. The effect of aging and mechanical loading on the metabolism of articular cartilage［J］. The Journal of Rheumatology，2017，44：410 - 417.

［5］ Bricca A. Exercise does not 'wear down my knee'：Systematic reviews and meta-analyses［J］. British Journal of Sports Medicine，2018，52(24)：1591 - 1592.

［6］ Bricca A，Juhl C B，Steultjens M，et al. Impact of exercise on articular cartilage in people at risk of, or with established, knee osteoarthritis：A systematic review of randomised controlled trials［J］. British Journal of Sports Medicine，2019，53(15)：940 - 947.

［7］ Armamento-Villareal R，Aguirre L，Waters D L，et al. Effect of aerobic or resistance exercise, or both, on bone mineral density and bone metabolism in obese older adults while dieting：A randomized controlled trial［J］. Journal of Bone and Mineral Research：the Official Journal of the American Society for Bone and Mineral Research，2020，35(3)：430 - 439.

［8］ Villareal D T，Aguirre L，Gurney A B，et al. Aerobic or resistance exercise, or both, in dieting obese older adults［J］. The New England Journal of Medicine，2017，376(20)：1943 - 1955.

［9］ Dunstan D W，Dogra S，Carter S E，et al. Sit less and move more for cardiovascular health：Emerging insights and opportunities［J］. Nature Reviews Cardiology，2021，18(9)：637 - 648.

［10］ Gray C M. The importance of sitting less and moving more［J］. BMJ，2022，378：o1931.

［11］ dos Santos M，Ferrari G，Lee D H，et al. Association of the "weekend warrior" and other leisure-time physical activity patterns with all-cause and cause-specific mortality［J］. JAMA Internal Medicine，2022，182(8)：840.

［12］ Hartnett D A，Milner J D，DeFroda S F. The weekend warrior：Common shoulder and elbow injuries in the recreational athlete［J］. The American Journal of Medicine，2022，135(3)：297 - 301.

第二节　从运动中找到快乐

每个人都有可能在运动中找到快乐。

众所周知,有计划的长期健身运动会带来心理和生理方面的诸多健康益处。然而,对于始终认为运动是一种被动行为,并且从未体验过运动快乐的人来说,无论什么样的科学证据和好言相劝都显得苍白无力,都不足以给予他们长期参加健身运动的持续驱动力,这可能是阻碍人们执行一项长期运动计划的主要负面因素。

选择一项可长期坚持的运动项目更有利于在运动中找到快乐。对于大部分人来说,跑步运动可能是找到快乐的最佳运动项目。跑步是人类与生俱来的能力。跑步运动无须特定运动器械和运动设施,几乎是零成本的运动项目(甚至不需要运动鞋)。跑步可不受任何其他人牵制,跑步者通常更乐于享受孤独。更关键的是,跑步已被证明可以带来快乐,并且这种快乐不仅是对跑步过程的及时奖励,更是持久的幸福感,许多人在多年以后仍然可以想起很久以前某一次跑步过程中和跑步之后的美妙的愉悦体验。

跑步运动会引起广泛的神经生物学效应,包括增加幸福感、减轻疼痛和减少焦虑,这被称为"跑步者的高潮(runner's high)"。多年来,人们认为"跑步者的高潮"仅由β-内啡肽(内源性阿片肽)释放诱导产生[1]。然而,"内啡肽理论"的主要局限性是,血液中的β-内啡肽不能被视为中枢效应的指标,因为外周β-内啡肽无法穿过血脑屏障(BBB),虽然运动时血浆内啡肽水平升高,可减轻运动引起的肌肉酸痛,但它不太可能成为"跑步者的高潮"的信号来源。新的研究结果表明,内源性大麻素系统在跑步者感受到愉悦、镇痛、镇静、抗焦虑和减少抑郁症状效果的过程中发挥了至关重要的作用[2]。2015年研究人员发现,小鼠跑步后大麻素受体被激活,从而介导抗焦虑和镇痛,证明内源性大麻素为跑步小鼠提供奖励,是"跑步者的高潮"的主要贡献者[3]。2021年研究人员发现,人类的"跑步者的高潮"不依赖阿片类信号转导,而依赖内源性大麻素,类似于在小鼠中获得的结果[4]。此外,运动还会明显促进中枢多巴胺释放并提高其受体可用性,这也有利于减少焦虑和抑郁症状。不过关于多巴胺对运动的潜在影响,研究结果不一致。内源性大麻素系统与多巴胺的密切相互作用也可能与激励我们渴望开始下一次运动有关[5]。

中等强度跑步似乎是提高血液中内源性大麻素水平的最佳方法,其次是骑自行车。跑步的持续时间达20分钟及以上,可实现抗焦虑、镇痛和产生积极情绪的效果,跑步30～35分钟后预期产生最高积极情绪,即可能体验"跑步者的高潮"[2]。跑步运动的周围环境(如在大自然中运动)、跑步前的情绪和不同个体的心肺耐力也可能发挥重要作用。

总之,选择一项可长期坚持的运动项目,并试着在运动中找到快乐,可能是启动运动计划的关键所在。人属骨骼化石证据表明,人类耐力跑起源于大约200万年前,人类在耐力跑方面一直表现得非常好[6]。因此,跑步可能是适合大多数人的首选运动项目。

另外,在运动计划执行过程中,经常照镜子、称体重和检测身体成分变化可能有助于了解经过努力所取得的运动成果,从而激励我们继续运动。渐渐地,随着运动所带来的身体活力增加、自信心增加、身体成分变化、减脂塑形成效和全面健康改善,这些运动成果将成为激励我们持续参加运动的内在驱动力,直到有一天发现自己已经"脱胎换骨"成为全新的自己。届时,我们会将运动视为幸福生活不可或缺的组成部分,从而享受运动。

参考文献

[1] Boecker H, Sprenger T, Spilker M E, et al. The runner's high: Opioidergic mechanisms in the human brain[J]. Cerebral Cortex, 2008, 18(11): 2523 - 2531.

[2] Siebers M, Biedermann S V, Fuss J. Do endocannabinoids cause the runner's high? evidence and open questions[J]. The Neuroscientist: a Review Journal Bringing Neurobiology, Neurology and Psychiatry, 2023, 29(3): 352 - 369.

[3] Fuss J, Steinle J, Bindila L, et al. A runner's high depends on cannabinoid receptors in mice[J]. Proceedings of the National Academy of Sciences of the United States of America, 2015, 112(42): 13105 - 13108.

[4] Siebers M, Biedermann S V, Bindila L, et al. Exercise-induced euphoria and anxiolysis do not depend on endogenous opioids in humans[J]. Psychoneuroendocrinology, 2021, 126: 105173.

[5] Marques A, Marconcin P, Werneck A O, et al. Bidirectional association between physical activity and dopamine across adulthood-a systematic review[J]. Brain Sciences, 2021, 11(7): 829.

[6] Bramble D M, Lieberman D E. Endurance running and the evolution of Homo[J]. Nature, 2004, 432 (7015): 345 - 352.

第三节 人体运动基础知识

人体运动系统由骨、骨连结和骨骼肌组成。人体通过神经系统和运动系统紧密地协调配合才能做出某一种动作或进行运动。人体运动过程,本质上是骨骼肌在神经系统的控制下收缩产生动力,以骨为杠杆围绕关节转动,最终完成各种运动动作。在运动过程中,心血管系统和呼吸系统连续不断地为运动系统提供氧气和营养物质,并带走 CO_2 等代谢"废物"。

一、神经肌肉系统

神经肌肉系统由神经系统和骨骼肌组成。

人体感觉神经末梢连接分布于全身不计其数的感受器(包括位于肌肉、肌腱、韧带和关节囊的机械感受器),实时感知体内外环境的变化,并将信息传回大脑。中枢神经系统整合分析各种感知信息,做出适当的决策并发出指令。躯体运动神经末梢通过被称为神经-肌肉连接(或运动终板)与全身骨骼肌纤维建立化学突触连接,从而支配肌纤维。当运动指令(动作电位)到达时,运动神经末梢会释放神经递质(乙酰胆碱)将信号传递给肌纤维,启动肌肉收缩。

一个运动神经元和它所支配的全部肌纤维组成一个运动单位。当肌肉收缩时,以运动单位为基本机能单位募集肌纤维,因此参与的运动单位越多,肌肉收缩产生的力量就越大,反之则反。有计划的科学运动训练会使神经系统和骨骼肌产生适应,神经系统和肌肉系统会更好地协调配合,从而提高神经肌肉效率,在必要时做出迅速、准确和有力的反应,以应对外界环境的变化。

二、骨骼系统

骨骼系统包括骨和骨连结。骨是一种器官,由骨膜、骨质、骨髓、神经、血管、淋巴管等构成。活体骨坚硬且富有韧性,能为身体造血和储备矿物质。正常成年人全身共有 206 块骨。骨为肌肉提供附着点,肌肉收缩时以骨为杠杆,围绕关节转动,完成各种动作。人的一生中,骨不断地进行新陈代谢,在 30 岁之前骨量达到峰值,此后逐渐流失。适度运动可增加骨密度,促进骨骼系统健康。

骨与骨之间借助纤维结缔组织、软骨或骨组织相连,形成骨连结,骨借助骨连结,构成人体骨骼框架。骨连结可分为直接连结和间接连结两类。直接连结比较牢固,两骨之间无间隙,可活动幅度很小或完全不能活动,多见于颅骨和躯干骨之间的连结;间接连结又称关节,特点是骨与骨借助周围的结缔组织膜性囊连接,两骨间有缝隙,其间有滑液,活动性更大。关节是人体骨连结的主要形式,多见于四肢,以适应灵活运动。通过柔韧性训练可提高肌肉、韧带和关节囊等软组织的伸展性和弹性,通过力量训练可增强肌肉的收缩力,提高关节的稳固性,这样既可增大关节运动幅度,同时又可保护关节,减少运动过程中关节损伤。

三、骨骼肌

骨骼肌是指人体附着在骨骼上的肌肉,为运动系统的动力来源。人体骨骼肌有 600 余块,呈对称分布,运动动作中常用的骨骼肌约有 75 对。骨骼肌在神经系统的支配下收缩,牵动骨以关节为支点进行各种随意运动。骨骼肌借助肌腱附着在骨骼上,每块肌肉附着在两块或两块以上的骨上,中间跨过一个或多个关节。人体一个简单的动作都是由多块肌肉协作完成的。

一块肌肉就是一个器官,由肌腹、肌腱、血管和神经构成。肌腹由许多肌纤维(肌细胞)构成。肌腱由胶原纤维束构成,非常坚韧,一端连接肌腹,另一端附着于骨上。肌肉中含有丰富的毛细血管和神经末梢,毛细血管提供氧气和营养物质,并带走代谢“废物”,神经末梢支配肌肉活动和调节代谢。肌组织中还有保护和辅助肌肉活动的辅助结构,包括筋膜、腱鞘、滑膜囊、籽骨、滑车等。肌肉的物理性质受温度影响,当温度降低时,肌肉伸展性和弹性下降,黏滞性增加,反之则反。运动前做好热身,使肌肉温度升高,增加伸展性和弹性,降低黏滞性,有利于提高运动表现,防止运动损伤。

骨骼肌纤维因其收缩速度和收缩力不同,被分为Ⅰ型肌纤维和Ⅱ型肌纤维两类。当收到运动神经指令时,Ⅰ型肌纤维收缩速度更慢,Ⅱ型肌纤维收缩速度更快。Ⅰ型肌纤维毛细血管密度高,线粒体数量多、体积大,有氧代谢酶活性高,脂肪氧化能力高,主要利用葡萄糖或脂肪酸氧化供能,因而抗疲劳能力更强,耐力更好。Ⅱ型肌纤维线粒体数量少、体积小,有氧代谢酶活性较低,主要利用糖酵解供能,耐力更差,但产生的力量更大(更多有关运动与能量代谢的内容详见本章第四节)。

四、心血管系统

心血管系统由心脏和血管组成。心脏是一个由肌肉构成的"动力泵",它有节奏地收缩和舒张,收缩时将血液射入动脉,舒张时从静脉吸入血液,为血液循环提供动力。血管包括动脉、毛细血管和静脉。动脉是由心室发出的血管,行程中不断分支,最后为毛细血管。毛细血管是管径最细(6~8 μm)的血管,毛细血管相互连通交织成网,连接微动脉和微静脉。血液到达毛细血管时,因其管径小,血液流速缓慢,并因其管壁薄,通透性大,血液与组织液便在此进行物质交换。静脉是输送回流血液的血管,从毛细血管至心房。血液由心脏射出,在动脉、毛细血管、静脉中不停地循环流动,给人体骨骼肌等全身组织细胞输送营养物质、激素和氧气等物质,并带走二氧化碳等代谢"废物"。

五、呼吸系统

呼吸系统包含呼吸道和肺。呼吸道是气体通道,肺是进行气体交换的器官。呼吸系统的主要功能是从外界环境中吸入氧气并排出二氧化碳。肺内支气管分支呈树枝状,故称支气管树。终末支气管连接肺泡,毛细血管和淋巴管围绕在肺泡周围。不计其数的肺泡是气体交换的主要场所。

六、热身活动

热身活动即正式运动训练前的准备活动。热身活动首先使中枢神经兴奋起来,从而增强神经系统和肌肉系统的协调性。热身活动可提高心血管系统和呼吸系统机能,使得肌肉毛细血管扩张,增加工作肌肉的血氧供应,为即将开始的运动做准备。热身活动还可提高体温,降低肌肉的黏滞性,增加肌肉的伸展性和弹性,从而预防运动损伤。健身运动前的热身活动通常进行全身性活动,如步行、慢跑、动态拉伸等,使体温增加、神经兴奋、肌肉激活、关节预热,并感觉精力充沛,有开始运动的欲望即可。热身活动不宜过度。

七、整理活动

整理活动是指激烈运动后所进行的逐步放松运动,使人体从紧张运动状态逐步恢复到相对平静状态。在激烈运动时,肌肉更多通过无氧代谢供能,运动过程中乳酸生成增加。整理活动有利于减少肌肉中的堆积乳酸,消除肌肉酸胀。健身运动训练完成后,可进行步行、慢跑等低强度的有氧运动作为整理活动。

八、有氧耐力

有氧耐力通常是指人体适应长时间有氧运动的能力。有氧耐力水平代表了心血管系统和呼吸系统在持续运动过程中为肌肉输送富氧血的能力,也代表了肌肉灵活利用葡萄糖、脂肪酸等不同底物进行有氧代谢的能力。具体来说,人体的肺通气量、血液载氧能力、心脏泵血功能、毛细血管分布、肌肉中血流量、肌细胞线粒体含量和功能、肌细胞氧化酶含量和活性等,还有神经内分泌激素的信号转导都可能影响有氧耐力水平。经常参加有氧运动是提高有氧耐力水平的有效方法。

九、肌肉力量、耐力和爆发力

肌肉力量是神经肌肉系统工作时克服或对抗外部阻力的能力。肌肉力量是神经肌肉系统激活的结果,神经所募集的肌纤维数量、肌纤维类型、肌纤维粗细决定了肌肉力量。肌肉耐力是指骨骼肌长时间产生和保持力量的能力。采用高重复次数的抗阻训练是提高肌肉耐力的有效方法。肌肉爆发力是神经肌肉系统在最短的时间内产生最大肌肉力量的能力。爆发力是力量和速度的结合,代表了神经募集运动单位的数量和速度,是神经系统和骨骼肌高效协调配合的结果。

十、柔韧性

柔韧性是指人体关节的最大活动范围。柔韧性主要取决于关节周围全部软组织的伸展性,关节周围韧带、肌腱、肌肉和皮肤的伸展性都会影响关节的最大活动范围。此外,年龄、性别、遗传、关节结构、肥胖程度、拮抗肌群、旧伤等因素也会影响柔韧性。拉伸运动有利于改善关节周围软组织伸展性,缓解肌肉过度紧张,减轻关节压力,预防关节功能障碍和运动损伤,增大关节活动范围,提高神经肌肉效率。

第四节　运动与物质能量代谢

人体运动时消耗的能量大大增加,可直接驱动细胞生命活动的能量货币——ATP,在肌肉中含量仅够维持全力爆发性运动1～2秒[1],因此需要利用肌糖原、肌内脂肪、血糖、游离脂肪酸不间断地再合成 ATP,才能维持肌肉的持续收缩。了解运动过程中和运动恢复期的物质能量代谢特征,有助于我们制订更高效的减脂运动计划。

一、无氧代谢供能

在运动过程中,机体通过 ATP-CP 系统和糖的无氧氧化产生 ATP,两者都属于无氧代谢供能。ATP 充足时,ATP 转移末端的高能磷酸键给肌酸,生成磷酸肌酸(CP),暂时储存于心肌和骨骼肌等组织中。当机体耗能迅速消耗 ATP 时,磷酸肌酸将高能磷酸键转移给 ADP,再生成 ATP,补充 ATP 的消耗,此过程中 CP 参与 ATP 再合成,称为 ATP-CP 系统(也称为磷酸原供能系统)[1]。磷酸肌酸在肌肉中的储量也很少,维持全力爆发性运动短于 10 秒,但是 ATP-CP 系统对于爆发力至关重要,是不可替代的瞬时供能系统。

当开始运动时,ATP 首先迅速水解释放能量,肌肉中 ATP 浓度下降,磷酸肌酸立即参与再合成 ATP。与此同时,肌糖原迅速分解,通过糖的无氧氧化产生 ATP,也开始参与供能。糖的无氧氧化是运动初期、肌肉血流不足、高强度运动时的主要能量来源。糖无氧氧化可以迅速得到 ATP,并同时生成乳酸,特别是在剧烈运动时乳酸生成量是静息状态下的 100 倍[1],导致骨骼肌内的乳酸水平迅速升高,造成细胞 pH 显著下降,抑制 ATP 进一步再合成,使得供能能力下降,不能继续维持肌肉收缩。糖的无氧氧化以最大输出功率持续供能 30～50 秒之后,供能能力逐渐下降,因此通过糖的无氧氧化供能是机体的短时间供能系统。

二、有氧代谢供能

在运动过程中且氧气充足的条件下,人体将糖、脂肪、蛋白质彻底氧化,并逐步释放能量合成 ATP,最终生成二氧化碳(CO_2)和水(H_2O),此过程称为有氧代谢供能。有氧代谢供能可为人体长时间运动提供能量。糖和脂肪是长时间有氧运动过程中的主要能源物质。虽然蛋白质分解代谢产生的支链氨基酸也可以被氧化，但对整体 ATP 产生的贡献很低，只有在糖原被大量消耗的条件下，氨基酸代谢供能的贡献才增加。

三、运动过程中的代谢特征

与静息值相比，最大强度运动可使全身代谢率增加 20 倍，而参与收缩的骨骼肌内的 ATP 更新率可能比静息时至少高 100 倍[2]。在剧烈运动期间，肌肉内耗氧量和局部血流量急剧增加 30 倍以上，估计三羧酸循环（TCA 循环）通量增加 70～100 倍[3]。因此，骨骼肌是利用葡萄糖和脂质代谢而消耗能量的主要部位[4-5]。

运动过程中所消耗的糖和脂肪在体内主要有四方面来源：① 肝脏糖原分解的血浆葡萄糖；② 脂肪组织中的脂肪；③ 血液里血浆脂蛋白中的脂肪；④ 骨骼肌中的肌糖原和肌细胞内脂滴中的脂肪[6]。在运动过程中，脂肪和葡萄糖等被用于产生 ATP 的所有途径都是活跃的，但它们的相对贡献主要取决于运动持续时间和运动强度。另外，性别、身体成分和饮食等因素对代谢底物的利用也有影响，例如：在耐力运动中，女性比男性更多利用脂肪酸，而更少利用葡萄糖氧化供能[7-8]；而超重或肥胖者利用脂肪进行氧化供能的能力大大受损，通常具有较大的"力量"但缺少"耐力"。

（一）运动过程中的葡萄糖代谢

葡萄糖可以通过无氧氧化和有氧氧化，高效率为机体提供能量来源。人体通过糖代谢生成 ATP 的速率显著高于利用脂肪氧化产生 ATP 的速率，但是糖在人体内的存量远低于脂肪。人体内糖的总量一般不超过 500 g，其中肝糖原 70～100 g，肌糖原 350～400 g[1]。

肌糖原是运动过程中骨骼肌收缩所需葡萄糖的主要来源。运动强度是肌糖原消耗速率的决定因素，运动强度增加，肌糖原的消耗速率也随之增加。运动时间延长，肌糖原消耗总量也随之增加。长期进行耐力训练提高了骨骼肌对脂肪酸的氧化能力，可相对减少对糖代谢供能的依赖。

血糖也是运动过程中骨骼肌收缩所需的葡萄糖的来源。血糖的供能比例在静息状态下很低，随着运动强度的增加，骨骼肌摄取血糖也相应增多，特别是随着运动强度增加和/或运动时间延长，当肌糖原被大量消耗时，骨骼肌消耗的葡萄糖主要来自血液。

在长时间运动过程中，随着骨骼肌利用血糖的增加，肝糖原分解以及肝脏通过糖异生释放葡萄糖入血，以维持血糖恒定。此时，肌肉蛋白质也可分解为氨基酸，经血液运输至肝进行糖异生,是肝糖异生的主要原料。虽然脂肪分解产生的甘油和糖无氧氧化产生的乳酸也可以作为肝糖异生的原料,但可能贡献较小。

乳酸是运动过程中糖无氧氧化的必然产物,也是引起运动疲劳的因素之一。在运动过程中,人体对能量的需求超过有氧氧化供能的能力,糖的无氧氧化参与供能时,就会产生乳酸。因此,乳酸的生成随着运动强度的增加和运动时间的延长而相应增加。乳酸可在骨骼肌、心肌等组织彻底氧化,生成二氧化碳和水并释放能量。50%以上的乳酸经彻底氧化消除[1]。乳酸也可在肝中通过糖异生转化葡萄糖,还可转变为脂肪酸或氨基酸,或经汗液尿液排出体外。因此,在剧烈运动后继续进行低强度有氧运动,有利于消除乳酸,减轻骨骼肌疲劳,更快恢复运动能力。

(二)运动过程中的脂肪代谢

脂肪是长时间运动的主要能量来源。在运动过程中,参与供能的脂肪主要来自:① 脂肪组织(包括皮下和内脏)内储存的脂肪;② 肝脏合成分泌的极低密度脂蛋白(VLDL)中的脂肪;③ 骨骼肌细胞内的脂滴中的脂肪。在运动过程中,脂肪分解产生的脂肪酸被骨骼肌、心肌等组织氧化利用,脂肪分解产生的甘油则主要在肝中被作为糖异生原料,而产生的酮体则被心肌、肾、大脑、骨骼肌利用[6]。

运动过程中的脂肪酸氧化与运动强度和运动持续时间有关。在低强度运动期间(25%~40% $V_{O_2 max}$,即最大摄氧量),主要通过脂肪酸氧化供能,此时葡萄糖氧化的贡献很小。当以中等强度(65% $V_{O_2 max}$)运动时,脂肪酸氧化总量最大,比 25% $V_{O_2 max}$ 时约高出 40%,此时葡萄糖氧化参与供能的比例也同时增加。如果运动强度继续增加,脂肪酸氧化供能的比例下降,而葡萄糖氧化供能比例相应增加。当运动强度增加至 80% $V_{O_2 max}$ 时,葡萄糖氧化成为主要能量来源,表明高强度运动时脂肪酸氧化不能保持高功率输出[9]。当运动强度增加至 85% $V_{O_2 max}$ 或以上时,脂肪分解和脂肪酸氧化似乎被明显抑制,此时脂肪酸氧化供能比例为 25%~30% 或更低。因此,在中等强度(65% $V_{O_2 max}$)运动中,骨骼肌脂肪酸氧化随着运动时间的延长以及总能量消耗而增加。以不同强度运动时,不同来源的能量消耗百分比如图 8-1 所示。

也有研究表明,高强度间歇性运动(HIIT)与中等强度长时间运动相比,可能更有利于消耗脂肪,而且时间成本更低,因为高强度运动在单位时间内消耗更多能量。然而,肥胖者和代谢疾病患者需要依据自身的具体条件(例如,基础疾病、心肺功能、肌肉力量和耐力、肢体柔韧性等身体条件)综合考虑减脂效率和安全性,在制订减脂运动计划时兼顾单次运动的强度和时长,以实现适合个体条件的最优减脂效果[10-11]。

肌内脂肪是指储存在骨骼肌细胞中的脂滴内的脂肪（IMTG）。在中等强度运动时,肌内脂肪在总脂肪酸氧化中做出了约50%的贡献[9]。然而,肥胖者或2型糖尿病患者骨骼肌中除了细胞内脂肪外,还存在大量的肌细胞间脂肪,重要的是,他们动员和氧化这些脂肪的能力都大大受损[12]。因此肥胖或2型糖尿病患者更应经常参与有氧运动[13],并且要根据个体的有氧运动适应能力将运动强度控制在适宜的范围内,循序渐进地逐步提高骨骼肌的氧化能力。

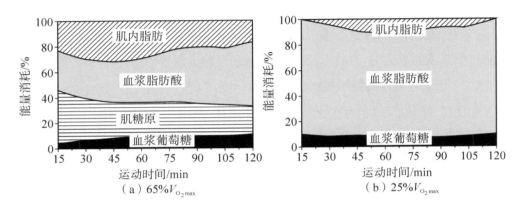

（a）—当以中等强度（65% $V_{O_2 max}$）运动时,脂肪酸氧化总量最大,比25% $V_{O_2 max}$时约高出40%；（b）—当以低强度（25% $V_{O_2 max}$）运动时,则主要以脂肪酸氧化供能,但总量小于中等强度运动。

图8-1 以不同强度运动时,不同来源的能量消耗百分比示意图
Romijn J A, Coyle E F, Sidossis L S, et al. Regulation of endogenous fat and carbohydrate metabolism in relation to exercise intensity and duration [J]. American Journal of Physiology-Endocrinology and Metabolism, 1993, 265(3 Pt 1):E380 - 391.

（三）运动过程中的蛋白质代谢

运动过程中,肌肉内蛋白质的合成代谢受抑制,其中非收缩蛋白的分解速率加快,而收缩蛋白的分解代谢速率减慢,整体蛋白质代谢表现为分解大于合成。

长时间的有氧运动（如马拉松运动）大量消耗脂肪和葡萄糖,此时蛋白质分解产生的氨基酸氧化供能比例增加[14],此外,还有部分蛋白质分解产生的氨基酸可能被用于肝糖异生以维持血糖恒定。因此,长时间有氧运动可能不同程度地消耗骨骼肌蛋白质。例如,长期参加跑步运动的人如果没有配合适度的抗阻训练,会导致骨骼肌质量和力量明显下降。

力量训练可促进骨骼肌蛋白质合成代谢,增大肌纤维横截面,促进结缔组织细胞增生,表现为肌纤维肥大和力量增强[15]。

四、运动恢复期的代谢特征

运动恢复期的主要代谢特征是,肌糖原和骨骼肌蛋白质合成代谢增加,而脂肪氧化持续进行,随着时间的推移逐渐下降。另外,运动结束后,能量代谢开始下降,但与运动前相比仍然保持耗氧量轻微升高的状态,并可能长达 24 小时,这也是运动增加能量消耗的因素之一。这种在运动后的恢复期内耗氧量有所增加,代谢水平升高的状态,被称为运动后过量耗氧(EPOC)。EPOC 的大小取决于运动的持续时间和强度,较高的强度运动与较大的 EPOC 相关[16]。

长时间运动结束后 2 小时内肌糖原恢复速度最快,恢复至运动前水平需要 24~46 小时,恢复效果与饮食成分密切相关,在长时间运动后及时摄入碳水化合物有利于肌糖原更快恢复[1]。短时间高强度间歇性运动结束后,前 5 小时内肌糖原恢复最快,24 小时内基本完全恢复,且不受饮食结构的影响[1]。

运动结束后蛋白质合成代谢增强,表现为蛋白质净合成。因此,运动后尽快摄入富含蛋白质的食物更有利于促进蛋白质合成代谢[17]。有研究表明,在抗阻运动后最初数小时的恢复期间,摄入 20 g 高质量可快速消化的蛋白质足以对肌肉蛋白质合成产生最大的刺激,当摄入量翻倍至 40 g 时,肌肉蛋白质合成仅进一步增加 10%~20%,说明超量摄入蛋白质的蛋白质合成代谢并没有相应增加,可能只是增加了氨基酸氧化速率,绝大部分氨基酸被当作供能物质利用了[18]。运动后,摄入超过 40 g 缓慢消化的蛋白质可能会导致蛋白质合成代谢反应延长(≥6 小时),持续到下一餐[18]。最近的证据表明,全食物来源蛋白质(例如整个鸡蛋)可能因同时含有其他微量营养素,可以进一步增强肌肉蛋白质合成代谢[19]。

在运动后恢复期,从膳食中吸收的葡萄糖通常用于肌肉糖原的再合成,尽管摄入了大量碳水化合物,但脂肪氧化供能仍然持续存在[20]。运动中游离脂肪酸的利用率增加了几倍,并且脂肪动员在 12~24 小时内持续进行,血浆中的游离脂肪酸浓度仍然显著高于静息期间,随着时间的推移,血浆中的游离脂肪酸浓度逐渐下降,从运动后 13~16 小时高出约 40%,降至运动后 21~24 小时的高出约 10%[21]。

五、饮食模式与运动过程中脂肪代谢

高碳水化合物饮食和低脂肪饮食,或在运动前/运动中摄入含糖食物,都可能会导致运动中利用糖氧化供能增加,而利用脂肪氧化供能减少[22-25]。这可能是因为葡萄糖的摄入会促进胰岛素释放,而血浆胰岛素浓度增加对脂肪组织三酰甘油脂肪酶和激素敏感脂肪酶产生强大的抑制作用,从而减少脂肪分解并降低血浆游离脂肪酸浓度。这意味着高糖饮食导致运动过程中游离脂肪酸向肌肉的输送减少,肌肉游离脂肪酸摄取减少。另外,血浆葡萄糖和胰岛素水平增加,可通过控制长链脂肪酸进入线粒体的速率来减少脂肪酸氧化[24]。

高脂肪饮食和有氧运动训练都会促进骨骼肌对脂肪酸的摄取和利用[26]。然而,骨骼肌线粒体生物发生主要是由有氧运动训练引起的,而不是由高脂肪饮食引起的,这可能是由于只有在运动期间 ATP 需求才会增加,进而促发线粒体增生。肥胖的特征是脂肪酸氧化能力受损,因此,通过有氧运动可以恢复骨骼肌脂肪酸氧化功能,而仅仅采用高脂肪饮食却不能同时增加有氧运动,不会从根本上改善肥胖者的骨骼肌脂肪酸氧化功能。

运动前适量摄入咖啡因有利于提高运动期间的脂肪酸氧化速率[27]。有研究表明,每千克体重 3 mg 咖啡因的剂量足以提高运动期间(次最大强度)脂肪作为供能物质的利用率[28]。请注意过量摄入咖啡因可导致焦虑、失眠、心悸等负面作用。

六、跑步过程中的代谢特征

在跑步起始阶段的几分钟内(具体时间因运动能力不同而有差异),血液供应还未能适应运动需求,会导致局部肌肉缺血而造成暂时性氧供应不足,此时机体主要依赖糖的无氧氧化供能,因此生成乳酸增加。跑步持续几分钟之后,糖的无氧氧化供能比例就会下降,乳酸在跑步过程中也会被氧化利用。

肥胖者或长期不参加有氧运动的人在跑步起始阶段的几分钟内会因乳酸生成增加而感到肌肉酸痛无力,此时可通过降低速度,调整呼吸,从而减少利用糖无氧氧化供能,减少乳酸产生来缓解不适。因此,跑步初学者首先要学会如何以正确技术动作进行小步幅慢跑。经常参加跑步运动,随着有氧运动适应能力(心肺耐力)的提升,前述不适的情况会逐步得到改善。

参考文献

[1]《运动生物化学》编写组. 运动生物化学[M]. 北京:北京体育大学出版社,2013.

[2] Gaitanos G C, Williams C, Boobis L H, et al. Human muscle metabolism during intermittent maximal exercise[J]. Journal of Applied Physiology, 1993, 75(2): 712-719.

[3] Gibala M J, MacLean D A, Graham T E, et al. Tricarboxylic acid cycle intermediate pool size and estimated cycle flux in human muscle during exercise[J]. American Journal of Physiology-Endocrinology and Metabolism, 1998, 275(2): E235-E242.

[4] Hargreaves M, Spriet L L. Skeletal muscle energy metabolism during exercise[J]. Nature Metabolism, 2020, 2(9): 817-828.

[5] Egan B, Zierath J R. Exercise metabolism and the molecular regulation of skeletal muscle adaptation[J]. Cell Metabolism, 2013, 17(2): 162-184.

[6] Muscella A, Stefàno E, Lunetti P, et al. The regulation of fat metabolism during aerobic exercise[J]. Biomolecules, 2020, 10(12): 1699.

[7] Horton T J, Pagliassotti M J, Hobbs K, et al. Fuel metabolism in men and women during and after long-duration exercise[J]. Journal of Applied Physiology, 1998, 85(5): 1823-1832.

[8] Carter S L, Rennie C, Tarnopolsky M A. Substrate utilization during endurance exercise in men and

women after endurance training[J]. American Journal of Physiology-Endocrinology and Metabolism, 2001, 280(6): E898 – E907.

[9] Romijn J A, Coyle E F, Sidossis L S, et al. Regulation of endogenous fat and carbohydrate metabolism in relation to exercise intensity and duration[J]. The American Journal of Physiology, 1993, 265(3 Pt 1): E380 – E391.

[10] Gallo-Villegas J, Restrepo D, Pérez L, et al. Safety of high-intensity, low-volume interval training or continuous aerobic training in adults with metabolic syndrome[J]. Journal of Patient Safety, 2021, 18 (4): 295 – 301.

[11] Viana R B, Naves J P A, Coswig V S, et al. Is interval training the magic bullet for fat loss? A systematic review and meta-analysis comparing moderate-intensity continuous training with high-intensity interval training (HIIT)[J]. British Journal of Sports Medicine, 2019, 53(10): 655 – 664.

[12] Kim J Y, Hickner R C, Cortright R L, et al. Lipid oxidation is reduced in obese human skeletal muscle [J]. American Journal of Physiology-Endocrinology and Metabolism, 2000, 279(5): E1039 – E1044.

[13] Van Aggel-Leijssen D P C, Saris W H M, Wagenmakers A J M, et al. Effect of exercise training at different intensities on fat metabolism of obese men[J]. Journal of Applied Physiology, 2002, 92(3): 1300 – 1309.

[14] Stander Z, Luies L, Mienie L J, et al. The altered human serum metabolome induced by a marathon [J]. Metabolomics, 2018, 14(11): 150.

[15] Folland J P, Williams A G. The adaptations to strength training: Morphological and neurological contributions to increased strength[J]. Sports Medicine, 2007, 37(2): 145 – 168.

[16] Børsheim E, Bahr R. Effect of exercise intensity, duration and mode on post-exercise oxygen consumption[J]. Sports Medicine, 2003, 33(14): 1037 – 1060.

[17] Kume W, Yasuda J, Hashimoto T. Acute effect of the timing of resistance exercise and nutrient intake on muscle protein breakdown[J]. Nutrients, 2020, 12(4): 1177.

[18] Trommelen J, Betz M W, Van Loon L J C. The muscle protein synthetic response to meal ingestion following resistance-type exercise[J]. Sports Medicine, 2019, 49(2): 185 – 197.

[19] Van Vliet S, Shy E L, Abou Sawan S, et al. Consumption of whole eggs promotes greater stimulation of postexercise muscle protein synthesis than consumption of isonitrogenous amounts of egg whites in young men[J]. The American Journal of Clinical Nutrition, 2017, 106(6): 1401 – 1412.

[20] Kiens B, Richter E A. Utilization of skeletal muscle triacylglycerol during postexercise recovery in humans[J]. American Journal of Physiology-Endocrinology and Metabolism, 1998, 275(2): E332 – E337.

[21] Magkos F, Mohammed B S, Patterson B W, et al. Free fatty acid kinetics in the late phase of postexercise recovery: Importance of resting fatty acid metabolism and exercise-induced energy deficit [J]. Metabolism, 2009, 58(9): 1248 – 1255.

[22] Coyle E F, Jeukendrup A E, Wagenmakers A J, et al. Fatty acid oxidation is directly regulated by carbohydrate metabolism during exercise [J]. American Journal of Physiology-Endocrinology and Metabolism, 1997, 273(2): E268 – E275.

[23] Horowitz J F, Mora-Rodriguez R, Byerley L O, et al. Lipolytic suppression following carbohydrate ingestion limits fat oxidation during exercise[J]. The American Journal of Physiology, 1997, 273(4): E768 – E775.

[24] Sidossis L S, Stuart C A, Shulman G I, et al. Glucose plus insulin regulate fat oxidation by controlling the rate of fatty acid entry into the mitochondria[J]. The Journal of Clinical Investigation, 1996, 98 (10): 2244 – 2250.

[25] Coyle E F, Jeukendrup A E, Oseto M C, et al. Low-fat diet alters intramuscular substrates and reduces lipolysis and fat oxidation during exercise [J]. American Journal of Physiology-Endocrinology and Metabolism, 2001, 280(3): E391 – E398.

[26] Fritzen A M, Lundsgaard A M, Kiens B. Tuning fatty acid oxidation in skeletal muscle with dietary fat and exercise[J]. Nature Reviews Endocrinology, 2020, 16(12): 683 – 696.

[27] Collado-Mateo D, Lavín-Pérez A M, Merellano-Navarro E, et al. Effect of acute caffeine intake on the fat oxidation rate during exercise: A systematic review and meta-analysis[J]. Nutrients, 2020, 12(12): 3603.

第八章 享受运动

[28] Gutiérrez-Hellín J，Aguilar-Navarro M，Ruiz-Moreno C，et al. Effect of caffeine intake on fat oxidation rate during exercise：Is there a dose-response effect？［J］. European Journal of Nutrition，2023，62（1）：311-319.

第五节 有氧运动

运动过程中主要利用有氧代谢供能的运动方式被称为有氧运动。常见的有氧运动有步行、跑步、骑自行车、游泳等。经常参加有氧运动可提升有氧耐力水平。有氧耐力水平是人体健康水平和身体素质的重要指标之一，长期不参加有氧运动的人有氧耐力水平低下，步行或跑步气喘吁吁，这与肥胖和各种慢性病风险显著增加密切相关。提高有氧耐力水平有利于减少身体脂肪，减少慢性炎症，提高身体活力，预防慢性病，提高生活质量。因此，进行有氧运动以提高有氧耐力水平应该成为运动计划中最优先考虑的重要内容。

一、有氧运动的一般准则

（一）运动频率

运动频率是指一定时间内进行运动的次数。运动对于身体的有益作用是在重复运动中日积月累而形成的，如果两次运动间隔时间过长，可能上一次运动对人体的益处不能被积累。每周进行 3～5 次中等或高强度的有氧运动可能收获更多健康益处，特别是更有利于减脂[1]。

（二）运动强度

运动强度是指运动对人体生理刺激的程度。运动强度与获得健康益处呈明显的量效反应关系。有氧运动必须达到一定的强度才能收到良好效果，低于最小强度或阈值的运动无法刺激骨骼肌、骨骼、神经系统、心血管系统和呼吸系统等发生适应性改变。例如，以 $65\% V_{O_2 max}$（65%最大摄氧量）强度进行有氧运动，可能更有利于减少身体脂肪（有关不同运动强度与脂肪代谢的内容详见本章第四节）。然而，每个人受年龄、健康状况、运动能力等众多因素影响，通过运动获益的最小阈值因人而异，因此，有氧运动必须遵循渐进性原则，即不同个体根据自身情况动态调整运动强度，在保证安全的前提下获得健康效益。

（三）运动强度控制方法

最大摄氧量（$V_{O_2 max}$）是评价心肺功能的黄金指标，是指在单位时间内人体进行最大强度运动时摄入的最大氧气量。然而,准确测量最大摄氧量($V_{O_2 max}$)需要借助专用设备才能进行,因此,对于绝大部分健身运动的人往往是不切实际的。

心率储备(HRR)法也常用于控制运动强度。心率储备是指预测最大心率与静息心率之差。心率储备百分比相对应的运动强度,略高于最大摄氧量百分比相对应的运动强度,如60%心率储备相对应的运动强度大约相当于65% $V_{O_2 max}$(即65%最大摄氧量)相对应的运动强度。例如,年龄40岁的人期望的运动强度为60%心率储备相对应的运动强度,如果她的静息心率是70次/min,那么她的期望心率为136次/min(即以心率136次/min运动,强度相当于65% $V_{O_2 max}$)。计算公式如下:

最大心率常用220－年龄计算:220－40＝180(次/min)

心率储备＝最大心率－静息心率:180－70＝110(次/min)

期望心率＝心率储备×60%＋静息心率:110×60%＋70＝136(次/min)

主观疲劳感觉分级法对于健身运动者来说可能是最简单实用的运动强度控制方法。主观疲劳感觉是瑞典运动生理学家加纳·博格(Gunnar Borg)提出的在运动过程中个人主观评价运动强度的方法,它是以个人体验到的身体感觉(包括心率、呼吸频率、出汗情况和肌肉疲劳程度等各种因素的整体感觉)为基础的主观评价。主观疲劳感觉评价表如图8-2所示。

强度	0	0.3	0.5	0.7	1	1.5	2	2.5	3	4	5	6	7	8	9	10	11
感觉			极弱		非常弱		弱		温和		强		非常强			极强	极限

图8-2　主观疲劳感觉评价表

通常有氧运动主观感觉在"温和"与"强"之间,即强度指数在3～5之间,可能是比较适宜于获得最佳减脂效果的运动强度。运动之后身体的恢复情况,如当日睡眠情况,次日疲劳感是否消失,次日是否精力充沛并有运动的冲动也可以用于评估单日运动强度,从而作为次日运动强度调整的参考因素。

(四) 运动时长

运动时长是指单次运动的持续时间。建议每次中等强度有氧运动的持续时间为40～60分钟,例如,每次跑步时间约40分钟,加上热身活动和拉伸运动时间,通常单次运动共计约60分钟。虽然对于那些久坐少动的人,即使每次有氧运动短于20分钟也是有益健康的,但是对于想要实现减脂目标的人来说,20分钟似乎远远不够。

在减脂期,如果不能在一天中专门安排约60分钟进行单次中等强度有氧运动,建议利用各种机会进行各种形式的有氧运动,如办公室原地跑步或有氧健身操,步行、跑步或骑行上下班等,当日有氧运动时间累计应长于 60 分钟。在一天中安排持续时间为 40～60 分钟的中等强度有氧运动,比累计进行 60 分钟以上各种形式的短时间有氧运动能获得更好的减脂效果和更多健康益处。

(五)运动流程

有氧运动流程包括热身活动、正式训练、整理活动、拉伸运动。热身活动的目的是使身体为即将要进行的运动项目做好生理和心理准备,如通过 5～10 分钟的原地慢跑、拉伸等使身体逐步进入运动状态。在完成正式训练后,通常通过整理活动(如步行和慢跑)使身体从激烈的运动状态逐渐平静下来,紧接着有针对性地进行至少 10 分钟的拉伸运动。每一次有氧运动训练都应该包含热身活动、正式训练、整理活动、拉伸运动四部分内容。

二、有氧运动项目选择

经常参加步行、骑行、跑步、游泳、跳绳、爬楼梯、徒步旅行、有氧健身操、有氧运动器械(如跑步机、椭圆机、划船机)等运动,都有利于提高有氧耐力。

对于正在执行减脂运动计划的人来说,一项可长期坚持,并且可有效改善身体成分、减少脂肪的有氧运动必须具备一些特征,至少包括:① 运动强度可随时随意自行控制;② 不必借助特定运动器械或设施;③ 无须陪伴或协作,可单独进行;④ 成本可接受。同时具备前述特征的运动不仅可有效刺激身体各功能系统逐步发生适应性变化,更重要的是能使人从中找到快乐,并且愿意享受这项运动。

跑步不仅有利于减脂,改善心肺功能和促进全面健康,而且已经被证明可以令人从运动过程中找到快乐并产生幸福感,因此,跑步是开启减脂运动计划的最好选择。

三、跑步

跑步,只需准备一双鞋就可以开始了。

对于初学者来说,在开始跑步练习之前,需要准备一双平底跑鞋。适合初学者的跑鞋的主要特征是:重量轻,鞋底柔韧、不过厚,鞋底前后厚度相当,鞋面柔韧有弹性且与脚面贴合度高,鞋穿上之后可与脚一样随意弯曲,无论在跳跃、步行还是跑步时似乎"没有穿鞋"的感觉。满足前述特征的鞋可能更有利于初学者以正确的姿势跑步(前脚掌先着地,利用足弓减少冲击力),避免因不必要的运动损伤而打断运动计划。

（一）跑前热身

每一次完整的跑步运动过程都应该包括跑前热身运动、跑步过程和跑后拉伸运动。跑前热身可参考以下方式进行：① 拉伸运动，主要针对下肢相关肌肉、肌腱进行低强度动态拉伸，如果有肌肉不平衡问题，请先进行针对性的静态拉伸后再进行动态拉伸；② 原地高抬腿（30～50 次）；③ 原地踢臀跑（30～50 次）；④ 原地跑（30～50 次）。跑步前热身活动主要以激活相关肌肉和增加关节活动范围为目的，动作幅度不宜过大，以免意外损伤。

（二）跑步过程

1. 跑步的前进动力

以双膝微屈站立，身体向前倾斜时即可启动跑步。身体前倾致使重心前移，此时必须交替向前迈腿，左右脚轮流支撑身体，以避免身体在重力作用下前倒，这样就产生了前进动力，而无须通过用力蹬地产生前进动力。因此，跑步过程中身体前倾角度是跑步速度的关键决定因素。

2. 跑步时的身体姿势

跑步时，头、颈部、躯干保持自然挺直，挺胸收腹，双目正视前方，两肩始终保持自然放松，从侧面看，耳、肩关节、髋关节和支撑脚前脚掌（跖球部）始终保持在同一条直线上。

3. 跑步时要"软着陆"

跑步时，最佳着陆姿势是前脚掌先着地，再过渡到全脚掌，脚跟仅轻微触地，利用足弓的弹性减震作用和相关肌肉、肌腱吸收地面反作用力，减少对身体的冲击。跑步过程中应保持节奏轻快、落地轻盈，如果出现重击、拍打或摩擦地面的声音，表明着陆姿势存在一定问题。可通过连续的原地跳练习最佳着陆姿势。

人类从事耐力跑已有百万年历史。在人类进化历史的大部分时间里，跑步者要么赤脚，要么穿着最简单的鞋类，例如草鞋或软兽皮鞋，相较于现代跑鞋缓冲作用很小。习惯性赤脚跑步者通常先用前脚掌着地，而习惯穿着增厚缓冲鞋底的跑步者更多是后脚跟着地[2]。即使在坚硬的地面上，前脚掌着地的赤脚跑步者比穿鞋的后脚跟着地者受到的冲击力更小，这种差异主要是由于着地时足弓起到了弹性减震作用，减少了来自地面的冲击力。足弓是由跗骨、跖骨以及足底的韧带和肌腱共同组成的一个弓形结构。在跑步过程中，足弓是动态的弹性减震装置，足弓、小腿和大腿的韧带、肌腱和肌肉完美配合，吸收了来自地面的反作用力，此时肌腱和肌肉被拉长，又立即回弹收缩，将冲击力转化为动能。

研究人员通过计算建模，分析了跑步时每个关节位移、初始姿势和落地期间冲击力对其他关节的影响。得出的结论认为，安全着陆姿势是前脚掌着地，膝关节角度为30°至40°，脚与地面角度为40°至55°。与以直立姿势全脚掌着地相比，其冲击力降低了75%[3]。因此，为了降低着陆受伤的风险，必须尽可能"软着陆"，膝关节屈且踝关节屈，并避免在着陆过程中膝关节伸、踝关节伸和关节锁定[4]。

4．跑步时摆臂

跑步时，肩部要保持放松，保持肘关节屈，手掌半握，双臂以肩关节为轴前后自然摆动。双臂与双腿配合，摆动方向相反，动作节奏和幅度保持协调一致，以维持躯体平衡。

（三）跑后拉伸

跑步结束后，先以步行使身体逐步平复下来，之后"趁热"进行拉伸运动。跑步后主要针对大腿前后肌群、小腿前后肌群、盆带肌前后肌群的相关肌肉肌腱进行静态拉伸。

（四）从跑步中找到快乐

1．赞美慢

跑步初学者学会低强度小步慢跑，更容易在跑步中找到快乐。跑得太快，一路气喘吁吁，使得初学者感觉跑步是一件辛苦的事，从而阻碍他们在跑步中找到快乐。跑得慢，才能跑得久；跑得慢，才能跑得远。只有跑得久、跑得远，才能逐步找到长久的快乐和幸福。跑得慢，也是避免跑步过程中受伤的重要方法。跑步过程中缩小步幅是控制速度的有效方法。如果要调节速度，请通过改变步频来实现，不要轻易加大步幅。请记住，跑步是一辈子的事，就像学习是一辈子的事一样，慢慢地，一定会从中找到快乐和幸福。

2．饮食禁忌

在跑步前或跑步过程中可少量饮水，切忌食用水果（或果汁）、含糖饮料（或各种甜味饮料）。如果在跑步前或跑步过程中食用水果、含糖饮料等食物，会导致跑步过程中更多利用葡萄糖供能，而更少利用脂肪供能，并且可能阻碍我们在跑步过程找到快乐。

3．腹式呼吸

在跑步过程中，我们采用腹式呼吸并尽量用鼻孔作为唯一（或主要）通气道可能是控制跑步强度的有效方法。当我们不得不张开嘴巴呼吸时，可能表明运动强度过高。

4．不带手机

跑步时最好不带手机，因为突然响起手机铃声可能会扰乱跑步时的心情。戴一只心率监测表有助于控制运动强度。

5. 享受孤独

每一次跑步过程中都应保持呼吸舒畅、头脑清醒、内心宁静,试着让"自己"同参与运动的每一个细胞好好交流。这种"灵与肉"的交流过程或许是孤独的,然而,享受孤独的过程有助于"向内寻找"获得更长久的快乐和幸福。

6. 循序渐进

跑步初学者,特别是超重和肥胖的初学者,需谨记渐进性运动原则。当感觉累时就要适当休息;当取得一点成绩时,不要盲目自信而增加运动量。如果受伤或疼痛,不仅会延长找到运动快乐的适应期,还会影响整个运动计划的执行。马拉松比赛不是我们的目标。跑步一辈子始终不受伤,并且乐在其中,这才是我们的目标。

7. 融入自然

如果条件允许,尽量跑到大自然的怀抱中去。

8. 力量训练不可或缺

加强核心肌群和下肢肌群的力量、耐力和爆发力训练,不仅可有效防止跑步过程中发生运动损伤,而且能提升跑步运动能力。例如,利用仰卧臀桥、俯卧挺身、平板支撑、侧桥支撑、绳索转体、仰卧卷腹、仰卧抬腿、壶铃摇摆等训练核心肌群,利用负重深蹲、负重硬拉、负重提踵、蹲跳等训练下肢肌群。

参考文献

[1] Garber C E, Blissmer B, Deschenes M R, et al. Quantity and quality of exercise for developing and maintaining cardiorespiratory, musculoskeletal, and neuromotor fitness in apparently healthy adults[J]. Medicine & Science in Sports & Exercise, 2011, 43(7): 1334 – 1359.

[2] Lieberman D E, Venkadesan M, Werbel W A, et al. Foot strike patterns and collision forces in habitually barefoot versus shod runners[J]. Nature, 2010, 463(7280): 531 – 535.

[3] Mojaddarasil M, Sadigh M J. Parametric analysis of landing injury[J]. Physical and Engineering Sciences in Medicine, 2021, 44(3): 755 – 772.

[4] Alexander J, Johnston R, Ezzat A, et al. Strategies to prevent and manage running-related knee injuries: A systematic review of randomised controlled trials[J]. Journal of Science and Medicine in Sport, 2022, 25: S39 – S40.

第六节　抗阻运动

抗阻运动可提高人体的肌肉力量、耐力和爆发力。

骨骼和肌肉是高品质生活的重要物质基础，要么锻炼它们，要么失去它们。在减脂运动计划中，抗阻运动和有氧运动同样重要，如果仅仅进行有氧运动而忽略抗阻运动，可能不利于获得最佳健康效果[1-2]。例如，长期受到大体重困扰的人对拥有健硕的肌肉毫无兴趣，更急于减轻体重。因此，有些人仅仅通过参加跑步运动来减轻体重，而没有进行必要的抗阻运动，尽管也取得了明显"效果"，然而体重明显减轻可能也伴随骨骼肌的流失，表现为下肢力量明显下降、膝关节不适和基础代谢明显下降，这会增加运动损伤风险，也会增加体重反弹的压力，从而影响减脂计划的进一步顺利开展。

根据运动解剖学原理，采用正确的练习动作进行有计划的抗阻训练，是提高肌肉力量、耐力和爆发力的有效方法。

一、抗阻运动频率

想要同时收获减脂和增肌双成果的健身运动者，建议每周对全身主要大肌肉群，包括手臂、肩部、胸部、背部、腹部、腰部、臀部、大腿和小腿肌群进行 2～3 次训练（同一肌肉群训练至少间隔 48 小时），这样将取得更好结果[3]。例如，在参与抗阻运动的初期，可在周一和周四训练手臂、肩部、胸部和背部上半身肌群，周二和周五训练臀部、大腿和小腿下半身肌群，其余时间训练腹部和腰部核心肌群。

随着抗阻运动能力的提高，可将上肢肌群（手臂和肩部）、胸肌、背部肌群、核心肌群、下肢肌群（臀部、大腿和小腿）分开独立练习，每次运动仅针对其中部分肌群训练。需要注意的是，进行抗阻训练时应同时训练相对抗的肌群，如胸部和背部、腹部和腰部、大腿前侧和大腿后侧，这样可避免引起肌肉力量不平衡[3-4]。

二、抗阻运动量

抗阻运动，用 RM（repetition maximum）表示对抗一定阻力的最大重复次数，一次最大重复次数（1RM）表示在该负荷下能完成的最大重复次数仅为 1 次。以每一组动作可重复 8～12 次的强度进行抗阻训练，有利于提高肌肉的力量和增大肌肉的体积，换算成阻力为 60%～80% 1RM；以每一组动作可重复 12～20 次的强度进行抗阻训练,更有利于提高肌肉的耐力,换算成阻力为 40%～50% 1RM。例如,一个人进行负重深蹲,他的 1RM 为 100 kg,那么他选择 60～80 kg 的杠铃负重进行练习,每一组动作重复 8～12 次,有利于提高肌肉的力量和增大肌肉的体积。

对于体适能水平较低的人,如老年人或长期不参加运动的人,抗阻运动过程中更容易出现肌腱损伤。因此,初期参加抗阻运动,采用后一种较低强度(40%～50% 1RM)的训练可减少运动损伤发生。当经历了一段时间的适应,肌肉和肌腱有所增强之后,再采用更高强度训练。肌肉适应了原有负荷后,可通过加大负荷来增加肌肉力量和增大肌肉体积,或者仅以原有负荷长期坚持训练以保持已取得的训练成果。

每一次抗阻运动,针对同一肌肉群训练 2～4 组,组间休息时间为 2～3 分钟为宜,每个肌肉群完成 4 组比 2 组训练效果更好,可采用相同动作完成,也可采用不同动作完成[4]。

三、抗阻运动方式

抗阻运动可采用自重、自由负重、固定器械等方式进行训练。自重抗阻运动,例如,俯卧撑、自重深蹲、引体向上、仰卧卷腹、俯卧挺身、平板支撑、侧桥支撑、仰卧抬腿等。自由负重抗阻运动是指利用哑铃、杠铃、壶铃等可选重量的工具进行训练。例如,利用杠铃或哑铃进行深蹲、硬拉、提踵、弯举、平举、推举、划船等动作练习,利用壶铃进行壶铃摇摆等动作练习。固定器械的种类很多,常见于商业健身房。利用固定器械进行抗阻训练可能更有利于避免初学者受伤或有助于逐步提高运动能力,例如,利用高位下拉器逐步提高背阔肌、菱形肌、三角肌后束、肱二头肌和肱肌的力量,从而可帮助初学者完成一个标准的引体向上。

如果有一个家庭健身房,可能有利于节省时间成本。例如,移除客厅的沙发和茶几,敷设橡胶地垫(厚度 3 cm 以上),增加一套哑铃和一个哑铃训练凳,即可将客厅改造成一个满足初期训练的简易健身房。随着运动能力的逐步提高,还可根据实际情况添置其他健身器材。

四、抗阻运动流程和技术

一次完整抗阻运动训练通常也包括热身活动、抗阻训练、整理活动和拉伸运动。可将低强度有氧运动(如慢跑)作为热身活动,整理活动之后立即进行静态拉伸。

抗阻训练过程中要保持一定的身体姿势和稳定性,例如:站姿练习中,两脚左右分开与髋或肩同宽,或略宽于肩,躯干要保持稳定,骨盆保持中立位(收腹),左右肩胛骨后缩并下降(挺胸);坐姿练习中,两脚自然分开,全脚掌着地,收腹挺胸,头部与躯干保持在一条直线,下颌微收,训练过程中始终保持背部挺直、稳定。

在训练动作进行时,要控制幅度和速度,以缓慢且有节奏地重复动作,避免关节过伸或躯干大幅摆动,导致压力过大而受伤。训练动作进行时采用适当的呼吸方法也很重要,宜在肌肉向心收缩阶段呼气,在肌肉离心收缩阶段吸气,并避免憋气。在进行较大重量抗阻运动(如大重量深蹲或硬拉)时需要采用腰带等护具,必要时请身高和运动能力都更有优势的人提供保护。

针对背部肌群、胸部肌群、肩部肌群、手臂肌群、核心肌群、臀部肌群、大腿肌群、小腿肌群的抗阻训练都应遵循运动解剖学原理进行,即根据肌肉的起点、止点和功能,围绕不同关节进行屈、伸、外展、内收、外旋和内旋运动。采用不正确的姿势和技术动作进行抗阻训练,容易造成运动损伤。抗阻运动有一些经典的训练动作,如深蹲、硬拉、提踵、卷腹、举腿、挺身、平板撑、侧桥支撑、俯卧撑、臂屈伸、弯举、平举、推举、划船、引体向上等,请查阅或观看相关专业资料进行学习。初学者聘请有资质的健身教练有助于更快掌握正确的运动训练姿势、动作要领和技术,避免不必要的运动损伤。

参考文献

[1] Lopez P, Radaelli R, Taaffe D R, et al. Moderators of resistance training effects in overweight and obese adults: A systematic review and meta-analysis[J]. Medicine and Science in Sports and Exercise, 2022, 54 (11): 1804 - 1816.

[2] Lopez P, Taaffe D R, Galvão D A, et al. Resistance training effectiveness on body composition and body weight outcomes in individuals with overweight and obesity across the lifespan: A systematic review and meta-analysis[J]. Obesity Reviews: An Official Journal of the International Association for the Study of Obesity, 2022, 23(5): e13428.

[3] Garber C E, Blissmer B, Deschenes M R, et al. Quantity and quality of exercise for developing and maintaining cardiorespiratory, musculoskeletal, and neuromotor fitness in apparently healthy adults[J]. Medicine & Science in Sports & Exercise, 2011, 43(7): 1334 - 1359.

[4] Medicine A C O S. American College of Sports Medicine position stand. Progression models in resistance training for healthy adults[J]. Medicine and Science in Sports and Exercise, 2009, 41(3): 687 - 708.

第七节　拉伸运动

拉伸运动可提高柔韧性,即提高人体关节的最大活动范围。

拉伸运动,针对主要关节的相关肌肉、肌腱进行,包括大臂、肩部、胸部、颈部、躯干、下背部、臀部、大腿前后侧和小腿前后侧等进行一系列拉伸运动。拉伸运动需遵循运动解剖学原理。根据肌肉的起止点和功能,通常做与肌肉向心收缩时相反的关节运动动作,即可达到拉伸目标肌肉、肌腱的目的。

可自行独立完成(无须他人协作)的拉伸运动方式,包括静态拉伸(也称静力性拉伸)和动态拉伸(也称弹震式拉伸)。静态拉伸是指缓慢地拉伸肌肉肌腱,当感觉到肌肉肌腱被牵拉或微痛时,不继续施加压力,也不减少压力,保持静止不动 10~30 秒后,方可放松。整个静态拉伸过程中保持均匀呼吸,每个动作重复进行 2~4 次,合计不短于 60 秒[1]。动态拉伸是指通过弹震式动作反复牵拉某一关节的相关肌肉、肌腱,常在运动前热身阶段采用。采用这种拉伸方式时,幅度不宜过大,以免引起肌肉、肌腱拉伤。

为了提高柔韧性,宜在身体肌肉温度升高后再进行拉伸运动,通常可在每次有氧运动和抗阻运动后进行静态拉伸运动。如果运动者以推荐的有氧和抗阻运动频率进行相应拉伸运动,在 3~4 周后身体的柔韧性和平衡性会得到有效改善。需要注意的是,在进行肌肉力量和爆发力训练前进行长于 45 秒的静态拉伸,可能会在短时间内降低相关肌肉的力量和爆发力,具体机制尚不清楚[1]。

参考文献

[1] Garber C E, Blissmer B, Deschenes M R, et al. Quantity and quality of exercise for developing and maintaining cardiorespiratory, musculoskeletal, and neuromotor fitness in apparently healthy adults[J]. Medicine & Science in Sports & Exercise, 2011, 43(7): 1334 - 1359.

第八节　制订运动计划

进行有计划的运动将带来诸多健康益处,然而,运动也可能会带来肌肉骨骼损伤和心血管不良事件,例如,肌肉肌腱损伤、关节损伤、心源性猝死、急性心肌梗死。

肌肉骨骼损伤在中等强度的健身运动(如跑步)中发生的概率很小,而在肢体对抗性运动(如篮球、足球)中风险增加。心血管系统正常的健康个体在中等强度运动过程中发生心血管不良事件的风险很低,年轻人运动猝死的常见原因是先天遗传缺陷,如肥厚型心肌病、冠状动脉异常等,中老年人和长期久坐少动者偶尔参加较大强度的运动,发生心血管不良事件的风险大大增加[1]。因此,在制订运动计划前,先进行必要健康检查,了解自己的身体情况,并遵从医生的嘱咐,更有利于科学制订个性化的运动计划,避免不必要的风险。

超重和肥胖者通常期望在减脂期消耗更多脂肪,同时尽可能地保留更多肌肉。

强有力的证据表明,在减脂期间,有氧运动和抗阻运动相结合有利于增加脂肪消耗、保留骨骼肌质量和防止骨质流失[2-4]。因此,减脂运动计划建议包含以下三种:

跑步运动:每周 5 次,每次不短于 60 分钟(含热身活动和拉伸运动),以主观感觉在"弱—温和—强"(40%～65% HRR)之间,以遵循渐进性原则逐步增加运动强度。

抗阻运动:每周安排 2～3 次,以 60%～70% 1RM 阻力进行固定器械或自由负重训练,每次运动训练针对主要肌群进行 3～4 组,每组 8～12 次。

拉伸运动:在每次跑步和抗阻运动后进行静态拉伸,每个动作保持 10～30 秒,并重复 2～4 次,合计不短于 60 秒。

参考文献

[1] Thompson, Paul D, Franklin, et al. Exercise and acute cardiovascular events: Placing the risks into perspective[J]. Medicine & Science in Sports & Exercise, 2007, 39(5): 886 - 897.

[2] Villareal D T, Aguirre L, Gurney A B, et al. Aerobic or resistance exercise, or both, in dieting obese older adults[J]. The New England Journal of Medicine, 2017, 376(20): 1943 - 1955.

[3] Colleluori G, Aguirre L, Phadnis U, et al. Aerobic plus resistance exercise in obese older adults improves muscle protein synthesis and preserves myocellular quality despite weight loss[J]. Cell Metabolism, 2019, 30(2): 261 - 273.

[4] Markov A, Hauser L, Chaabene H. Effects of concurrent strength and endurance training on measures of physical fitness in healthy middle-aged and older adults: A systematic review with meta-analysis[J]. Sports Medicine, 2023, 53(2): 437 - 455.